工程地质勘察

GONGCHENG DIZHI KANCHA

蓝俊康　熊丽芳　彭三曦　李　亮　编著

内容提要

本书按照国家工程建设规范最新版本的内容和要求进行编写。内容共有两篇：第一篇为工程地质勘察的技术与方法，包括岩土工程勘察分级与岩土分类、工程地质测绘与调查、勘探与取样、原位测试、水文地质原位测试、岩土工程分析评价与成果报告；第二篇为各类工程地质勘察，包括场地稳定性工程地质勘察（包括岩溶、滑坡、危岩与崩塌、泥石流、场地与地基的地震效应、地面沉降、采空区）、特殊岩（土）的工程地质勘察（湿陷性土、膨胀土（岩）、多年冻土、盐渍岩土、软土、填土、红黏土、风化岩与残积土）和房屋建筑物与构筑物工程地质勘察与评价等。

本书是针对高等本科院校的地质工程专业、地下水科学与工程专业开设的"工程地质勘察"课程所编制的教材（按60学时编写）。鉴于该课程的课时所限，本书的篇幅不能太大，无法涉及水利工程、边坡工程、地下洞室、基坑开挖、现场检验与监测等方面的内容，仅就诸多行业普遍存在的工程地质问题作重点介绍。因此本书也适合作为设有此课程或类似课程（如"岩土工程勘察""工程地质学"）的勘察技术与工程、水利水电工程、水文与水资源工程、城市规划、交通工程、土建类、地质资源与地质工程等专业的教学用书以及从事工程地质勘察的技术人员的参考书。

本书的主要特点是：为了加深学生对规范中的某些概念或公式的理解，在很多章节后面附有大量的例题和思考题，这些题目大多是历年注册岩土工程师专业考试的真题，故本书亦可作为注册岩土工程师专业考试的复习用书。

图书在版编目(CIP)数据

工程地质勘察/蓝俊康等编著. —武汉：中国地质大学出版社，2024.10
ISBN 978-7-5625-5874-3

Ⅰ.①工⋯　Ⅱ.①蓝⋯　Ⅲ.①工程地质勘察-教材　Ⅳ.①P642

中国国家版本馆 CIP 数据核字(2024)第 106909 号

工程地质勘察	蓝俊康　熊丽芳　彭三曦　李　亮　编著
责任编辑：周　旭　张燕霞	选题策划：张燕霞　　　　　责任校对：何澍语
出版发行：中国地质大学出版社（武汉市洪山区鲁磨路388号）	邮政编码：430074
电　　话：(027)67883511　　　传　　真：(027)67883580	E-mail:cbb@cug.edu.cn
经　　销：全国新华书店	http://cugp.cug.edu.cn
开本：787毫米×1092毫米 1/16	字数：506千字　　印张：19.75
版次：2024年10月第1版	印次：2024年10月第1次印刷
印刷：武汉中远印务有限公司	
ISBN 978-7-5625-5874-3	定价：58.00元

如有印装质量问题请与印刷厂联系调换

前　言

本书主要参照《工程地质手册》(第五版)及国家工程建设规范的最新版本的内容和要求编写,因此书中的一些内容如滑坡、黄土、冻土、盐渍土、软土等的勘察要求与同类教材相比作了较大的改动。书中内容涉及的规范主要有《岩土工程勘察规范》(GB 50021)、《建筑工程地质勘探与取样技术规程》(JGJ/T 87)、《工程岩体分级标准》(GB/T 50218)、《建筑地基基础设计规范》(GB 50007)、《高层建筑岩土工程勘察标准》(JGJ/T 72)、《公路路基设计规范》(JTG D30)、《湿陷性黄土地区建筑标准》(GB 50025)、《膨胀土地区建筑技术规范》(GB 50112)、《盐渍土地区建筑技术规范》(GB/T 50942)、《冻土工程地质勘察规范》(GB 50324)、《土工试验方法标准》(GB/T 50123)、《建筑抗震设计规范》(GB 50011)、《铁路工程地质原位测试规程》(TB 10018)、《滑坡防治工程勘察规范》(GB/T 32864)、《软土地区岩土工程勘察规程》(JGJ 83)等在2023年底实行的版本。

为了在本课程教学中引导学生增强中国特色社会主义道路自信、理论自信、制度自信、文化自信,厚植爱国主义情怀,毕业后能把爱国情、强国志、报国行自觉地融入坚持和发展中国特色社会主义事业、实现中华民族伟大复兴的奋斗之中,本书在很多章节(尤其是绪论部分)中掺插介绍了我国自改革开放以来在工程建设领域中所取得的成就(如北斗导航系统、理正软件、冻土区的热棒等),供任课教师在思政教学选材时参考。

为了让学生能深刻理解和领会相关规范内容,还在许多章节里列出了例题和思考题。这些例题和思考题大多是历年注册岩土工程师专业考试的真题,有一定的难度,建议任课教师利用这些例题和思考题来布置课后作业和进行课堂提问。

本书是为地质工程专业、地下水科学与工程专业学生编写的。鉴于专业课时所限,本书的内容相应作了精简,不涉及水利工程、边坡工程、地下洞室、基坑开挖、现场检验与监测等方面的内容。

本书编写分工如下:李亮,第4章的第4.5节至第4.8节;熊丽芳,第5章的第5.1节至第5.4节;彭三曦,第8章的第8.3节至第8.8节;其余由蓝俊康编写;最后也由蓝俊康进行统稿、修补和完善。熊丽芳老师在本书编写过程中给予很多宝贵意见和建议。

本书在编写过程中引用了许多国内外同行的资料和研究成果,在此表示衷心的感谢!由于编著者水平有限,书中难免存在缺点和错误,欢迎批评指正。

本书的出版获得了桂林理工大学教材建设基金、广西环境污染控制理论与技术重点实验室、广西岩溶地区水污染控制与用水安全保障协同创新中心、桂林理工大学生态环保现代产业学院等平台和单位的资助,在此表示感谢!

编著者
2023 年 12 月

目 录

- 0 绪 论 ·· (1)
  - 0.1 工程地质勘察的目的与任务 ·· (1)
  - 0.2 工程地质勘察阶段的划分 ·· (2)
  - 0.3 工程地质勘察的基本程序 ·· (4)
  - 0.4 我国工程地质勘察行业的发展和取得的成就 ·· (5)

第 1 篇　工程地质勘察的技术与方法

- 1 岩土工程勘察分级与岩土分类 ·· (14)
  - 1.1 岩土工程勘察等级 ·· (14)
  - 1.2 岩石的分类与描述 ·· (16)
  - 1.3 土的分类与描述 ·· (19)
  - 思 考 题 ·· (24)

- 2 工程地质测绘与调查 ·· (27)
  - 2.1 概 述 ·· (27)
  - 2.2 测绘的范围、比例尺和精度的要求 ·· (28)
  - 2.3 前期的准备工作 ·· (29)
  - 2.4 现场测绘工作的内容和方法 ··· (30)
  - 2.5 测绘成果的资料整理 ··· (38)
  - 2.6 "3S"技术在工程地质测绘中的应用 ·· (39)
  - 思 考 题 ·· (42)

- 3 勘探与取样 ·· (44)
  - 3.1 工程地质勘探的任务和技术手段 ··· (44)

  3.2 钻　探 ……………………………………………………………………… (45)
  3.3 坑　探 ……………………………………………………………………… (47)
  3.4 地球物理勘探 ……………………………………………………………… (51)
  3.5 取土器及取样技术 ………………………………………………………… (55)
  思考题 ………………………………………………………………………………… (63)

4　原位测试 ……………………………………………………………………………… (65)
  4.1 静力载荷试验 ……………………………………………………………… (65)
  4.2 圆锥动力触探试验 ………………………………………………………… (72)
  4.3 标准贯入试验 ……………………………………………………………… (80)
  4.4 静力触探试验 ……………………………………………………………… (84)
  4.5 十字板剪切试验 …………………………………………………………… (92)
  4.6 旁压试验 …………………………………………………………………… (97)
  4.7 扁铲侧胀试验 ……………………………………………………………… (102)
  4.8 现场直接剪切试验 ………………………………………………………… (106)
  思考题 ………………………………………………………………………………… (108)

5　水文地质原位测试 ………………………………………………………………… (112)
  5.1 抽水试验 …………………………………………………………………… (112)
  5.2 压水试验 …………………………………………………………………… (116)
  5.3 渗水试验 …………………………………………………………………… (121)
  5.4 钻孔注水试验 ……………………………………………………………… (124)
  思考题 ………………………………………………………………………………… (129)

6　岩土工程分析评价与成果报告 …………………………………………………… (130)
  6.1 岩土参数的分析与选取 …………………………………………………… (130)
  6.2 岩土工程分析评价 ………………………………………………………… (134)
  6.3 工程地质勘察成果报告 …………………………………………………… (139)

第2篇　各类工程地质勘察

7　场地稳定性工程地质勘察 ………………………………………………………… (142)
  7.1 岩　溶 ……………………………………………………………………… (142)
  7.2 滑　坡 ……………………………………………………………………… (151)
  7.3 危岩与崩塌 ………………………………………………………………… (162)

  7.4 泥石流 ·· (167)
  7.5 场地与地基的地震效应 ·· (172)
  7.6 地面沉降 ··· (187)
  7.7 采空区 ·· (192)
  思 考 题 ·· (199)

8 特殊岩(土)的工程地质勘察 ·· (201)

  8.1 湿陷性土 ··· (201)
  8.2 膨胀土(岩) ·· (216)
  8.3 多年冻土 ··· (227)
  8.4 盐渍岩土 ··· (240)
  8.5 软 土 ··· (250)
  8.6 填 土 ··· (258)
  8.7 红黏土 ·· (262)
  8.8 风化岩与残积土 ··· (266)
  思 考 题 ·· (271)

9 房屋建筑物与构筑物工程地质勘察与评价 ································ (274)

  9.1 房屋建筑物与构筑物岩土工程勘察的要求 ···························· (274)
  9.2 天然地基承载力的确定 ·· (280)
  9.3 天然地基的强度和变形验算 ·· (287)
  9.4 桩基工程的勘察与承载力的确定 ·· (292)
  思 考 题 ·· (301)

主要参考文献 ·· (304)

0 绪 论

0.1 工程地质勘察的目的与任务

0.1.1 工程地质勘察的目的、技术手段和分类

工程地质勘察就是通过各种勘察手段和方法,调查研究、分析和评价建筑场地的工程地质条件,为工程设计和施工提供可靠的工程地质资料,为工程建设和安全运行提供地质资料和必要的技术参数,并为减少或消除工程对自然地质环境所产生的影响做出论证、评价和提出有效建议。

工程地质勘察的主要技术手段包括:工程地质调查和测绘、勘探(钻探、井探、物探)、采取试样(水、土、岩)、原位测试(含野外水文地质试验)、室内试验、现场检验和监测、反分析等。

工程地质勘察就是利用以上几种或全部手段,对场地的工程地质条件进行定性或定量分析评价,并编制满足不同阶段所需的成果报告文件。

根据勘察对象的不同,工程地质勘察可分为:房屋建筑与构筑物工程地质勘察、岸边工程地质勘察、管道工程地质勘察、架空线路工程地质勘察、废弃物处理工程地质勘察、地下洞室工程地质勘察、核电厂工程地质勘察、铁路工程地质勘察、公路工程地质勘察、港口码头地质勘察、水利水电工程地质勘察等。由于后4个即铁路工程、公路工程、港口码头、水利水电工程一般比较重大,投资造价及重要性高,国家分别对这些类别的工程勘察进行了专门的分类,编制了相应的勘察规范、规程和技术标准。

0.1.2 工程地质勘察的任务

工程地质勘察的基本任务主要是:
(1)查明建筑区的地形、地貌、气象和水文等自然条件。
(2)查明场区区域地质构造、活动性断裂分布特征、地震活动等影响区域稳定性的地质条件。
(3)查明场地内地基岩土层的构造、形成年代、成因、土质类型及其埋藏分布情况;测试地基岩土层的物理力学参数,研究其在建筑物建造和使用期间可能发生的变化。
(4)查明场地及附近区段出现的崩塌、滑坡、岩溶、泥石流、采空区等不良地质现象,分析和判明其对建筑场地稳定性的危害程度,并提出切实可行的处理方案。
(5)查明场地的水文地质条件,包括含水层的类型、地层的富水性、地下水补径排特征、地下水位及埋深、水质、动态变化情况。
(6)预测工程施工和运行对地质环境和周围建筑物的影响,提出防治措施。

0.2 工程地质勘察阶段的划分

工程地质勘察阶段大致可分为可行性研究勘察(或选址勘察)、初步勘察和详细勘察(或施工图设计)3个阶段。对于工程地质条件复杂或有特殊施工要求的重大工程地基,还需要进行施工勘察。施工勘察并不作为一个固定勘察阶段,它包括施工阶段勘察和竣工后一些必要的勘察工作(如地基处理后的监测工作)。

需要指出的是,在我国,不同行业的工程地质勘察阶段的划分并不完全一致(表0.2.1)。特别是铁路工程,在施工勘察阶段之后还有运营阶段的勘察。因此在具体的工程勘察中,应根据工程建设的类型,按照其行业的划分标准开展勘察工作。

表0.2.1 各建筑行业对工程地质勘察阶段的划分及对应关系

勘察对象	房屋建筑与构筑物	水利水电工程	铁路工程	公路工程	边坡工程	管道工程	架空线路工程
工程地质勘察阶段	可行性研究勘察	规划勘察	草测	可行性研究勘察		选线勘察	初步设计勘察
	初步勘察	可行性研究勘察	初测	初步勘察	初步勘察	初步勘察	
	详细勘察	初步设计勘察	定测	详细勘察	详细勘察	详细勘察	施工图设计勘察
	施工勘察	技施设计勘察	施工阶段勘察		施工勘察		

根据《岩土工程勘察规范》(GB 50021—2001)(2009年版),房屋建筑与构筑物的勘察阶段可划分为可行性研究勘察(或选址勘察)、初步勘察、详细勘察(或施工图设计)、施工勘察4个阶段。各阶段的任务如下。

0.2.1 可行性研究勘察阶段(选址勘察阶段)

可行性研究勘察的目的是通过对若干个可选场址方案的勘察,对拟选场地的稳定性、适宜性做出工程地质评价,进行技术、经济论证和方案比较,以便选取最佳的场址方案。此勘察阶段主要是在搜集、分析资料的基础上进行现场踏勘,以了解拟建场地的工程地质条件。具体而言,本阶段的主要内容和任务如下:

(1)调查地形地貌、区域地质构造与环境工程地质问题,如断裂、岩溶、区域地震等。

(2)调查场地第四纪地层的分布及地下水埋藏性状、岩土的性质、不良地质作用等工程地质条件。

(3)调查地下矿藏及古文物分布范围。

(4)进行工程地质测绘及少量必要的勘探工作。

(5)分析场地的稳定性和适宜性。

(6)明确选择场地范围和应避开的地带。

(7)进行选址方案对比,确定最优场地方案。

0.2.2 初步勘察阶段

初步勘察的目的是满足初步设计的要求,对初步选定的场址进行进一步的勘察。此勘察阶段的主要内容和任务有:

(1)在选择方案的场址范围内,按本阶段勘察要求,布置一定的勘探和测试工作量。
(2)查明场地内的地质构造及不良地质作用的具体位置。
(3)探测场地土的地震效应。
(4)查明地下水性质及含水层的渗透性。
(5)搜集当地已有建筑经验及已有勘察资料。
(6)根据场址区工程地质条件,论证建设场地的适宜性。
(7)根据工程规模及性质,建议工程总平面布置应注意的事项。
(8)提供场区地层结构、岩土层物理力学性质指标。
(9)提供地基岩土承载力及其变形量资料。
(10)提供地下水对工程建设影响的评价。
(11)指出下一阶段勘察应注意的问题。

0.2.3 详细勘察阶段(施工图设计阶段)

详细勘察的目的是满足工程施工图设计的要求,为工程地质设计、岩土地基处理与加固及不良地质作用的防治工程进行计算与评价。所以,此勘察阶段所要求的成果资料更详细可靠,而且要求提供更多、更具体的设计参数。此勘察阶段的主要内容和任务如下:

(1)取得附有坐标及地形的工程建筑总平面布置图,各建筑物的地面整平设计高程,建筑物的性质、规模、结构特点,可能采取的基础形式、尺寸,预计埋置深度,对地基基础设计的特殊要求等。
(2)查明不良地质作用的成因、类型、分布范围、发展趋势及危害程度,并提出评价与整治所需的岩土技术参数和整治方案建议。
(3)查明建筑范围内各层岩土的类别、结构、厚度、坡度、工程特性,计算和评价地基的稳定性和承载力。
(4)对需要进行沉降计算的建筑物,提供地基变形计算参数,预测建筑物的变形特征。
(5)对抗震设防烈度大于或等于6度的场地,应划分场地土类型和场地类别;对抗震设防烈度大于或等于7度的场地,还应分析预测地震效应。
(6)查明地下水的埋藏条件,当进行基坑降水设计时还应查明水位变化幅度与规律,提供地层的渗透性参数。
(7)判定水和土对建筑材料及金属的腐蚀性。
(8)评价地基土及地下水在建筑物施工和使用期间可能产生的变化及其对工程的影响,提出防治措施及建议。
(9)对深基坑开挖还应提供稳定性计算和支护设计所需的工程地质参数,论证和评价基坑开挖、降水等对邻近工程的影响。
(10)提供桩基设计所需的岩土技术参数,并确定单桩承载力,提出桩的类型、长度和施工方法等建议。

0.2.4 施工勘察阶段

一般是出现下列3种情况之一,就需要进行施工勘察:

(1)基坑或基槽开挖后,发现地基的岩土条件与勘察资料不符或发现有必须查明的异常情况时(如软土层的分布范围、土洞的分布范围),应进行施工勘察。

(2)在工程施工或使用期间,发现地基土、边坡体、地下水等发生了未曾估计到的变化时,应进行现场监测,并分析评价该变化对工程和环境产生的不利影响。

(3)工程地质条件复杂或有特殊使用要求的建筑物的地基需要在施工中进行现场检验、补充勘测。

0.3 工程地质勘察的基本程序

工程地质勘察要求分阶段进行,各阶段勘察的程序可分为承接勘察项目、筹备勘察工作、编写勘察纲要、进行现场勘察和室内水土试验、整理勘察资料和编写报告书、报告的审查、施工验槽等步骤。

0.3.1 承接勘察项目

工程的勘察工作由建设单位(简称甲方)委托勘察单位(简称乙方)实行。甲方所提供的委托书由建设单位会同设计单位的技术人员编写。委托书应说明工程的意图和设计阶段。除了委托书外,甲方还应向乙方提供进行勘察工作所必需的各种图件,图件、资料和文件,一般包括带有建筑物平面布置图的地形图、建筑物结构类型与荷载情况说明表、与工程建设有关的批准文件等。

0.3.2 筹备勘察工作

筹备勘察工作,是保证勘察工作顺利进行的重要步骤,包括资料搜集、人员和设备的安排、组织踏勘、三通一平等工作。搜集资料包括场址的地质资料、前人的勘察测试资料等,内容包括地形地貌、气象水文、区域地质、水文地质、不良地质现象、活动断层分布、地震烈度等。

0.3.3 编写勘察纲要

勘察单位应根据甲方提供的委托书要求和踏勘调查的结果,分析预估建筑场地的复杂程度及其工程地质性状,编写工程地质勘察纲要。

工程地质勘察纲要的基本内容取决于勘察阶段、工程重要性和场地地基复杂程度,其基本内容包括以下方面,编写时可根据具体情况进行删减:

(1)工程名称和建设地点。
(2)勘察阶段及技术要求。
(3)制定勘察纲要的依据。
(4)建设场地的工程地质条件及研究程度。
(5)勘察工作的内容、方法和要求。
(6)项目完成后拟提交的成果报告和附件清单。

(7)勘察工作中可能遇到的问题及处理措施。
(8)附件:勘察委托书、勘察试验点平面布置图、勘察工作进展计划表。

0.3.4　进行现场勘察和室内水土试验

现场勘察工作包括工程地质测绘和调查、勘探(钻探、井探、槽探和物探等),并可配合原位测试和采取原状土试样、水样进行室内土水试样分析。勘察完后,还要对勘察井孔进行回填,以免影响场地地基的稳定性。

0.3.5　整理勘察资料和编写报告书

工程地质勘察成果整理是勘察工程的最后程序。勘察成果是勘察全过程的总结并以报告书的形式提供。编写报告书是以调查、勘探、测试等许多原始资料为基础的,必须对这些原始资料进行认真检查、分析研究、归纳整理、去伪存真,使资料得以提炼。报告书中要对与工程建设和运行安全有关的问题做出明确的结论。

0.3.6　报告的审查、施工验槽

我国自 2004 年 8 月 23 日起开始实行施工图审查制度。完成的勘察报告,除应经过本单位严格细致的审查和审核外,还应经由施工图审查机构审查合格后方可交付使用,作为设计的依据。

项目正式开工后,勘察单位和项目负责人应及时跟踪,对基槽、基础设计与施工等关键环节进行验收,检查基槽岩土条件是否与勘察报告一致,设计使用的地基持力层是否与勘察报告建议的一致;必要时还应现场检测持力层是否满足设计要求(如插钎探查),是否能确保建筑物的安全等。

0.4　我国工程地质勘察行业的发展和取得的成就

1949 年之前,我国的铁路、公路、大桥的建设,以及大城市的高层建筑的勘测设计工作均由外商承担。新中国成立后,各地的工程地质勘察队伍才开始组建。我国的工程地质勘察技术迄今经历了学习摸索、独立完善、曲折徘徊、"文革"后的恢复提高、创新发展的过程。

0.4.1　1949 年至 1978 年间的发展状况

1953 年至 1957 年的第一个五年计划实施过程中,在苏联专家的帮助下,我国完成了钢铁、有色冶金、煤矿、炼油、重型机械、动力和电力机器、化肥、火力发电、医药等 156 个项目的地基勘察工作。此外,铁道部大桥工程局在苏联专家的帮助下于 1956 年前完成了武汉长江大桥的勘测设计工作,该桥于 1957 年 10 月 15 日建成通车;随后南京长江大桥(1960 年 1 月动工修建,1968 年 9 月通车)的勘察设计工作则全部由中国人自己完成。

20 世纪 50 年代初期,我国的工程地质勘察技术主要是学习苏联的经验,1955 年后才开始独立编写工程地质勘察报告。1965 年后,我国开始了大小三线建设,各个勘察单位在四川、贵州、江西、安徽等山区从事工程勘察。1966 年"文革"开始后,工程地质勘察一度混乱,屡次出现因工程地质问题引起的工程事故,造成了巨大损失。

1. 上海市工程地质勘察的发展历程

至1958年底，上海市共有14家工程地质勘察单位。1958年上海市总结了一套适合上海软土地基的快速勘察经验和方法，对勘探点的布置、钻探方法、水土试验等均有创新，提高了勘察工作效率，并完成了上海郊县33个规划区的工程地质普查，编制了上海市工程地质图。1963年正式颁布上海市《地基基础设计规范》。

"文革"初期，上海市的各项工程建设停滞不前，上海市的勘察行业也受到较大的困扰，不过1972年以后，随着中国石化企业、"728工程"核电厂、卫星接收站、上海港10余座深水港泊位码头及一些重型厂房的建设，上海的工程地质勘察工作逐步恢复正常，并结合引进技术，开始接收国外先进的经验。

20世纪70年代后期至80年代初，上海市的工程地质勘察单位已扩大至54家。1977年及1978年宝钢在上海的选址勘察和后续的勘察工作，共有8家勘察单位参与。

2. 铁路建设方面的发展历程

20世纪50年代我国完成了成渝线（成都到重庆）、天兰线（甘肃天水到兰州）、兰新线（甘肃兰州到新疆乌鲁木齐）的勘察建设，60年代初我国完成了成昆铁路的勘测工作。至1965年，全国铁路营业里程增加到38 025km，比新中国成立初期增长了74.3%。

从1966年到1980年，我国铁路系统在十分困难的条件下仍坚持发展，相继建成贵昆线（贵阳到昆明）、成昆线（成都到昆明）、襄渝线[湖北襄樊（现为襄阳）到重庆]、太焦线（太原到河南焦作）等铁路干线。这一时期建成的成昆铁路，沿线不良地质现象如滑坡、危岩落石、崩塌、岩堆、泥石流、山体错落、岩溶、岩爆、有害气体、软土、粉砂等频繁出现，该线路也被世人称为"筑路禁区"，但就是在这样的地方中国仍修通了铁路。1950年至1981年的32年内，中国共修建了38条新干线和67条新支线。到1978年底，中国大陆铁路营业里程达到了51 707km。

3. 其他方面的发展历程

大型水利工程建设方面有：1952年修建的荆江分洪工程、1957年修建的三门峡黄河大坝、1958年修建的丹江口水利枢纽、1958年开工修建的刘家峡水电站、1970年开工的葛洲坝水电站。

在高楼大厦建设方面，我国起步较晚，第一个摩天大楼为广州白云宾馆（楼高120m，地上33层、地下室1层），于1972年开始勘测，1976年建成开业。

值得一提的是，1975年我国机械工业系统勘测公司和一些勘察大队的专家合作编写的《工程地质手册》第一版出版，对我国各行业的工程地质勘察工作发挥了很大的指导作用，受到了广大工程地质人员和土建设计人员的重视。

0.4.2　1978年至今所取得的成就

迄今让中国建筑值得骄傲的几个数据：①至2022年底，我国铁路总运营里程为15.5万km，其中高铁运营里程为4.2万km；②至2022年底，我国公路通车里程535万km，其中高速公路17.7万km；③中国第一高楼（世界第二高楼）——2016年建成的上海中心大厦，项目面积433 954m²，建筑主体为119层，总高为632m；④世界上最长的跨海大桥——港珠澳大桥，是连接香港、珠海、澳门的超大型跨海通道，全长55km，其中海面路段长42km，主体工程"海中桥隧"长达35.578km，于2009年开工建设，2018年10月通车；⑤世界第一大水电工程——三峡水电站,大坝为混凝土重力坝,坝顶总长 3035m,坝顶高程 185m,正常蓄水位 175m,总库容 393 亿 m^3,1994 年 12 月动工,2006 年 5 月建成。

随着我国高速公路、高速铁路、地铁、高楼大厦、跨海大桥、大型水利工程、核电厂等的建设,我国工程地质勘察队伍日益壮大,勘察技术日趋成熟。为了保证勘察质量,现阶段我国已对勘察企业实行了勘察资质认证和管理,对从业人员采取了注册岩土工程师考核制;在工程地质勘察规范化和标准化方面,至今已出台了上百部的国家标准、行业标准和地方标准,并在工程勘察中实行了监理制。

《工程地质手册》的再版也为我国工程地质勘察技术的发展做出了很大的贡献。它不仅是我国各个阶段工程地质勘察的技术总结,也是我国各个勘察行业日常从事专业工作的重要指导书。该手册的第二版于 1982 年 9 月出版,第三版于 1992 年 2 月出版,第四版于 2007 年 2 月出版,第五版于 2018 年 4 月出版。

我国在工程地质勘察技术和理论研究方面的成果累累,难以归纳和逐一评述,下面仅就一些代表性成果作阐述,让读者能从这些个案中初步了解我国现阶段工程地质勘察技术所达到的成就,起到"一叶知秋"的效果。

1. 工程勘察软件的研制方面

(1) 理正软件。该软件由北京理正软件股份有限公司(原北京理正软件设计研究院有限公司)研制。自 1995 年至今,该软件不断得到更新和改进,目前业务范围涉及建筑、规划、铁路、交通、市政、水利、电力、冶金、煤炭、邮电、石油、石化、煤炭等 22 个行业。软件中含有多个勘察和资料整理模块,如理正深基坑、理正结构工具箱、理正勘察 9.0PB4、理正勘察三维地质、理正施工校对、理正岩土、理正土工试验、理正复杂水池、理正边坡综合治理、理正土木工程、理正人防、理正勘察 8.5PB2 等。

(2) MapGIS 软件。该软件由武汉中地数码科技有限公司依托中国地质大学(武汉)和地理信息系统软件及其应用教育部工程研究中心研发。它具有完整的桌面端,主要应用于国土资源管理、地质调查等领域。

此外,SuperMap GIS(超图公司研制的大型地理信息系统软件)、吉奥之星(由吉奥时空信息技术股份有限公司研制)、3DMine、CnGIM_ma 等三维地质建模软件,也为工程地质勘察资料的整理提供很大帮助。

(3) AutoBank 软件。该软件由河海大学工程力学系(工程力学研究所)研制。它可对土坝、堤防、涵洞、水闸等水工建筑物进行详细的分析计算。它采用有限元法对河岸边坡进行渗流模拟,并在渗流模拟结果的基础上采用简化毕肖普法进行抗滑稳定计算。此外,基于 Python 语言的边坡稳定性分析程序也由河海大学研制(2023 年 8 月获准登记)。

(4) 华宁系列软件。该软件由南京市浦口区华宁软件开发中心于 1986 年研制,并于 1988 年推广。它可对民用建筑、铁路、公路、电厂、输电线路、油田、煤矿工业、选煤厂、输油管线、钢铁厂、水利设施、核电厂、化工厂、市政工程等的地质勘察及土工试验的数据进行处理。

(5) 华岩岩土工程勘察软件。该软件由上海华岩软件有限公司研制。它能绘制各种复杂地形的勘探点平面布置图、剖面图、柱状图;能对土工试验所有数据进行计算处理,绘制 e-p 曲线,打印土工试验成果报告;可对土工试验指标进行分层汇总及综合统计;可直接处理各种常用原位测试仪器设备所提供的数据,打印绘制相应的图表、曲线及测试结果;可对饱和砂(粉土)计算液化指数,进行液化判别;可绘制各种等值线图(如填土等厚线图、基岩顶板等高线等)。

(6)恒星勘察软件。该软件由杨国胜开发。它的功能与华岩岩土工程勘察软件类似,但能提供与理正软件的数据接口,能读入华岩岩土工程勘察软件的土试数据到该软件中,并利用数据库保存数据,在 AutoCAD 中直接生成 dwg 图形;能绘制 $e-p$ 曲线、$e-\log p$ 曲线、三轴试验曲线等;能提供土工试验总表和分层统计表。

(7)离散元软件 MatDEM。南京大学刘春自主研发的岩土体大规模离散元模拟软件采用创新的矩阵离散元计算法,突破性地实现了数百万颗粒的高效离散元数值模拟,将离散元分析由试样尺度推进到工程尺度。该软件支持自动材料训练、多场和流固耦合数值模拟,可实现复杂的地质和工程问题的定量分析,如可用于真空吸蚀致岩溶塌陷的稳定性分析及其数值模拟。

(8)桥梁勘察设计辅助软件。该软件由中交第二公路勘察设计研究院有限公司张亚州等(2020)研发成功。它是为了解决 Excel 与 CAD 交互性较差的问题,如绘制桥梁分联示意图时,在 CAD 中生成或改变新图元无法简单引用 Excel 完成,为此张亚州等利用 MATLAB 语言设计了该桥梁勘察设计软件。该软件主要用于处理勘察、设计阶段的重复性工作,它能简单、快速、准确完成计算、绘图任务。

(9)外业勘察使用的软件。为了能推出与"奥维互动地图"类似的功能软件,我国学者也做出了很大的努力,目前已开发出以下 3 款产品。

铁路勘察专用导航软件 App:由中土集团福州勘察设计研究院有限公司陈肖西开发。该软件除了能提供基础的定位与地图导航功能外,还有很多附加功能,如对某个地貌点进行定点标注、添加照片说明等信息,对某些特殊地域进行标记(画线标记、方形标记或圆形标记),还可进行定点间的距离测量、角度测量、勘察轨迹线路的自动记录、对勘察成果的反馈及说明等。

外业精灵 App:由中科图新(苏州)科技有限公司研发的一款内外业一体化数据采集软件,能够查看全球 3D 高清卫星地图、离线地图、地质图等图源,满足大部分基建工程、政府外业调查、取证执法等业务需求。

图新地球:由北京三维远景科技有限公司推出的一款三维数字地球产品,能提供在线地图浏览、地图数据下载、地标标注、测量、斜拍 3D 模型浏览等。图新地球软件还可提供 3D 数据浏览和下载、分析和绘图等。

2. 数值模拟方面

迄今我国已在多个领域、多个方面都开展了数值模拟研究。

(1)地下隧道、断层和地应力方面的模拟。舒红林等(2023)对浅层页岩气压裂复杂裂缝扩展进行数值模拟;王海军等(2023)针对爆炸荷载作用下相邻隧道破坏模式及荷载分布规律进行数值模拟;赵亮亮等(2023)针对不同大变形等级的层状软岩隧道施工进行模型试验与数值模拟研究;庞宁波等(2023)针对地应力下岩石多孔爆破损伤演化进行数值模拟。

(2)岩溶塌陷、边坡变形、深基坑方面的模拟。何文刚等(2023)就地层倾角及侧向摩擦对滑坡变形影响进行物理模拟研究;陶小虎等(2023)针对水力诱导覆盖型岩溶地面塌陷发育过程进行数值模拟分析;汪亚林等(2023)对深基坑开挖及支护优化方面进行数值模拟。

(3)基于与物探测试数据拟合的模拟。杜兴忠等(2023)进行了基于自然电场与电阻率法的尾矿库渗漏探测数值模拟研究。

(4)地下水运动及地下水污染方面的模拟。我国已从20世纪80年代单一的对地下水位、水量模拟阶段发展到现阶段对地下水污染物迁移转化和环境治理方面的模拟,通过反演获得污染源信息,包括地下水污染源的个数、空间位置和迁移转化情况等信息,或通过模拟推演,推算出地下水污染治理方案的效果。例如:李功胜等(2005)通过对山东省沣水南部区域地下水中硫酸污染问题进行了数据反演,确定了地下水污染源强的信息;江思珉等(2014)、张田等(2021)的研究也如此。邓红卫等(2015)基于GMS选用硝酸盐为污染因子构建了地下三维模型,对比分析了在考虑吸附降解与不考虑吸附降解两种情况下的硝酸盐在地下水中的运移特征,研究结果表明采用可渗透反应墙技术能够显著控制污染物的扩散并降低污染浓度。

3. 物理模拟方面

(1)滑坡模拟。何文刚等(2023)针对地层倾角及侧向摩擦对滑坡变形的影响进行物理模拟研究。中国地质科学院地质力学研究所结合我国西南山区和重大工程建设区滑坡灾害调查、机理研究与防灾减灾面临的难题,研发了大型滑坡物理模拟试验系统,2023年调试成功并投入使用。该大型滑坡物理模拟试验系统配备了降雨智能控制模块、垂向堆载自动控制模块、坡度抬升与水平推力控制模块、三维激光扫描模块、应力控制采集模块等自动化控制装置。

(2)油气田及其开采模拟。1981年黄荣樽在国内首次研究提出了水力压裂,指导构建国内首个室内真三轴水力压裂实验系统;目前我国的水力压裂物理模拟已能对布井方式、储层产状、储层非均质性、地应力状态、压裂液性能、压裂液泵注方案和完井方式等因素对水力裂缝的起裂和扩展的影响进行研究。例如:姚秀田(2023)针对特高含水期油藏井网调整开发效果三维物理模拟进行了实验研究;吕心瑞等(2023)对深层碳酸盐岩储层中溶洞的垮塌进行了物理模拟和预测。

(3)采空区方面。刘亚明等(2023)利用物理模拟试验研究房柱式采空区变形特征。

4. 地质灾害预警系统建设方面

陈琴等(2022)针对滑坡等地质灾害在线监测难、预警不及时以及传统的监测手段自动化程度低等问题,研发出高精度、智能化的滑坡灾害监测技术,设计了基于北斗高精度定位技术的地质灾害监测预警系统,并引进了前沿光学遥感卫星技术对边坡所处区域进行了宏观方面监测,该系统在某大型复杂边坡项目中进行了实践应用。张振威等(2022)也研制出自动化滑坡监测系统,其系统主要由数据采集、数据处理和监控中心等3个部分构成,其中的数据采集部分包括降雨量监测、视频监测、地表位移监测、应力应变监测、深部位监测和地下水位动态监测等数据。

5. 特殊土的勘察技术与理论研究方面

我国在10种特殊土(湿陷性土、红黏土、软土、混合土、填土、多年冻土、膨胀岩土、盐渍岩土、风化岩与残积土、污染土)方面都进行了系统性研究,特别是在特殊土的微观结构、工程特性及机理、防治方面都有很多的研究成果,迄今已出台了湿陷性黄土、膨胀土、盐渍土、冻土、污染土等方面专门的工程地质勘察规范。

1)冻土研究领域

随着青藏铁路的修建,我国在冻土方面的研究取得了很多宝贵经验,在冻土的工程力学特性、病害类型、勘察方法及技术手段、区划、治理措施等各方面均有很多研究成果。2014年发布了国家标准《冻土工程地质勘察规范》(GB 50324—2014)。近年来代表性的研究如下。

吕会娟(2023)对青藏地区高速公路存在的纵向裂缝、路基不均匀变形、边坡松散等3种类型的病害进行了仔细的观察和分析,找到的有效治理措施是采用柔性枕梁结合凸榫式土工模袋综合处治纵向裂缝,采用干拌水泥碎石桩来处理地基的非均质性,采取在开挖和重填时掺配土壤固化剂来处理边坡的松散。

青藏铁路运营维护部门曾发现冰椎病害消除后,在冰椎病害位置附近的旱桥墩台存在不均匀沉降,并且这种沉降有缓慢加剧的趋势。陈继等(2023)研究后认为这是全球气候变暖导致的冻土升温、厚度减薄所引起的冻土冻结力、桩端阻力下降及负摩阻力出现所致。可采用热棒措施,快速地降低中部至底部桩体及桩周冻土温度来提高桩基承载力。

2)膨胀土研究领域

我国在2013年发布《膨胀土地区建筑技术规范》(GB 50112—2013)。近年来的研究成果如下。

刘松玉(1991)、杨和平(2006)等研究发现,膨胀土经历的干湿循环次数越多,其胀缩不可逆性表现得越明显。根据谭罗荣、刘松玉以及陈亮等的研究,膨胀土在吸水后体积出现膨胀的本质是水膜的形成及其厚度的持续增加,导致膨胀土的颗粒间距持续增大,而且在颗粒之间形成了一种"楔"力。

关于膨胀土裂隙性的研究,卢再华等(2002)利用CT对重塑膨胀土的裂隙在干湿循环过程中的演化情况进行了研究,实现对膨胀土裂隙演化过程的定量分析。李雄伟等(2009)对干燥过程中膨胀土裂缝的分形维数进行了计算,建立了它与裂隙率之间的线性关系以及含水率与裂隙率之间的线性关系。唐朝生等(2012)研究认为膨胀土的龟裂是一个动态发展的过程,主要受水分蒸发速率、膨胀土收缩特性以及应力状态等因素的影响;膨胀土的龟裂主要与吸力以及抗拉强度有关;空气进入膨胀土孔隙是其表面裂隙发育的临界点,以此推断,膨胀土表面孔隙较大的部位,在干燥时更容易进入空气,导致吸力快速增加而产生裂隙。

在膨胀土出现超固结性的原因研究方面,姚海林等(2002)研究认为膨胀土在干湿循环的影响下会出现反复的胀缩变形,变形时其水平侧向应力远超出竖向自重应力,这是膨胀土表现出超固结性的原因。因此水平应力超出垂直应力是膨胀土超固结性的重要特征之一。

在膨胀土改性方面,邓友生等(2017)在土的最优含水率和最大干密度的条件下,将聚丙烯纤维掺入膨胀土中,发现随着纤维的加入,膨胀土的抗剪强度有了明显的提升,膨胀土的变形破坏得到了一定的抑制;李月光等(2023)研究发现有机硅材料能够提高膨胀土浸水前后的无侧限抗压强度、软化系数和黏聚力,并能提高膨胀土的水稳定性;李丽华等(2023)发现用工业固废稻壳灰和高炉矿渣掺入膨胀土后可提高其土体强度,降低其膨胀性;鄢黎明(2017)研究了粉煤灰对膨胀土的改良效果,试验结果表明膨胀土的膨胀特性可以通过掺入粉煤灰得到有效抑制,膨胀土强度的提高与养护龄期和粉煤灰掺量都相关。

3)软土研究领域

彭润杰(2023)从软土的成因、矿物成分、结合水膜对软土颗粒的影响方面分析了软土的微观结构,并以此探讨软土的高压缩性、高含水率、强度低、易扰动、低渗透性等宏观力学性质,根据软土的排出孔隙水、改善排水条件、减小排水路径等软基处理思路,探讨主要的软基处理方法,并提出虹吸排水法、电渗法等新的软基处理方法。

周建等(2023)针对利用电渗法处理软黏土时电极界面电势损失较大,导致能耗较高的问题进行了研究。该研究从电化学角度出发,对黏土-电极界面反应过程进行分析,解释了界面电阻的产生机理。同时,结合界面的电阻模型,采用金属电极(铜)和电动土工合成材料电极开展室内电渗试验,研究长期通电情况下界面电阻的变化规律。研究后认为在长期持续通电情况下,界面电阻模型可用于分析界面电阻变化机理;通电初期总界面电阻受阴极界面电阻影响较大,随着通电的继续逐渐变为受阳极电阻控制。界面电阻是电渗排水效率的重要影响因素,建议在工程中对界面电阻进行监测并将界面电阻作为电渗设计的控制指标。

谷存雷等(2023)针对PHC管桩在海相软土地基施工过程中会对土体的孔隙水压力及土体强度产生强烈干扰的问题进行研究,在浙江某海相沉积层富水软土地区的PHC管桩施工场地内不同深度的土体进行孔隙水压力测试、静力触探及十字板剪切测试。试验研究显示:软土地区PHC锤击桩施工过程中,软土地基中超孔隙水压力变化经历了短期增大、长期稳定、最后消散3个过程,孔压-时间关系基本呈现倒"U"形变化规律;孔压的增加会大幅削减土体的抗剪强度,使得抗剪强度-孔深呈"U"形变化。软土地区PHC成桩后土体抗剪强度取决于土体超孔隙水压力消散状态以及土体岩性、施工方式等特征。

余维荣(2023)针对软土地基中建筑桩基在出现倾斜后的4种常用纠偏技术,即掏土加载法、掏土凿桩法、高压射水加载法、埋砂盒调平法等进行介绍和分析,总结出纠偏施工中的质量控制要点,并把这些经验应用到实际中,发现纠偏效果良好,符合要求。

4)盐渍土方面

我国铁道部第一勘察设计院多年来在南疆铁路、青藏铁路、南疆公路等进行试验观察,发现盐渍土中地下水向上运移的方式主要有4种,并总结出其毛细水强烈上升高度的有效观测方法,这些方法也成为了盐渍土的规范条文。我国于2014年发布了《盐渍土地区建筑技术规范》(GB/T 50942—2014)。

近年来典型的研究成果有:余云燕等(2023)研究了冻融循环下盐渍土热质传递及盐冻胀机理;周凤玺等(2023)研究了盐渍土在蒸发过程中的水盐相变行为;叶静等(2023)研究了不同微生物菌肥对滨海盐渍土土壤质量的影响;侯娟等(2023)研究了法向循环荷载作用下盐渍土的剪切性能,对青海地区的细颗粒氯盐渍土开展了一系列法向循环荷载下的大型直剪试验,研究初始含水率、静荷载、法向循环荷载初始应力、循环幅值和循环频率等对细颗粒氯盐渍土剪切特性的影响;郭振等(2023)研究了不同植物对盐渍土的调控作用及有机碳矿化,发现盐角草、甘草、紫花苜蓿和草木樨等4种植物可以降低盐分含量,降幅达87.71%~91.67%。

5)污染土及污染场地调查和修复方面

迄今我国已出台了几十部国家及地方的标准或规范,如我国环境保护标准《建设用地土壤污染状况调查技术导则》(HJ 25.1—2019)、《建设用地土壤修复技术导则》(HJ 25.4—2019),北京市的《污染场地勘察规范》(DB11/T 1311—2015)及《污染场地修复验收技术规范》(DB11/T 783—2011),农业行业标准《耕地质量监测技术规程》(NY/T 1119—2019),上海市的《上海市场地环境调查技术规范(试行)》等。

6. 其他技术和理论研究方面的进展

1)钻探技术的研究进展

20世纪80年代末,我国的沈忠厚院士研制出第一代喷射钻头——加长喷嘴牙轮钻头,10年后又先后研制了第二代自振空化射流钻头、第三代机械及水力联合破岩钻头和第四代旋转射流破岩钻头。这些钻头的研制和应用使我国在该领域的技术跻身于世界先进行列。

旋转导向钻井技术方面：20世纪90年代初国外研究成功，我国也于1993年起开始研究，石油勘探开发研究院、西安石油学院(现西安石油大学)均在此方面获得专利。

水平定向钻探技术方面：马保松等(2021)将HDD技术应用于隧道工程勘察，制作了详细技术方案，并在水平孔中进行取芯和孔内电视等测试作业。随后徐正宣等(2022)对超长水平定向勘探技术与装备展开研制与改进，形成了一套较为完善的水平绳索定向钻具、工艺以及绳索取芯定向勘探钻工法，实现国内零的突破，解决了川藏铁路水平深孔钻探装备与工艺难题。同时，为解决绳索取芯技术应用于超长水平定向钻探钻孔轨迹偏斜的问题，吴金生等(2021)进行更深入的研究，形成了一套较为完整的技术体系，并用于川藏铁路隧道的定向纠偏工作中，取得了良好的效果。中国铁路设计集团有限公司李爱东、余志江等发明了一种基于不取芯水平定向钻探工艺的综合勘察方法，并于2022年底申请专利。

组合钻探技术方面：孙丙伦(2009)通过技术经济学和系统分析原理研究了深孔钻机、钻探方法和工艺，然后基于液动锤和金刚石钻探技术组合使用优化发展出独特的WL钻探技术。该技术能够充分发挥两种技术的优点，使得深孔取芯钻探的效率显著提升。卢予北(2014)针对液动锤和绳索取芯的联合使用进行了研究，发现当二者结合使用时，改变了其碎岩方式，使得钻孔防斜效果显著提升，降低了事故发生的概率，延长了钻头寿命。

2)原位测试技术方面的成就

陈仁朋等(2009)自制TDR探头在高腐蚀和高温环境下对地下水位及其电导率同时进行监测。利用探头常数M和R_{cable}得到的电导率TDR测试值与真实值很接近，误差在±5%以内。

针对海上风电场项目建设过程中遇到的大直径单桩基础水平承载稳定性的问题，我国南京地质工程勘察院王健等(2023)结合桩基设计参数和前期勘察资料，利用$p-y$曲线法对试验单桩水平极限承载力进行计算，以指导现场水平试桩试验。

中交第四航务工程勘察设计院有限公司梁文成等(2020)针对传统的十字板剪切试验设备在海上作业时受到波浪、潮汐、水流、贯入力偏低和旋转速度不均匀等不利因素的影响，试验数据可靠性差，工作效率低，适用水深较浅等问题，研制出海床式十字板剪切试验和静力触探试验两用仪。

在静力触探方面，中国地质大学(武汉)孟高头等研究利用单桥探头的比贯入阻力p_s与探测深度的关系进行土层剖分，建立了静探非线性分类图以及土的物理力学指标与p_s的关系，进而估求不同土类的地基承载力。

土压力原位测试装置的研制：刘义等(2022)设计了一套基于土压力盒的"注浆带法"原位测试装置。将该装置固定在钢筋笼上一起吊入桩孔内，通过注浆方式使注浆带膨胀进而推动土压力盒与土体紧密接触，通过定位平动约束装置限制土压力盒移动过程中的扭转和偏斜。利用该装置在西安火车站北广场基坑支护工程中，测试了支护桩迎土侧的土压力并分析了其分布及发展规律。测试结果表明，测试装置易于安装，设备成活率高，可靠性好。

刘鑫等(2023)研制出钻孔原位剪切测试系统。整个测试系统由孔内切削子系统和孔内变径剪切子系统组成，前者能够在钻孔内任意位置锚固并切削土环，后者能够对土环进行剪切试验并通过传感器分别记录剪切力和剪切位移。基于模型箱钻孔剪切试验和室内直剪试验检验了钻孔原位剪切测试系统的可靠性。

第1篇 工程地质勘察的技术与方法

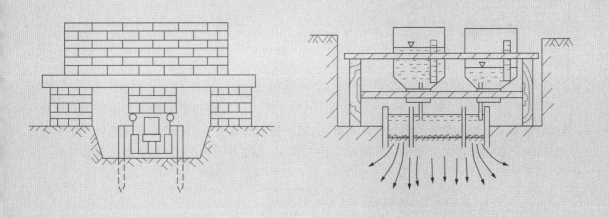

1 岩土工程勘察分级与岩土分类

1.1 岩土工程勘察等级

工程地质勘察项目的难度主要是以其等级来评定的,一级最难,三级最容易。勘察等级的评定不仅涉及承担该项目的企业资质是否合格,也涉及勘察费用的核算问题。

1.1.1 工程重要性等级

工程重要性等级,是根据工程岩土体或结构失稳破坏导致建筑物破坏而造成生命财产损失、社会影响及修复可能性等后果的严重性来划分的。划分方法按表1.1.1进行。

由于涉及各行各业,涉及房屋建筑、地下洞室、线路、电厂及其他工业建筑、废弃物处理工程等,工程的重要性等级很难做出具体的划分标准,故《岩土工程勘察规范》(GB 50021—2001)(2009年版)仅作了原则性的规定。以住宅楼和一般公用建筑为例,30层以上的可定为一级,7~30层的可定为二级,6层及6层以下的可定为三级。

表1.1.1 工程重要性等级划分

工程重要性等级	破坏后果	工程类型
一级	很严重	重要工程
二级	严重	一般工程
三级	不严重	次要工程

目前,地下洞室、深基坑开挖、大面积岩土处理等类的勘察尚无工程安全等级的具体规定,可根据实际情况划分。大型沉井和沉箱、超长桩基和墩基、有特殊要求的精密设备和超高压设备、有特殊要求的深基坑开挖和支护工程、大型竖井和平洞、大型基础托换和补强工程,以及其他难度大、破坏后果严重的工程,应列为一级工程为宜。

1.1.2 场地复杂程度等级

(1)符合下列条件之一者为一级场地(复杂场地):
①对建筑抗震危险的地段;
②不良地质作用强烈发育;
③地质环境已经或可能受到强烈破坏;
④地形地貌复杂;

⑤有影响工程的多层地下水、岩溶裂隙水或其他水文地质条件复杂,需专门研究的场地。

(2)符合下列条件之一者为二级场地(中等复杂场地):

①对建筑抗震不利的地段;

②不良地质作用一般发育;

③地质环境已经或可能受到一般破坏;

④地形地貌较复杂;

⑤基础位于地下水位以下的场地。

(3)符合下列条件之一者为三级场地(简单场地):

①抗震设防烈度小于或等于6度,或对建筑抗震有利的地段;

②不良地质作用不发育;

③地质环境基本未受破坏;

④地形地貌简单;

⑤地下水对工程无影响。

判定场地复杂程度等级时,要注意:①须从一级开始,向二级、三级推定,以最先满足的为准;②对建筑抗震有利、一般、不利和危险地段的划分,应按表1.1.2来确定。

表1.1.2 对建筑抗震有利、一般、不利和危险地段的划分

地段类别	地质、地形、地貌
有利地段	稳定基岩,坚硬土,开阔、平坦、密实、均匀的中硬土等
一般地段	不属于有利、不利和危险的地段
不利地段	软弱土,液化土,条状突出的山嘴,高耸孤立的山丘,陡坡,陡坎,河岸和边坡的边缘,平面分布上成因、岩性、状态明显不均匀的土层(含古河道、疏松的断层破碎带、暗埋的塘浜沟谷和半填半挖地基),高含水量的可塑黄土,地表存在结构性裂缝等
危险地段	地震时可能发生滑坡、崩塌、地陷、地裂、泥石流等及发震断裂带上可能发生地表位错的部位

1.1.3 地基复杂程度等级

地基按复杂程度也划分为三级,各级的判断标准如下。

(1)符合下列条件之一者即为一级地基(复杂地基):

①岩土种类多,很不均匀,性质变化大,且需特殊处理;

②严重湿陷、膨胀、盐渍、污染严重的特殊性岩土,以及其他情况复杂、需作专门处理的岩土。

(2)符合下列条件之一者即为二级地基(中等复杂地基):

①岩土种类较多,不均匀,性质变化较大;

②除上述规定之外的特殊性岩土。

(3)符合下列条件之一者即为三级地基(简单地基):

①岩土种类单一,均匀,性质变化不大;

②无特殊性岩土。

1.1.4 岩土工程勘察等级

甲级：在工程重要性、场地复杂程度和地基复杂程度等级中，有一项或多项为一级。
乙级：除勘察等级为甲级和丙级以外的勘察项目。
丙级：工程重要性、场地复杂程度和地基复杂程度等级均为三级。
特例：建筑在岩质地基上的一级工程，当场地复杂程度等级和地基复杂程度等级均为三级时，岩土工程勘察等级可定为乙级。

1.2 岩石的分类与描述

1.2.1 岩石的分类

在进行工程地质勘察时，应鉴定岩石的地质名称和风化程度，并进行岩石坚硬程度、岩体完整程度和岩体基本质量等级的划分。

岩石坚硬程度、岩体完整程度的划分，有测试资料时应分别按表1.2.1、表1.2.2执行，当缺乏有关试验数据时可按野外鉴别的方法来划分(表1.2.3、表1.2.4)。岩体基本质量等级的划分则按表1.2.5执行。

表1.2.1 岩石坚硬程度分类

坚硬程度	坚硬岩	较硬岩	较软岩	软岩	极软岩
饱和单轴抗压强度 f_r/MPa	$f_r>60$	$60 \geqslant f_r>30$	$30 \geqslant f_r>15$	$15 \geqslant f_r>5$	$f_r \leqslant 5$

注：1. 当无法取得饱和单轴抗压强度数据时，可用点荷载强度指数($I_{s(50)}$)换算。换算式为 $f_r=22.82 I_{s(50)}^{0.75}$。
2. 当岩体完整程度为极破碎时，可不进行岩石坚硬程度分类。

表1.2.2 岩体完整程度分类

完整程度	完整	较完整	较破碎	破碎	极破碎
完整性指数	>0.75	0.75～0.55	0.55～0.35	0.35～0.15	<0.15

注：完整性指数=(岩体压缩波速度/岩块压缩波速度)^2。

表1.2.3 岩石坚硬程度的定性分类

坚硬程度		定性鉴定	代表性岩石
硬质岩	坚硬岩	锤击声清脆，有回弹，震手，难击碎，基本无吸水反应	未风化—微风化的花岗岩、闪长岩、辉绿岩、玄武岩、安山岩、片麻岩、石英岩、石英砂岩、硅质砾岩、硅质石灰岩等
	较硬岩	锤击声较清脆，有轻微回弹，稍震手，较难击碎，有轻微的吸水反应	1. 微风化的坚硬岩； 2. 未风化—微风化的大理岩、板岩、石灰岩、白云岩、钙质砂岩等

续表 1.2.3

坚硬程度		定性鉴定	代表性岩石
软质岩	较软岩	锤击声不清脆,无回弹,较易击碎,浸水后指甲可刻出印痕	1. 中等风化—强风化的坚硬岩或较硬岩; 2. 未风化—微风化的凝灰岩、千枚岩、泥灰岩、砂质泥岩等
	软岩	锤击声哑,无回弹,有较深的凹痕,易击碎,浸水后可掰开	1. 强风化的坚硬岩或较硬岩; 2. 中等风化—强风化的较软岩; 3. 未风化—微风化的页岩、泥岩、泥质砂岩等
极软岩		锤击声哑,无回弹,有较深的凹痕,手可捏碎,浸水后可捏成团	1. 全风化的各种岩石; 2. 各种半成岩

表 1.2.4 岩体完整程度的定性分类

完整程度	结构面发育程度		主要结构面的结合程度	主要结构面类型	相应结构类型
	组数/组	平均间距/m			
完整	1~2	>1.0	结合好或结合一般	裂隙、层面	整体状或巨厚层状
较完整	1~2	>1.0	结合差	裂隙、层面	块状或厚层状
	2~3	1.0~0.4	结合好或结合一般	裂隙、层面	块状结构
较破碎	2~3	1.0~0.4	结合差	裂隙、层面、小断层	裂隙块状或中厚层状结构
	≥3	0.4~0.2	结合好		镶嵌碎裂结构
			结合一般		中、薄层状结构
破碎	≥3	0.4~0.2	结合差		裂隙块状结构
	≥3	≤0.2	结合一般或差	各类结构面	碎裂状结构
极破碎	无序		结合很差		散体状结构

表 1.2.5 岩体基本质量等级分类

坚硬程度	完整程度				
	完整	较完整	较破碎	破碎	极破碎
坚硬岩	Ⅰ	Ⅱ	Ⅲ	Ⅳ	Ⅴ
较硬岩	Ⅱ	Ⅲ	Ⅳ	Ⅳ	Ⅴ
较软岩	Ⅲ	Ⅳ	Ⅳ	Ⅴ	Ⅴ
软岩	Ⅳ	Ⅳ	Ⅴ	Ⅴ	Ⅴ
极软岩	Ⅴ	Ⅴ	Ⅴ	Ⅴ	Ⅴ

岩石风化程度的划分可按表1.2.6执行。

当软化系数小于或等于0.75时,应定为软化岩石;当岩石具有特殊成分、特殊结构或特殊性质时,应定为特殊性岩石,如易溶性岩石、膨胀性岩石、崩解性岩石、盐渍化岩石等。

表1.2.6 岩石风化程度分类

风化程度	野外特征	波速比	风化系数
未风化	岩石新鲜,偶见风化痕迹	0.9~1.0	0.9~1.0
微风化	结构基本未变,仅节理有渲染或略有变色,有少量的风化裂隙	0.8~0.9	0.8~0.9
中等风化	结构部分破坏,沿节理面有次生矿物,风化裂隙发育,岩体被切割成岩块,用镐难挖,岩芯钻方可钻进	0.6~0.8	0.4~0.8
强风化	结构大部分破坏,矿物成分显著变化,风化裂隙很发育,岩体破碎,用镐可挖,干钻不易钻进	0.4~0.6	<0.4
全风化	结构基本破坏,但尚可辨认,有残余结构,可用镐挖,干钻可进	0.2~0.4	
残积土	组织结构全部破坏,已风化成土状,锹镐易挖掘,干钻易钻进,具可塑性	<0.2	

注:1. 波速比 K_v 为风化岩石与新鲜岩石压缩波速之比。
2. 风化系数 K_f 为风化岩石与新鲜岩石饱和单轴抗压强度之比。
3. 花岗岩类岩石,可采用标准贯入试验锤击数(N)划分:$N \geq 50$ 为强风化;$50 > N \geq 30$ 为全风化;$N < 30$ 为残积土。
4. 泥岩和半成岩,可不进行风化程度划分。
5. 岩石的风化程度,除按表列的野外特征和定量指标划分外,也可根据当地经验划分。

1.2.2 岩石的描述

(1)岩石的描述应包括地质年代、地质名称、风化程度、颜色、主要矿物、结构、构造和岩石质量指标RQD。对沉积岩应着重描述沉积物的颗粒大小、形状和胶结物成分、胶结程度;对岩浆岩和变质岩应着重描述矿物结晶大小和结晶程度。

(2)根据岩石质量指标RQD,可分为好的(RQD>90)、较好的(RQD为75~90)、较差的(RQD为50~75)、差的(RQD为25~50)和极差的(RQD<25)。

(3)岩体的描述应包括结构面、结构体、岩层厚度和结构类型,并宜符合下列规定:

①结构面的描述包括类型、性质、产状、组合形式、发育程度、延展情况、闭合程度、粗糙程度、充填情况和充填物性质以及充水性质等;

②结构体的描述包括类型、形状、大小和结构体在围岩中的受力情况等;

③岩层厚度分类应按表1.2.7执行。

表1.2.7 岩层厚度分类

层厚分类	单层厚度 h/m	层厚分类	单层厚度 h/m
巨厚层	$h>1.0$	中厚层	$0.1<h\leq0.5$
厚层	$0.5<h\leq1.0$	薄层	$h\leq0.1$

(4)对地下洞室和边坡工程,尚应确定岩体的结构类型。岩体结构类型的划分应按表 1.2.4 执行。

(5)对岩体基本质量等级为Ⅳ级和Ⅴ级的岩体,鉴定和描述除按上述规定之外,尚应符合下列规定:

①对软岩和极软岩,应注意是否具有可软化性、膨胀性、崩解性等特殊性质;

②对极破碎岩体,应说明破碎的原因,如断层、全风化等;

③开挖后是否有进一步风化的特性。

1.3 土的分类与描述

1.3.1 土的分类

1.3.1.1 按沉积年代分类

根据沉积年代的不同,土可进行如下分类。

(1)老沉积土:第四纪晚更新世 Q_{p_3} 及其以前沉积的土。

(2)一般堆积土:第四纪全新世 Q_h 早期(文化期以前)沉积的土。

(3)新近堆积土:第四纪全新世 Q_h 中近期(文化期以来)沉积的土。

1.3.1.2 按地质成因分类

根据地质成因的不同,土可分为残积土、坡积土、洪积土、冲积土、淤积土、冰积土、风积土等。此外,尚有复合成因土,如冲-洪积土、坡-残积土等。各类地质成因土在图中均用符号来表示,如表 1.3.1 所示。

表 1.3.1 各类地质成因土的符号

成因类别	残积土	坡积土	洪积土	冲积土	风积土	海相沉积土	人工填土	湖积土
符号	el	dl	pl	al	eol	m	ml	l

1.3.1.3 按有机质含量分类

根据有机质含量的不同,土可按表 1.3.2 进行分类。

表 1.3.2 土按有机质含量分类

分类名称	有机质含量 w_u	现场鉴别特征	说明
无机质土	<5%		
有机质土	5%≤w_u≤10%	深灰色,有光泽,味臭,除腐殖质外尚有少量未完全分解的动植物体,浸水后水面出现气泡,干燥后体积收缩	1. 如现场能鉴别或有地区经验时,可不作有机质含量测定; 2. 当 $w > w_L$,$1.0 \leq e < 1.5$ 时,称为淤泥质土; 3. 当 $w > w_L$,$e \geq 1.5$ 时,称为淤泥

续表 1.3.2

分类名称	有机质含量 w_u	现场鉴别特征	说明
泥炭质土	$10\% < w_u \leqslant 60\%$	深灰或黑色,有腥臭味,能看到未完全分解的动植物体,浸水体胀,易崩解,有植物残渣浮于水中,干缩现象明显	可根据地区特点和需要按 w_u 细分为: 弱泥炭质土($10\% < w_u \leqslant 25\%$) 中泥炭质土($25\% < w_u \leqslant 40\%$) 强泥炭质土($40\% < w_u \leqslant 60\%$)
泥炭	$w_u > 60\%$	除有泥炭质土特征外,结构松散,土质很轻,暗无光泽,干缩现象极为明显	

注:e 为孔隙比;w 为天然水的含水量;w_L 为土的液限。

1.3.1.4 按颗粒级配或塑性指数分类

(1)粒径大于 2mm 的颗粒质量超过总质量 50%的土,应定名为碎石土,并按表 1.3.3 作进一步分类。

(2)粒径大于 2mm 的颗粒质量不超过总质量的 50%,粒径大于 0.075mm 的颗粒质量超过总质量 50%的土,应定名为砂土,并按表 1.3.4 进一步分类。

(3)粒径大于 0.075mm 的颗粒质量不超过总质量的 50%,且塑性指数 $I_P \leqslant 10$ 的土,应定名为粉土。

(4)塑性指数 $I_P > 10$ 的土应定名为黏性土。黏性土又可进一步分为粉质黏土和黏土:$10 < I_P \leqslant 17$ 的土为粉质黏土;$I_P > 17$ 的土为黏土。

表 1.3.3 碎石土的分类

土的名称	颗粒形状	颗粒级配
漂石	圆形及亚圆形为主	粒径大于 200mm 的颗粒质量超过总质量 50%
块石	棱角形为主	
卵石	圆形及亚圆形为主	粒径大于 20mm 的颗粒质量超过总质量 50%
碎石	棱角形为主	
圆砾	圆形及亚圆形为主	粒径大于 2mm 的颗粒质量超过总质量 50%
角砾	棱角形为主	

注:定名时应根据颗粒级配由大到小以最先符合者确定。

表 1.3.4 砂土的分类

土的名称	颗粒级配
砾砂	粒径大于 2mm 的颗粒质量占总质量的 25%~50%
粗砂	粒径大于 0.5mm 的颗粒质量超过总质量的 50%
中砂	粒径大于 0.25mm 的颗粒质量超过总质量的 50%
细砂	粒径大于 0.075mm 的颗粒质量超过总质量的 85%
粉砂	粒径大于 0.075mm 的颗粒质量超过总质量的 50%

注:定名时应根据颗粒级配由大到小以最先符合者确定。

塑性指数 I_P 是液限（w_L）与塑限（w_P）的差值，并去掉百分数符号，见式(1.3.1)。此处的液限是指用76g圆锥仪沉入土中深度为10mm时测定所得。

$$I_P = w_L - w_P \tag{1.3.1}$$

除按颗粒级配或塑性指数定名外，土的综合定名应符合下列规定：

(1) 对特殊成因和年代的土类应结合其成因和年代特征定名。

(2) 对特殊性土，应结合颗粒级配或塑性指数定名。

(3) 对混合土，应冠以主要含有的土类定名。

(4) 对同一土层中相间呈韵律沉积，当薄层与厚层的厚度比大于1/3时，宜定为"互层"；厚度比为1/10~1/3时，宜定为"夹层"；夹层厚度比小于1/10的土层，且多次出现时，宜定为"夹薄层"。

(5) 当土层厚度大于0.5m时，宜单独分层。例如溶洞中的沉积物，高度 $H \geq 0.5m$ 时，就必须单独分层，给其层位序号，并对其采取土样，单独进行原位测试。

1.3.2 土层的描述

土的鉴定应在现场描述的基础上，结合室内试验的开土记录和试验结果综合确定。土的描述应符合下列规定：

(1) 碎石土应描述颗粒级配、颗粒形状、颗粒排列、母岩成分、风化程度、充填物的性质和充填程度、密实度等。

(2) 砂土应描述颜色、矿物组成、颗粒级配、颗粒形状、黏粒含量、湿度、密实度等。

(3) 粉土应描述颜色、包含物、湿度、密实度、摇振反应、光泽反应、干强度、韧性等。

(4) 黏性土应描述颜色、状态、包含物、光泽反应、摇振反应、干强度、韧性、土层结构等。

(5) 对具有互层、夹层、夹薄层特征的土，尚应描述各层的厚度和层理特征。

(6) 现场勘察时，应先用目力鉴别描述细粒土的光泽反应、摇振反应、干强度和韧性。鉴定和描述方法按表1.3.5执行，并据表中的方法鉴别出粉土、粉质黏土和黏土。

表1.3.5 目力鉴别粉土和黏性土

土类	光泽反应	摇振反应	干强度	韧性试验
粉土	土面粗糙	摇动时出水和消水都很迅速	易于用手捏碎和碾成粉末	土条不能在搓成土团后重新搓条
粉质黏土	土面光滑但无光泽	反应很慢或基本没反应	用力才能捏碎，容易折断	可以再搓成土条，但手捏即断裂
黏土	土面有油脂光泽	没有反应	捏不碎，抗折强度大，断后有棱角，断口光滑	能再揉成土团后再次搓条，用手指压不碎

摇振反应是指土在强烈振动时所发生的水土分离现象。韧性是指土碎裂以后可以重新捏拢重塑成土团的能力。光泽反应是指用小刀切开稍湿的土，并用小刀抹过土面，观察土表面有无光泽（土表面上水的反射光）以及土面的粗糙程度。

(7)碎石土的密实度可根据圆锥动力触探试验锤击数按表1.3.6或表1.3.7确定,表中的 $N_{63.5}$ 和 N_{120} 应按表4.2.2、表4.2.3进行杆长修正。$N_{63.5}$、N_{120} 分别为重型、超重型圆锥动力触探试验中贯入10cm的锤击数。若无实测数据,碎石土密实度的定性鉴定及描述可按表1.3.8执行。

表1.3.6 碎石土密实度按 $N_{63.5}$ 分类

密实度	松散	稍密	中密	密实
重型圆锥动力触探试验锤击数 $N_{63.5}$	$N_{63.5} \leqslant 5$	$5 < N_{63.5} \leqslant 10$	$10 < N_{63.5} \leqslant 20$	$N_{63.5} > 20$

注:本表适用于平均粒径小于或等于50mm,且最大粒径小于100mm的碎石土。对于平均粒径大于50mm,或最大粒径大于100mm的碎石土,可用超重型圆锥动力触探试验或用野外观察鉴别。

表1.3.7 碎石土密实度按 N_{120} 分类

密实度	松散	稍密	中密	密实	很密
超重型圆锥动力触探试验锤击数 N_{120}	$N_{120} \leqslant 3$	$3 < N_{120} \leqslant 6$	$6 < N_{120} \leqslant 11$	$11 < N_{120} \leqslant 14$	$N_{120} > 14$

表1.3.8 碎石土密实度的野外鉴别方法

密实度	骨架颗粒含量和排列	可挖性	可钻性
松散	骨架颗粒质量小于总质量的60%,排列混乱,大部分不接触	锹可以挖掘,井壁易坍塌,从井壁取出大颗粒后,立即塌落	钻进较易,钻杆稍有跳动,孔壁易坍塌
中密	骨架颗粒质量为总质量的60%~70%,呈交错排列,大部分接触	锹镐可挖掘,井壁有掉块现象,从井壁取出大颗粒处,能保持凹面形状	钻进较困难,钻杆、吊锤有跳动但不剧烈,孔壁有坍塌现象
密实	骨架颗粒质量大于总质量的70%,呈交错排列,连续接触	锹镐挖掘困难,用撬棍方能松动,井壁较稳定	钻进较困难,钻杆、吊锤跳动剧烈,孔壁较稳定

注:密实度应按表列中的各项特征综合确定。

(8)砂土的密实度应根据标准贯入试验锤击数实测值 N 划分为密实、中密、稍密和松散等4级(表1.3.9),其湿度的分级则按表1.3.10执行。如用静力触探探头的阻力划分砂土密实度时,可根据当地经验确定。

表1.3.9 砂土的密实度分类

密实度	松散	稍密	中密	密实
标准贯入试验锤击数 N	$N \leqslant 10$	$10 < N \leqslant 15$	$15 < N \leqslant 30$	$N > 30$

表1.3.10 砂土的湿度分类

湿度	稍湿	很湿	饱和
饱和度 S_r	$S_r \leqslant 50\%$	$50 < S_r \leqslant 80\%$	$S_r > 80\%$

(9)粉土的密实度应根据孔隙比划分为密实、中密和稍密(表 1.3.11),其湿度应根据天然含水量 w 划分为稍湿、湿和很湿(表 1.3.12)。

表 1.3.11 粉土的密实度分类

密实度	密实	中密	稍密
孔隙比 e	$e<0.75$	$0.75 \leqslant e \leqslant 0.9$	$e>0.9$

表 1.3.12 粉土的湿度分类

湿度	稍湿	湿	很湿
天然含水量 w	$w<20\%$	$20\% \leqslant w \leqslant 30\%$	$w>30\%$

(10)黏性土的状态应根据液性指数 I_L 划分为坚硬、硬塑、可塑、软塑和流塑,并应符合表 1.3.13 的规定。

表 1.3.13 黏性土的状态分类

状态	坚硬	硬塑	可塑	软塑	流塑
液性指数 I_L	$I_L \leqslant 0$	$0<I_L \leqslant 0.25$	$0.25<I_L \leqslant 0.75$	$0.75<I_L \leqslant 1$	$I_L>1$

表 1.3.13 中的液性指数 I_L 是土的天然含水量和塑限之差与塑性指数的比值,即

$$I_L = \frac{w-w_P}{I_P} \tag{1.3.2}$$

式中,w 为土的天然含水量(%);I_P 为土的塑性指数,按式(1.3.1)求得。

黏性土的状态划分虽以表 1.3.13 为准,但在野外进行钻孔编录时,编录人员尚不知土的各项含水量,此时需要根据目力判别法对黏性土的状态进行初步判别,方法见表 1.3.14。

表 1.3.14 野外鉴别黏性土状态的方法

状态	野外特征
坚硬	土呈干燥或半干燥状,用力压会碎裂
硬塑	土湿润(饱和状);母指压无印痕或很浅印痕;不能随意塑形,但能把土块的边角敲打成圆弧形
可塑	手捏轻微变形但不碎裂,手按可见明显指压印痕
软塑	用食指能捅进去;用很小的力就可以随意揉捏
流塑	手抓土,土能从指逢之间挤出;土堆高度不能保持,会自主地向下塌落

(11)特殊性土的描述:除应描述上述相应土类规定的内容外,尚应描述其特殊成分和特殊性质,如对淤泥尚需描述其嗅味,对填土尚需描述其物质成分、堆积年代、密实度和厚度的均匀程度等。

土的压缩性大小，可按压缩系数 a_{1-2} 来评定，见表 1.3.15。

表 1.3.15　土的压缩性分类

压缩性	低压缩性	中压缩性	高压缩性
$a_{1-2}/\mathrm{MPa}^{-1}$	$a_{1-2}<0.1$	$0.1 \leqslant a_{1-2}<0.5$	$a_{1-2} \geqslant 0.5$

思 考 题

一、单项选择题

1. 经试验测得某风化岩石的波速 $v_s=3500\mathrm{m/s}$，饱和单轴抗压强度 $f_r=3000\mathrm{kPa}$。其新鲜岩块的波速 $v_s=7000\mathrm{m/s}$，$f_r=8000\mathrm{kPa}$，则该岩石的风化程度为（　　）。

　　A. 微风化　　　　B. 中等风化　　　　C. 强风化　　　　D. 全风化

2. 经测定，某岩石的质量指标 RQD=60，则该岩石的质量是（　　）。

　　A. 好的　　　　B. 较好的　　　　C. 较差的　　　　D. 差的

3. 有一土层剖面中粉砂层与黏土层呈相间韵律沉积，粉砂层单层厚度约 5cm，黏土层单层厚度约 20cm，则该剖面上的土层定名宜为（　　）。

　　A. 黏土粉砂互层　　B. 黏土夹粉砂　　C. 黏土夹薄层粉砂　　D. 宜单独分层

4. 对建筑场地复杂程度的划分除应考虑场地对建筑抗震的影响、不良地质作用的发育程度、地质环境的破坏程度及地形地貌的复杂程度外，还应考虑（　　）因素。

　　A. 场地地层的物理力学指标　　　　B. 场地岩土层的厚度

　　C. 水文地质条件　　　　D. 岩土层中地应力的分布及应力场特征

5. 某一级建筑物位于简单场地的三级岩质地基上，其勘察等级为（　　）。

　　A. 甲级　　　　B. 乙级　　　　C. 丙级　　　　D. 丁级

6. 某工程位于严重液化地基土之上，该地段的类别属于（　　）。

　　A. 有利地段　　　　B. 一般地段　　　　C. 不利地段　　　　D. 危险地段

7. 某工程位于不发震的老断层之上，该地段的类别属于（　　）。

　　A. 有利地段　　　　B. 一般地段　　　　C. 不利地段　　　　D. 危险地段

8. 某处砂土，其实测标准贯入试验锤击数为 13 击/30cm，则其密实度为（　　）。

　　A. 松散　　　　B. 稍密　　　　C. 中密　　　　D. 密实

9. 粉土的密实度一般根据（　　）来判定。

　　A. 标准贯入试验锤击数　　　　B. 孔隙比

　　C. 重型圆锥动力触探锤击数　　　　D. 压缩模量

10. 岩石硬度在现场鉴别时，可不考虑（　　）。

　　A. 锤击情况　　　　B. 指甲刻出的印痕

　　C. 小刀刻划情况　　　　D. 单轴抗压强度

11. 按《建筑工程地质勘探与取样技术规程》(JGJ/T 87—2012) 要求，对黏性土描述时，（　　）可不必描述。

A. 颜色　　　　　B. 级配　　　　　C. 状态　　　　　D. 结构

12. 对某花岗岩类风化岩石进行标准贯入试验测定时,其标准贯入试验锤击数为35击/30cm时,该风化岩的风化等级可判定为(　　)。

A. 中风化　　　B. 强风化　　　C. 全风化　　　D. 残积土

13. 某土样的天然含水量为45%,液性指数为1.21,液限为41.3,塑限为(　　)。

A. 23.7　　　B. 23.9　　　C. 23.5　　　D. 23.2

二、多项选择题(少选、多选、错选均不得分)

1. 根据地基的复杂程度,符合下列(　　)条件之一者为一级地基(复杂地基)。
   A. 岩土种类多,很不均匀,性质变化大,需特殊处理的地基
   B. 有严重湿陷、膨胀、盐渍、污染的特殊性岩土的地基
   C. 情况复杂,需作专门处理的岩土地基
   D. 分布较均匀,但厚度变化很大的软土地基
   E. 岩土种类较多,不均匀,性质变化较大

2. 符合下列(　　)条件之一者为一级场地(复杂场地)。
   A. 对建筑抗震危险的地段　　　B. 不良地质作用强烈发育
   C. 地质环境已经或可能受到强烈破坏　　　D. 地形地貌复杂

3. 岩土工程勘察等级可划分为甲、乙、丙三级。下列(　　)符合甲级岩土工程勘察等级。
   A. 工程重要性等级为一级
   B. 场地复杂程度等级为一级
   C. 地基复杂程度等级为一级
   D. 工程重要性、场地复杂程度和地基复杂程度等级均为一级
   E. 建筑在岩质地基上的一级工程,场地复杂程度等级和地基复杂程度等级均为三级

4. 能反映土颗粒粗细的指标是(　　)。
   A. 容重　　　B. 塑性指数　　　C. 液性指数　　　D. 液限

5. 摇振反应迅速的土是(　　)。
   A. 粉砂　　　B. 粉土　　　C. 粉质黏土　　　D. 黏土

6. 对风化岩和残积土的鉴别可采用(　　)进行。
   A. 野外特征　　　B. 抗压强度　　　C. 标准贯入试验锤击数　　　D. 横波速度

三、土的定名

1. 下表为各粒组质量分数,请给各土样进行定名。

土样号	粒径					
	20~2mm	2~0.5mm	0.5~0.25mm	0.25~0.075mm	0.075~0.05mm	0.05~0.005mm
1#		0.1	0.1	92.4	7.4	
2#			0.1	76.2	23.7	
3#		27.9	70.7	1.3	0.1	
4#	54.6	27.1	13.6	2.9	1.8	

2. 某土样进行颗粒分析的留筛质量见下表,底盘内试样质量140g。颗粒为棱角状,试给该土定名。

孔径/mm	≥20.0	10.0	5.0	2.0	1.0	0.5	0.25	0.075
留筛质量/g	0	80	110	90	50	30	20	20

3. 一些细粒土样的物理力学指标如下表所示。请:(1)填写表中缺失的单位和数据(无量纲填"/");(2)给各土样进行定名(土名中需标出稠度状态或密实度,如可塑黏土、中密粉土)。

土样号	含水量 w	重度 γ	相对密度 G	孔隙比 e	饱和度 S_r	液限 w_L	塑限 w_P	液性指数 I_L	塑性指数 I_P	压缩系数 a_{1-2}	压缩模量 E_{s1-2}
7-1	22.2	14.9	2.74	0.840	72.0	43.5	22.0			0.25	7.36
24-1	31.0	15.91	2.72	0.866	97.0	36.1	21.7			0.44	4.00
4-2	16.8	15.43	2.75	0.825	56.0	48.5	24.0			0.22	8.30
3-2	27.9	15.26	2.74	0.797	96.0	47.7	25.0			0.29	6.20
12-3	22.0	19.0	2.76	0.611	87.4	23.7	16.7			0.25	15.3

2 工程地质测绘与调查

2.1 概 述

工程地质条件包括地形地貌、地层岩性、地质构造、水文地质条件、不良地质作用、天然建筑材料等6个要素。工程地质测绘就是通过搜集资料、调查访问、踏勘、测量定位、描绘等基础地质方法和遥感地质判译、地理信息系统和卫星定位系统等新技术,把工程地质条件的各要素按一定的比例填绘在地形底图上,绘制成工程地质图件,旨在通过这些图件来分析各种地表地质现象的性质与规律,推测地下地质情况,再结合工程建设的要求,对拟建场地的稳定性和适宜性做出初步评价,进而为场地选择、勘探、试验等工作的布置提供依据。高质量的工程地质测绘可以节省其他勘察方法的工作量,提高勘察工作的效率。

工程地质测绘与调查的特点是:①能在较短的时间内查明广大地区的主要工程地质条件;②不需复杂的设备、大量资金投入和材料,只需人工成本和人员交通费;③一般在可行性研究勘察阶段或初步勘察阶段进行,在详细勘察阶段一般不进行此项工作。不过有时为了研究某一个或几个专门性的问题(如岩溶管道的走向、断裂带的延伸情况),也需在详细勘察阶段通过工程地质测绘与调查对这些专门地质问题作补充调查。

根据研究内容的不同,工程地质测绘可分为综合性工程地质测绘和专门性工程地质测绘两种。综合性工程地质测绘要求调查研究区工程地质条件各个要素,并绘制综合工程地质图;专门性工程地质测绘只调查工程地质条件某一要素,绘制专用工程地质图或工程地质分析图。

工程地质测绘的工作是从接受任务起直至最终提交测绘报告和资料为止,一般分为3个阶段:准备阶段、现场测绘阶段和室内资料整理阶段。

工程地质测绘具有以下特点:

(1)工程地质测绘中对地质现象和地质作用的研究,仅围绕建筑物的要求来展开。如公路工程地质测绘,就要求沿拟建公路及其两侧呈带状范围进行,其调查测绘的宽度范围以满足工程方案比选及工程地质分析评价的要求为准。

(2)工程地质测绘要求的精度较高。对某些地质现象的观察和描述,除了需定性阐述其成因和性质外,还要测定一些重要的指标,如井水的水位、抽水量,岩土的物理力学参数,节理裂隙的产状、隙宽和密度等。

(3)工程地质测绘与调查质量的高低和测区的自然条件有关。当测区地形切割强烈时,测区的岩层出露条件良好,井、泉暴露充分,此时就可获得测区较为清晰的地层岩性、地貌特征、地质构造和水文地质条件等各项信息。反之,当测区的植被发育、第四系覆盖层厚度大、建筑物多时,岩层的出露条件很差,地貌形态也不清晰,工程地质测绘的质量就会有所降低。

2.2 测绘的范围、比例尺和精度的要求

2.2.1 工程地质测绘和调查的范围

测绘范围的大小与下列因素有关：

(1)与建筑物的类型、规模有关。如大型水利枢纽的兴建，往往会引起较大范围的自然地理和地质条件的变化，此类工程的测绘范围必然很大；而房屋建筑一般仅在小范围内与自然地质环境发生作用，其测绘范围就小。

(2)随着工程地质勘察阶段的提高而减小。在可行性研究勘察阶段，建筑场地一般都有若干个比较方案，为了比较，这些场地均需要进行测绘和调查，因此测绘范围就较大；而在初步勘察阶段，建筑场地已确定，建筑物的尺寸已定，只需在建筑物所在场地开展小范围测绘即可。

(3)工程地质条件越复杂，研究程度越低，测绘范围就越大。工程地质条件复杂是指构造变动强烈且有活动性断裂带分布，或不良地质现象强烈发育。如山前的建筑物，当存在泥石流威胁时，测绘范围就要求将泥石流的形成区包括进去；而位于平坦地区的建筑物，其工程地质条件简单，测绘和调查范围就很小，只需围绕建筑物开展即可。

(4)测绘范围要考虑主要构造线的影响。如隧道工程，其测绘和调查范围应当随地质构造线(如断层、破碎带)的分布特征来布置，即测区应当沿着构造线有一定的延伸范围。

2.2.2 工程地质测绘比例尺的选择

根据所用比例尺的不同，工程地质测绘可分为以下3种：

(1)小比例尺测绘。所用比例尺为1：5000～1：50 000，一般在可行性研究勘察、城市规划或区域性的工业布局时使用，以了解区域性的工程地质条件。

(2)中比例尺测绘。所用比例尺为1：2000～1：5000，一般在初步勘察阶段采用。

(3)大比例尺测绘。所用比例尺为1：200～1：1000，适用于详细勘察阶段或地质条件复杂和重要建筑物地段，以及需解决某一特殊问题时采用。

一般而言，工程地质测绘比例尺越大，图中所能表示的各种地质内容便越详细，位置越具体，测绘质量越容易得到保证，但所需的测绘工作量也越多，越不经济。为使测绘成果既能满足工程建筑对地质环境的要求，同时又最经济，工程地质测绘比例尺选择的基本原则是：

(1)与勘察阶段相适应。初级阶段，采用较小比例尺；高级阶段，采用较大比例尺。

(2)充分考虑测区工程地质条件的复杂程度和建筑物的类型、规模及其重要性。

我国现行《岩土工程勘察规范》(GB 50021—2001)(2009年版)根据国外的经验和我国的勘察经验，对工程地质测绘比例尺的选择范围规定如下：

(1)可行性研究勘察阶段，可选用1：5000～1：50 000。

(2)初步勘察阶段，可选用1：2000～1：10 000。

(3)详细勘察阶段，可选用1：500～1：2000。

工程地质条件复杂时,比例尺还应适当放大。

2.2.3 工程地质测绘精度要求

工程地质测绘精度是指在测绘过程中对野外各种地质现象观察、描述的详细程度及其在图上表示的详细和准确程度,通过3个方面来衡量:①填图单元的最小尺寸;②各观测点、界线在图上标绘时的误差大小;③对各种自然地质现象的观察描述详细程度。

(1)填图单元的最小尺寸要求:凡在图上能标识出大于2mm的地质体,都应标在图上。根据这一规定,最小填图单元的实际尺寸应为2mm乘以填图比例尺的分母。对出露宽度小于最小填图单元实际尺寸的地质体,可不要求标绘在图上(但应有观察描述记录),但一些对工程建筑的安全稳定有重要影响的单元体(如滑坡、断层、洞穴、软弱夹层、井泉等),其实际尺寸即使在图上小于2mm,也应采用扩大比例尺将其标绘在图上。

(2)观测点及界线在图上标绘时的误差要求:按现行《岩土工程勘察规范》(GB 50021—2001)(2009年版)规定不应超过3mm;水利水电、铁道及冶金等部门规定不应超过2mm。

(3)对野外各种地质现象的观察描述详细程度要求:详细程度是以每平方千米的观测点数和观测路线密度来衡量的。一般要求观测点、线之间的间距在图上宜为2~5cm。

为了达到精度要求,野外测绘时所采用的工作底图比例尺应比提交的成图比例尺大一级,待工作结束后再缩成提交成图的比例尺。例如,若提交成图的比例尺为1:10 000,则现场测绘时所持有的地形底图的比例尺应为1:5000。

2.3 前期的准备工作

2.3.1 搜集和研究资料

(1)区域地质资料:如区域地质图、地貌图、构造地质图、矿产分布图、地质环境及地质灾害区划图、地质剖面图、柱状图等及其文字说明,应着重研究地貌、岩性、地质构造和新构造运动的活动迹象。

(2)遥感资料:地面摄影和航片、卫片及解译资料。

(3)气象资料:区域内主要气象要素,如气温、气压、湿度、风速、风向、降水量、蒸发量、降水量随季节变化规律以及冻结深度。

(4)水文资料:水系分布图、水位、流速、流量、流域面积、径流系数及动态、洪水淹没范围等资料。

(5)水文地质资料:地下水的主要类型、埋藏深度、补给来源、排泄条件、变化规律和岩土的透水性及水质分析资料。

(6)地震资料:测区及其附近地区地震发生的次数、时间、地震烈度、造成的灾害和破坏情况,并应研究地震与地质构造的关系。

(7)地球物理勘探和矿藏资料。

(8)工程地质勘察资料:各类工程的工程地质勘察资料,并研究各类岩土的工程性质和特征,了解不良地质作用的位置和发育程度。

(9)建筑经验:已有建筑物的结构、基础类型和埋深,采用的地基承载力,地基处理方法,建筑变形情况,沉降观测资料等。

2.3.2 现场踏勘

现场踏勘是在搜集资料的基础上进行的,目的在于了解测区地质情况和问题,以便合理地布置观测点和观察路线,正确布置实测地质剖面位置,拟定野外工作方法。

踏勘的方法和内容如下:

(1)根据地形图,在测区内按固定路线进行踏勘,一般采用"之"字形、曲折迂回而不重复的路线,穿越地形、地貌、地层、构造、不良地质作用等有代表性的地段,初步掌握地质条件的复杂程度。

(2)为了解全区的岩层情况,在踏勘时应选择露头良好、岩层完整有代表性的地段做出野外地质剖面图,以便熟悉地质情况和掌握地区岩层的分布特征。

(3)访问和搜集洪水及其淹没范围等。

(4)寻找地形控制点的位置,并抄录坐标、高程资料。

(5)了解测区的交通、经济、气候、食宿等条件,以便作好测绘时所需的各种物资准备。

2.3.3 编制工程地质测绘纲要

测绘纲要是进行测绘的依据,其内容一般包含以下几个方面。

(1)工程任务情况:包括测绘的目的、要求、测绘面积和比例尺等。

(2)测区的自然地理条件:包括地理位置、交通、水文、气象、地形、地貌特征等。

(3)测区地质概况:包括地层、岩性、地质构造、地下水及不良地质作用等。

(4)测绘工作量、工作方法及精度要求:包括观测路线和观测点的部署、室内及野外测试工作。

(5)人员组成及经费预算。

(6)材料、物资、器材及机具的准备和调度计划。

(7)工作计划及工作步骤。

(8)拟提交的各种成果资料及图件。

2.4 现场测绘工作的内容和方法

2.4.1 工程地质测绘和调查的内容

根据《岩土工程勘察规范》(GB 50021—2001)(2009年版)第8.0.5条的规定,工程地质测绘和调查,宜包括以下内容:

(1)查明地形地貌特征及其与地层、地质构造、不良地质作用的关系,划分地貌单元。

(2)岩土的年代、成因、性质、厚度、分布;对岩层应鉴定其风化程度,对土层应区分新近沉积土、各种特殊性土。

(3)查明岩体结构类型,各类结构面(尤其是软弱结构面)的产状和性质,岩、土接触面和软弱夹层的特性等,新构造活动的形迹及其与地震活动的关系。

(4) 查明地下水的类型、补给来源、排泄条件,井泉位置,含水层的岩性特征、埋藏深度、水位变化、污染情况及其与地表水之间的关系。

(5) 搜集气象、水文、植被、土的标准冻结深度等资料;调查最高洪水位及其发生的时间、淹没的范围。

(6) 查明岩溶、土洞、滑坡、崩塌、泥石流、冲沟、地面沉降、断裂、地震震害、地裂缝、岸边冲刷等不良地质作用的形成、分布、形态、规模、发育程度及其对工程建设的影响。

(7) 调查人类活动对场地稳定性的影响,包括人工洞穴、地下采空、大挖大填、抽水排水和水库诱发地震等。

(8) 建筑物的变形和工程经验。

2.4.2 工程地质测绘和调查的方法

工程地质测绘和调查的方法有实地测绘法和像片成图法。

1. 实地测绘法

(1) 路线穿越法:沿着一定的路线,穿越测绘场地,把走过的路线正确地描绘在地形图上,并沿途详细观察地貌和地质情况,把各种地质界线、地貌界线、地质构造线、岩层产状、地下水露头点及其水位值、各种不良地质作用等标绘在地形图上。路线的起点应选择在有明显的地物或地形标志处,其方向应尽量垂直岩层走向、地质构造线方向或地貌界线。整个线路的安排上力求露头多、覆盖层薄、步行无阻的地段。

(2) 追索法:沿某种界线逐条布点追索,如沿着某断层追索或沿着某个地层界线追踪,并将其路径绘于图上。

(3) 布点控制法:按测绘精度要求在地形图上均匀地布置观测点和观测路线的工作方法。一般在平原地区、第四系覆盖层较厚的地段,布点处需进行人工揭露时采用。

2. 像片成图法

像片成图法是利用地面高空摄影像片,在室内进行判译,结合区域内已知的地质资料,把判明的地层岩性、地质构造、地貌、水系和不良地质现象等绘制在像片上,并在像片上选择需要调查的若干地点和线路,进行实地调查、核对、修正、补充地质资料,最后将调查的结果绘制成工程地质图。

2.4.3 观测点、观测线的布置、密度要求和定位方法

1. 观测点、观测线的位置要求

地质观测点的布置应有代表性,一般宜布置在:①地质构造线上;②地层接触线上;③岩性分界线上;④标准层位中(每个地质单元体均应有观测点);⑤不整合面上;⑥地貌单元或微地貌单元的分界线上;⑦各种不良地质作用分布地段。

当天然露头不足,以至于无法控制各种地质界线时,可在适当地段布点进行人工揭露,如探坑或探槽等,以查清各种地质情况。

2. 观测点、观测线的密度要求

观测点、观测线的密度根据场地的地貌、地质条件、成图比例尺和工程要求等确定。一

般要求相邻的观测点之间、相邻的观测线之间的间距在图上的距离宜为 2~5cm。观测点、观测线的位置应具代表性。

3. 定位方法

可根据不同精度的要求,选用不同的定位方法。

(1)目测法:根据地形地物的对比找出其在地形图中的位置点。此法适用于小比例的工程地质测绘。

(2)半仪器法:利用手机定位、罗盘定位、气压计或 GPS 定位。此法适用于中比例尺的工程地质测绘。

(3)仪器法:采用经纬仪、水准仪、全站仪等精密测量仪器进行定位。此法适用于大比例尺的工程地质测绘;对重要的特殊地质观测点(地质构造线、地层接触线),亦宜采用仪器法定位。

2.4.4 对地形、地貌的调查和研究

对于中、小比例尺的工程地质测绘,对地貌的研究内容主要包括:①地貌的形态特征、分布和成因;②划分地貌单元,分析地貌单元的形成与岩性、地质构造及不良地质作用等的关系;③各种地貌单元和形态的发展演化历史。

对地貌单元的划分和定名应按表 2.4.1 和表 2.4.2 进行。

表 2.4.1 地貌单元分类

成因类型	地貌单元		主导的地质作用
构造、剥蚀地貌	山地	高山	构造作用为主,强烈的冰川刨蚀作用
		中山	构造作用为主,强烈的剥蚀切割作用和部分的冰川刨蚀作用
		低山	构造作用为主,长期强烈的剥蚀切割作用
	丘陵		中等强度的构造作用,长期剥蚀切割作用
	剥蚀残山		构造作用微弱,长期剥蚀切割作用
	剥蚀准平原		构造作用微弱,长期剥蚀和堆积作用
山麓斜坡地貌	洪积扇		山谷洪流的堆积作用
	坡积裙		山坡面流的坡积作用
	山前平原		山谷洪流的堆积作用为主,夹有山坡面流的坡积作用
	山间凹地		周围山谷洪流的堆积作用和山坡面流的坡积作用
河流侵蚀堆积地貌	河谷	河床	河流的侵蚀切割作用或冲积作用
		河漫滩	河流的冲积作用
		牛轭湖	河流的冲积作用或转变为沼泽堆积作用
		阶地	河流的侵蚀切割作用或冲积作用
	河间地块		河流的侵蚀作用

续表 2.4.1

成因类型	地貌单元	主导的地质作用
河流堆积地貌	冲积平原	河流的冲积作用
	河口三角洲	河流的冲积作用,间有滨海堆积或湖泊堆积作用
大陆停滞水堆积地貌	湖泊平原	湖泊的堆积作用
	沼泽地	沼泽的堆积作用
大陆构造-侵蚀地貌	构造平原	中等强度的构造作用,长期侵蚀和堆积作用
	黄土塬、梁、峁	长期剥蚀和堆积作用,长期的黄土堆积和侵蚀作用
海成地貌	海岸	海水冲蚀或堆积作用
	海岸阶地	海水冲蚀或堆积作用
	海岸平原	海水堆积作用
岩溶地貌	岩溶盆地	地表水、地下水强烈溶蚀作用
	峰林地形	地表水强烈溶蚀作用
	石牙残丘	地表水的溶蚀作用
	溶蚀准平原	地表水的长期溶蚀作用和河流的堆积作用
冰川地貌	冰斗	冰川刨蚀作用
	幽谷	冰川刨蚀作用
	冰蚀凹地	冰川刨蚀作用
	冰碛丘陵、冰碛平原	冰川堆积作用
	终碛堤	冰川堆积作用
	冰前扇地	冰川堆积作用
	冰水阶地	冰川侵蚀作用
	冰碛阜	冰川接触堆积作用
风成地貌	沙漠 沙漠	风的吹蚀作用
	沙漠 石漠	风的吹蚀作用和堆积作用
	沙漠 泥漠	风的吹蚀作用和水的再次堆积作用
	风蚀盆地	风的吹蚀作用
	沙丘	风的堆积作用

大比例尺的工程地质测绘,主要是侧重微地貌与工程建筑物的布置以及岩土工程设计、施工关系等方面的研究。

对地貌调查时应注意以下问题:

(1)地貌观测路线大多是地质观测线,观测点的布置应在地貌变化显著的地点,如阶地最发育的地段,冲沟、洪积扇、山前三角面以及岩溶发育地点等。

(2)划分地貌成因类型时,必须考虑新构造运动这个重要因素,因为新构造运动是控制现状地形形态的重要因素。

表 2.4.2　构造、剥蚀地貌单元分类

山地名称		绝对高度/m	相对高度/m	备注
最高山		>5000	>5000	其界线大致与现代冰川位置和雪线相符
高山	高山	3500~5000	>1000	以构造作用为主,具有强烈的冰川刨蚀切割作用
	中高山		500~1000	
	低高山		200~500	
中山	高中山	1000~3500	>1000	以构造作用为主,具有强烈的剥蚀切割作用和部分冰川刨蚀作用
	中山		500~1000	
	低中山		200~500	
低山	中低山	500~1000	500~1000	以构造作用为主,受长期强烈剥蚀切割作用
	低山		200~500	

2.4.5　对地层岩性的调查和研究

对地层岩性的调查和研究主要包括:①确定地层的时代和填图单位;②各类岩土层的分布、岩性、岩相及成因类型;③岩土层的厚度、产状、分布范围、正常层序、接触关系及其变化规律;④岩土层的工程地质性质等。

(1)对基岩地层岩性的研究:除岩性、成因、时代、厚度、分布、风化程度以及层序及接触关系等内容外,还应特别注意对以下内容的研究。

沉积岩类:软弱岩层和次生夹泥层的分布、厚度、层位、接触关系和工程地质特性,碳酸盐岩及其他可溶岩类的岩溶现象,泥质岩类的泥化和崩解特性。

岩浆岩类:侵入岩的边缘接触面,平缓的原生节理、岩床、岩墙、岩脉的产状及其相互穿插关系,风化壳的分布、厚度及分带情况,软弱矿物富集带等,喷出岩的喷发间断面(蚀变带、风化夹层、夹泥层、松散的砂砾石层等),凝灰岩的分布及其泥化情况,玄武岩的柱状节理、气孔等。

变质岩类:变质类型和变质程度、软弱变质岩带或夹层以及岩脉的特性,泥质片岩类风化、泥化和失水崩裂现象,千枚岩、板岩的碳质、钙质等软弱夹层的特性、软化及泥化情况等。

(2)对第四纪土层的研究:堆积物的时代、成因、类型、颗粒组成、均一性和递变情况,各沉积层所处的地貌单元、地质结构及与下伏基岩的关系等。此外还应特别注意建筑地段特殊土的分布、厚度、延续情况、工程特性以及与某些不良地质现象形成的关系。

2.4.6　对地质构造的调查和研究

地质构造是影响建设工程的区域地壳稳定性、建筑场地稳定性和岩土体稳定性极其重要的因素。除特大型工程外,一般工程建设的工程地质测绘均着重于对小范围地质构造的研究,包括小褶皱变形、断裂构造和节理裂隙等,因为这些"小构造"直接控制着岩体的完整性、强度和透水性,是评价工程岩体稳定性的重要依据。具体研究内容包括以下几个方面:

(1) 调查和研究各种构造形迹的分布、形态、规模和结构面的力学性质、序次、级别、组合方式以及所属的构造体系。

(2) 调查和研究褶皱的性质、类型、形态要素及轴面、枢纽、两翼地层的产状及对称性等。

(3) 调查和研究断裂构造的力学性质、类型、规模、产状、上下盘的相对位移量及断裂破碎带的宽度、充填物质、胶结物和胶结程度。

(4) 调查和研究新构造运动的性质、强度、趋向、频率,分析升降变化规律及各地段的相对运动,特别是新构造运动与地震的关系。

(5) 调查和研究节理裂隙的成因、产状、性质、宽度、延伸性和切穿性,裂隙面上的蚀变矿物、粗糙度和起伏度、擦痕及摩擦镜面以及裂隙间充填物、胶结物的性质及其胶结程度,并选择有代表性的地段作节理裂隙统计。统计结果可用裂隙走向玫瑰图(图 2.4.1)、裂隙极点图(图 2.4.2)及裂隙等密度图(图 2.4.3)等图示方法,也可用裂隙率 K_j 等数量方法表示。所谓裂隙率是指一定露头面积内裂隙所占的面积的百分数,计算式为 $K_j = \dfrac{\sum A_j}{F}$;其中,$\sum A_j$ 为裂隙面积的总和,F 为所统计的露头面积。岩石的裂隙率也可用体积之比来表示,即 $K_j =$ 裂隙的体积 / 包括裂隙在内的岩石总体积。

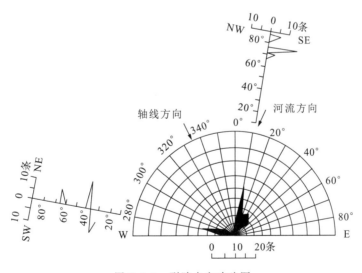

图 2.4.1 裂隙走向玫瑰图

根据裂隙率 K_j 的不同,可将岩体裂隙的发育程度划分为:弱裂隙性,$K_j \leqslant 2\%$;中等裂隙性,$2\% < K_j \leqslant 8\%$;强裂隙性,$K_j > 8\%$。

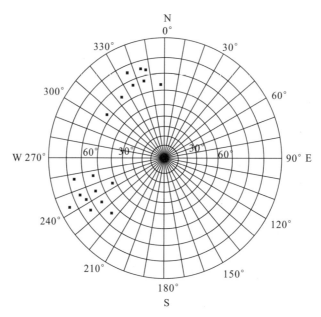

图 2.4.2 裂隙极点图

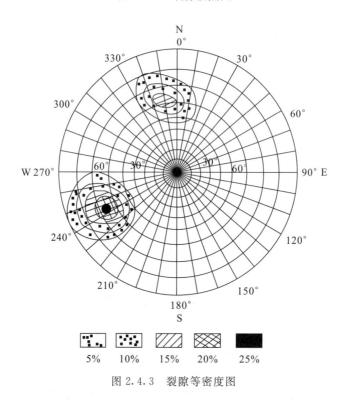

图 2.4.3 裂隙等密度图

2.4.7 对水文地质条件的调查和研究

水文地质条件也是工程地质条件的要素之一。工程地质测绘中对水文地质条件进行研究,其目的是研究和解决与地下水活动有关的工程地质问题,或研究与地下水活动有关的物理地质现象。例如,在水利工程中通过调查和研究库区的水文地质条件,为坝址和库区渗漏问题的分析和评价提供依据;在尾矿库项目可研论证阶段,调查和研究库区内的水文地质条件,其目的是判断该尾矿库的废水是否会发生泄漏并预测其泄漏的主要方向、泄漏量,并以此评价该尾矿库的建设对周边的水环境造成污染的程度。

因此,水文地质条件研究的内容主要包括:①包气带的厚度、岩性特征及其渗透性;②测区内各地层的岩性及富水性,含水层和隔水层的分布特征;③地下水的类型、埋深、补给来源、径流和排泄特征;④测区内井泉位置、水位、水量、水质及其动态变化;⑤测区的地质构造与地下水运动、岩溶发育之间的关系。此外,还应搜集测区所在区域范围内的气象、水文、植被、土的标准冻结深度等资料,调查测区内河流最高洪水位及其发生时间、淹没范围。

2.4.8 对不良地质作用的调查和研究

不良地质作用是指由各种外动力地质作用所引起的物理地质现象,如滑坡、崩塌、泥石流、岩溶塌陷、土洞、地面沉降、采空区、岸边冲刷以及由内动力地质作用所引起的断裂、地裂缝、地震震害等。它们直接影响着工程建筑物的安全、造价和正常使用,因此,在工程地质测绘中,必须进行详细的调查和研究。调查和研究的主要内容有:

(1)调查和研究各种不良地质作用的分布位置、形态特征、规模、类型及其发育程度。
(2)调查和研究不良地质作用的形成机制、发展与演变趋势。
(3)研究不良地质作用对工程建设的影响及危害。

2.4.9 对其他内容的调查和研究

(1)已有建筑物的变形和建筑经验。对已有建筑物进行观察,研究其有无变形破坏的迹象,以评价拟建筑场区的工程地质条件,并对拟建建筑物是否会发生变形和破坏做出预测,以及根据已有建筑经验提出正确的设计和施工方案。

(2)人类工程活动对拟建场地稳定性的影响。其内容包括人工洞穴、地下采空区、大挖大填、抽水排水和水库诱发地震等。

(3)天然建筑材料的储备。大型水利枢纽、道路以及国防工程等的兴建,往往需消耗大量工程建筑材料,因此需要对天然建材进行研究。内容主要包括:

①对块石料的调查与研究。包括块石料的岩石名称、矿物成分、结构和粒度等;岩石的风化程度及分带性;岩体的裂隙发育程度、产状及厚度;岩石的物理力学性质。

②对砂、碎石料的调查与研究。包括碎石层的层位、层数,各层的厚度、长度、宽度及其与顶、底板的接触关系;砂、碎石料的颗粒级配、磨圆度、矿物及岩石成分;黏性土、粉土及粉砂的含量;覆盖层厚度及其变化情况。当砂、碎石料位于地下水位以下时,还应调查地下水位的变化幅度,砂、碎石的透水性、涌水量及其与其他含水层或地表水的水力联系。

③对粉土、黏性土料的调查与研究。包括粉土、黏性土层的成因及其分布规律、厚度、长度和宽度;覆盖层的厚度、性质及分布情况;稠度状态、可溶盐含量及有机质含量等。

④调查与研究天然建筑材料的开采和运输条件,并对天然建筑材料进行储量估算。储量的计算方法有算术平均法、平面断面法、最近点法和三角形法4种。

2.5 测绘成果的资料整理

根据《岩土工程勘察规范》(GB 50021—2001)(2009 年版)第 8.0.6 条的规定,工程地质测绘和调查的成果资料,宜包括实际材料图、综合工程地质图、工程地质分区图、综合地质柱状图、工程地质剖面图以及各种素描图、照片和文字说明等。

工程地质测绘完成后,一般不单独提交测绘成果,只是作为中间成果放到某一勘察阶段中,使这一勘察阶段在测绘基础上再作深入的工作。

2.5.1 室内资料整理的内容

(1)检查和校对野外测绘资料。检查各种野外记录所描述的内容是否齐全;详细校对各种原始图件所划分的地层、岩性、构造、地形地貌、地质成因界线是否符合野外实际情况,在不同图件中相互间的界线是否吻合。

(2)核查野外所标绘的各种地质现象是否正确。

(3)核对所搜集的资料与本次测绘的资料是否一致,如出现矛盾,应分析原因。

(4)整理校对野外所采集的各种标本。

2.5.2 各类工程地质图表的内容和要求

根据工程地质测绘目的和要求,编制有关的工程地质图表。各类图表的内容和要求如下。

1. 实际材料图

实际材料图主要是用来反映野外工作中对各种地质地貌现象、点位和观测路线进行观察和描述的图件。它一方面可以反映野外工作的精度和工作量,另一方面也可以在一定程度上反映测绘时的工作方法及采取的一些技术措施,如是否布置有钻孔、探坑、探槽或原位测试等。同时,它也便于审核部门对野外工作质量进行检查和验收。

制图方法:把每天的观测路线和观测点标绘在图上并作编号即可。所谓观测路线就是野外测绘时实际所走过的路线和实测的剖面线。观测点包括各种地质点、构造点、地貌点、井泉调查点及不良地质作用观察点等。若有钻孔、探槽、探坑、取样及试验时,还要用专门的符号将它们表示在图中。

2. 综合工程地质图或工程地质综合分区图

从工程的规划、设计和施工的要求出发,反映建筑场区工程地质条件并给予综合评价的地质图件称为工程地质图。图中既有说明工程地质条件的综合资料,又对测区工程地质条件做出综合评价的工程地质平面图称为综合工程地质图。而图中既有说明工程地质条件的综合资料,又有分区,并对各区的建筑适宜性做出评价的工程地质平面图则称为工程地质综合分区图。

综合工程地质图必须能够明确地反映测区的地质条件,图中应表示如下内容:

(1)地形地貌条件。图上应划分出地貌形态的等级和地貌单元,其划分的详细程度由比例尺大小和编图目的来决定;地形的起伏变化情况则用地形等高线表示。

(2) 地层岩性。按岩土体的时代、成因和工程地质类型划分工程地质单元体。各工程地质单元体之间的界线都必须在图上勾绘出来。

(3) 地质构造。图上要标示出测区地层的产状、褶皱和断裂,可用一般地质填图的专门符号来表示。对于断裂构造,还必须反映出断裂的走向、倾向及其力学性质等。在大比例尺测绘中,还应标明其实际位置、宽度和延伸长度。

(4) 水文地质条件。图上应标示出测区含水层和隔水层的分布情况,井、泉的出露位置,水位及涌水量,地下水的埋深,化学成分和侵蚀性等。一般用符号或等值线表示。

(5) 不良地质作用。对于测区出露的各种不良地质作用,都必须在图上反映出来。若规模较大且边界较明显时,应采用专门的界线符号在图上将其圈画出来。若规模较小或边界不明显时,也可用特定符号在图上表示出来。

工程地质综合分区图与综合工程地质图所不同的是,分区图上除了应表示上述内容外,还应进行工程地质分区,即将图区范围按其工程地质条件及其对建筑的适宜性划分为不同的区段并标示在图上,不同区段的工程地质条件是不同的,而同一区段内在工程的修建和实用或勘察条件上则是相似的。

以上这两种图件还必须结合工程建筑的要求对测区或各分区进行综合工程地质评价,分析测区的主要工程地质问题,并对其建筑适宜性做出结论,以利于设计、施工等人员阅读。

3. 综合地质柱状图

综合整个测区出露的所有地层,根据其成因类型、岩性特征、厚度及接触关系等,按时代的新老关系依次绘制而成的地层柱状图,称为综合地质柱状图。

4. 工程地质剖面图

工程地质剖面图必须能够反映沿剖切方向的地下地质结构,与平面图配合可获得对场地工程地质条件的深入了解。其编制方法与地质剖面图基本相同,其内容除了一般地质剖面图所表示的地层时代、岩性及地质构造等条件外,还应加进一些与工程建筑有关的内容,如地下水位、地貌界线、工程地质分区界线及编号等。一些大比例尺的工程地质剖面图上,常用数字符号,标明岩层的物理力学性质指标等。

此外,在实际工程中解决某些专门的工程地质问题时,还要求提供其他专门性的工程地质分析图件,如基岩面埋深等值线图、地下水埋深等值线图等。

2.6 "3S"技术在工程地质测绘中的应用

"3S"是指遥感技术(remote sensing, RS)、全球定位系统(global position system, GPS)和地理信息系统(geographic information system, GIS)的简称。

2.6.1 遥感技术在工程地质测绘中的应用

遥感技术(RS)是从高空和外层空间接收来自地球表层各类地物的电磁波信息,并通过对这些信息进行扫描、摄影、传输和处理,从而对地表各类物理和现象进行远距离的探测和识别。

工程地质条件的诸多要素或多或少均能在遥感图像中得到反映。在工程地质测绘中利用遥感图像作为辅助手段,可大大减少了野外工作量(能减少工作量达1/3以上)。尤其是在地形陡峻、山高林密的地区,野外的勘测工作难度很大,此时若能利用遥感图像对调查区的地层岩性、地质构造、地形地貌、植被分布情况进行调查,通过影像特征,将上述各要素解译出来,可大幅减少野外调查的难度和工作量。遥感技术的应用包括以下几个步骤。

1. 准备工作

准备工作包括资料搜集和遥感图像的质量检查、编录、整理等方面。

搜集的资料包括:各种陆地卫星图像或图像数字磁带、航空遥感图像、合适比例尺的地形图(宜与遥感图像的比例尺相同)、典型的地物波谱特征资料等。

遥感图像的检查内容主要包括:影像范围、重叠度、成像时间、比例、影像清晰度、反差、物理损伤、色调和云量等。

2. 初步解译

初步解译前应根据工程需要、地质条件、遥感图像的种类及其可解译的程度等,先确定出解译的范围和解译的工作量,制定解译的原则和技术要求,建立区域解译标志。

初步解译的要点:①对立体图像,应利用立体解译仪器进行观察;②遥感图像在解译过程中,应按"先主后次,先大后小,从易到难"的顺序,反复解译、辨认;重点工程应仔细解译和研究;③应用规定的图例、符号和颜色,在航片上对地质界线进行勾绘和符号标记。

初步解译后,应编制遥感地质初步解译图,其内容应包括各种地质解译成果、调查路线和拟验证的地质观测点等。

3. 外业验证调查与复核

根据《岩土工程勘察规范》(GB 50021—2001)(2009年版)第8.0.7条的规定,利用遥感影像资料解译进行工程地质测绘时,现场检验地质观测点数宜为工程地质测绘点数的30%~50%。野外工作内容应包括:①检查初步解译标志;②检查解译结果;③检查外推结果;④对室内解译难以获得的资料进行野外补充。

验证调查点的平均密度,应符合下列规定:①在遥感图像上,每条地质界线上应布设1个验证点;②航空遥感技术外业验证点的平均密度可按表2.6.1确定;③外业验证调查中,应搜集和验证遥感图像的地质样片。

表2.6.1 航空遥感技术外业验证点的平均密度

测图比例尺	验证点数/(个·km^{-2})		测图比例尺	验证点数/(个·km^{-2})	
	第四系覆盖区	基岩裸区		第四系覆盖区	基岩裸露区
1∶50 000	0.1~0.3	0.5~1.0	1∶10 000	0.5~2.0	1.5~4.5
1∶25 000	0.2~1.0	1.0~2.5	1∶2000~1∶5000	2.0~5.0	6.0~15.0

4. 最终解译和检查

最后,应进行遥感图像的最终解译并作全面检查,要求做到各种地层、岩性(岩组)、地质构造、不良地质作用等的定名和接边准确；成图比例尺应符合有关规定。

2.6.2 地理信息系统在工程地质测绘中的应用

1. 地理信息系统的功能

从应用的角度，地理信息系统是由硬件、软件、数据、人员和方法等5部分组成。

地理信息系统的功能包括：①数据的输入、存储、编辑功能；②运算功能；③数据的查询、检查功能；④分析功能；⑤数据的显示、结果的输出功能；⑥数据的更新功能。

2. 地理信息系统的建立

地理信息系统的建立应当采用系统工程方法，从以下6个方面进行。

(1)以满足客户要求为系统建立的目标。

(2)空间数据流程：数据规范与信息源的选择→数据获取和标准化处理→数字化与数据输入→空间数据库的建立→数据管理→数据处理分析和应用→成果的输出与提供服务。

工作流程：前期准备→系统设计→施工、软件开发、建库、组装、试运行、诊断→运行、系统交付使用和更新。

(3)地理信息系统的实体框架：由核心数据库和应用子系统构成。子系统可以多个，每个子系统都有其自身的目标、边界、输入、输出、内部结构和各种流程。

(4)地理信息系统的运行环境：最大限度地满足用户的工作要求；在保证实现系统功能的前提下，尽可能降低资金的投入；要考虑在一定时期内技术的相对先进性以及软硬件之间的相互兼容性。

(5)地理信息系统的标准：为确保各数据库和子系统数据分类、编码和数据文件命名的系统性、唯一性，以保证本系统与其他信息系统的联网，需在已有国家标准、行业标准、地方标准的情况下，根据系统本身的需要制定必要的标准、规则与规定。

(6)地理信息系统的更新：在设计阶段要充分考虑系统的更新，确保系统有旺盛的生命力，满足不同阶段客户和社会的需要。

3. 地理信息系统在勘察行业中的应用

目前我国工程勘察行业普遍使用的 MapGIS 工程勘察 GIS 信息系统，是利用 GIS 技术对以各种图件、图像、表格、文字报告为基础的单个工程勘察项目或区域地质调查成果资料以及基本地理信息，进行一体化存储管理，并在此基础上进行二维地质图形生成及分析计算，利用钻孔数据建立区域三维地质结构模型，采用三维可视化技术直观、形象地表达区域地质构造单元的空间展布特征以及各种地质参数，建立集数字化、信息化、可视化为一体的空间信息系统。该系统由以下几个模块组成。

(1)数据管理：数据管理子系统主要实现对地理底图、工程勘察所获取的资料和成果的录(导)入、转换、编辑、查询等功能。

(2)工程地质分析与应用：可生成钻孔平面布置图、岩土层柱状图、工程地质剖面图，还可生成各种等值线图、各种试验曲线图等。

(3)三维地质建模可视化：可快速地建立三维地质结构模型，并提供对三维模型的放大、缩小、旋转、前后移动、量算等操作。

(4)成果生成与输出:可提供各类报表的输出和平面成果图、三维地质模型图的效果图等。

2.6.3 全球卫星定位系统

(1)美国的 GPS 系统。GPS 起始于 1958 年美国军方的一个项目,1964 年投入使用。20 世纪 70 年代以后,美国陆海空三军联合研制了新一代卫星定位系统 GPS,该系统由 24 颗卫星组成(工作卫星 21 颗,另外 3 颗在轨备用)。GPS 的出现给测绘工作带来了极大的便利,具体表现为定位精度高[可达到厘米级或分米级(免费的 GPS 仪器精度一般为 5~30m)]、速度快、费用省、操作简单、全天候作业等优良特性。

(2)中国的北斗卫星定位系统。至 2023 年底,北斗的组网卫星已有 55 颗。北斗系统的精度已与 GPS 相当(达到厘米级或分米级),但其整体核心指标已经超过 GPS,目前可向全球用户提供高质量的定位、导航和授时服务,包括开放服务和授权服务两种方式。开放服务是指向全球免费提供定位、测速和授时服务,免费服务的精度可达 10m 级,甚至局部地区能达到 2~3m 的定位精度,授时精度达到 10ns,测速精度 0.2m/s。北斗系统目前已服务全球 200 多个国家和地区的用户,在民航、海事、搜救等领域积极履行国际义务。在我国,在国产手机上安装常见的国产导航软件均可利用北斗系统进行导航服务。

(3)利用手机定位的办法。在手机上安装高德地图、百度地图、腾讯地图、Google 地图等 App 软件,可查到自己所在的位置并进行导航,不过要找到感兴趣点的经度和纬度坐标,就需在手机上下载另外的软件,如 GPS 工具箱、指南针、奥维互动地图等 App 软件。其中目前使用最为方便和最广泛的是奥维互动地图 App。它不仅能显示出感兴趣点的地理坐标,还能保存所有定位点的相关信息(包括观测点编号、坐标、文字描述、照片等),并能输出这些信息。

奥维互动地图起步较早,其主要优点是可实现谷歌卫星地图的预先缓存下载,在过去网络流量价格昂贵的年代可事先在室内通过 WiFi 下载或缓存在线地图,避免户外使用时消耗大量的网络流量。不过自 2021 年 1 月起,为了国家安全,国家测绘主管部门要求下架未经依法审核批准的谷歌系列地图后,就等于取消了基于奥维高程数据库的等高线绘制功能,导致奥维互动地图的实用性大为降低,其用户也大为减少。不过在取消谷歌系列地图后,国家测绘主管部门也提高了国产"天地图"的浏览级别,虽然其卫星影像效果不如谷歌卫星地图,但已基本能实现与谷歌卫星地图等同精度的查看和使用。

目前,除了奥维互动地图外,较为常用的外业勘察地图软件还有图新地球(LocaSpace Viewer,LSV)、外业精灵 App、铁路勘察专用导航软件 App 等。这 3 种外业软件已在本书 0.4.2 小节作过介绍,在此不再赘述。这些软件的功能大体一致,都是部分基础使用功能免费,基本均能满足外业勘察需求。

思 考 题

一、单项选择题

1. 根据《岩土工程勘察规范》(GB 50021—2001)(2009 年版)对工程地质测绘地质点的精度要求,如测绘比例尺选用 1∶5000,则地质测绘点的实测精度应不低于(   )。

A. 5m　　　　　B. 10m　　　　　C. 15m　　　　　D. 20m

2. 混合岩属于（　　）。
A. 岩浆岩　　　B. 浅变质岩　　　C. 深变质岩　　　D. 岩性杂乱的任何岩类

3. 下列关于裂隙节理的统计分析方法中,（　　）说法是错误的。
A. 裂隙率是一定露头面积内裂隙所占的面积
B. 裂隙发育的方向和各组裂隙的条数可用玫瑰图表示
C. 裂隙的产状、数量和分布情况可用裂隙极点图表示
D. 裂隙等密度图是在裂隙走向玫瑰花图的基础上编制的

4. 实地进行工程地质测绘时为查明某地质界线而沿该界线布点,该方法称为（　　）。
A. 路线法　　　B. 布点法　　　C. 追索法　　　D. 综合法

5. 利用已有遥感资料进行工程地质测绘时,下列哪个选项的工作流程是正确的？（　　）
A. 踏勘→初步解译→验证和成图　　　B. 初步解译→详细解译→验证和成图
C. 初步解译→踏勘和验证→成图　　　D. 踏勘→初步解译→详细解译和成图

6. 下列哪个选项应是沉积岩的结构？（　　）
A. 斑状结构　　　B. 碎屑结构　　　C. 玻璃质结构　　　D. 变晶结构

7. 某山地绝对高度为800～1000m,相对高差约300m,其山地类型为（　　）。
A. 低山　　　B. 中低山　　　C. 低中山　　　D. 中山

二、多项选择题（少选、多选、错选均不得分）

1. 下图为岩层节理走向玫瑰图,有关该图中节理走向的下列描述中,（　　）是正确的。
A. 走向约北偏东35°的节理最为发育　　　B. 走向约北偏西55°的节理次发育
C. 走向约南偏西35°的节理最为发育　　　D. 走向约南偏东55°的节理不发育

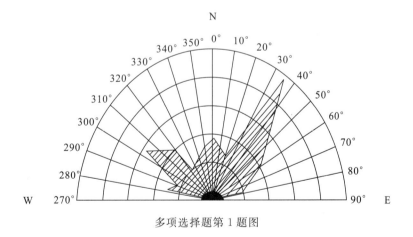

多项选择题第1题图

2. 工程地质测绘与调查工作的质量与（　　）有关。
A. 地表植被发育　　　B. 底图比例尺　　　C. 第四系覆盖层厚度　　　D. 岩层产状

3 勘探与取样

3.1 工程地质勘探的任务和技术手段

勘探就是采取某种方法去揭示地下岩土体(包括地下水、不良地质作用等)的岩性特征及其空间分布、变化特征。

3.1.1 勘探的任务

工程地质勘探的主要任务是全面、正确地查明地壳表层与建筑物相互作用的范围内的工程地质条件。具体包括：

(1)地质结构。确定地基各岩土层的埋深、分布范围；查明各土层的岩性、物质组成、状态、结构特征；划分出各种风化程度的岩层，确定岩层的产状和接触关系；详细研究断层、裂隙的规模和产状，查明断层角砾岩的特征及胶结程度。

(2)不良地质作用。查明溶洞发育深度、规模大小；查明滑坡滑动面的位置、地层岩性及其物理力学特征。

(3)水文地质条件。查明含水层、隔水层的位置；测定地下水位、单井涌水量；判定含水层的类型；取水样监测地下水水质。

3.1.2 勘探的技术手段

工程地质勘察所采用的勘探方法主要有钻探、坑探、物探和触探。

(1)坑探是一种"直接"的手段，勘探人员可进入其中对岩土体进行观察编录并能进行取样和原位测试，因此通过坑探能较可靠地了解地下的地质情况。

(2)钻探是"半直接"的勘探手段，勘探人员在地面上可通过取芯来观察地层的岩性，通过钻头的钻速、掉落等情况来判定地下岩层的坚硬程度和地下洞室的高度，通过钻孔的水位测量和抽水试验获得含水层的水文地质信息；但钻探对一些重要的地质体或地质现象有时会误判或遗漏。

(3)物探是"间接"手段，是通过岩土层的导电性、磁性、重力场特征等来间接地获得地下地质体的相关信息，对测试结果解译有些不确定性并可能产生误判。

(4)触探主要是指利用动力触探、旁压试验、静力触探、扁铲侧胀等技术手段来查明地下地质体的工程特性。在实施过程中，地面上的勘探人员看不到地下的地质体，不能进行岩性描述和编录，因此触探也是间接手段。

3.2 钻 探

钻探是利用专门的钻探机具钻入岩土层中,以揭露地下岩土体的岩性特征、空间分布与变化的一种勘探方法。工程地质钻探的目的是:①鉴别地层的岩性,确定其埋藏深度与厚度;②对岩土体进行原位测试;③查明钻进深度范围内地下水的赋存与埋藏条件;④采取符合质量要求的岩土试样和地下水试样。

3.2.1 工程地质钻探的特点

与以找矿为目的的地质钻探相比较,工程地质钻探具有以下主要特点:

(1)勘探线网的布置不仅要考虑自然地质条件,还要结合工程的类型、规模与特点。

(2)钻探的深度一般较小,多在数米到数十米范围内。

(3)钻孔的孔径变化较大,小者数十毫米,大者数千毫米,常用钻头直径为91~150mm。

(4)钻孔多具综合目的,除了查明地层岩性、水文地质等条件外,还要进行各种试验和采取试样等。

(5)对岩芯采取率要求较高,尤其是软弱夹层、岩石破碎带等也要求取出岩芯。

(6)在拟做试验的孔段,要求孔壁光滑平整,以便进行测试工作。

(7)为了解岩土体在天然状态下的物理力学性质,要求采取原状岩土试样,以便进行物理力学性质试验。

3.2.2 钻探方法及选择

工程地质勘察中可采用的钻探方法很多,根据其破碎岩土方法的不同,大致可分为回转钻探、冲击钻探、振动钻探和冲洗钻探等四大类。

(1)回转钻探:利用钻具回转使钻头的切削刃或研磨材料削磨岩土使之破碎而钻进。又可进一步分为孔底全面钻进和孔底环状钻进等两种。表3.2.1中的螺旋钻探为一种特殊的孔底全面钻进,它是利用螺旋钻头或勺形钻头等工具在黏性土层中进行的钻探,提钻时可取得扰动土样。

(2)冲击钻探:利用钻具的重力和下冲击力使钻头冲击孔底以破碎岩土而钻进。又可进一步分为锤击钻探和冲击钻探两种,工程地质勘察中均有使用。

(3)振动钻探:将机械动力所产生的振动力通过连接杆及钻具传到圆筒形钻头周围的土中,使土的抗剪力急剧降低,圆筒形钻头依靠自身及振动器的重量切削土层而钻进。

(4)冲洗钻探:利用上述各种方法破碎岩土,然后还利用冲洗液将破碎后的岩土携带冲出而钻进,冲洗液同时还起到护壁和润滑等作用。此法在钻孔灌注桩等岩土工程施工中使用较多,而在工程地质勘察中使用较少。

上述钻探方法各具特色,各有自己的使用范围。实际工程中应根据钻进地层的岩土类别和勘察要求加以选用。各种钻探方法的适用范围参见表3.2.1。

表 3.2.1 钻探方法的适用范围

钻探方法		钻进地层					勘察要求	
		黏性土	粉土	砂土	碎石土	岩石	直观鉴别、采取不扰动试样	直观鉴别、采取扰动试样
回转	螺旋钻探	++	+	+	-	-	++	++
	无岩芯钻探	++	++	++	+	++	-	-
	岩芯钻探	++	++	++	+	++	++	++
冲击	冲击钻探	-	+	++	++	-	-	++
	锤击钻探	++	++	++	+	-	++	++
振动钻探		++	++	++	+	-	-	++
冲洗钻探		+	++	++	-	-	-	-

注:++表示适用,+表示部分适用,-表示不适用。

应按下列情况来选用合适的钻探方法:

(1)对要求鉴别地层岩性和取样的钻孔,均应采用回转方式钻进,遇到碎石土可以用振动回转方式钻进。

(2)地下水位以上的地层应进行干钻,不得使用冲洗液,也不得向孔内注水,但可以用能隔离冲洗液的二重管或三重管钻进取样。

(3)钻进岩层宜采用金刚石钻头,对软质岩石及风化破碎岩石应采用双层岩芯管钻头钻进。需要测定岩石质量指标时,应采用外径为75mm的双层岩芯管钻头。

(4)在湿陷性黄土中,应采用螺旋钻头钻进,或采用薄壁钻头锤击钻进,操作时应符合"分段钻进,逐次缩减,坚持清孔"的原则。

(5)钻探口径和钻具规格应符合现行国家标准的规定。成孔口径应满足取样、测试和钻进工艺的要求。

3.2.3 工程地质勘察对钻探的要求

工程地质勘察工作中对钻探的要求如下:

(1)钻进深度和岩土分层深度的量测精度不应低于±5cm,非连续取芯钻进回次进尺应控制在1m之内,连续取芯钻进回次进尺应控制在2m之内。

(2)应严格控制非连续取芯钻进的回次进尺,使分层精度符合要求。

(3)对鉴别地层天然湿度的钻孔,在地下水位以上应进行干钻;当必须加水或使用循环液时,应采用双层岩芯管钻进。

(4)岩芯钻探的岩芯采取率,对完整和较完整岩体不应低于80%,较破碎和破碎岩体不应低于65%;对需重点查明的部位(滑动带、软弱夹层等)应采用双层岩芯管连续取芯。

(5)当需确定岩石质量指标RQD时,应采用75mm口径(N型)双层岩芯管和金刚石钻头。

岩芯采取率：所取岩芯的总长度与本回次进尺的百分比。总长度包括比较完整的岩芯和破碎的碎块、碎屑及粉碎物。

岩芯获得率：比较完整的岩芯长度与进尺的百分比。统计时不计入不成形的破碎物。

岩石质量指标 RQD 的定义见式(3.2.1)。它应以采用 75mm 口径的双层岩芯管和金刚石钻头获取的岩芯来确定。

$$\mathrm{RQD}=\frac{\text{大于 10cm 的岩芯累计长度}}{\text{钻探总进尺长度}}\times100\% \quad (3.2.1)$$

3.2.4 钻探编录

在钻探过程中，必须做好现场的钻探编录工作，即要把观察到的各种地质现象正确地、系统地用文字和图表表示出来。这既是工程技术人员的现场工作职责，也是保证达到钻探目的的重要环节和正确评价岩土工程问题的主要依据。为了保证质量，钻孔编录工作应由经过专业训练的人员来承担。

钻进过程中需填写钻探日志，对以下情况必须认真观察记录：

(1)钻进方法、钻头类型及规格、更换钻头情况及原因等。

(2)根据钻具突然陷落或进尺变快处的起止深度，判断洞穴、软弱夹层或破碎带的位置及规模。

(3)钻进砂层遇有涌砂现象时，应注明涌砂深度、涌升高度及所采取的措施。

(4)使用冲洗液钻进时，应注意记录其消耗量、回水颜色和冲出的混合物成分，以及在不同深度的变化情况等。

(5)发现地下水后，应量测其初见水位与稳定水位，记录量测的日期与经历时间等。

(6)孔壁坍塌掉块、钻具振动情况、钻孔歪斜、下钻难易、钻孔止水方法及钻进中所发生的事故等。

(7)每次取出的岩芯应按顺序排列，并按有关规定进行编号、整理、装箱及保管。

(8)注明所取原状土样、岩样的数量及深度，并按有关规定包装运输。

(9)钻进中所做的各种测试与试验，应按有关规定认真填写记录。

要求：对以上的记录应真实及时，并按钻进回次逐段填写，严禁事后追记。

岩芯鉴定：对钻进过程中遇到的岩土层需进行岩性特征观察、描述和记录，方法详见1.2.2小节及1.3.2小节。

钻孔资料整理：绘制钻孔柱状图，即将孔内的岩层情况，按一定比例尺编制成柱状图，并做出岩性描述；还应在相应位置上标明岩芯采取率、冲洗液的消耗量、地下水位、取样位置、标准贯入试验锤击数等信息。

3.3 坑 探

坑探是指在地表或地下挖掘各种类型的坑道，以揭示第四纪覆盖层下部基岩情况的工程地质特征，并了解第四纪地层地质情况的一种勘探方法。

3.3.1 坑探的类型与用途

坑探的类型包括以下几种。

(1)试坑:深2m以内,形状不定。主要用于局部剥除地表覆土、揭露基岩和进行原位试验等。

(2)浅井:从地表垂直向下,断面为圆形或方形,深5~15m。主要用于确定覆盖层、风化层的岩性与厚度,采取原状试样和进行现场原位试验等。

(3)探槽:在地表开挖长条形沟槽,深度不超过5m。主要用于追索构造线、断层,或探查残积层、坡积层、风化岩层的厚度与岩性等。

(4)竖井:形状同浅井,但深度大,可超过20m,一般在较平坦地方开挖。主要用于了解覆盖层厚度、岩性与性质,构造线与岩石破碎情况,岩溶、滑坡与其他不良地质作用等情况。岩层倾角较缓时效果较好。

(5)平硐:由地面掘进的水平坑道,深度较大。适用于较陡的基岩坡,用以调查斜坡的地质构造,对查明地层岩性、软弱夹层、破碎带、风化岩层效果较好,还可采取原状试样、做现场原位试验等。

(6)石门和平巷:不出露地面而与竖井相连的水平坑道。石门垂直于岩层走向,平巷平行于岩层走向。石门和平巷主要用于调查河底、湖底等的地质构造。

井探、槽探、洞探的特点及适用条件如表3.3.1所示。常用坑探如图3.3.1所示。

表3.3.1 井探、槽探、洞探的特点及适用条件

勘探种类	勘探实物工作量名称	特点	适用条件
井探	探井	断面有圆形和矩形两种,圆形直径为0.8~1.2m,矩形断面尺寸0.8m×1.2m;深度受地下水位影响,以5~10m较多,通常小于20m	常用于土层中,查明地层岩性、地质结构,采取原状土样,进行原位测试
槽探	探槽	断面呈长条形,断面宽度为0.5~1.2m;深受地下水位影响,一般为3~5m	剥除地表覆土,揭露基岩,划分土层岩性,追踪查明地裂缝、断层破碎带等地质结构的空间分布及剖面组合情况
洞探	竖井	形状近似探井,但口径大于探井,需进行井壁支护、排水、通风等	查明岩土层的埋深、岩性和地质结构
	斜井	具有一定斜度的竖井	
	平硐	在地面有出口的水平通道,深度大,需支护	常用于地形陡峭的基岩层中,查明河谷地段地层岩性、软弱夹层、破碎带、风化岩等,可进行原位测试

3.3.2 坑探工程中的观察与编录

1. 坑探工程的观察和描述内容

坑探工程中需要观察和描述内容主要包括:

(1) 地层的沉积时代、成因、岩性、厚度及其空间变化。

(2) 基岩的岩性、颜色、成分、结构构造、产状以及不同岩层间的接触关系。

(3) 岩石的风化特点及风化壳分带。

(4) 软弱夹层的岩性、厚度、产状及泥化情况等。

(5) 构造断裂的组数、产状,断裂面的力学性质、延展性、平滑度、充填物,节理裂隙的间距或密度,断层破碎带的宽度、产状、性质,构造岩的特点等。

图 3.3.1 常用坑探的工程示意图

(6) 地下水渗水点的位置、特点,含水层的性质、涌水量大小等。

以上各种现象在坑探过程中应不断地进行观察描述,尤其在岩性软弱、破碎的地下坑道更应如此;否则,后期因围岩变形或经支护后使原始地质现象难以观察,达不到预期目的。

2. 坑探工程展示图

沿坑探工程的四壁及顶、底面编制的地质断面图,按一定的制图方法绘在一起就成为展示图。用它来表示坑探原始地质成果,效果较好。目前,生产上应用较为广泛的有四面辐射展开法、四面平行展开法,如图 3.3.2—图 3.3.4 所示。

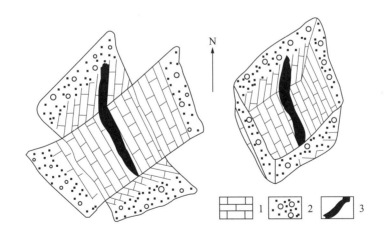

1-石灰岩;2-覆盖层;3-软弱夹层。

图 3.3.2 用四面辐射展开法绘制的试坑展示图

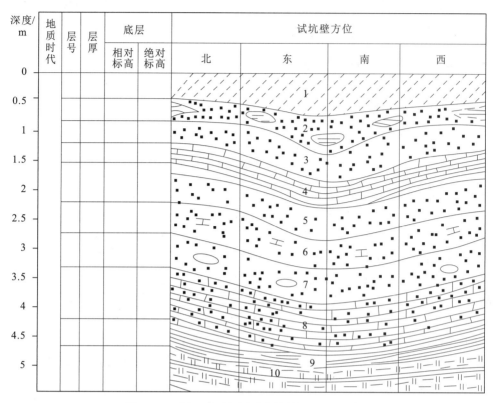

图 3.3.3 用四面平行展开法绘制的试坑展示图

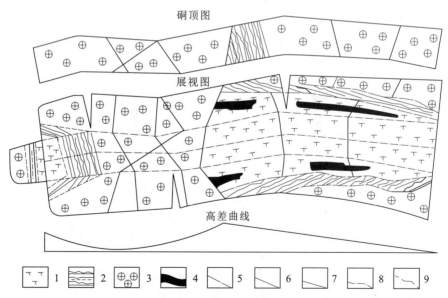

1—凝灰岩；2—凝灰质页岩；3—斑岩；4—细粒凝灰岩夹层；5—断层；6—节理；7—硐底中线；8—硐室壁分界线；9—岩层分界线。

图 3.3.4 用四面平行展开法绘制的平硐展示图

3.4 地球物理勘探

3.4.1 地球物理勘探的作用

根据组成地壳的岩土体的不同物理性质(如导电性、密度、弹性、磁性及放射性等),利用专门仪器来测定其地球物理场在空间和时间的分布规律,并经分析整理后,就能判断地下地质体的位置和空间分布,并了解地质构造的发育情况等有关问题。具体而言,物探可以解决的问题主要有:

(1)第四纪松散沉积物的岩性、厚度及空间分布特征。

(2)基岩的埋藏深度及其起伏情况,基岩的岩性、厚度、产状及隐伏断裂带的位置、宽度和产状等。

(3)测定岩石风化壳的厚度,并进行风化壳分带(可用波速测试)。

(4)测定岩体的动弹模和泊松比(可用超声纵波测试)。

(5)调查滑坡滑动面的位置、滑体厚度,测定滑动方向和速度(可用瑞雷波法)。

(6)寻找地下水源,确定主要含水层分布,淡水和高矿化水的分布范围,测定地下水的埋深、流速和流向。

(7)调查岩溶发育的主导方向及随深度的变化规律,确定岩溶发育的范围和深度。

(8)判断地下工程围岩的破碎程度,以确定衬砌厚度。

(9)测定泥石流的堆积厚度及高寒地区多年冻土带的分布。

(10)检验建筑物基础及地基处理的施工质量,如桩基检测、地基灌浆效果检测等。

3.4.2 岩溶发育区常用的物探技术

由于岩溶发育对建设工程的地基稳定性影响很大,而岩溶洞穴本身的分布极为隐蔽且基本无规律可寻,仅凭钻探很难探测出其规模的大小及分布规律,因此常用以下几种物探手段来协助探测。

1. 电测剖面法

以联合剖面为例。联合剖面法是电测剖面法中最重要的方法,它实际上是由两个三极装置组合而成,即将 A、M、N、B 布置在一条直线上,并增加一个供电电极 C(图 3.4.1),C 极垂直于 $AMNB$ 方向布置于无穷远处。一般 $CO=(5\sim10)AO$。装置沿测线逐点移动,每个点观测两次,轮流给 A 极和 B 极供电。一次是用 AMN 装置测,所得的视电阻率用 ρ_s^A 表示;另一次是用 MNB 装置测,所得的视电阻率用 ρ_s^B 表示。作图时,习惯把 ρ_s^A 线绘制成实线,把 ρ_s^B 线绘制成虚线。

联合剖面的交点类型及用途如下。

正交点:ρ_s^A 与 ρ_s^B 相交,在交点的左边 $\rho_s^A>\rho_s^B$,在交点的右边 $\rho_s^A<\rho_s^B$。

反交点:ρ_s^A 与 ρ_s^B 相交,在交点的左边 $\rho_s^A<\rho_s^B$,在交点的右边 $\rho_s^A>\rho_s^B$。

高阻交点:交点处视电阻率大于围岩视电阻率。

低阻交点:交点处视电阻率小于围岩视电阻率。

(1)低阻正交点:往往指示低电阻体和含水断裂带的存在。

(2)高阻反交点:常出现在高电阻体上方,指示有高电阻岩脉存在。

(3)低阻反交点:往往由山脊地形引起。

(4)高阻正交点:往往由山谷地形引起。

在岩溶地区:①当岩溶发育埋深不大时,在 ρ_s^A 与 ρ_s^B 曲线上出现一个或几个点的电阻率同步下降(溶洞含水或含泥时)或上升(干燥空洞时),曲线呈尖底状异常(图3.4.2)。②当岩溶发育带较宽、溶槽较深时,岩溶发育带异常类似于陡立的低阻带,联合剖面曲线呈现出明显的低阻正交点(图3.4.3)。③当岩溶发育带很宽,但向下延伸不大时,联合剖面曲线呈现出宽阔的正反交替的低阻异常带(图3.4.4)。

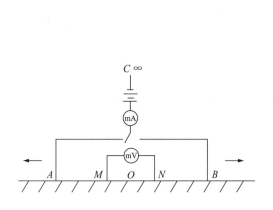

图3.4.1 联合剖面法装置示意图

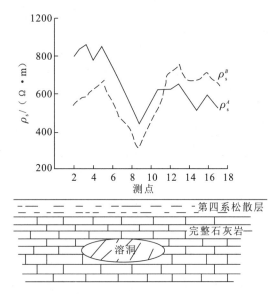

图3.4.2 某岩溶地段呈尖底状正交异常图

2. 高密度电阻率法

原理:高密度电阻率法的工作原理与常规电阻率法大体相同,其测量选用的是温纳装置(图3.4.5)。测量时,$AM=MN=NB=AB/3$ 为一个电极间距,探测深度为 $AB/3$,A、B、M、N 逐点同时向右移动,得到第一层剖面线;接着 AM、MN、NB 增大一个电极间距,A、B、M、N 逐点同时向右移动,得到另一层剖面数据;这样不断扫描测量下去,就会得到一个倒梯形断面图(图3.4.6)。

为了提高工作效率,目前野外数据的采集是通过阵列电极装置形式来实现的。野外工作时将数十根电极一次性布设完毕,每根电极既是供电电极,又是测量电极。通过程控多路电极转换开关和电测仪实施数据的自动、快速采集。

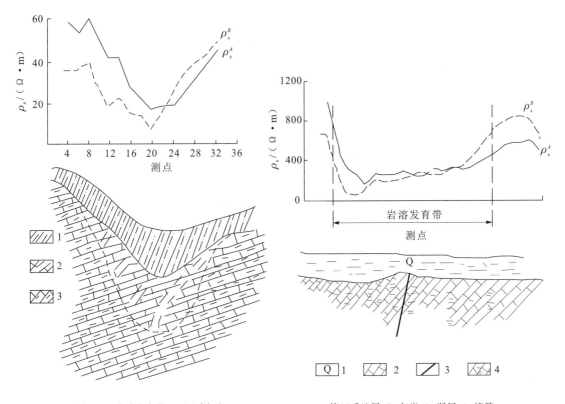

1—黏性土；2—岩溶发育带；3—泥质灰岩。

图3.4.3 岩溶发育带较宽及溶槽较深时在联合剖面曲线呈现的低阻正交点

1—第四系地层；2—灰岩；3—断层；4—溶隙。

图3.4.4 利用联合剖面法探测到地下岩溶发育带很宽时的情形

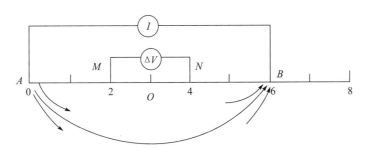

图3.4.5 高密度电阻率法工作原理示意图

  图3.4.6为某岩溶地段测到的高密度电阻率法图。从该图可以看出：钻孔ZK607处地表以下为低电阻带（电阻率低于200Ω·m），推测有含水断层经过，导致岩石破碎。而ZK607两侧的高阻带（中心电阻率1200Ω·m）则揭示岩石很完整，岩溶基本不发育。

3. 地质雷达

  地质雷达是交流电法勘探中的一种。地质雷达利用对空雷达的原理，由发射机发射脉

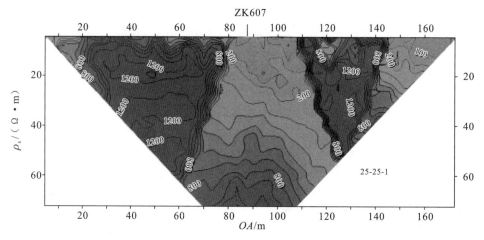

图 3.4.6　某岩溶 25-25-1 剖面的高密度电阻率法视电阻率等值线断面图

冲电磁波,其中一部分沿着空气与介质(岩土体)的分界面传播的直达波,经过时间 t_0 后到达接收天线,被接收机所接收;另一部分则传入介质内,若在其中遇到电性不同的另一介质体(如地下水、洞穴、其他岩性的地层),就会被反射和折射,经过时间 t_s 后回到接收天线,称为回波。根据所接收的两种波的传播时间差,就可判断另一介质的存在并测算其埋藏位置(图 3.4.7)。地质雷达具有分辨能力强、判译精度高,一般不受高阻屏蔽及水平层、各向异性的影响等优点。它对探查浅部介质体,如地下空洞、管线位置,以及覆盖层厚度等的效果尤佳。

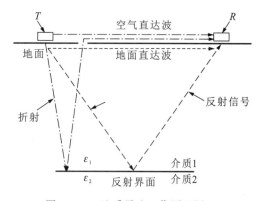

图 3.4.7　地质雷达工作原理图

地质雷达是目前分辨率最高的工程地球物理方法,近年来在我国被广泛应用于隧道超前预报工作。水是自然界常见的物质中介电常数最大、电磁波速最低的介质,与岩土介质和空气的差异很大。含水界面会产生强烈的电磁反射,岩体中的含水溶洞、饱水破碎带很容易被地质雷达检测所发现,因而常将地质雷达作为掌子面前方含水的断裂带、破碎带、溶洞的预报工具。在深埋隧道的富水地层以及溶洞发育地区,地质雷达是一种很好的预报手段。不过,地质雷达目前探测距离较短,在 20~25m,因此对于长隧道只能根据施工进度分段进行。

图 3.4.8 为某岩溶地段的地质雷达图像。从该图可以看出,在没有岩溶发育的测点上无明显的反射特征,而在溶洞发育的测点上则反应强烈。图 3.4.8(a)中 23—28 号测点间的地下连续出现 3 个局部强反射区,且波形同向轴连续性好,顶部波轴呈拱形,为岩溶引起的异常反映,与附近钻探揭示的本地段岩溶呈串珠状垂向连续分布的特点一致。

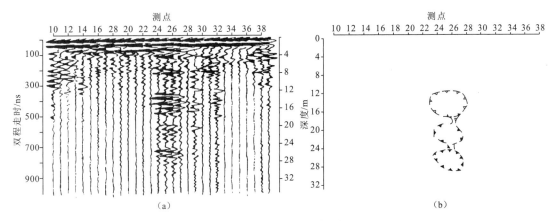

图 3.4.8 某岩溶地段地质雷达图像(a)及其解译图(b)(据王传雷,1994)

3.5 取土器及取样技术

在工程勘探过程中,一般需要对岩土层进行取样,并对所取土的试样进行室内土工试验,以测定土层的各项物理力学性质指标。

3.5.1 土试样的质量分级

土试样的质量应根据试验目的按表3.5.1分为4个等级。

表 3.5.1 土试样质量等级

级别	扰动程度	试验内容
Ⅰ	不扰动	土类定名、含水量、密度、强度试验、固结试验
Ⅱ	轻微扰动	土类定名、含水量、密度
Ⅲ	显著扰动	土类定名、含水量
Ⅳ	完全扰动	土类定名

注:1. 不扰动是指原位应力状态虽已改变,但土的结构、密度和含水量变化很小,能满足室内试验各项要求。

2. 除地基基础设计等级为甲级的工程外,在工程技术要求允许的情况下可用Ⅱ级土试样进行强度和固结试验,但宜先对土样受扰动程度作抽样鉴定,判定用于试验的适宜性,并结合地区经验使用试验成果。

3.5.2 取样技术

3.5.2.1 在探井或探槽中人工刻取块状土样

探井或探槽中刻取块状土样(又称盒状土样)的方法几乎适用于各种土类,甚至软岩。严格按规定所采取的土试样质量等级可达Ⅰ级。

取样的方法和要求如下:探井、探槽中采取的原状土试样宜用盒装。土样容器可采用 Φ120mm×200mm 或 120mm×120mm×200mm, Φ150mm×200mm 或 150mm×150mm×

200mm等规格。对于含有粗颗粒的非均质土,可按试验设计要求确定尺寸。土样容器宜做成装配式并具有足够刚度,避免土样因自重过大而产生变形。容器应有足够净空,使土试样盛入后四周上下都留10mm的间隙。

盒状土试样的采取应按下列步骤:①整平取样处的表面;②按土样容器净空轮廓,除去四周土体,形成土柱,其大小比容器内腔尺寸小20mm;③套上容器边框,边框上缘高出土样柱约10mm,然后浇入热蜡液,蜡液应填满土样与容器之间的空隙至框顶,并与之齐平,待蜡液凝固后,将盖板用螺钉拧上;④挖开土样根部,使之与母体分离,再颠倒过来削去根部多余土料,至低于边框约10mm,再浇满热蜡液,待凝固后拧上底盖板。

3.5.2.2 利用取土器取样

取土器的种类繁多。按取土器入土方式的不同,可分为贯入型和回转型。贯入型取土器按壁厚又可分为厚壁取土器和薄壁取土器两类。

不同的土层应采用不同类型的取土器。回转型取土器主要用于较硬的黏性土、粉土、砂土及部分碎石土,所采取的土试样质量等级可达Ⅰ级。贯入型取土器中的薄壁取土器主要适用于较软的黏性土,所采取的土试样质量等级可达Ⅰ级;厚壁取土器适用的土类较广泛,但所采取的土试样质量等级至多只能达到Ⅱ级。

贯入型取土器的贯入方法,传统上有压入法和锤击法,实际工程用得较多的是锤击法中的重锤少击法。采用贯入取土器,只要能压入的土层就要优先采用压入法,特别是对软土必须采用压入法。压入动作应连续而不间断,如用钻机施压,则应配备有足够的压入行程和压入速度的钻机。

各级土试样采取的工具和方法可按表3.5.2进行选择。

表3.5.2 不同等级土试样的取样工具和方法

土试样质量等级	取样工具和方法		适用土类									
			黏性土					粉土	砂土				砾砂、碎石土、软岩
			流塑	软塑	可塑	硬塑	坚硬		粉砂	细砂	中砂	粗砂	
Ⅰ	薄壁取土器	固定活塞	++	++	+	−	−	+	+	−	−	−	−
		水压固定活塞	++	++	+	−	−	+	+	−	−	−	−
		自由活塞	−	+	++	+	−	+	+	−	−	−	−
		敞口	+	+	+	+	−	+	+	−	−	−	−
	回转取土器	单动三重管	−	+	++	+	++	++	++	++	−	−	−
		双动三重管	−	−	−	+	++	+	−	−	++	++	+
	探槽(井)中刻取土样		++	++	++	++	++	++	++	++	++	++	++
Ⅱ	薄壁取土器	水压固定活塞	++	++	+	−	−	+	+	−	−	−	−
		自由活塞	+	++	++	+	−	+	+	−	−	−	−
		敞口	++	++	++	+	−	+	+	−	−	−	−

续表 3.5.2

土试样质量等级	取样工具和方法		适用土类									
			黏性土					粉土	砂土				砾砂、碎石土、软岩
			流塑	软塑	可塑	硬塑	坚硬		粉砂	细砂	中砂	粗砂	
Ⅱ	回转取土器	单动三重管	－	＋	＋＋	＋＋	＋	＋＋	＋＋	＋＋	－	－	－
		双动三重管	－	－	－	＋	＋＋	－	－	－	＋＋	＋＋	＋＋
	厚壁敞口取土器		＋	＋＋	＋＋	＋＋	＋	＋	＋	＋	＋	＋	－
Ⅲ	厚壁敞口取土器		＋＋	＋＋	＋＋	＋＋	＋＋	＋	＋	＋	＋	＋	－
	标准贯入器		＋＋	＋＋	＋＋	＋＋	＋＋	＋＋	＋＋	＋＋	＋＋	＋＋	－
	螺纹钻头		＋＋	＋＋	＋＋	＋＋	＋	＋	－	－	－	－	－
	岩芯钻头		＋＋	＋＋	＋＋	＋＋	＋＋	＋	＋	＋	＋	＋	＋
Ⅳ	标准贯入器		＋＋	＋＋	＋＋	＋＋	＋＋	＋＋	＋＋	＋＋	＋＋	＋＋	－
	螺纹钻头		＋＋	＋＋	＋＋	＋＋	＋	＋	－	－	－	－	－
	岩芯钻头		＋＋	＋＋	＋＋	＋＋	＋＋	＋＋	＋＋	＋＋	＋＋	＋＋	＋＋

注：1. ＋＋表示适用，＋表示部分适用，－表示不适用。
    2. 采取砂样时应有防止试样失落的补充措施。
    3. 有经验时，可用束节式取土器代替薄壁取土器。

3.5.2.3 其他取样方法

其他取样方法包括：①由螺纹钻头带上的黏性土或粉土；②由岩芯钻头提取的土芯；③由标准贯入器带上的土芯。这些土样是勘探或原位测试的产品，由于所受的扰动较大，土试样质量等级至多达到Ⅲ级，甚至只有Ⅳ级。这类土样主要供现场勘探时进行土名称的鉴定，以及进行观察和描述，亦可用于土类定名试验。

3.5.3 钻孔取土器的类型及参数

3.5.3.1 钻孔取土器的类型

对钻孔取土器的基本要求是：①尽可能使土样不受或少受扰动；②能顺利切入土层之中，并取上土样；③结构简单且使用方便。

取土器的种类繁多。贯入型取土器按壁厚可分为厚壁取土器和薄壁取土器两类，另有将厚壁取土器下端刃口段改为薄壁管的束节式取土器。薄壁取土器按取样管内有无活塞又分为活塞式取土器和敞口式取土器。其中活塞式取土器还可按活塞的结构再细分为固定活塞式、水压固定活塞式和自由活塞式。厚壁取土器为对开敞口式，按其上部封闭装置又可分为活阀式（上提活阀式、反旋活阀式）和球阀式。回转型取土器按内管是否回转可分为单动三重（或二重）管式和双动三重（或二重）管式。

1. 敞口式厚壁取土器

它是我国传统上使用最广泛的对开敞口式厚壁取土器（图3.5.1）。取土管为两对开的半圆管,上部用丝扣与余土管连接,下端与管靴连接,内装的衬管大多使用镀锌铁皮。拆卸取土管时,只要将余土管及管靴拧下,即可将对开管分开,取出盛满土样的衬管,再两端加盖密封。取土器上部有密封装置,其功能为当土样进入取土管时,土样上部的水、气、泥可以自由排出;当取土器上提时,自行封闭密封,防止土样滑落。这类取土器结构简单、操作方便,但与国际上惯用的取土器相比,性能相差甚远,最理想的情况下所取土样的质量等级至多只达到Ⅱ级,故不能视为高质量的取土器。另外,使用镀锌铁皮衬管的主要弊病是衬管经多次使用后,形状不能保持圆整,易生锈并黏附土块,在试验室掰开衬管时,土样再次受扰动,故应逐步淘汰镀锌铁皮衬管而用塑料或酚醛层压垫层取代。

2. 敞口式薄壁取土器

这种取土器国外称为谢尔贝(Shelby)管。它是一个带刃口的薄壁开口圆筒形管,壁厚仅1.25~2.0mm,上端用螺丝与钻杆连接;上部设有排气(水)孔和一个球形阀,以便在取样时可以释放气、水压力,阻挡水的重新进入,并在上提时使土样土方保持密封。该取土器(图3.5.2)的结构简单,所取土样的质量等级可达Ⅰ级。但因壁薄,不能在硬的和密实的土层中使用。由于上部球形阀的密封性问题,有时易逃土。

3. 束节式取土器

这是综合厚壁和薄壁取土器的优点而设计的一种取土器(图3.5.3)。将厚壁取土器下

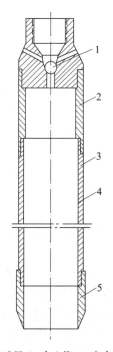

1-球阀;2-余土管;3-半合壁
取样管;4-衬管;5-加厚管靴。

图3.5.1 敞口式厚壁取土器

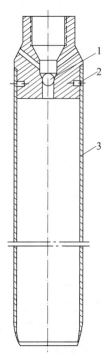

1-球阀;2-固定螺钉;3-薄壁
取样管。

图3.5.2 敞口式薄壁取土器

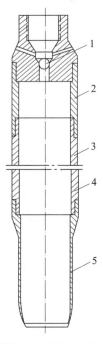

1-球阀;2-余土管;3-半合壁
取样管;4-衬管或环刀;5-束
节取样管靴。

图3.5.3 束节式取土器

端刃口段改为薄壁管,此段薄壁管的长度一般不应短于刃口直径的3倍。该取土器可以大大减轻厚壁取土器面积比大的不利影响,使土样质量达到或接近Ⅰ级。

4. 固定活塞式薄壁取土器

这种取土器(图3.5.4)是在敞口式薄壁取土器内增加一个活塞及与之连接的活塞杆,活塞杆穿过取土器顶部并沿钻杆的中心延伸至地面;下放取土器时,将活塞置于取土器刃口端部,使活塞杆与钻杆同步下放;到达取土深度后,在地面固定活塞杆与活塞的位置,再通过钻杆压入取样管进行取样。在取土过程中,活塞的位置沿深度是固定不变的,故称为固定活塞式。活塞的作用在于:①下放取土器时,位于取样管底部的活塞可以排挤开孔底的沉渣浮土直达预定取样深度,使浮土不致进入取样管;②取土过程中,取样管下压的深度与土样进入取样管的长度是相等的,可以限制土样进入取样管后顶端的膨胀上凸趋势;③上提取土器时,活塞起到可靠的密封作用,可有效地防止逃土,同时由于活塞紧贴土样顶部,不致像上提活阀或球阀密封所产生的过度负压引起土样扰动。固定活塞式取土器的取土质量最高,且对于非常软弱的饱和软土,也能取上土样。其不足之处在于,由于钻杆内还穿有活塞杆,两套杆件系统接卸操作费事,工效不高。

5. 水压固定活塞式取土器

这种取土器(图3.5.5)是针对固定活塞式具有两套杆件、操作费事的缺点而制造的改进型,国外以其发明者命名为奥斯特伯格(Osterberg)型取土器。它仍属固定活塞式取土器,但去掉了连至地面的活塞延伸杆。具有上下两个活塞,下活塞为固定活塞(相对于取土器顶部及钻杆固定),上活塞为可动活塞,连接在取样管的上端。下放取土器时,上活塞处于最高位置,下活塞与取样管口齐平。到达取样深度后,将钻杆(连同下活塞及取土器外管)固定,通过钻杆施加水压,推动上活塞连同取样管向下贯入取样。水压固定活塞式取土器具有固定活塞取土器的基本优点,因省去了一套活塞延伸杆,操作较为方便。但取土器结构复杂,水压系统应有较好的密封性能,因此,取土器成本提高,且增大了取土器的质量,使劳动强度增强。由于加压及活塞系统锚固力的限制,一般只适用于采取较软的土样。

6. 自由活塞式薄壁取土器

这种取土器(图3.5.6)将固定活塞式的活塞延伸杆去掉,仅保留由活塞通向取土器顶部的一段,不能在地面固定活塞,只用装置于取土器顶部的锥卡来限制活塞的反向位移。取样时,土样进入取样管将活塞(沿取样管内)顶起,故称为自由活塞。这种取土器结构和操作均较简单,但土样因上顶活塞而受到一定的压缩扰动,取样质量不如固定活塞式和水压固定活塞式取土器。

7. 单动三重(或二重)管取土器

这种取土器(图3.5.7)属回转型取土器,主要用于中等以至较硬的土层。类似于岩芯钻探中的双层岩芯管,取样时外管旋转、内管不动的称为单动。如在内管内再加衬管,则成为三重管。代表性型号为丹尼森(Denison)型取土器,其内管一般与外管齐平或稍超前于外管,内管容纳土样,并保护土样不受循环液的冲蚀。与岩芯钻探一样,回转型取土器取样时也需要使用循环液。循环液通过钻杆送入取土器上部,经内外管之间的环形间隙进入取土器底部,然后沿取土器外壁向上,将切出的土屑输送至地面。内管稍超前于外管,能对土样起一定的隔离保护作用。丹尼森型取土器需通过更换不同长度的外管钻头来改变内管的超前长度。皮切尔(Pitcher)型取土器为丹尼森型取土器的改进型,其特点是内管刃口的超前长度可通过一个竖向调节弹簧按土层软硬程度自动调节。土质硬时,弹簧压缩量大,内管相对于外管后退;土质较软时,弹簧压缩量小,内管伸长。这种取土器对软硬交替的土层取样尤为适用。

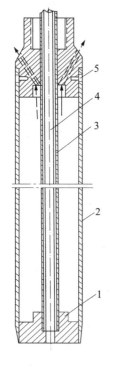 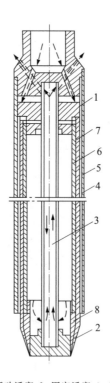 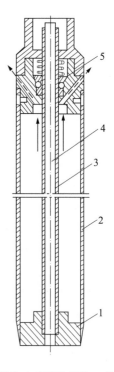

1-固定活塞;2-薄壁取土管;
3-活塞杆;4-消除真空管;
5-固定螺钉。
图 3.5.4 固定活塞式薄壁取土器

1-可动活塞;2-固定活塞;3-活塞杆;4-压力缸;5-竖向导管;6-取样管;7-衬管;8-取样管刃靴。
图 3.5.5 水压固定活塞式取土器

1-活塞;2-薄壁取样管;3-活塞杆;4-消除真空杆;5-弹簧维卡。
图 3.5.6 自由活塞式薄壁取土器

8. 双动三重(或二重)管取土器

这种取土器(图 3.5.8)与单动管取土器的不同之处在于,取样时内管(取样管)与外管同时回转,因此可切削进入坚硬的地层。当遇坚硬地层,单动管取土器不易贯入时才采用双动管取土器。由于内管回转会产生较大的扰动影响,双动管取土器也只适用于坚硬黏性土、密实砂砾以至软岩。

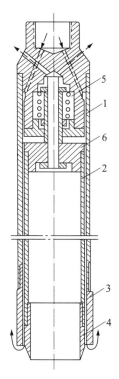

1-外管；2-内管（取样管及衬管）；3-外管钻头；4-内管管靴；5-轴承；6-内管头（内装逆止阀）。

图 3.5.7 单动三重管取土器

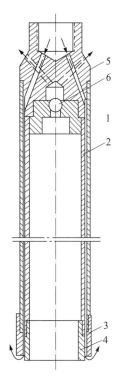

1-外管；2-内管；3-外管钻头；4-内管钻头；5-取土器头部；6-逆止阀。

图 3.5.8 双动三重管取土器

3.5.3.2 钻孔取土器的技术参数

各类取土器技术参数应符合表 3.5.3 的规定。

表 3.5.3 取土器技术参数

取土器参数	厚壁取土器	薄壁取土器		
		敞口自由活塞	水压固定活塞	固定活塞
面积比/%	13～20	≤10	10～13	
内间隙比/%	0.5～1.5	0	0.5～1.0	
外间隙比/%	0～2.0	0	0	
刃口角度 $\alpha/(°)$	<10	5～10		
外径 D_t/mm	75～89,108	75,100		
长度 L/mm	400,550	对砂土：$(5～10)D_e$ 对黏性土：$(10～15)D_e$		

续表 3.5.3

取土器参数	厚壁取土器	薄壁取土器		
		敞口自由活塞	水压固定活塞	固定活塞
衬管	整圆或半合管,由塑料、酚醛层压纸或镀锌铁皮制成	无衬管;束节式取土器衬管同左		

注:1. 取样管及衬管内壁必须光滑圆整。
　2. 在特殊情况下取土器直径可增大至 150～250mm。
　3. 面积比 $=\dfrac{D_w^2-D_e^2}{D_e^2}\times 100\%$,内间隙比 $=\dfrac{D_s-D_e}{D_e}\times 100\%$,外间隙比 $=\dfrac{D_w-D_t}{D_t}\times 100\%$。式中符号为:$D_e$-取土器刃口内径;$D_s$-取样管内径,加衬管时为衬管内径;$D_t$-取样管外径;$D_w$-取土器管靴外径,对薄壁管,$D_w=D_t$。

3.5.4　取土样的技术要求

土样质量的优劣,不仅取决于取土器皿,还取决于取样全过程的各项操作是否恰当。根据《原状土取样技术标准》(JGJ 89—92),主要的操作要求如下。

3.5.4.1　钻孔要求

(1)采取原状土样的钻孔,孔径应比使用的取土器外径大一个径级。

(2)在地下水位以上,应采用干法钻进,不得向孔内注水或使用冲洗液。土质较硬时,可采用二重(或三重)管回转取土器,钻进、取土合并进行。

(3)在地下水位以下的软土、粉土及砂土中钻进时,宜采用泥浆护壁。使用套管护壁时,套管的下设深度与取样位置之间应保持 3 倍管径以上的距离。为避免孔底土隆起或管涌扰动,应始终保持套管内的水头等于或稍高于地下水位,在饱和粉细砂中钻进时尤应注意。

(4)应使用合适的钻具与钻进方法。一般应采用平稳的回转钻进,若采用冲击、振动、冲洗等方法钻进时,至少应在预计取样位置以上 1m 改用回转方式。

(5)下放取土器之前应仔细清孔,孔底残留浮土厚度不应大于取土器废土段的长度(活塞取土器除外)。

3.5.4.2　取样要求

(1)取土器应平稳下放,避免侧刮孔壁、冲击孔底。取土器下放后,应核对孔深与钻具长度,如发现残留浮土厚度超过规定时,应提起取土器重新清孔。

(2)采取Ⅰ级原状试样应采用快速、连续的静压方式贯入取土器,贯入速度不应小于 0.1m/s。当利用钻机的给进系统施压时,应保证具有连续贯入的足够行程。采取Ⅱ级原状试样可使用间断静压方式或重锤夯击方式;重锤夯击应有良好的导向装置,避免锤击时摇晃。

(3)在压入固定活塞取土器时,应将活塞杆牢固地与钻架连接起来,避免活塞向下移动。

(4)当土样灌满取土器后,在提升取土器前应旋转 2 至 3 圈或稍加静置之后再提升,以使土样根部与底部母体顺利分离,减少逃土的可能性。提升要平稳,切勿陡然升降或碰撞孔壁,以免失落土样。

(5)对软硬交替的土层,宜采用具有自动调节功能的改进型单动二重(或三重)管取土器采取原状试样。

(6)对硬塑以上的黏土、密实的砾砂、碎石土和软质岩石,可采用双动三重管取土器采取原状试样。

3.5.4.3 土试样的封装、保存及运输要求

对于Ⅰ—Ⅲ级土试样的封装、保存及运输应符合下列要求:

(1)取出的土试样应及时密封,以防止湿度变化,并避免暴晒或冰冻。密封方法包括腊封及胶带缠绕。

(2)土试样运输前应妥善装箱,填塞缓冲材料,运输途中避免颠簸。对易于振动液化、易于水土分离析的土试样,宜就近进行试验。

(3)土试样采取后至试验前的存放时间不宜超过3周。

3.5.5 取水样的技术要求

(1)取水试样应代表天然条件下的水质情况,水试样的采取与试验项目应符合有关规程、规范的要求。

(2)取出的水试样应及时化验,不宜放置过久。如不能立即分析,一般允许存放时间为:清洁水72h,稍受污染的水48h,受污染的水12h。

[例题1] 某取土器外径$D_w=75mm$,内径$D_s=71.3mm$,刃口内径$D_e=70.6mm$,取土器具有延伸至地面的活塞杆。试求该取土器面积比、内间隙比、外间隙比,并判定该取土器的类型。

解:据表3.5.3知,面积比为$\frac{D_w^2-D_e^2}{D_e^2}\times100\%=\frac{75^2-70.6^2}{70.6^2}\times100\%=12.85\%$。

内间隙比为$\frac{D_s-D_e}{D_e}\times100\%=\frac{71.3-70.6}{70.6}\times100\%=0.99\%$。

根据表3.5.3判定:此取土器的面积比12.85%<13%,内间隙比0.99%<1%,故判定它属于薄壁取土器。又据题意,本取土器具有延伸至地面的活塞杆,故可判定它为固定活塞薄壁取土器。

对于薄壁管,可取$D_w=D_t$,则外间隙比为$\frac{D_w-D_t}{D_t}=0$。

思 考 题

一、单项选择题

1. 按《岩土工程勘察规范》(GB 50021—2001)(2009年版),螺旋钻探不适用于(   )。
   A. 黏性土　　　　B. 粉土　　　　C. 砂土　　　　D. 碎石土
2. 按《岩土工程勘察规范》(GB 50021—2001)(2009年版),冲击钻探不适用于(   )。
   A. 黏性土　　　　B. 粉土　　　　C. 砂土　　　　D. 碎石土
3. 为获取原状土样,在粉土层中应采用(   )钻探。
   A. 旋转　　　　　B. 冲击　　　　C. 振动　　　　D. 锤击
4. 在以下4种钻探方法中,不适合用于黏性土的是(   )。
   A. 螺旋钻探　　　B. 岩芯钻探　　C. 冲击钻探　　D. 振动钻探
5. 岩土工程勘察采用75mm单层岩芯管和金刚石钻头对岩层钻进,其中某一回次进尺

1.0m,取得岩芯7块,长度分别为6cm、12cm、10cm、10cm、10cm、13cm、4cm,评价该回次岩层质量的正确选项是(　　)。

  A. 较好的 B. 较差的 C. 差的 D. 不确定

6. 按《岩土工程勘察规范》(GB 50021—2001)(2009年版),在黏性土、粉土、砂土、碎石土及软岩中钻探采取Ⅰ级土样时(　　)说法是错误的。

  A. 薄壁取土器适用于采取粉砂、粉土及不太硬的黏性土

  B. 回转取土器适用于采取除流塑黏性土以外的大部分土

  C. 探井中刻取块状土样适合于上述任何一种土

  D. 厚壁敞口取土器适合于采取砾砂、碎石及软岩试样

7. 对于原状土取土器,下列(　　)说法是正确的。

  A. 固定活塞薄壁取土器的活塞是固定在薄壁筒内的,不能在筒内上下移动

  B. 自由活塞薄壁取土器的活塞在取土时,可以在薄壁筒内自由上下移动

  C. 回转式三重管(单、双动)取土器取样时,必须用冲洗液循环作业

  D. 水压固定活塞薄壁取土器取样时,必须用冲洗液循环作业

8. 按《岩土工程勘察规范》(GB 50021—2001)(2009年版),用Φ75mm的薄壁取土器在黏性土中取样,要连续一次压入,要求钻机最少具有(　　)给进行程。

  A. 40cm B. 60cm C. 75cm D. >100cm

9. 在饱和软黏土中,使用贯入式取土器采取Ⅰ级原状土样时,下列操作方法中(　　)是不正确的。

  A. 以快速、连续的静压方式贯入 B. 贯入速度等于或大于0.1m/s

  C. 施压的钻机给进系统具有连续贯入的足够行程

  D. 取土器到位后立即起拔钻杆,提起取土器

10. 在使用Φ146mm套管的钻孔中采取Ⅰ级土试样时,取样位置至少应(　　)。

  A. 低于套管底 B. 低于套管底150mm

  C. 低于套管底440mm D. 低于套管底750mm

11. 下列选项中哪种取土器最适用于在软塑黏性土中采取Ⅰ级土试样?(　　)

  A. 固定活塞薄壁取土器 B. 自由活塞薄壁取土器

  C. 单动三重管回转取土器 D. 双动三重管回转取土器

12. 工程地质勘察中对于较破碎和破碎的岩石,要求的岩芯采取率不低于(　　)。

  A. 65% B. 75% C. 80% D. 90%

13. 按《建筑工程地质勘探与取样技术规程》(JGJ/T 87—2012)要求,不适于在钻探现场鉴别的项目是(　　)。

  A. 黏性土的稠度 B. 粉土的湿度 C. 碎石土的密实度 D. 地下水位年波动幅度

二、多项选择题(少选、错选、多选均不得分)

1. 滑坡勘探时为获取较高的岩芯采取率,宜采用以下哪几种钻探方法?(　　)

  A. 冲击钻进 B. 冲洗钻进 C. 无泵反循环钻进 D. 干钻

2. 下列(　　)钻探工艺属于无岩芯钻探。

  A. 钢粒钻头回转钻进 B. 牙轮钻头回转钻进

  C. 管钻(抽筒)冲击钻进 D. 角锥钻头冲击钻进

4 原位测试

原位测试(in-situ tests),又称为野外试验、现场试验,是在岩土体原有位置进行各种测试,从而获得所测岩土层的物理力学性质指标及划分岩土层的一种土工勘测技术。由于被测岩土体在被测试过程中不会受到扰动,能基本保持其天然结构、含水量及原有应力状态,因此所测得的数据比较准确可靠,与室内试验结果相比,更加符合岩土体的实际情况。尤其是对灵敏度较高的结构性软土和难以取得原状土样的饱和砂质粉土、砂土、碎石土,现场原位测试具有不可替代的作用。综合起来,原位测试具有下列优点:

(1)可以测定难以取得不扰动土样的土,如饱和砂土、粉土、流塑状态的淤泥或淤泥质土的工程力学性质。

(2)可以避免取样过程中应力释放对被测岩土体的不良影响。

(3)原位测试的岩土体影响范围远比室内试验大,因此具有较强的代表性。

(4)试验周期短,效率高。

原位测试虽然具有上述优点,但也存在一定的局限性,比如各种原位测试具有严格的适用条件,若使用不当会影响试验效果,甚至得到错误的结果。因此,原位测试方法应根据岩土条件、设计对参数的要求、地区经验和测试方法的适用性等因素来选用。分析原位测试成果资料时,应注意仪器设备、试验条件、试验方法等对试验的影响,结合地层条件,剔除异常数据。

原位测试的方法有很多种,本书主要介绍下列几种现场常用方法:载荷试验、静力触探试验、圆锥动力触探试验、标准贯入试验、十字板剪切试验、旁压试验、扁铲侧胀试验、岩土体原位剪切试验等,并侧重于介绍其试验方法、设备及成果应用。

4.1 静力载荷试验

静力载荷试验(static plate loading test)是指模拟建筑物基础受静荷载的条件,测定荷载与地基变形的关系,以及在静荷载作用下土体下沉随时间的变化规律的现场试验。静力载荷试验是一种常用的最为可靠的测定地基土压缩性和地基承载力的方法,其测试结果也是衡量其他测定地基岩土承载力是否准确的技术标准。

4.1.1 载荷试验的分类

从不同角度,载荷试验可分为不同类型,最常用的分类如下:

(1)按承压板形状的不同,载荷试验可分为平板载荷试验、螺旋板载荷试验。

(2)按测试对象和目的的不同,载荷试验可分为天然地基土载荷试验、桩基载荷试验、复合地基载荷试验、岩石地基载荷试验。

(3)按测试深度不同,静力载荷试验可分为浅层平板静力载荷试验、深层平板静力载荷试验。

岩石地基的静力载荷试验：适用于确定完整、较完整、较破碎岩基作为天然地基或桩基础持力层时的承载力。一般用于无建筑经验的岩石地基或岩基承载力变化比较大难以把握时，如膨胀岩地基、南宁市广泛分布的第三系（古近系＋新近系）泥岩地基。

螺旋板静力载荷试验：利用螺旋板旋入地下预定深度，然后再利用螺旋板作为承压板，用千斤顶施压、由地锚提供反力，量测承压板的沉降与其受荷关系的试验方法。适用于测试深层地基土或地下水位以下的地基土。

深层平板静力载荷试验：适用于确定深部地基土层及大直径桩端土层在承压板下应力主要影响范围内的承载力和变形系数，试验深度不应小于5m。其承压板为直径0.8m的刚性板，紧靠承压板周围外侧土层高度应不少于0.8m。

浅层平板静力载荷试验与深层平板静力载荷试验的本质区别不是试验深度的不同，而是荷载是在半无限空间的表面还是在无限空间的内部。荷载作用于半无限空间表面上某一点的称为浅层平板静力载荷试验，试验得到的地基土承载力需要进行深度和基础宽度修正。而深层平板静力载荷试验则存在边载，类似于荷载作用于无限空间内部某一点。

由于载荷试验涉及的项目过多，本书以天然地基土的平板静力载荷试验为例，介绍载荷试验的设备、试验要点和成果应用。

4.1.2 天然地基土平板静力载荷试验

天然地基土载荷试验可用于以下目的：①确定地基土的比例界限压力、极限压力，为评定地基土的承载力提供依据；②确定地基土的变形模量；③估算地基土的不排水抗剪强度；④确定地基土的基床系数；⑤估算地基土的固结系数。

4.1.3 试验设备组成

平板静力载荷试验的仪器设备由4部分组成：承压板、加荷系统、反力系统和量测系统。

1. 承压板

承压板的功能类似于建筑物的基础，所施加的荷载通过承压板传递给地基土。承压板一般采用圆形预制厚钢板，符合轴对称的弹性理论解，也可以根据试验的具体要求采用方形或矩形承压板。板的尺寸，国外采用的标准承压板直径为0.305m，国内根据实际经验，可采用面积$0.25\sim0.5m^2$。对承压板的厚度和材质要求是，要有足够的刚度和厚度，在加荷过程中承压板本身的变形要小，而且其中心和边缘不能产生弯曲和翘起。

2. 加荷系统

加荷系统是指通过承压板对地基土施加额定荷载的装置（图4.1.1）。加荷系统的功能是借助反力系统向承压板施加所需的荷载。最常见的加荷系统采用油压千斤顶构成，施加的荷载通过与油压千斤顶相连的油泵上的油压表来测读和控制。

3. 反力系统

反力系统的功能是提供加载所需的反力（图4.1.2）。最常见的反力系统有两种：一是采用地锚反力梁（桁架）构成，加荷系统的千斤顶顶升反力梁，地锚产生抗拔反力，以达到对承压板加载的目的；二是采用堆重平台构成，由平台上重物的重力提供加载所需反力。

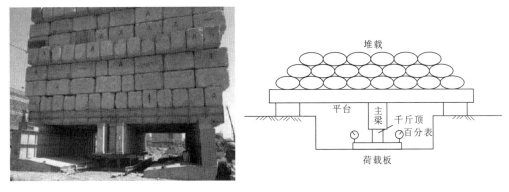

图 4.1.1 载荷试验加荷系统(左为某工地照片,右为示意图)

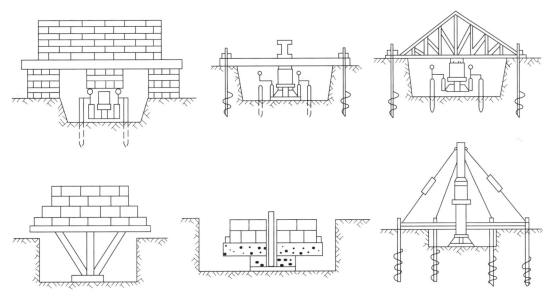

图 4.1.2 常用的载荷试验反力与加载布置方式

4. 量测系统

量测系统一般分为两部分:一是压力量测系统,由千斤顶的油泵所配压力表可以指示所加的压力,因此一般不需要再另设压力观测系统;二是沉降量测系统,承压板的沉降量测系统包括基准梁、基准桩、位移测量仪器和其他附件。一般将基准梁架设在基准桩上,采用万向磁性表座将位移量测的仪器固定在基准梁上,组成完整的沉降量测系统。位移量测的仪器的精度不应低于 0.01mm,一般采用百分表或位移传感器。

4.1.4 试验要求

(1)承压板面积。载荷试验宜根据土的软硬或岩体裂隙密度选用合适的尺寸。土的浅层平板载荷试验承压板面积不应小于 $0.25m^2$,对软土和粒径较大的填土不应小于 $0.5m^2$;土的深层平板载荷试验承压板直径规定为 0.8m;岩石载荷试验承压板的面积不宜小于 $0.07m^2$。桩基载荷试验时承压板的面积宜与桩的截面积相同。

(2)试坑宽度。浅层平板载荷试验的试坑宽度或直径不应小于承压板宽度或直径的3倍;深层平板载荷试验的试井直径应等于承压板直径,且紧靠承压板周围土的高度不应小于承压板直径。

(3)试验土层。试坑或试井底的岩土应避免扰动,保持其原状结构和天然湿度。在试坑开挖时,应在试验点位置周围预留一定厚度的土层,在安装承压板前再清理至试验标高。

(4)承压板与土层接触处的处理。在承压板与土层接触处,应铺设厚度不超过20mm的中砂或粗砂找平层,以保证承压板水平并与土层均匀接触。对软塑、流塑状态的黏性土或饱和松散砂,承压板周围应铺设厚200～300mm的原土作为保护层。

(5)试验标高低于地下水位的处理。当试验标高低于地下水位时,为使试验顺利进行,应先将水位降至试验标高以下,并在试坑底部铺设一层厚50mm左右的中、粗砂,安装设备,待水位恢复后再加荷试验。

(6)千斤顶和测力计的安装。以承压板为中心,在承压板上从下而上依次放置千斤顶、测力计、传力柱和分力帽,并使其重心保持在一条垂直直线上。

(7)横梁和连接件的安装。通过连接件将次梁安装在地锚上,以承压板为中心将主梁通过连接件安装在次梁下,形成完整的反力系统。

(8)沉降测量元件的安装。在试坑外侧打设基准桩,安装测量横杆(基准梁),通过磁性表座固定百分表或位移传感器,形成完整的沉降量测系统。

(9)加荷分级。加荷分级不应少于8级,最大加载量不应小于设计要求的2倍。荷载按等量分级施加,每级荷载增量为预估极限荷载的1/10～1/8。当不易预估极限荷载时,可参考表4.1.1。

表4.1.1 每级荷载增量参考值

试验土层	每级荷载增量/kPa	试验土层	每级荷载增量/kPa
淤泥,流塑黏性土,松散砂土	≤15	坚硬黏性土、粉土,密实砂	50～100
软塑黏性土、粉土,稍密砂土	15～25	碎石土、软岩石、风化岩石	100～200
可塑—硬塑黏性土、粉土,中密砂土	25～50		

(10)加荷方式及相应稳定标准。载荷试验加荷方式应采用分级维持荷载沉降相对稳定法(常规慢速法);有地区经验时,可采用分级加荷沉降非稳定法(快速法)或等沉速率法。加荷等级宜取10～12级,并不应少于8级。最大加载量不应小于地基土承载力设计值的2倍,荷载的量测精度应控制在最大加载量的1‰以内。每级加荷后,按间隔5min、5min、10min、10min、15min、15min,以后每隔半小时测读一次沉降量,当在连续2h内,每小时的沉降量均小于0.1mm时,则认为已趋稳定,可加下一级荷载。

(11)加载试验结束条件。①承压板周围的土明显地侧向挤出,承压板周边土出现明显隆起或径向裂缝持续发展;②本级荷载的沉降量大于前级荷载沉降量的5倍;③某级荷载下,24h内沉降速率不能达到稳定标准;④总沉降量与承压板直径或宽度之比超过0.06。

满足前3种情况之一的,对应的前一级荷载为极限荷载(p_u)。

(12)回弹观测。加载试验结束后,还应分级卸荷,观测回弹值(图4.1.3)。分级卸荷量为分级加荷量的 2 倍,每次卸荷后 15min 观测一次,1h 后再卸下一级荷载。荷载完全卸除后,应继续观测 3h。

4.1.5 试验成果整理与应用

绘制荷载与沉降曲线(即 p-s 曲线),必要时还应绘制 $\lg p$-$\lg s$ 曲线,以及各级荷载下的 s-t 曲线、s-$\lg t$ 曲线等。

4.1.5.1 确定地基土承载力特征值

1. 强度控制法

(1)当 p-s 曲线上有明显的直线段时,一般采用直线段的终点对应的荷载值为比例界限值(p_0),取该比例界限所对应的荷载为承载力特征值(f_{ak})。

(2)当 p-s 曲线上无明显的直线段时,可用下述方法确定比例界限:

①某一荷载下,沉降量超过其前一级荷载下沉降量的 2 倍,即 $\Delta s_n > 2\Delta s_{n-1}$ 的点所对应的荷载即为比例界限。

②绘制 $\lg p$-$\lg s$ 曲线,曲线上转折点所对应的荷载即为比例界限。

③绘制 p-$\Delta s/\Delta p$ 曲线,曲线上转折点所对应的荷载即为比例界限,其中 Δp 为荷载增量,Δs 为相应的沉降量。

(3)极限荷载法。当满足上述"加载试验结束条件"的前 3 条之一时,其对应前一级荷载定为极限荷载(p_u);或根据 s-$\lg t$ 曲线,当 s-$\lg t$ 曲线在某个荷载级别出现直线向下折弯,取其前一级荷载为 p_u 值(图 4.1.4)。若 p_u 值小于对应比例界限 p_0 的 2 倍时,取 p_u 值的一半作为承载力特征值。

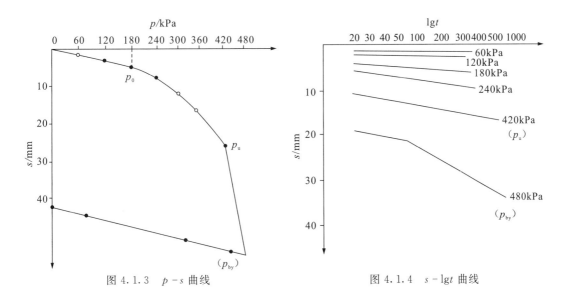

图 4.1.3　p-s 曲线　　　　　图 4.1.4　s-$\lg t$ 曲线

2. 相对沉降控制法

当 p-s 曲线呈缓变曲线时,难以利用曲线确定比例界限值,此时应取对应于某一相对沉降值所对应的荷载值为承载力特征值,但其值不应大于最大加载量的一半。

我国《建筑地基基础设计规范》(GB 50007—2011)规定,当承压板面积为 $0.25\sim0.5\mathrm{m}^2$ 时,对于低压缩性土和砂性土,在 $p-s$ 曲线上取 $s/d=0.01\sim0.015$（d 为承压板直径）所对应的荷载作为地基土承载力的特征值;对于中、高压缩性的土,取 $s/d=0.02$ 所对应的荷载作为地基土承载力特征值。当承压板面积大于 $0.5\mathrm{m}^2$ 时,应结合建筑物沉降变形控制的要求、基础宽度和不大于最大加载量一半的原则,综合确定地基土的承载力的特征值。

3. 多个试验点的统计方法

确定地基土的承载力时,同一土层参加统计的试验点数不应小于3个。当各试验点实测的承载力的极差（即最大值与最小值之差）小于平均值的30%时,取其平均值作为该土层的承载力特征值,否则取最小值。

4.1.5.2 计算地基土的变形模量

浅层平板载荷试验变形模量 E_0(MPa),按照假定半无限体表面一刚性平板上作用竖直向下荷载的线弹性体理论推导得到下式。

$$E_0 = I_0 (1-\mu^2)\frac{pd}{s} \tag{4.1.1}$$

深层平板载荷试验和螺旋板载荷试验的变形模量 E_0(MPa),按无限弹性介质空间内一点受力的情景推导得到下式。

$$E_0 = \omega \frac{pd}{s} \tag{4.1.2}$$

式中,I_0 为刚性承压板的形状系数,圆形承压板取0.785,方形承压板取0.886;μ 为土的泊松比,碎石土取0.27,砂土取0.30,粉土取0.35,粉质黏土取0.38,黏土取0.42;d 为承压板直径或边长(m);p 为 $p-s$ 曲线中直线段最大压力(kPa);s 为与 p 对应的沉降(mm);ω 为与试验深度和土类有关的系数,可按表4.1.2选用。

表4.1.2 深层载荷试验计算系数 ω

d/z	土类				
	碎石土	砂土	粉土	粉质黏土	黏土
0.30	0.477	0.489	0.491	0.515	0.524
0.25	0.469	0.480	0.482	0.506	0.514
0.20	0.460	0.471	0.474	0.497	0.505
0.15	0.444	0.454	0.457	0.479	0.487
0.10	0.435	0.446	0.448	0.470	0.478
0.05	0.427	0.437	0.439	0.461	0.468
0.01	0.418	0.429	0.431	0.452	0.459

注:d/z 为承压板直径和承压板底面深度之比。

4.1.5.3 确定基础基床系数

依据我国《岩土工程勘察规范》(GB 50021—2001)(2009 年版),当采用边长为 30cm 的方形承压板进行载荷试验时,依据平板载荷试验 $p-s$ 曲线直线段的斜率,基准基床系数 K_v 可按下式计算。

$$K_v = \frac{p}{s} \tag{4.1.3}$$

式中,p/s 为 $p-s$ 关系曲线直线段的斜率,当 $p-s$ 曲线无直线段时,p 取极限荷载的一半(kPa),s 为相应于该 p 值的沉降值(m);K_v 为基准基床系数(kN/m^3)。

若平板载荷试验的承压板尺寸不是标准的 $b=30cm$,依据《工程地质手册》(第五版),可按式(4.1.4)、式(4.1.5)换算成基准基床系数。

对于黏性土:
$$K_v = \frac{b}{0.3} K_{v1} \tag{4.1.4}$$

对于砂性土:
$$K_v = \frac{4b^2}{(b+0.3)^2} \cdot K_{v1} \tag{4.1.5}$$

式中,K_v 为基准基床系数(kN/m^3);K_{v1} 为边长不是 30cm 的承压板的静载试验所得的基床系数,算法同基准基床系数(kN/m^3)。

基础基床系数 K_s:在实际应用中,基础的尺寸远大于承压板的尺寸,实际基础下的基础基床系数由式(4.1.6)、式(4.1.7)求得。

对于黏性土地基:
$$K_s = \frac{0.3}{B} \cdot K_v \tag{4.1.6}$$

对于砂土地基:
$$K_s = \left(\frac{B+0.3}{2B}\right)^2 K_v \tag{4.1.7}$$

式中,B 为基础宽度(m);K_s 为实际基础下的基床系数。

[例题 1] 某建筑基槽宽 5m,长 20m,开挖深度为 6m,基底以下为粉质黏土。在基槽底面中间进行平板载荷试验,采用直径 0.8m 的圆型承压板。载荷试验结果显示,在 $p-s$ 曲线线性段对应 100kPa 压力的沉降量为 6mm。试计算基底土层的变形模量 E_0 的值最接近下列哪个选项?

A. 6.3MPa　　　　B. 9.0MPa　　　　C. 12.3MPa　　　　D. 12.3MPa

解:因基槽宽度已大于承压板直径的 3 倍,承压板周边无边载,已属于半无限空间表面有一点受力的情景,即属于浅层平板载荷试验,则

$$E_0 = I_0(1-\mu^2)\frac{pd}{s} = 0.785(1-0.38^2)\frac{100 \times 0.8}{6} = 8.96(MPa)$$

故选 B。

4.2 圆锥动力触探试验

4.2.1 概　述

圆锥动力触探试验(dynamic penetration test,DPT)简称动探,是利用一定质量的重锤,以一定的高度自由落下,将与探杆相连接的标准规格的圆锥探头打入土中,根据探头贯入土中10cm或30cm时(其中N_{10}为每30cm记一次数,$N_{63.5}$和N_{120}为每10cm记一次数)所需要的锤击数,即根据打入土中的难易程度(贯入一定深度的锤击数)来判别土的力学性质的一种现场测试方法,具有勘探和测试双重功能。圆锥动力触探试验按锤击能量的不同,划分为轻型动力触探、重型动力触探和超重型动力触探3种。在工程实践中,应根据土层的类型和试验土层的坚硬与密实程度来选择不同类型的试验设备。各种圆锥动力触探试验的规格及适用范围见表4.2.1。

表 4.2.1　圆锥动力触探类型及规格

类型		轻型	重型	超重型
落锤	锤的质量/kg	10	63.5	120
	落距/cm	50	76	100
探头	直径/mm	40	74	74
	锥角/(°)	60	60	60
探杆直径/mm		25	42	50～60
触探指标 (贯入一定深度的锤击数)		贯入30cm的 锤击数N_{10}	贯入10cm的 锤击数$N_{63.5}$	贯入10cm的 锤击数N_{120}
主要适用的岩土种类		浅部的填土、砂土、 粉土、黏性土	砂土、中密以下的碎 石土、极软岩	密实和很密实的碎石 土、软岩、极软岩

圆锥动力触探试验的目的如下:

(1)进行地基土的力学分层。可利用锤击数判定土的力学性质,同时也可以对比场地内的钻探资料或已有地层资料,进行地层力学分层。

(2)定性地评价地基土的均匀性。利用从上至下连续测试的特点,试验曲线可反映地层沿深度的变化规律;利用多个触探点的试验曲线,可分析地层在水平方向的变化,评价地基的均匀性。

(3)查明土洞、滑动面、软硬土层界面、岩石风化界面的位置。

(4)评定地基土的强度和变形参数。

(5)评定地基承载力。

(6)检测地基处理效果。

4.2.2 试验仪器设备及试验要求

不同类型的圆锥动力触探试验,其设备也有一定的差别,其中重型和超重型差别不大。下面仅分别介绍轻型圆锥动力触探试验和重型圆锥动力触探试验。

4.2.2.1 轻型圆锥动力触探试验

1. 仪器设备

轻型圆锥动力触探的试验设备包括导向杆、穿心锤、锤垫、探杆和圆锥探头5部分,如图4.2.1所示。

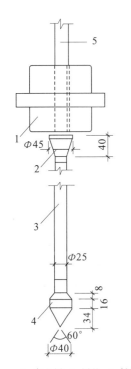

1-穿心锤;2-锤垫;3-触探杆;4-圆锥探头;5-导向杆。

图 4.2.1 轻型圆锥动力触探的设备结构图和照片

2. 试验要求

(1)先用轻便钻具(螺纹钻、洛阳铲等)钻至预定试验深度,然后将圆锥探头与探杆放入孔内,保持探杆垂直,探杆的偏斜度不应超过2%,就位后进行锤击贯入试验。

(2)重锤提升方法有人力和机械两种。将10kg的锤提升到50cm高度时,使锤自由落下。锤击频率应控制在15~30击/min。

(3)现场记录:记录每贯入30cm的锤击数,再继续向下贯入,记录下一试验深度的锤击数。重复该试验步骤至预定试验深度。如遇密实坚硬土层,当贯入30cm所需锤击数超过100击或贯入15cm超过50击时,可以停止作业(可换成重型动力触探继续测试)。

3. 适用土层及成果应用

轻型圆锥动力触探的适用范围,主要是一般黏性土、素填土、粉土和粉细砂;累计贯入深度一般不超过4m。主要用于下列情形:①测试浅基础的地基承载力;②检验建筑物地基的夯实程度;③检验建筑物基槽开挖后,基底以下是否存在软弱下卧层等。

4.2.2.2 重型圆锥动力触探试验

1. 仪器设备

重型和超重型圆锥动力触探的试验设备,尽管在尺寸和重量上有差别,但两者的设备很相似,均采用自动落锤方式,因此,在重锤之上增加了提引器。重型圆锥动力触探探头如图4.2.2所示。

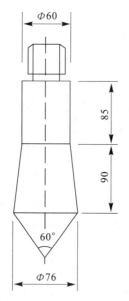
(a) 重型圆锥动力触探探头结构图

(b) 重型圆锥动力触探探头照片

图4.2.2 重型圆锥动力触探探头

2. 试验要求

(1)试验进行之前,必须对机具设备进行检查,确认各部正常后,才能开始试验操作。机具设备的安装必须稳固,作业时,支架不得偏移,所有部件连接处丝扣必须紧固。

(2)进行试验时,应采用机械或人工的措施,使探杆保持垂直,防止锤击偏心、触探杆倾斜和晃动,探杆的偏斜度不应超过2%,重锤应沿导向杆自由下落。

(3)在试验过程中,每贯入1m,宜将探杆转动一圈半;当贯入深度超过10m后,每贯入20cm宜转动探杆一圈,以减少探杆与土层的摩阻力,并保持触探杆间的紧固。

(4)重型、超重型动力触探应每贯入10cm记录其相应击数,贯入过程应尽量连续贯入,锤击速率宜为15~30击/min。

(5)遇到密实或坚硬的土层,对于重型型动力触探,当连续3次$N_{63.5}>50$时,可停止试验或改用超重型动力触探进行试验。

3. 适用范围

重型圆锥动力触探的适用的土类：砂土、中密以下的碎石土，极软岩。深度范围一般为 1~16m。

4.2.3 试验资料的整理

4.2.3.1 触探锤击数修正

各种类型的圆锥动力触探试验一般是以贯入一定深度的锤击数（如 N_{10}、$N_{63.5}$、N_{120}）作为触探指标，通过与其他室内试验和原位测试指标建立相关关系来获得地基土的物理力学性质指标，从而评价地基土的性质。

圆锥动力触探锤击的能量由于各种原因不能完全传导至地基土上，锤击能量中有一部分在锤垫上被耗损，且锤击会导致探杆弹性弯曲，故有部分锤击动能转变为杆的弯曲势能，此外还有更大一部分锤击动能因探杆弯曲使探杆与孔壁土发生摩擦而受损，另外地下水的存在也损耗一部分锤击动能，这些诸多耗能因素在试验时都是难以控制和定量测定的。为了反映地基土真正获得的锤击能量，需对重型和超重型圆锥动力触探试验锤击数进行修正（即扣除锤击能量损失后地基土获得的净锤击数），否则就难以正确评价地基土的力学强度。

1. 探杆长度的修正

在锤击动能不变时，探杆越长，探杆的弯曲程度越大，与孔壁土体发生摩擦后能量损失也越多，因此杆长对圆锥动力触探试验锤击数的影响最为明显。轻型圆锥动力触探试验深度一般小于 4m，锤击数可不考虑修正。《岩土工程勘察规范》(GB 50021—2001)(2009 年版)附录 B 列出了圆锥动力触探试验锤击数修正的方法。当采用重型和超重型圆锥动力触探试验确定碎石土的密实度时，锤击数应按式(4.2.1)、式(4.2.2)进行修正。

$$N_{63.5} = \alpha_1 N'_{63.5} \quad (4.2.1)$$
$$N_{120} = \alpha_2 N'_{120} \quad (4.2.2)$$

式中，$N_{63.5}$，N_{120} 分别为修正后的重型和超重型圆锥动力触探试验锤击数；α_1，α_2 分别为重型和超重型圆锥动力触探试验锤击数修正系数，按表 4.2.2 和表 4.2.3 取值；$N'_{63.5}$，N'_{120} 分别为实测的重型和超重型圆锥动力触探试验锤击数。

表 4.2.2 重型圆锥动力触探试验锤击数的杆长修正系数 α_1

杆长/m	$N_{63.5}$								
	5	10	15	20	25	30	35	40	≥50
≤2	1.00	1.00	1.00	1.00	1.00	1.00	1.00	1.00	1.00
4	0.98	0.95	0.93	0.92	0.90	0.89	0.87	0.85	0.84
6	0.93	0.90	0.88	0.85	0.86	0.81	0.79	0.78	0.75
8	0.90	0.86	0.88	0.80	0.77	0.75	0.73	0.71	0.67
10	0.88	0.83	0.79	0.75	0.72	0.69	0.67	0.64	0.61

续表 4.2.2

杆长/m	$N_{63.5}$								
	5	10	15	20	25	30	35	40	≥50
12	0.85	0.79	0.75	0.70	0.67	0.64	0.61	0.59	0.55
14	0.82	0.76	0.71	0.66	0.62	0.58	0.56	0.53	0.50
16	0.79	0.72	0.67	0.62	0.57	0.54	0.51	0.48	0.45
18	0.77	0.70	0.63	0.57	0.53	0.49	0.46	0.43	0.40
20	0.75	0.67	0.59	0.53	0.48	0.44	0.41	0.39	0.36

表 4.2.3 超重型圆锥动力触探试验锤击数的杆长修正系数 α_2

杆长/m	N_{120}										
	1	3	7	9	10	15	20	25	30	35	40
1	1.00	1.00	1.00	1.00	1.00	1.00	1.00	1.00	1.00	1.00	1.00
2	0.96	0.91	0.91	0.90	0.90	0.90	0.89	0.88	0.88	0.88	0.88
3	0.94	0.85	0.85	0.85	0.84	0.84	0.83	0.82	0.82	0.81	0.81
5	0.92	0.79	0.78	0.77	0.77	0.76	0.75	0.74	0.73	0.73	0.72
7	0.90	0.75	0.74	0.73	0.72	0.71	0.70	0.69	0.68	0.67	0.66
9	0.88	0.72	0.70	0.69	0.68	0.67	0.66	0.64	0.63	0.62	0.62
11	0.87	0.69	0.67	0.66	0.66	0.64	0.62	0.61	0.60	0.59	0.58
13	0.86	0.67	0.65	0.63	0.63	0.61	0.60	0.58	0.57	0.58	0.55
15	0.86	0.65	0.63	0.62	0.61	0.59	0.58	0.56	0.55	0.54	0.53
17	0.85	0.63	0.61	0.60	0.60	0.57	0.56	0.54	0.53	0.52	0.50
19	0.84	0.62	0.60	0.59	0.58	0.56	0.54	0.52	0.51	0.50	0.48

2. 侧壁摩擦影响的修正

对于砂土、松散—中密的圆砾、卵石，重型和超重型圆锥动力触探深度在 1~15m 范围内时，一般不考虑侧壁摩擦的影响。

3. 地下水影响的修正

对于地下水位以下的中、粗、砾砂和圆砾、卵石，锤击数可按下式修正。

$$N_{63.5}=1.1N'_{63.5}+1.0 \qquad (4.2.3)$$

也有些行业相关规程中对圆锥动力触探试验不考虑地下水的影响，认为地下水位以下砂土饱和后，不仅动贯入阻力降低，而且土的强度、承载力也随之降低。

4.2.3.2 绘制触探曲线

应在剖面图上或柱状图上绘制圆锥动力触探试验所获得的锤击数值随深度变化的关系曲线,触探曲线可绘制成直方图。根据不同的国家或行业标准,对圆锥动力触探试验结果(实测锤击数)目前存在进行修正和不进行修正两种做法。但无论是采用实测值还是修正值,资料整理方法相同。如图 4.2.3 所示,以实测锤击数 N' 或经杆长校正后的锤击数 N 为横坐标,贯入深度 h 为纵坐标绘制 $N-h$ 曲线或 $N'-h$ 曲线。对轻型圆锥动力触探按每贯入 30cm 的锤击数绘制 $N_{10}-h$ 曲线;对重型、超重型圆锥动力触探按每贯入 10cm 的锤击数绘制 $N_{63.5}-h$、$N_{120}-h$ 曲线或者 $N'_{63.5}-h$、$N'_{120}-h$ 曲线。

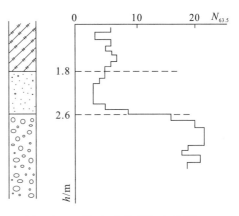

图 4.2.3　$N-h$ 曲线($N'-h$ 曲线)

4.2.3.3 计算各层的锤击数平均值

应按单孔统计各层锤击数平均值,统计时,应剔除个别异常点,且不包括"超前"和"滞后"范围的测试点;然后根据各孔分层触探锤击数平均值,用厚度加权平均法计算场地分层触探锤击数平均值和变异系数。以每层土的触探锤击数加权平均值,作为分析研究土层工程性能的依据。

整理多孔触探资料时,应结合钻探资料进行分析,对均匀土层可用厚度加权平均法统计场地分层触探锤击数平均值。

4.2.4　试验成果应用

1. 利用触探曲线进行力学分层

圆锥动力触探试验是在地层的某一段进行连续测试的方法,因此,在每个触探点的深度方向上,触探指标的大小可以反映不同地基土的密实度、地基承载力和其他工程性质指标的大小。在实际工作中,可以利用每个勘探点的触探指标随深度的关系曲线,结合场地内的钻探资料和地区经验,划分出不同的地层,但在进行土的分层和确定土的力学性质时应考虑触探的界面效应,即"超前"和"滞后"反映。

当触探头尚未达到下卧土层时,在一定深度以上,下卧土层的影响已经超前反映出来,叫作"超前反映"。而当探头已经穿过上覆土层进入下卧土层中时,在一定深度以内,上覆土层的影响仍会有一定反映,这叫作"滞后反映"。

在划分地层分层界线时应根据具体情况作适当调整。触探曲线由软层进入硬层时,分层界线可定在软层最后一个小值点以下 0.1~0.2m 处;触探曲线由硬层进入软层时,分层界线可定在软层第一个小值点以上 0.1~0.2m 处。

2. 评价地基土的密实度或状态

按表 4.2.4 和表 4.2.5 确定碎石土的密实度,表中锤击数为修正后的锤击数。

表 4.2.4　碎石土密实度按 $N_{63.5}$ 分类

重型圆锥动力触探试验锤击数 $N_{63.5}$	密实度	重型圆锥动力触探试验锤击数 $N_{63.5}$	密实度
$N_{63.5} \leqslant 5$	松散	$10 < N_{63.5} \leqslant 20$	中密
$5 < N_{63.5} \leqslant 10$	稍密	$N_{63.5} > 20$	密实

注：本表适用于平均粒径等于或小于 50mm，且最大粒径小于 100mm 的碎石土。对于平均粒径大于 50mm，或最大粒径大于 100mm 的碎石土，可用超重型圆锥动力触探或用野外观察鉴别。

表 4.2.5　碎石土密实度按 N_{120} 分类

超重型圆锥动力触探试验锤击数 N_{120}	密实度	超重型圆锥动力触探试验锤击数 N_{120}	密实度
$N_{120} \leqslant 3$	松散	$11 < N_{120} \leqslant 14$	密实
$3 < N_{120} \leqslant 6$	稍密	$N_{120} > 14$	很密
$6 < N_{120} \leqslant 11$	中密		

3. 确定地基土的承载力

利用圆锥动力触探的试验成果评价地基土的承载力，主要是依靠当地的经验积累，以及在经验基础上建立的统计关系式（或者以表格的形式给出）。由于部分地区的经验难以适应我国各个地区，或者无法用一个经验关系式来概括不同地区的经验，各个省、自治区、直辖市等的岩土工程勘察规范会给出各地的经验值。以下是《广西壮族自治区岩土工程勘察规范》（DBJ/T45-066—2018）附录 C 给出圆锥动力触探试验锤击数与各种土承载力关系的表格（表 4.2.6—表 4.2.11）。重型和超重型圆锥动力触探试验锤击数采用的是修正后的标准重型和超重型圆锥动力触探试验锤击数。

表 4.2.6　黏性土承载力特征值 f_{ak}

N_{10}	15	20	25	30
f_{ak}/kPa	100	130	150	180

表 4.2.7　黏性素填土承载力特征值 f_{ak}

N_{10}	10	20	30	40
f_{ak}/kPa	80	110	130	150

表 4.2.8　杂填土承载力特征值 f_{ak}

$N_{63.5}$	1	2	3	4
f_{ak}/kPa	40	80	120	160

表 4.2.9　砂土承载力特征值 f_{ak}　　　　　　　　　　单位:kPa

土的名称	$N_{63.5}$							
	3	4	5	6	7	8	9	10
中砂、粗砂、砾砂	120	160	200	240	280	320	360	400
粉砂、细砂	75	100	125	150	175	200	225	250

表 4.2.10　碎石土承载力特征值 f_{ak}（一）

$N_{63.5}$	3	4	5	6	7	8	9	10	11	12	13	14	16	18
f_{ak}/kPa	140	170	200	240	280	320	360	400	440	480	510	540	600	680

表 4.2.11　碎石土承载力特征值 f_{ak}（二）

N_{120}	3	4	5	6	7	8	9	10	12	14	16	18	20
f_{ak}/kPa	270	350	430	500	580	670	750	820	900	975	1020	1070	1100

注：$N_{63.5}$、N_{120} 分别为修正后的标准重型和超重型圆锥动力触探试验锤击数。

4. 确定地基土的变形模量

各个地方的做法不同，有的利用卵石土的载荷试验与超重型圆锥动力触探试验锤击数进行对比分析，得到变形模量 E_0 与 N_{120} 的关系式，有的利用建筑在卵石土地基上的高层建筑的沉降观测资料反算各土层的压缩模量 E_s（MPa）与 N_{120} 进行对比分析，得到经验式等。《广西壮族自治区岩土工程勘察规范》(DBJ/T45-066—2018)第 3.3.1 条款推荐的碎石土变形模量可按表 4.2.12、表 4.2.13 确定。

表 4.2.12　用重型圆锥动力触探试验锤击数 $N_{63.5}$ 确定碎石土的变形模量 E_0

$N_{63.5}$	3	4	5	6	7	8	9	10	12	14
E_0/MPa	10	12	14	16	18.5	21	23.5	26	30	34
$N_{63.5}$	16	18	20	22	24	26	28	30	35	40
E_0/MPa	37.5	41	44.5	48	51	54	56.5	59	62	64

表 4.2.13　用超重型圆锥动力触探试验锤击数 N_{120} 确定碎石土的变形模量 E_0

N_{120}	4	5	6	7	8	9	10	12	14	16	18	20
E_0/MPa	21	23.5	26	28	31	34	37	42	47	52	57	62

5. 地基检验

可利用重型或超重型圆锥动力触探试验对砂石土换填地基、强夯地基、振冲碎石桩地基、砂石桩地基、水泥注浆地基等进行效果检验；一般利用轻型圆锥动力触探试验用于施工验槽时对地基土的检验。

4.3 标准贯入试验

4.3.1 概述

标准贯入试验（standard penetration test，SPT）实质上仍属于动力触探类型之一，所不同者，其触探头不是圆锥形探头，而是标准规格的圆筒形探头（由两个半圆管合成的取土器），称之为贯入器。因此，标准贯入试验就是利用一定的锤击动能，将一定规格的对开管式贯入器打入钻孔孔底的土层中，根据打入土层中的贯入阻力，评定土层的变化和土的物理力学性质。贯入阻力用贯入器贯入土层中 30cm 的锤击数 N 表示，也称标准贯入试验锤击数。

4.3.2 试验设备组成

标准贯入试验的设备主要由标准贯入器、钻杆、导向杆和落锤 4 部分组成。标准贯入试验的设备规格见表 4.3.1。贯入器照片见图 4.3.1。

表 4.3.1 标准贯入试验设备规格

落锤		锤的质量/kg	63.5
		落距/cm	76
贯入器	对开管	长度/mm	>500
		外径/mm	51
		内径/mm	35
	管靴	长度/mm	50～76
		刃口角度/(°)	18～20
		刃口单刃厚度/mm	1.6
钻杆		直径/mm	42
		相对弯曲	<1/1000

4.3.3 试验技术要点

（1）与钻机配合进行，先钻进到需要进行标准贯入试验的土层，清孔后，换成标准贯入器并量得深度尺寸。

（2）将贯入器垂直打入试验土层中，注意钻杆及导向杆垂直，防止在孔内摇晃。先打入 15cm 不计击数，再继续贯入土中 30cm，记录其锤击数，此数即为标准贯入试验锤击数 N。若遇比较密实的砂层，贯入不足 30cm 的锤击数已超过 50 击时，应终止试验，并记录实际贯入深度 Δs 和累计击数 n，按下式换算成贯入 30cm 的锤击数 N。

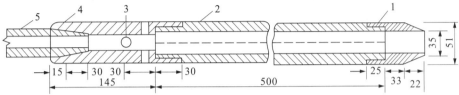

1-贯入器靴；2-由两个半圆形管合成的贯入器身；3-出水孔$\Phi 15$；4-贯入器头；5-触探杆。

图 4.3.1 贯入器（上为照片，下为设计图，图中长度数值单位为 mm）

$$N = \frac{30n}{\Delta s} \tag{4.3.1}$$

式中，n 为所选取的任意贯入量的锤击数；Δs 为对应锤击数 n 的贯入量（cm）。

（3）提出贯入器，拆开两个半圆管，将器中土样取出，进行鉴别描述、记录，然后换钻探工具继续钻进，至下一需要进行试验的深度，再重复上述操作，一般可每隔 1.0～2.0m 进行一次试验。

（4）在不能保持孔壁稳定的钻孔中进行试验时，应下套管以保护孔壁，但试验深度必须在套管口 75cm 以下，或采用泥浆护壁。

（5）试验记录的内容应包括钻杆长度，贯入起止深度，每贯入 10cm 的击数和 30cm 的累计击数，土的描述和样品编号等。

4.3.4 试验成果整理

1. 标准贯入试验锤击数的修正

标准贯入试验的影响因素是很复杂的。国外对 N 值的传统修正包括：杆长的修正、饱和粉细砂的修正、地下水位的修正、土的上覆压力修正等。国内虽然也有不少研究成果，但意见很不一致。在我国，一直用经过修正后的 N 值确定地基承载力，用不修正的 N 值判别砂土液化。故在实际应用 N 值时，《岩土工程勘察规范》（GB 50021—2001）（2009 年版）规定应按具体岩土工程问题，参照有关规范考虑是否作杆长修正或其他修正。

当应用标准贯入试验成果需要对标准贯入试验锤击数进行修正时，锤击数应按下式进行修正，以算出锤击数的标准值。

$$N = \alpha_1 N' \tag{4.3.2}$$

式中，N 为修正后的标准贯入试验锤击数；α_1 为标准贯入试验杆长校正系数，应按表 4.3.2 确定；N' 为标准贯入试验实测锤击数。

表 4.3.2　标准贯入试验杆长校正系数 α_1

杆长 L/m	≤3	6	9	12	15	18	21	25	30	40	50	75
α_1	1.00	0.92	0.86	0.81	0.77	0.73	0.70	0.68	0.65	0.60	0.55	0.50

2. 对标准贯入试验锤击数应分层进行统计

计算场地各试验孔各分层土的实测击数平均值 $\overline{N_j}$（j 代表土层分层层号），计算时应剔除异常值。当一个地质单元的标准贯入试验锤击数样本不少于 6 个时应统计平均值、标准差和变异系数，并计算其标准值 N_k。当样本少于 6 个时统计平均值，统计时应剔除异常值（详见 6.1 节）。

3. 绘制标准贯入试验锤击数 N 与试验深度 d 的关系曲线

根据记录表中的数据，应将实测击数 N 与试验深度 d 的关系曲线（$N-d$）绘制于同一直角坐标图（剖面图、钻孔柱状图）中，并应结合场地勘察结果分层。

4.3.5　试验成果应用

1. 确定砂土的密实度

国内主要规范采用标准贯入试验锤击数 N 判定粉土和砂土密实度见表 4.3.3。

表 4.3.3　国内主要规范采用标准贯入试验锤击数 N 判定粉土和砂土密实度

标准	地层	密实度				
		松散	稍密	中密	密实	极密
国家规范	砂土	10	10～15	15～30	>30	
天津规范	粉土		≤12	12～18	>18	
	砂土	≤10	10～15	15～30	>30	
上海规范	砂质粉土、砂土	≤7	7～15	15～30	>30	
浙江规范	粉土	≤7	7～13	13～25	>25	
	砂土	≤10	10～15	15～30	>30	
广西规范	砂土	≤10	10～15	15～30	30～50	50

注：表内所列 N 值为实测击数。

2. 确定黏性土的状态

很多地方及行业有这方面的统计数据，如《铁路工程地质原位测试规程》（TB 10018—2018）第 7.4.2 条款建议按表 4.3.4 对黏性土的状态进行划分。

表 4.3.4　黏性土的塑性状态划分

N	N≤2	2<N≤8	8<N≤32	N>32
液性指数 I_L	$I_L>1$	$1≥I_L>0.5$	$0.5≥I_L>0$	$I_L≤0$
塑性状态	流塑	软塑	硬塑	坚硬

3. 确定地基土的承载力

各地有自己的统计标准。《广西壮族自治区岩土工程勘察规范》DBJ/T45-066—2018附录 C 规定,根据标准贯入试验锤击数 N 标准值确定地基承载力特征值时,应符合表 4.3.5—表 4.3.8 的规定,对实测试验的锤击数应按式(4.3.2)进行杆长修正。

表 4.3.5　黏性土承载力特征值 f_{ak}

N	3	5	7	9	11	13	15	17	19	21	23
f_{ak}/kPa	105	145	190	220	295	326	370	430	515	600	680

表 4.3.6　粉土承载力特征值 f_{ak}

N	3	4	5	6	7	8	9	10	11	12	13	14	15
f_{ak}/kPa	105	125	145	165	185	205	225	245	265	285	305	325	345

表 4.3.7　砂土承载力特征值 f_{ak}　　　　单位:kPa

土的名称	N								
	10	15	20	25	30	35	40	45	50
中砂、粗砂、砾砂	180	250	280	310	340	380	420	460	500
粉砂、细砂	140	180	200	230	250	270	290	310	340

表 4.3.8　花岗岩残积土承载力特征值 f_{ak}　　　　单位:kPa

土的名称	N				
	4	10	15	20	30
砾质黏性土	(100)	250	300	350	(400)
砂质黏性土	(80)	200	250	300	(350)
黏性土	150	200	240	(270)	—

注:1. 括号内数字仅供内插用。
　　2. N 按修正后锤击数平均值进行查表。

4. 估求土的压缩模量

行业标准《高层建筑岩土工程勘察标准》(JGJ/T 72—2017)附录 F 中表 F.0.2 建议粉土及砂土的压缩模量 E_s(MPa)可用标准贯入试验锤击数的经验关系式(4.3.2)、式(4.3.3)来估算,适用深度小于120m,10≤N≤50 的情况。

对于粉土及粉细砂: $E_s=(1\sim 1.2)N$ (4.3.3)

对于中、粗砂: $E_s=(1.5\sim 2)N$ (4.3.4)

5. 评价砂土液化

《建筑抗震设计规范》(GB 50011—2010)(2016年版)规定:当饱和砂土、粉土的初步判别认为需进一步进行液化判别时,应采用标准贯入试验判别法判别地面下20m(或15m)范围内土的液化。当饱和砂土、粉土标准贯入试验锤击数(未经杆长修正)小于或等于液化判别标准贯入试验锤击数临界值时,应判为液化土。具体做法详见7.5.7 小节。

4.4 静力触探试验

4.4.1 概 述

静力触探(cone penetration test,CPT)是用准静力将一个带有力传感器的探头以一定的速率匀速地压入土中,在地表上通过电子量测仪器将探头受到的贯入阻力记录下来。由于贯入阻力的大小与土层的性质有关,因此通过贯入阻力的变化情况,可以达到了解地下土层的工程性质的目的。孔压静力触探(CPTU)除静力触探原有功能外,在探头上附加孔隙水压力量测装置,用于量测孔隙水压力增长与消散。利用孔压量探头的高灵敏性,可以更加精确地辨别土类,测定评价更多的岩土工程性质指标。

静力触探试验适用于软土、一般黏性土、粉土、砂土和含有少量碎石的土,不适用于含较多碎石、砾石的土层和密实的砂层。与传统的钻探方法相比,静力触探试验具有速度快、劳动强度低、清洁、经济等优点,而且可连续获得地层的强度和其他方面的信息,不受取样扰动等人为因素的影响。对于地基土在竖向变化比较复杂而用其他常规勘探试验手段不可能大密度取土或测试来查明土层变化,在饱和砂土、砂质粉土及高灵敏性软土中的钻探取样往往不易达到技术要求或者无法取样的情况,静力触探试验均具有它独特的优越性。因此,在适宜于使用静力触探的地区,静力触探技术普遍受到欢迎。但是,静力触探试验不能对土进行直接的观察、鉴别。

根据静力触探试验结果,并结合地区经验,可用于以下目的:①进行土类定名,并划分土层界面;②评定地基土的物理、力学、渗透性质等相关参数;③确定地基土承载力;④进行地基土液化可能性判别;⑤其他。

4.4.2 试验设备组成

静力触探的试验设备主要由3部分构成:探头、贯入装置、量测系统。

4.4.2.1 探头

探头是测量贯入阻力的核心部件,主要由锥头、摩擦筒、变形柱3部分组成。常用的静力触探探头分为单桥探头、双桥探头两种。此外还有能同时测量孔隙水压力的孔压探头,它们是在原有的单桥或双桥探头上增加测量孔压的装置而构成。静力触探可根据工程需要采用单桥探头、双桥探头或孔压探头。

1. 探头的类型与规格

同一测试工程中宜使用统一规格的探头。目前国内外使用的探头分为以下 3 种形式。

(1)单桥探头:我国所特有的一种探头类型,它将锥头与外套筒连在一起,只能测量一个参数即比贯入阻力 p_s。这种探头结构简单,造价低,坚固耐用,是我国使用最多的一种探头,但精度较低,如图 4.4.1 所示。

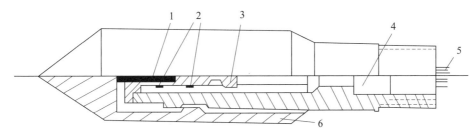

1—顶柱;2—电阻应变片;3—传感器;4—密封垫圈套;5—四芯电缆;6—外套筒。

图 4.4.1 单桥探头结构

(2)双桥探头:它将锥头与摩擦筒分开,可同时测量锥头阻力 q_c 和侧壁摩阻力 f_s 两个参数,精度较高。该探头国内外普遍采用,用途很广,如图 4.4.2 所示。

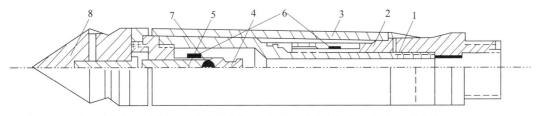

1—传力杆;2—摩擦传感器;3—摩擦筒;4—锥尖传感器;5—顶柱;6—电阻应变片;7—钢球;8—锥尖头。

图 4.4.2 双桥探头结构

(3)多用(孔压)探头:它一般是在双桥探头基础上再安装一种可测触探时产生的超孔隙水压力装置的探头,能同时测定锥头阻力 q_c、侧壁摩擦力 f_s、贯入时的孔隙水压力 u,精度最高。该探头功能多,用途广,在国外已得到普遍应用,如图 4.4.3 所示。

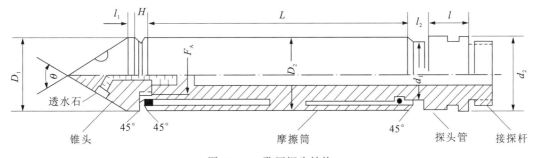

图 4.4.3 孔压探头结构

各类探头的规格见表 4.4.1 和图 4.4.4。

表 4.4.1 常用的探头规格

探头规格	锥底面积/cm²	锥底直径/mm	锥角/(°)	摩擦筒面积/cm²	摩擦筒长度/mm
10cm² 单桥探头	10	35.7	60	无	无
15cm² 单桥探头	15	43.7	60	无	无
10cm² 双桥探头	10	35.7	60	200	179
15cm² 双桥探头	15	43.7	60	300	219
10cm² 孔压探头	10	35.7	60	200	179

2. 探头的标定

为了建立锥头贯入阻力与仪器显示值之间的关系，在使用前或使用一段时间后，应将探头放在探头标定设备（压力机）上，进行加压标定试验。标定时应与其配套使用的仪器及电缆一起参与标定，以获取探头的标定系数 K。

4.4.2.2 贯入装置

静力触探贯入装置由加压装置、反力装置两部分组成。

1. 加压装置

加压装置的作用是将探头压入土层中，按加压方式可分为下列几种。

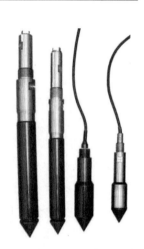

图 4.4.4 10cm²、15cm² 单桥、双桥探头

(1) 手摇式轻型静力触探：利用摇柄、链条、齿轮等用人力将探头压入土中，总贯入力 20～30kN。适用于较大设备难以进入的狭小场地的浅层地基现场测试。

(2) 齿轮机械式静力触探：主要组成部件有变速马达（功率 2.8～3kW）、伞形齿轮、丝杆、导向滑块、支架、底板、导向轮等。因其结构简单，加工方便，既可单独落地组装，也可装在汽车上。但贯入力较小，一般为 40～50kN，贯入深度有限。

(3) 全液压传动静力触探：分单缸和双缸两种。主要组成部件有：油缸和固定油缸底座、油泵、分压阀、高压油管、压杆器和导向轮等。目前在国内使用液压静力触探仪比较普遍，一般是将载重卡车改装成轿车型静力触探车，其动力来源既可使用汽车本身动力也可使用外接电源，工作条件较好，最大贯入力可达 200kN。

2. 反力装置

静力触探的反力有 3 种形式。

(1) 利用地锚作反力：当地表有一层较硬的黏性土覆盖层时，可使用 2～4 个或更多的地锚作反力，视所需反力大小而定。锚的长度一般为 1.5m 左右，应设计成可以拆卸式的，并且以单叶片为好。叶片的直径可分成多种，如 25cm、30cm、35cm、40cm，以适应各种情况。地锚通常用液压拧锚机下入土中，也可用机械或人力下入。手摇式轻型静力触探设备采用的地锚，因其所需反力较小，锚的长度也较短，为 1.2m，叶片直径则为 20cm。

(2) 用重物作反力：如表层土为砂砾、碎石土等，地锚难以下入，此时只有采用压重物来解决反力问题,在触探架上压以足够的重物,如钢轨、钢锭、生铁块等。软土地基贯入30m以内的深度,一般需压重4～5t。

(3)利用车辆自重作反力:将整个触探设备装在载重汽车上,利用载重汽车的自重作反力,如反力仍不足时,可在汽车上装上拧锚机,可下入4～6个地锚,也可在车上装载重量较大的钢板或其他重物,以增加触探车本身的重量。

贯入设备装在汽车上工作方便,工效比较高,但也有不足之处。由于汽车底盘距地面过高,钻杆施力点距离地面的自由长度过大,当下部遇到硬层而使贯入阻力突然增大时易使钻杆弯曲或折断,应考虑降低施力点距地面的高度。

触探杆通常用外径$\Phi 32\sim 35mm$、壁厚为5mm以上的高强度无缝钢管制成,也可用$\Phi 42mm$的无缝钢管。为了使用方便,每根触探杆的长度以1m为宜,探杆头宜采用平接,以减少压入过程中探杆与土的摩擦力。

4.4.2.3 量测系统

我国的静力触探测量仪器有两种类型,一种为电阻应变仪,另一种为自动记录仪(电子电位差自动记录仪、微电脑数据采集器)。

1. 电阻应变仪

电阻应变仪由稳压电源、振荡器、测量电桥、放大器、相敏检波器和平衡指示器等组成。应变仪是通过电桥平衡原理进行测量的。当触探头工作时,传感器发生变形,引起测量桥路的平衡发生变化,通过手动调整电位器使电桥达到新的平衡,根据电位器调整程序就可确定应变量的大小,并从读数盘上直接读出。

2. 自动记录仪

静力触探自动记录仪,由通用的电子电位差计改装而成,它能随深度自动记录土层贯入阻力的变化情况,并以曲线的方式自动绘在记录纸上,从而提高了野外工作的效率和质量。

4.4.3 试验要点

(1)测试用电缆按探杆连接顺序一次穿齐,电缆应备有足够的长度。一般备用探杆总长度应大于测试深度2.0m。

(2)检查使用的探头是否符合规定;核对探头标定记录,调零试压。

(3)孔压探头在贯入前应用特制的抽气泵对孔压传感器的应变腔抽气并注入脱气液体(水、硅油或甘油),至应变腔无气泡出现为止。孔压探头在压入土层之前应放置在装满脱气液体的密闭容器中。

(4)贯入主机就位后,应调平机座并用水平尺校准,与反力装置衔接、锁定并随时进行检查;当贯入主机不能按指定孔位安装时,应记录移位后的孔位和地面高程。

(5)探头应匀速垂直压入土中,贯入速率为(1.2 ± 0.3)m/min。在孔压静力触探试验中,触探仪应以(20 ± 5)mm/s的恒定速度压入土体中。

(6)每次加接探杆时,丝扣必须上满,卸探杆时,不得转动下面的探杆,要防止探头电缆压断、拉脱或扭曲。

(7)探头的归零检查。在贯入过程中,应进行如下归零检查和深度校核。

①使用单桥或双桥探头触探时,将探头贯入地面下 0.5～1m 后,上提探头 5～10cm,观测零位漂移情况,待其稳定后,将仪表调零并压回原位即可开始正式贯入;在地面下 6m 深度范围内,每贯入 2～3m 应提升探头一次,将零漂值作为初读数记录下来;孔深超过 6m 后,视不归零值的大小,可放宽归零检查的深度间隔(一般为 5m)或不作归零检查。

②进行孔压触探时,在现场采取措施保持探头的饱和状态,直至探头进入地下水位以下的土层为止。在整个贯入过程中不得提升探头,终孔起拔时应记录锥尖和侧壁的零漂值。探头拔出地面时,应立即卸下锥尖,记录孔压计的零漂值。

(8)使用数字式仪器时,每贯入 0.1m 或 0.2m 应记录一次读数。使用自动记录仪时,应随时注意桥走低和画线情况,标注出深度和归零检查结果。

(9)当在预定深度进行孔压消散试验时,应量测停止贯入后不同时间的孔压值和端阻值,并按适当的时间间隔或自动测读孔隙水压力消散值,直至基本稳定。

(10)终孔起拔时和探头拔出地面时,应记录零漂值。

(11)出现下列情况之一时,应终止贯入,并立即起拔。

①孔深已达任务书要求。

②反力装置失效或主机已超负荷。

③探杆明显弯曲,有断杆危险。

④圆锥触探仪的倾斜度已经超过了量程范围。

⑤记录仪显示异常时,应停止贯入并在记录上注明,待排查异常原因后,继续试验。

4.4.4 试验成果整理

4.4.4.1 参数修正

具一定热敏性的探头,当零漂值在该深度段测试值的 10% 以内时,可依归零检查的深度间隔,按线性内插法对测试值予以平差。当零漂值大于该深度段测试值的 10% 时,宜在相邻两次归零检查的时间间隔内,按贯入行程所占时间段落依比例进行线性平差。各深度的测试值按下式修正。

$$x'_d = x_d - \Delta x_d \tag{4.4.1}$$

式中,x_d 为某深度 d 处读数的修正值;x'_d 为深度 d 处的实测值(读数);Δx_d 为相应于深度 d 处的零漂修正量(平差值),分正、负。

4.4.4.2 参数计算

静力触探参数应采用修正后的数据按下列公式分别计算比贯入阻力 p_s、锥尖阻力 q_c、侧壁摩阻力 f_s、摩阻比 R_f 及孔隙水压力 u。

单桥探头比贯入阻力: $$p_s = K_p \varepsilon'_p \tag{4.4.2}$$

双桥探头锥尖阻力: $$q_c = K_c \varepsilon'_c \tag{4.4.3}$$

双桥探头侧壁摩阻力: $$f_s = K_f \varepsilon'_f \tag{4.4.4}$$

双桥探头摩阻比: $$R_f = \frac{f_s}{q_c} \times 100\% \tag{4.4.5}$$

孔压探头孔隙水压力: $$u = K_u \varepsilon'_u \tag{4.4.6}$$

以上各式中,K_p、K_c、K_f、K_u 分别为单桥探头、双桥探头、孔压探头等触探参数的传感器标定系数;ε'_p、ε'_c、ε'_f、ε'_u 为相对应的零漂修正后的读数。

4.4.4.3 绘制各参数随深度的变化曲线

分别绘制 q_c、f_s、R_f、u 随着深度 z(纵坐标)的变化曲线,如图 4.4.5 所示。

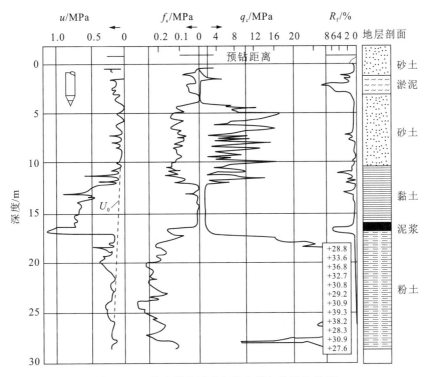

图 4.4.5 静力触探试验各类曲线与钻孔柱状图

上述各种曲线纵坐标(深度 z)比例尺应一致,一般采用 1∶100,深孔可用 1∶200;横坐标为各种测试成果,其比例尺应根据数值大小而定。

4.4.5 试验成果应用

1. 划分土层

采用单桥探头测试时,根据比贯入阻力与深度的变化曲线进行土性分层;采用双桥探头测试时,可以锥尖阻力与深度变化曲线为主,结合侧壁摩阻力和摩阻比随深度的变化曲线进行土性分层。土层分层界线应考虑贯入阻力曲线中的超前和滞后现象,一般以超前和滞后的中点作为分界点。同时,触探分层应参照邻近钻孔的分层资料划分土层,利用孔压触探资料,可也提高土层划分的能力和精度,分辨薄夹层的存在。

2. 区分土类

(1)根据静力触探参数随深度曲线变化区分土类的方法如下:一般阻力较小、摩阻比较大、超孔隙水压力大、曲线变化小的曲线段所代表的土层多为黏土层;而阻力大、摩阻比较小、超孔隙水压力很小、曲线呈急剧变化的锯齿状则为砂土。

(2)根据贯入参数值进行土层分类。使用单桥探头,可根据每一层土的探头阻力平均值p_s参数来推算土层名称,见表4.4.2。使用双桥探头,可按图4.4.6划分土类。

表4.4.2 按p_s进行土的分类

土层分类	软黏土	一般性黏土	老黏土
p_s/MPa	$p_s<1$	$1 \leqslant p_s<3$	$p_s \geqslant 3$

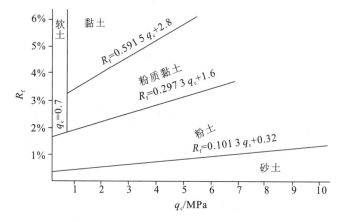

图4.4.6 用双桥探头触探参数判别土类

3. 确定地基土的承载力

利用静力触探确定地基土的承载力,国内外都是根据对比试验结果提出的经验公式,以解决生产上的应用问题。建立经验公式的途径主要是将静力触探试验结果与载荷试验求得的比例界限值进行对比,并通过对比数据的相关分析得到用于特定地区或特定土性的经验公式。无地区使用经验可循时,可根据铁道部《铁路工程地质原位测试规程》(TB 10018—2018)土层类别和比贯入阻力p_s按表4.4.3和表4.4.4所列经验公式进行估算。

表4.4.3 天然地基基本承载力σ_0算式

土层名称		σ_0算式	p_s值范围/kPa
老黏性土($Qp_1 \sim Qp_3$)		$\sigma_0 = 0.1 p_s$	2700~6000
一般黏性土(Qh)		$\sigma_0 = 5.8\sqrt{p_s} - 46$	$\leqslant 6000$
软土		$\sigma_0 = 0.112 p_s + 5$	85~800
砂土及粉土		$\sigma_0 = 0.89 p_s^{0.63} + 14.4$	$\leqslant 24\,000$
新黄土(Qh、Qp_3)	东南带	$\sigma_0 = 0.05 p_s + 65$	500~5000
	西北带	$\sigma_0 = 0.05 p_s + 35$	650~5500
	北部边缘带	$\sigma_0 = 0.04 p_s + 40$	1000~6500

表 4.4.4　天然地基极限承载力 p_u 算式

土层名称		p_u 算式	p_s 值范围/kPa
老黏性土($Qp_1 \sim Qp_3$)		$p_u=0.14p_s+265$	2700～6000
一般黏性土(Qh)		$p_u=0.94p_s^{0.8}+8$	700～3000
软土		$p_u=0.196p_s+15$	＜800
粉、细砂		$p_u=3.89p_s^{0.58}-65$	1500～24 000
中、粗砂		$p_u=3.6p_s^{0.6}+80$	800～12 000
砂土		$p_u=3.74p_s^{0.58}+47$	1500～24 000
粉土		$p_u=1.78p_s^{0.63}+47$	≤8000
新黄土(Qh、Qp_3)	东南带	$p_u=0.1p_s+130$	500～4500
	西北带	$p_u=0.1p_s+70$	650～5300
	北部边缘带	$p_u=0.08p_s+80$	1000～6000

4. 确定土的变形指标

利用静探资料估算变形参数的精确度较低，因为贯入阻力与变形参数间不存在直接的机理关系，目前主要是利用地区经验，建立经验公式，如按比贯入阻力 p_s(MPa)确定变形模量 E_0(MPa)和压缩模量 E_s(MPa)，见表 4.4.5。

表 4.4.5　按比贯入阻力 p_s(MPa)确定变形模量 E_0(MPa)和压缩模量 E_s(MPa)

序号	公式	适用范围	公式来源
1	$E_s=3.72p_s+1.26$	$0.3 \leqslant p_s < 5$	《工业与民用建筑工程地质勘察规范》(TJ 21—77)
2	$E_0=9.79p_s-2.63$ $E_0=11.77p_s-4.69$	$0.3 \leqslant p_s < 3$ $3 \leqslant p_s < 6$	
3	$E_s=3.63(p_s+0.33)$	$p_s < 5$	交通部一航局设计院
4	$E_s=1.9p_s+3.23$	$0.4 \leqslant p_s \leqslant 3$	四川省综合勘察院
5	$E_s=2.94p_s+1.34$	$0.24 < p_s < 3.33$	天津市建筑设计院
6	$E_s=6.3p_s+0.85$	贵州地区红黏土	贵州省建筑设计院

5. 确定不排水抗剪强度 c_u 值

用静力触探的成果估求饱和软土黏土的不排水综合抗剪强度 c_u，目前是用静力触探成果与十字板剪切试验成果对比，建立 c_u 和 p_s、q_c 之间的相关关系，以求得 c_u 值，其相关式见表 4.4.6。

表 4.4.6 软土 c_u(kPa)与 p_s(MPa)、q_c(MPa)相关公式

公式	适用范围	公式来源
$c_u=30.8p_s+4$	$0.1 \leqslant p_s \leqslant 1.5$ 的软黏土	交通部一航局设研院
$c_u=71q_c$	镇海软黏土	同济大学
$c_u=0.04p_s+2$	灵敏度 $2 \leqslant S_t \leqslant 7$，塑性指数 $12 \leqslant I_P \leqslant 40$ 的软黏土	《铁路工程地质原位测试规程》（TB 10018—2018）

6. 确定土的内摩擦角

砂土的内摩擦角可根据静力触探比贯入阻力 p_s 来估算,方法见表4.4.7。

表 4.4.7 砂土的内摩擦角 φ

p_s/MPa	1	2	3	4	6	11	15	30
$\varphi/(°)$	29	31	32	33	34	36	37	39

4.5 十字板剪切试验

4.5.1 概述

十字板剪切试验(vane shear test,VST)是一种用十字板探头测定饱和软黏性土不排水抗剪强度和灵敏度的试验。它是将十字板探头由钻孔压入孔底软土中,以缓慢且均匀的速度转动,在土层中形成圆柱形破坏面,通过测量系统,测得其转动时所需之力矩,从而计算出土的抗剪强度的原位测试方法。

根据十字板剪切仪的不同,试验可分为普通机械式十字板剪切试验和电测式十字板剪切试验;根据贯入土体的不同方式,可分为预钻孔十字板剪切试验和自钻孔十字板剪切试验。普通机械式十字板剪切试验需要用钻机或其他成孔机械预先成孔,然后将十字板头压入至孔底以下一定深度进行试验;自钻电测式十字板剪切试验可采用静力触探贯入主机将十字板头压入指定深度进行试验。从技术发展及使用方便的角度,自钻电测式十字板剪切仪轻便灵活,容易操作,试验成果也较稳定,优势十分明显,目前已得到广泛应用。

十字板剪切试验在软土地区应用广泛,主要用其测定饱水软黏土的不排水抗剪强度,即 $\varphi=0$ 时的黏聚力 c 值。它具有下列明显优点:①不用取样,特别是对难以取原状土样的灵敏度高的软黏土,可以在现场对基本上处于天然应力状态下的土层进行扭剪,所求软土抗剪强度指标比其他方法都可靠。②野外测试设备轻便,容易操作。③测试速度较快,效率高,成果整理简单。

长期以来,野外十字板剪切试验被认为是一种有效的、可靠的专门针对软土的原位测试方法,国内外应用都很广。但必须注意的是,十字板剪切试验的适用范围仅限于饱和软黏性土($\varphi \approx 0$),对于其他的土,如较硬的黏性土和含有砾石、杂物的土不宜采用,否则十字板剪切试验会有相当大的误差,也会损伤十字板头。

4.5.2 试验设备组成

目前国内主要有两种十字板剪切仪,一种为机械式,另一种为电测式。电测式十字板剪切仪的设备由贯入设备、探测设备、扭力设备和其他设备组成。

1. 十字板头

十字板头宜采用不锈钢整体铸造,常用的十字板为矩形,高宽比 H/D 为 2,十字板头结构如图 4.5.1 所示。其规格应符合表 4.5.1 的规定,且板面粗糙度不得大于 6.3μm。

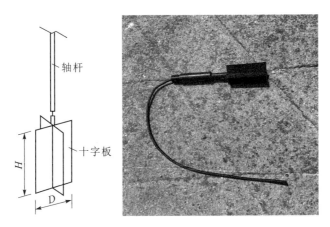

图 4.5.1 十字板头示意图和照片(卧摆状)

表 4.5.1 十字板头规格

型号	板高 H/mm	板宽 D/mm	板厚 e/mm	板下端刃角 α/(°)	轴杆 直径/mm	轴杆 长度 s/mm	高宽比 H/D	厚宽比 e/D
Ⅰ	100	50	2	60	13	50	2	0.04
Ⅱ	150	75	3	60	16	50	2	0.04

不同的土类应选用不同尺寸的十字板头,一般在软黏性土中,选择 75mm×150mm 的十字板头较为合适,在稍硬土中可用 50mm×100mm 的十字板头。

2. 贯入设备

贯入设备包括静力触探主机、探杆及反力设施。其作用是将十字板头垂直压入软土中。

3. 探测设备

探测设备包括电缆、板头、扭力传感器、量测仪器(如静态电阻应变仪)。

4.5.3 试验要点

(1)仪器设备的标定和检定,包括扭力传感器、扭力量测仪器的检定和标定。
(2)将地锚对称设置于试验孔位两侧,地锚数量应满足最大试验深度的反力需要。

(3)将贯入主机就位,调平机座并经水平尺校准后,锁定机座与地锚。

(4)安装扭力装置,把带电缆的探杆穿过扭力装置,下端与十字板头传感器电缆相连,并作好防水处理;电缆上端连接记录仪。

(5)若为预钻孔十字板剪切试验,则为钻孔、下套管。将十字板头以(20±5)mm/s的速率从孔底匀速贯入至预定深度后,应至少静置2~3min方可开始试验。一方面是让传感器与地温取得热平衡,直到仪表输出值不变后调零;另一方面是让软土层中因插入十字板所产生的超孔隙水压力消散。

为防止钻孔及下套管时对孔底土层的干扰,第一次测点处十字板头插入钻孔底的深度不应小于钻孔或套管直径的3~5倍(一般要求75cm以上)。

(6)开始试验时,移去山形插板及探杆卡块,将扭力装置上的夹持器拧紧或锁定探杆接头,不得使扭力装置相对于地面转动。

(7)按顺时针方向转动扭力装置上的旋转手柄,转速应均匀并符合1°/10s的要求。

(8)十字板头每转1°应记录一次仪表读数,直至峰值读数后再测记1min;必要时可测记至稳定值出现。稳定值的确定以最小值读数连续出现6次为准。

(9)若要测定试验点土的灵敏度,可用管钳按顺时针方向迅速转动探杆6圈,记下初读数,按上述第(7)款、第(8)款步骤进行试验,记录重塑土的相应读数。测定完毕,将十字板头压入到下一个深度进行试验。试验点竖向间隔规定为1m,以便均匀地绘制不排水抗剪强度随深度变化的曲线;当土层随深度的变化复杂时,可根据静力触探成果和工程实际需要,选择有代表性的点布置试验点,不一定均匀间隔布置试验点,遇到变层,要增加测点。

(10)在一个试验孔中连续试验时,应记录初读数,仪表不再调零。试验结束,将十字板头拔出地面,及时记录仪表不归零读数。

(11)一孔的试验完成后,按静力触探的方法上拔轴杆,取出十字板。

4.5.4 电测十字板剪切试验成果整理

(1)计算原状土的不排水抗剪强度。电测十字板剪切试验中的数据包括:原位剪切所测的原状土剪切破坏时的读数R_y、重塑土剪切破坏时的读数R_c,传感器率定系数α,十字板头直径D与高度H。据上述数据,按下式计算土的抗剪强度及灵敏度。

①原状土不排水抗剪强度应按下式计算。

$$C_u = 10K\alpha R_y \tag{4.5.1}$$

②重塑土不排水抗剪强度应按下式计算。

$$C_u' = 10K\alpha R_c \tag{4.5.2}$$

式中,C_u为原状土抗剪强度(kPa);C_u'为重塑土抗剪强度(kPa);α为传感器率定系数(N·cm/με);R_y,R_c分别为原状土和重塑土剪切破坏时的读数(με);D,H分别为十字板头直径(cm)和高度(cm);K为与十字板尺寸有关的常数(cm^{-3}),按下式求得。

$$K = \frac{2}{\pi D^2 \left(H + \dfrac{D}{3}\right)} \tag{4.5.3}$$

(2)计算土的灵敏度S_t。灵敏度分级:$1 < S_t \leqslant 2$为低灵敏度;$2 < S_t \leqslant 4$为中灵敏度;

$S_t>4$ 为高灵敏度。

$$S_t=C_u/C_u' \qquad (4.5.4)$$

(3)绘制单孔十字板剪切试验的不排水抗剪峰值强度、残余强度、重塑土强度和灵敏度随深度的变化曲线,需要时绘制抗剪强度与扭转角度的关系曲线。

4.5.5 开口钢环式十字板剪切试验

电测十字板剪切试验是在十字板头上方的连接处贴有电阻应变片的受扭力传感器,通过电缆将信号传到地面的电阻应变仪或数字测力仪,然后换算为十字板剪切的扭力大小。与电测十字板剪切试验不同的是,开口钢环式十字板剪切试验的测力装置是放在地表上的转盘中,利用钢环的变形量与钢环率定系数来计算得到,而钢环的变形量则用百分表测出。

开口钢环式十字板剪切试验需要在试验过程中进行扭力传递损失的测定,测定时需要把轴杆向上提一小段,使轴杆和十字板脱离;再次转动转盘,这时由于十字板不转动,扭力在向传递过程中各部件相互之间有摩擦,以及轴杆周围的软土与转动的轴杆也有摩擦,这些导致扭力损失展现出来。体现在钢环上,就会发现钢环有微小的弯曲变形(百分表显示出少量读数),故可把此读数作为修正值。

开口钢环式剪切试验推导出来的算式有

$$C_u=\frac{2M}{\pi D^2\left(\dfrac{D}{3}+H\right)} \qquad (4.5.5)$$

$$K=\frac{2R}{\pi D^2\left(\dfrac{D}{3}+H\right)} \qquad (4.5.6)$$

$$C_u=KC(\varepsilon_y-\varepsilon_g) \qquad (4.5.7)$$

$$C_u'=KC(\varepsilon_c-\varepsilon_g) \qquad (4.5.8)$$

式(4.5.5)至式(4.5.8)中,D 为十字板的直径(m);H 为十字板的高度(m);R 为转盘半径(m);K 为十字板常数(m^{-2});C 为钢环率定系数(kN/0.01mm);ε_y 为原状土在剪切破坏时的百分表读数(0.01mm);ε_c 为重塑土在剪切破坏时的百分表读数(0.01mm);ε_g 为轴杆校正时百分表读数(0.01mm);C_u 为原状土剪切强度(kPa);C_u' 为重塑土抗剪强度(kPa)。

4.5.6 试验成果应用

1. 成果修正

一般认为十字板测得的不排水抗剪强度是峰值强度,其值偏高,长期强度只有峰值强度的60%~70%。因此,十字板测得的强度需进行修正后才能用于设计计算。电测十字板剪切试验的抗剪强度应根据土层条件和地区经验进行修正,缺乏地区经验时,不排水抗剪强度的修正宜按下式计算。

$$C_{ux}=\mu C_u \qquad (4.5.9)$$

式中,C_{ux} 为修正后的不排水抗剪强度(kPa);μ 为修正系数,应根据土质条件或地区性经验进行修正,根据试验土层的塑性指数 I_P 和液性指数 I_L,可按图4.5.2取值。图中曲线1适用于液性指数大于 1.1 的土，曲线 2 适用于其他软黏土。

《铁路工程地质原位测试规程》(TB 10018—2018)规定：当 $I_P \leqslant 20$ 时，$\mu=1$；当 $20<I_P \leqslant 40$ 时，$\mu=0.9$。

2. 评定软土地基承载力($\varphi=0°$)

按中国建筑科学研究院、华东电力设计院的经验，地基容许承载力可按下式估算。

$$f_{ak}=2C_{ux}+\gamma h \qquad (4.5.10)$$

式中，C_{ux} 为修正后的不排水抗剪强度(kPa)；γ 为土的重度(kN/m)；h 为基础埋深(m)。

图 4.5.2 修正系数 μ

3. 估算桩的端阻力和侧阻力

桩端阻力：
$$q_p=9C_u+\gamma h \qquad (4.5.11)$$

桩侧阻力：
$$q_s=\alpha C_u \qquad (4.5.12)$$

式中，α 与桩类型、土类、土层顺序等有关。依据 q_p 及 q_s 可以估算单桩极限承载力。

4. 软土地基处理效果检验

通过测试加固前后土的强度变化，可以检验软土地基的加固效果。如在对软土地基进行预压加固(或配以砂井排水)处理时，可用十字板剪切试验探测加固过程中强度变化，用于控制施工速率和检验加固效果。单项工程十字板剪切试验孔不少于 2 个，竖直方向上试验点间距为 1.0~1.5m，软弱薄夹层应有试验点，每层土的试验点不少于 3~5 个。

5. 评价地基土的应力历史

根据 C_u-h 曲线还可以判定软土的固结历史：若 C_u-h 曲线为大致呈一通过地面原点的直线，可判定为正常固结土；若 C_u-h 直线不通过原点，而与纵坐标的向上延长轴线相交，则可判定为超固结土，见图 4.5.3。

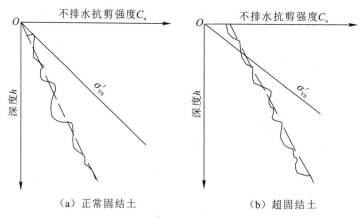

图 4.5.3 土的十字板不排水抗剪强度随深度的变化

[**例题 1**] 对饱和软黏土进行开口钢环式十字板剪切试验,十字板规格为 50mm×100mm,钢环率定时的力臂 $R=200$mm,钢环系数为 1.866N/0.01mm。某一试验点在测试过程中钢环读数记录如下表所示,试求该试验点处软土的灵敏度及灵敏度等级。

原状土读数/0.01mm	2.0	7.2	12.0	16.8	19.7	21.6	25.2	29.5	30.4	28.5	24.0	20.8
重塑土读数/0.01mm	1.0	3.5	6.0	7.7	10.2	11.5	13.5	11.8	10.6	9.8	8.2	7.0
轴杆读数/0.01mm	0.2	0.8	1.3	1.8	2.3	2.6	2.5	2.4	2.3	2.1	1.8	/

解:对于开口钢环式十字板剪切试验,其灵敏度为

$$S_t = \frac{C_u}{C_u'} = \frac{KC(\varepsilon_y - \varepsilon_g)}{KC(\varepsilon_c - \varepsilon_g)} = \frac{\varepsilon_y - \varepsilon_g}{\varepsilon_c - \varepsilon_g} = \frac{30.4 - 2.6}{13.5 - 2.6} = 2.55$$

因 $2 < S_t \leq 4$,属于中等灵敏度。

4.6 旁压试验

旁压试验是在现场钻孔中进行的一种水平向荷载试验。具体试验方法是将一个圆柱形的旁压器放到钻孔内预计深度,加压使得旁压器横向膨胀,获得钻孔横向扩张的体积与压力关系,或应力与应变关系曲线,据此可用来估计地基承载力,测定土的强度参数、变形参数、基床系数,估算基础沉降、单桩承载力与沉降。

旁压试验的优点:①仪器设备简单,易操作,实验周期短;②可在不同的深度上进行测试(分层测试、分段测试);③可在地下水位以下的地层测试。

旁压试验的缺点:①试验所求出的承载力值不如静力载荷试验的精确,因为试验的时间短,且横向变形不一定等同于竖向变形,假设引起一定的误差;②预挖孔时会引起土层的应力释放和孔壁回弹,破坏了土的天然应力状态,影响成果的可靠性;③测试成果受成孔质量的影响较大;④在软土中测试的精度不高。

旁压试验适用于黏性土、粉土、砂土、碎石土、残积土、极软岩和软岩等地层。

4.6.1 预钻式旁压试验

预钻旁压仪的结构主要由旁压器、变形测量系统、加压系统、连接软管和成孔工具等组成。

旁压器:由圆柱型的金属骨架和外套弹性膜组成,分上、中、下 3 个腔,其中中腔为测试腔,上、下两腔为辅助腔,上、下两腔中的水是互通的(但与中腔隔离)。旁压器的规格如下:总长 450mm,中腔长 250mm,直径 50mm,中腔的体积 491cm³,量测管的截面积 15.28cm²。

4.6.1.1 试验前的标定工作

(1)弹性膜约束力的标定:把旁压器竖立在地面上(图 4.6.1),然后用高压氮气充气使旁

压器自由膨胀,测出各级压力下测量管相应的水位下降值,绘制后得到 $p-s$ 曲线,即弹性膜约束力的变化曲线(图 4.6.2)。

图 4.6.1 弹性膜约束力标定时的照片

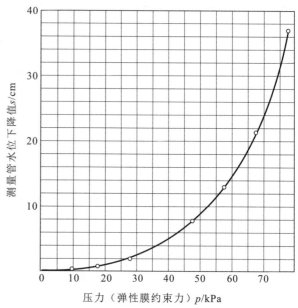

图 4.6.2 弹性膜约束力标定曲线

标定时需注意:当标定试验进行到测量管水位接近最大值时必须终止,否则会使弹性膜胀破。

(2)仪器综合变形的标定:仪器本身和管路在传递压力的过程中也要发生相应的变形,从而加大了测量管水位的下降值,为消除这个影响,就需要进行仪器综合变形的标定。标定的步骤如下:①将旁压器放入有机玻璃管(或铁管)内(图4.6.3),限制其膨胀;②接通管路;③对各管路排气、充水;④通过压力阀,给旁压器逐级加压,测定各级压力 p_i 和相应测量管水位下降值 s_i;⑤绘制 $p-s$ 关系曲线(图4.6.4)。

4.6.1.2 现场试验的要求

(1)旁压试验应在有代表性的位置和深度进行,旁压器的量测腔应在同一土层内。试验点的垂直间距应根据地层条件和工程要求确定,但不宜小于1m,试验孔与已有钻孔的水平距离不宜小于1m。

(2)预钻式旁压试验应保证成孔质量,钻孔直径与旁压器直径应良好配合,防止孔壁坍塌;自钻式旁压试验的自钻钻头、钻头转速、钻进速率、刃口距离、泥浆压力和流量等应符合有关规定。

(3)加荷等级可采用预期临塑压力的1/7~1/5,初始阶段加荷等级可取小值,必要时,可做卸荷再加荷试验,测定再加荷旁压模量。

(4)每级压力应维持1min或2min后再施加下一级压力,维持1min时,加荷后15s、30s、60s测读变形量;维持2min时,加荷后15s、30s、60s、120s测读变形量。

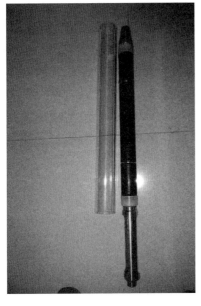

图 4.6.3 旁压器和有机玻璃管

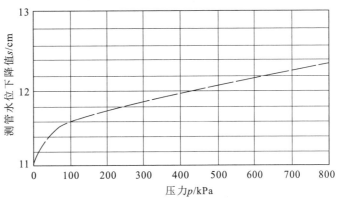

图 4.6.4 仪器综合变形标定曲线

(5)当量测腔的扩张体积相当于量测腔的固有体积时,或当测量管的水位降已接近最大刻度(不足 5cm)时,应终止试验。

4.6.1.3 资料整理

1. 压力和变形量校正

1)静止水压力的确定

$$p_w = \gamma_m(H+z) \quad (4.6.1)$$

式中,p_w 为静止水压力(kPa);γ_m 为水的重度,可取 $10kN/m^3$;H 为测量管零刻度处至孔口高程(m);z 为旁压器的深度(当测试点位于地下水位之上时),若测试点位于地下水位之下,z 为该测试孔的地下水位埋深(m)。

2)压力和变形量的校正

各级压力的校正,可按下式进行。

$$p_i = p_{im} + p_w - p_{i膜} \quad (4.6.2)$$

式中,p_i 为校正后的第 i 级压力(kPa);p_{im} 为第 i 级压力表的读数(kPa);$p_{i膜}$ 为弹性膜约束曲线上与测量管水位下降值 s_i 对应的弹性膜约束力。

3)变形量校正

第 i 级压力下,孔壁土变形所引起的测量管水位下降值可按下式计算。

$$s_i = s_{im} - (p_{im} + p_w)\alpha \quad (4.6.3)$$

式中,s_i 为校正后的测量管水位下降值(cm);s_{im} 为第 i 级压力下实测测量管水位下降值(cm);α 为仪器综合变形校正系数(cm/kPa)。

2. 绘制旁压试验曲线

根据校正后的各级压力 p_i 和相应的水位下降值 s_i 绘制成 p-s 曲线,或根据校正后的

压力和体积绘制 $p-V$ 曲线图。典型的预钻式旁压曲线可划分为 3 段(图 4.6.5),即初始曲线段(OA 段)、似弹性变形的直线段(AB 段)和塑性变形的曲线段(B 点之后的曲线段)。

3. 特征值的确定

(1)初始压力 p_0 的确定:将旁压试验曲线中的直线段延长至 s 轴的交点为 s_0,由该交点作与 p 轴的平行线相交于曲线的点所对应的压力值即为 p_0 值,见图 4.6.5。

根据梅纳德理论,曲线中直线段的起点 p_{0m}(图 4.6.5 中 A 点所对应的横坐标)应相当于测试深度处土的静止侧压力 p_0,但是,由于预先钻孔,因孔壁土体受到了扰动等因素的影响,p_{0m} 一般都大于 p_0 值。静止侧压力 p_0 值可用图解法求取(图解方法见图 4.6.5 或图 4.6.6)。

(2)临塑压力 p_f 的确定:旁压试验曲线中的直线段的终点 B 所对应的压力。

(3)极限压力 p_L 的确定:先按公式 $V_L = V_c + 2V_0$ 求得 V_L[V_c 为旁压器中腔固有的体积,即 491cm^3;V_0 为孔穴体积与中腔体积的差值(或在 $p-V$ 曲线上与初始压力 p_0 对应的体积即为 V_0,见图 4.6.6)],然后在 $p-V$ 曲线上,推求出与 V_L 所对应的压力值即为 p_L 值。p_L 值也可用渐近线求得,见图 4.6.6。

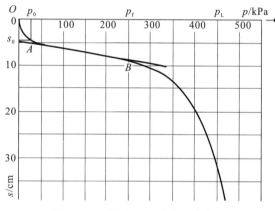

图 4.6.5 利用 $p-s$ 曲线图求各特征值

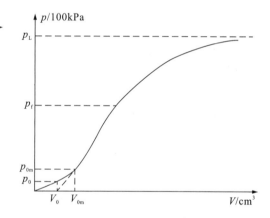

图 4.6.6 利用 $p-V$ 曲线确定 p_0 和 V_0 的方法

4. 旁压模量的确定

根据 $p-V$ 曲线的直线段斜率,按下式计算。

$$E_m = 2(1+\mu)\left[V_c + \frac{V_0 + V_f}{2}\right]\frac{\Delta p}{\Delta V} \tag{4.6.4}$$

式中,E_m 为旁压模量(kPa);μ 为泊松比,按经验取值,碎石土取 0.27,砂土取 0.30,粉土取 0.35,粉质黏土取 0.38,黏土取 0.42;V_c 为旁压器量测腔初始固有体积(cm^3);V_0 为与初始压力 p_0 对应的体积(cm^3),按图 4.6.6 求取;V_f 为与临塑压力 p_f 对应的体积(cm^3);$\Delta p/\Delta V$ 为旁压曲线直线段的斜率(kPa/cm^3)。

5. 地基土的承载力的确定

临塑压力法:

$$f_{ak} = p_f - p_0 \tag{4.6.5}$$

极限压力法：
$$f_{ak} = \frac{1}{K}(p_L - p_0) \quad (4.6.6)$$

式中，K 为安全系数，取 2~3；f_{ak} 为土的承载力特征值(kPa)；其他量纲意义同前。

4.6.1.4 影响试验结果的因素

(1) 钻孔质量。要求：孔垂直、光滑、圆形；尽量避免或减少对孔壁土体的扰动；孔径宜比旁压器外径大 2~6mm，过大或过小均会影响特征值的求算。孔太小时，旁压器被硬挤进孔内，造成直线段的开始段消失；孔过大时，p_L 值显示不出来，甚至有时连临塑压力 p_f 值也未见试验就结束了；孔壁土体若被扰动太大，则没有直线段出现，见图 4.6.7。

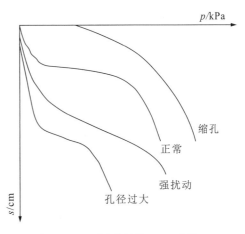

图 4.6.7 不同孔径的 p - s 曲线

(2) 加压等级。加压等级不合适，获得的旁压曲线的特征点(起始压力 p_0 和临塑压力 p_f)就不精确，为避免此现象，需不同类型的土采用不同的加压等级，软弱的土压力级差小些；其次在临塑压力 p_f 前压力级差小些，p_f 后压力级别可大些。

(3) 稳定标准。每个压力级别加压时间不能太长，尽量在 1~2min 内完成。

(4) 地下水位的变化。试验期间孔内地下水位不应有太大的波动，否则会影响试验效果。

4.6.2 自钻式旁压试验

4.6.2.1 概述

预钻式旁压试验需要预先成孔，这样会对孔壁土体产生一定的扰动，旁压孔的深度也会因塌孔等原因而受到限制。自钻式旁压仪是一种自行钻进、定位和测试的钻孔原位测试装置。它借助于地面上的(或水下的)回转动力(通常可用液动正循环回转钻机作为动力)，利用旁压器内部的钻进装置，可自地面连续钻进到预定的测试深度，然后在保持钻孔周围土层不受扰动的条件下测试，求得土或软岩的各项力学参数。

我国于 20 世纪 80 年代初相继研制出各类自钻式旁压仪，并投入使用。华东电力设计院研制的 PYHL-1 型自钻式旁压仪是在 PY 型预钻式旁压仪的基础上试制成功的；钻机带动钻杆回转，使探头下部的钻进器切削土体，并借循环水(或泥浆)将土屑带出地面。探头为三腔液压式，旁压器长 940mm，测量腔长 200mm，外径 90mm。

4.6.2.2 优缺点

自钻式旁压试验的突出优点是自动成孔，原位测试。它可以使土层的天然结构和应力状态在测试前保持不变，真正起到了原位测试作用。所求土层的各项指标可代表土层的真实情况。其成果的分析和应用是建立在理论基础上的，而不是建立在经验关系上的，这是其他原位测试方法所无法比拟的。

自钻式旁压试验的主要缺点是:①所用自钻式旁压仪结构复杂,操作方法也较复杂,测试人员需经较长时间的培训;②此法应用历史较短,经验不足,还处于不断改进之中。因此,自钻式旁压试验和预钻式旁压试验将会长期共存,互相取长补短,都能在工程勘察中发挥重要作用。

4.6.2.3 自钻式旁压试验的成果应用

可确定:①极限压力值 p_L,初始压力值 p_0,临塑压力值 p_f;②侧压力系数 K_0;③不排水抗剪强度 C_u;④土的承载力特征值 f_{ak}。

[例题1] 预钻式旁压试验测得压力 $p-V$ 的数据如下表所示,据此绘制 $p-V$ 曲线如下图所示。图中 ab 为直线段。试采用旁压试验临塑荷载法、极限压力法确定该试验土层的 f_{ak} 与下列哪一选项最接近。

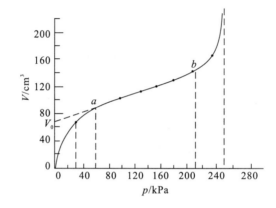

A. 120kPa;110kPa　　B. 150kPa;110kPa　　C. 180kPa;110kPa　　D. 250kPa;210kPa

压力 p/kPa	30	60	90	120	150	180	210	240	250
变形 V/cm³	70	90	100	110	120	130	140	170	240

解:据图解法得知,初始压力 $p_0=30$ kPa;临塑荷载(b 点)为 $p_f=210$ kPa;渐近线对应的极限压力为 $p_L=250$ kPa。

(1)按临塑荷载法:$f_{ak}=p_f-p_0=210-30=180$(kPa)

(2)按极限压力法:$f_{ak}=\dfrac{1}{K}(p_L-p_0)=\dfrac{1}{2}(250-30)=110$(kPa)

故选 C。

4.7 扁铲侧胀试验

扁铲侧胀试验是利用静力或锤击力将一个带有膜片的扁铲型探头压入(贯入)土中预定深度,然后利用高压气使扁铲探头上的钢膜片侧向膨胀,分别测得膜片中心侧向膨胀不同距离(0.05mm、1.10mm)时需要的气压值,据气压值的大小、消散情况、随深度的变化情况等获得地基土参数的一种现场试验。

扁铲侧胀试验的优点：简单、快速、重复性好。

扁铲侧胀试验适用于软土、一般黏性土、粉土、黄土和松散—中密的砂土。它不适用于含碎石的土、密实砂土和风化岩。

4.7.1 仪器设备

扁铲侧胀试验设备包括测量系统、贯入系统和压力源。其中测量系统包括侧胀板头、气电管路和控制装置(图4.7.1)；贯入系统包括主机、探杆(或钻杆)和附属工具；压力源可采用普通或特制氮气瓶。

图4.7.1　扁铲侧胀试验的测量设备(测控仪、侧胀仪及侧胀板头)

扁铲侧胀板头为一个端部呈楔形的高强度不锈钢测头，插板的一面装有一片可膨胀、直径为60mm的圆形不锈钢膜片，膜片厚度为0.2mm，插板通过穿在杆内的一根柔性气-电管路和地面上的控制箱相连接。由压缩气体控制膜片的松胀量，膜片的横向位移由膜片内侧中心点处的传感元件通过仪表测定。

4.7.2 试验技术要求

扁铲侧胀试验技术要求应符合下列规定。

(1)扁铲侧胀试验探头长230～240mm、宽94～96mm、厚14～16mm；探头前缘刃角12°～16°，探头侧面钢膜片的直径60mm。

(2)每孔试验前后均应进行探头率定，取试验前后的平均值为修正值。膜片的合格标准为：率定时膨胀至0.05mm的气压实测值 A 为5～25kPa；率定时膨胀至1.10mm的气压实测值 B 为10～110kPa。

(3)试验时，应以静力匀速将探头贯入土中，贯入速率宜为2cm/s；试验点间距可取20～50cm。

(4)探头达到预定深度后，应匀速加压和减压测定膜片膨胀至0.05mm、1.10mm和回到0.05mm的压力 A、B、C 值。

(5)扁铲侧胀消散试验,应在需测试的深度进行,测读时间间隔可取 1min、2min、4min、8min、15min、30min、90min,以后每 90min 测读一次,直至消散结束。

4.7.3 资料整理

(1)对试验的实测数据进行膜片刚度修正。

$$p_0 = 1.05(A - z_m + \Delta A) - 0.05(B - z_m - \Delta B) \quad (4.7.1)$$

$$p_1 = B - z_m - \Delta B \quad (4.7.2)$$

$$p_2 = C - z_m - \Delta A \quad (4.7.3)$$

式中,p_0 为膜片向土中膨胀之前作用在膜片上的接触压力(kPa);p_1 为膜片膨胀至 1.10mm 时的压力(kPa);p_2 为膜片回到 0.05mm 时的终止压力(kPa);z_m 为调零前的压力表初读数(kPa)。

(2)根据 p_0、p_1 和 p_2 计算下列 4 个中间指数。

$$E_D = 34.7(p_1 - p_2) \quad (4.7.4)$$

$$K_D = (p_0 - u_0)/\sigma_{v0} \quad (4.7.5)$$

$$I_D = (p_1 - p_0)/(p_0 - u_0) \quad (4.7.6)$$

$$U_D = (p_2 - u_0)/(p_0 - u_0) \quad (4.7.7)$$

式中,E_D 为侧胀模量(kPa);K_D 为侧胀水平应力指数;I_D 为侧胀土性指数;U_D 为侧胀孔压指数;u_0 为试验深度处的静水压力(kPa);σ_{v0} 为试验深度处土的有效上覆压力(kPa)。

(3)绘制关系曲线:①E_D、I_D、K_D、U_D 与深度的关系曲线;②p_0、p_1、p_2、Δp($\Delta p = p_1 - p_0$)随深度变化曲线。

图 4.7.2 是某地扁铲侧胀试验结果的曲线图。

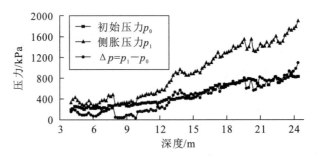

图 4.7.2 扁铲侧胀试验测试基本参数

在该场区选 4 个孔进行扁铲侧胀试验,每个孔在竖直方向上均间距 20cm 测试一个数据,累计获得 325 组数据,由此绘制成 p_0、p_1、Δp($\Delta p = p_1 - p_0$)随深度变化曲线如图 4.7.2 所示,绘制的 E_D、I_D、K_D 和 U_D 与深度的关系曲线,如图 4.7.3 所示。

从图 4.7.3 中可以看出,随着深度的增加,扁铲侧胀膜片膨胀到不同位置时所测的压力值也随着增加,在 3.0~12.0m 处增加速率较慢,12.0~15.0m 增速明显增加,这是由于 3.0~12.0m 处主要为①-3 层淤泥、③-1 层黏土、③-4 层淤泥质黏土,而 12.0~15.0m 为④-1 层粉砂、④-2 层粉细砂。

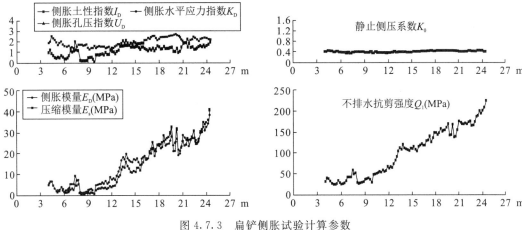

图 4.7.3 扁铲侧胀试验计算参数

4.7.4 成果应用

根据扁铲侧胀试验的指标和地区经验,可判别土类,确定黏性土的状态、静止侧压力系数、水平基床系数等。

(1)根据 I_D 值按表 4.7.1 确定土的类别。

表 4.7.1 根据 I_D 值判别土类

土类	泥炭或灵敏性黏土	黏土	粉质黏土	粉土	砂类土
I_D 值	<0.1	$0.1 \leqslant I_D < 0.3$	$0.3 \leqslant I_D < 0.6$	$0.6 \leqslant I_D < 1.8$	$I_D \geqslant 1.8$

(2)判别饱和软黏土的塑性状态。

按下式计算 m,再按表 4.7.2 判定土的状态。

$$m = (\lg E_D + 0.748)/(\lg I_D + 7.667) \quad (4.7.8)$$

表 4.7.2 判别饱和黏性土塑性状态的 m 值

判别式	$m \leqslant 0.53$	$0.53 < m \leqslant 0.62$	$0.62 < m \leqslant 0.71$	$m > 0.71$
塑性状态	流塑	软塑	硬塑	坚硬

(3)求得静止侧压力系数 K_0。

对于新近沉积黏土:
$$K_0 = 0.34 K_D^{0.54} \quad (4.7.9)$$

对于砂土:
$$K_0 = 0.376 + 0.095 K_D - \frac{0.0017 q_c}{\sigma_{v0}} \quad (4.7.10)$$

式中,q_c 为静力触探试验的锥尖阻力(MPa);其余量纲的含义同前。

此外,利用扁铲侧胀试验的成果还可以求得不排水抗剪强度、砂土的相对密度、超固结比 OCR、弹性模量 E、压缩模量 E_s、侧向基床反力系数 K_H、土的水平固结系数 C_h 等。此外,利用扁铲侧胀试验还可进行液化判别,具体可查《工程地质手册》(第五版)。

[例题 1] 在地下 6.0m 处进行扁铲侧胀试验,地下水位埋深 2.5m,水位以上土的重度为 18.0kN/m^3。试验前率定时膨胀至 0.05mm 及 1.10mm 的气压实测值分别为 $\Delta A = 10\text{kPa}$ 及 $\Delta B = 50\text{kPa}$。现场试验时膜片膨胀至 0.05mm 及 1.10mm 和回到 0.05mm 的压力分别为 $A = 70\text{kPa}$ 及 $B = 210\text{kPa}$ 和 $C = 65\text{kPa}$。压力表初读数 5kPa,计算该试验点的侧胀土性指数 I_D 并判断测试点土的岩性。

解:$p_0 = 1.05(A - z_m + \Delta A) - 0.05(B - z_m - \Delta B)$
$= 1.05(70 - 5 + 10) - 0.05(210 - 5 - 50) = 71(\text{kPa})$
$p_1 = B - z_m - \Delta B = 210 - 5 - 50 = 155(\text{kPa})$
$u_0 = 10 \times 3.5 = 35(\text{kPa})$
则 $I_D = (p_1 - p_0)/(p_0 - u_0) = (155 - 71)/(71 - 35) = 84/36 = 2.33$
因 $I_D > 1.8$,据表 4.7.1 判断为砂类土。

4.8 现场直接剪切试验

现场剪切试验的目的是求得试验对象的抗剪强度和剪切刚度系数。

现场直剪试验可在试洞、试坑、探槽或大口径钻孔内进行,可采用平推法或斜推法(图 4.8.1)。

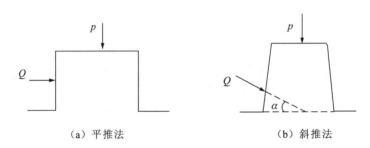

(a) 平推法　　　　　(b) 斜推法

图 4.8.1　平推法和斜推法示意图

试验设备:包括试体制备设备(如切石机、手风钻)、加载设备(液压千斤顶两套)、传力设备(传力柱、钢垫板等)和测量设备(百分表或千分表)。

4.8.1 现场直剪试验分类

根据剪切面的位置,现场直剪试验可分为 3 类:①岩土体本身剪切试验;②岩体沿软弱结构面剪切试验;③岩体与其他材料(如混凝土)接触面的剪切试验。

每类试验又可细分为试体在法向应力作用下沿剪切面剪切破坏的抗剪断试验、试体剪断后沿剪切面继续剪切的抗剪试验(摩擦试验)、法向应力为零时岩体剪切的抗切试验。

4.8.2 现场直剪试验要点

4.8.2.1 试体数量和尺寸要求

现场直剪试验每组岩体不宜少于 5 个。剪切面积不得小于 $0.25m^2$。试体最小边长不宜小于 50cm，高度不宜小于最小边长的 50%。试体之间的距离应大于最小边长的 1.5 倍。

每组土体试验不宜少于 3 个。剪切面积不宜小于 $0.3m^2$，高度不宜小于 20cm 或为最大粒径的 4~8 倍，剪切面开缝应为最小粒径 1/4~1/3。

4.8.2.2 现场直剪试验的技术要求

(1) 同一组试验体的岩性应基本相同，受力状态应与岩土体在工程中的实际受力状态相近。

(2) 开挖试坑时应避免对试体的扰动和含水量的显著变化；在地下水位以下试验时，应避免水压力和渗流对试验的影响。

(3) 施加的法向荷载、剪切荷载应位于剪切面、剪切缝的中心；或使法向荷载与剪切荷载的合力通过剪切面的中心，并保持法向荷载不变。

(4) 平推法的推力方向宜与工程岩体实际受力方向一致，斜推法的推力中心线与剪切面夹角 α 宜为 12°~17°（图 4.8.1）。

(5) 最大法向荷载应大于设计荷载，并按等量分级；荷载精度应为试验最大荷载的 $\pm 2\%$。

(6) 每一试体的法向荷载可分 4~5 级施加；当法向变形达到相对稳定时，即可施加剪切荷载。

(7) 每级剪切荷载按预估最大荷载的 8%~10% 分级等量施加，或按法向荷载的 5%~10% 分级等量施加；岩体按每 5~10min，土体按每 30s 施加一级剪切荷载。

(8) 当剪切变形急剧增长或剪切变形达到试体尺寸的 1/10 时，可终止试验。

(9) 根据剪切位移大于 10mm 时的试验成果确定残余抗剪强度，需要时可沿剪切面继续进行摩擦试验。

4.8.2.3 试验前后需要记录的内容

(1) 试验前需记录以下内容：工程名称、岩石名称、试体编号、试体位置、试验方法、混凝土的强度、剪切面面积、测表布置、法向荷载、剪切荷载、法向位移、试验人员、试验日期。

(2) 试验过程中应详细记录碰表、调表、换表、千斤顶漏油补压，以及混凝土或岩体松动、掉块、出现裂缝等异常情况。

(3) 试验结束后，翻转试体，测量实际剪切面面积。详细记录剪切面的破坏情况、破坏方式、擦痕的分布、方向及长度，绘出素描图及剖面图，拍照，并计算试验后试件面积。当完成各级垂直荷载下的抗剪试验后，在现场将试验结果初步绘制 $\sigma - \tau$ 曲线，当发现某组数据偏离回归直线较大时，立即补做该组试验。

4.8.3 资料整理及结果分析

(1) 参照试样受力示意图（图 4.8.1），分别计算法向应力 σ 和剪应力 τ。

平推法：
$$\sigma = P/F \quad (4.8.1)$$
$$\tau = Q/F \quad (4.8.2)$$

斜推法：
$$\sigma = \frac{P}{F} + \frac{Q\sin\alpha}{F} \quad (4.8.3)$$
$$\tau = \frac{Q\cos\alpha}{F} \quad (4.8.4)$$

(2) 绘制剪应力与剪切位移曲线、剪应力与垂直位移曲线，确定比例强度、屈服强度、峰值强度、剪胀点和剪胀强度。

方法：以剪应力为纵坐标，剪切位移为横坐标，绘制剪应力与剪切位移关系曲线图(图 4.8.2)，取曲线上剪应力的峰值为抗剪强度(τ)。当剪应力与剪切位移关系曲线上无明显峰值时，取剪切变形量为试样直径(或变长)的 1/10 处剪应力作为抗剪强度(τ)。

(3) 绘制法向应力与比例强度、屈服强度、峰值强度、残余强度的曲线，并确定相应的强度参数。

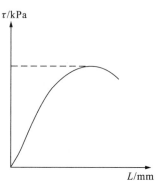

图 4.8.2 剪应力与剪切位移关系曲线

(4) 以剪应力与剪切位移关系曲线上剪应力的稳定值作为残余抗剪强度(τ_T)，如图 4.8.3 所示。

(5) 利用相同岩体在不同压力下的剪切试验结果绘制得到剪应力和压应力的关系曲线，从图中可求得岩土体黏聚力(c)及内摩擦角(φ)。同理，利用残余抗剪强度和压应力的关系曲线可求得岩土体残余黏聚力及残余内摩擦角。图解法如图 4.8.4 所示。

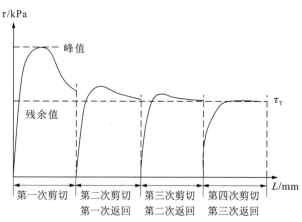

图 4.8.3 利用 $\tau\text{-}L$ 关系曲线求残余抗剪强度

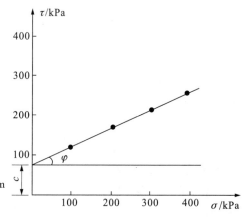

图 4.8.4 图解法确定岩土抗剪强度参数

思 考 题

一、单项选择题

1. 载荷实验中应采取分级加荷方式，加荷的等级宜为(　　)。

　　A. 12～14 级　　　　B. 10～12 级　　　　C. 6～8 级　　　　D. 4～6 级

2. 对静力触探探头进行零漂校正的目的是消除（　　）对试验读数的影响。
A. 深度　　　　　　B. 温度　　　　　　C. 压力　　　　　　D. 误差
3. 某粗砂地层，实测标准贯入试验锤击数为 21 击/30cm，则该砂土层的密实度是（　　）。
A. 松散　　　　　　B. 稍密　　　　　　C. 中密　　　　　　D. 密实
4. 静力触探试验中，角机是用于测定（　　）。
A. 地层温度　　　　B. 地层的压力　　　C. 贯入深度　　　　D. 地基土的承载力
5. 静力触探试验一般可在边坡勘察中用以确定（　　）。
A. 边坡的稳定性　　　　　　　　　B. 承载力
C. 斜坡土的 c, Φ 值　　　　　　　D. 潜在滑动面
6. 旁压试验时，每级加荷的稳定时间一般为（　　）。
A. 1min　　　　　　B. 10min　　　　　C. 0.5h　　　　　　D. 1h
7. 现场载荷试验的成果应用不包括（　　）。
A. 确定地基土的承载力　　　　　　B. 确定地基土的变形模量
C. 确定地基土的基床反力系数　　　D. 判别土类
8. 在对海相淤泥进行勘察时，宜采用（　　）。
A. 载荷试验　　B. 重型圆锥动力触探试验　　C. 旁压试验　　D. 十字板剪切试验
9. 十字板剪切试验时，应以（　　）的转速转动手摇柄。
A. 1°/10s　　　　　B. 1°/1s　　　　　　C. 1cm/s　　　　　D. 20cm/min
10. 下列原位测试中，不适宜用于软土的是（　　）。
A. 螺旋板载荷试验　　　　　　　　B. 重型圆锥动力触探试验
C. 旁压试验　　　　　　　　　　　D. 静力触探试验
11. 为了确定地表下 12m 处黏土层的地基承载力特征值和变形模量，在工程勘察阶段宜采用（　　）。
A. 圆锥动力触探实验　　　　　　　B. 平板载荷试验
C. 十字板剪切试验　　　　　　　　D. 螺旋板载荷试验
12. 某场地进行开口钢环式十字板剪切试验，已知十字板的直径 $D=60mm$，高 $H=100mm$，测得剪切破坏时的扭矩 $M=0.018\,8kN \cdot m$，经计算，该土层的抗剪强度是（　　）。
A. 70.25kPa　　　　B. 27.71kPa　　　　C. 30.8kPa　　　　D. 138.64kPa
13. 根据载荷试验确定地基承载力特征值时，可以确定为特征值的是（　　）。
A. 沉降量与承压板宽度或直径之比 $s/b=0.06$ 所对应的荷载值
B. 建筑荷载作用下，密砂和硬黏土地基 $s/b=0.05$ 所对应的荷载值
C. $p-s$ 曲线上的比例界限荷载小于极限荷载的一半时，取比例界限荷载值
D. $p-s$ 曲线上的陡降段起始点对应的荷载
14. 对 $p-s$ 曲线上存在明显初始直线段的载荷试验，所确定的地基承载力特征值（　　）。
A. 一定是小于比例界限值　　　　　B. 一定是等于比例界限值
C. 一定是大于比例界限值　　　　　D. 上述三种说法都不对
15. 在用十字板进行剪切试验时，十字板被安装在钻杆的下端，通过将套管压入土中，通常压入深度约为（　　）。

A. 1000mm   B. 850mm   C. 750mm   D. 600mm

16. 采用浅层平板荷载试验确定土的变形模量,其方法是(　　)。

A. 经验方法   B. 半理论半经验的方法

C. 假定半无限体表面一柔性平板上作用竖直向下荷载的线弹性理论

D. 假定半无限体表面一刚性平板上作用竖直向下荷载的线弹性理论

二、多项选择题(错选、少选、多选均不得分)

1. 对软土地基进行原位测试,宜采用(　　)。

A. 旁压试验   B. 圆锥动力触探试验

C. 螺旋板载荷试验   D. 十字板剪切试验

2. 在原位测试中,下列(　　)方法不适合于碎石土层。

A. 十字板剪切试验   B. 静力触探试验

C. 重型圆锥动力触探试验   D. 旁压试验

3. 能够确定地基土静止侧压力系数的是下列(　　)测试方法。

A. 静力触探试验   B. 扁铲侧胀试验

C. 自钻式旁压试验   D. 十字板剪切试验

4. 进行圆锥动力触探试验时,(　　)是不正确的。

A. 轻型触探锤重10kg,落距76cm,指标为贯入30cm的锤击数

B. 重型触探锤重63.5kg,落距100cm,指标为贯入10cm的锤击数

C. 很密实的砂土宜采用超重型圆锥动力触探

D. 对轻型圆锥动力触探,当贯入15cm的锤击数大于50时,可停止试验

5. 十字板剪切试验可以确定的下列土性参数有(　　)。

A. 饱和软黏土不排水抗剪强度   B. 饱和黏土不排水残余抗剪强度

C. 饱和黏土的灵敏度   D. 饱和黏土的渗透系数

6. 适用于5~10m深处砂土的试验有(　　)。

A. 标准贯入试验   B. 重型圆锥动力触探

C. 超重型圆锥动力触探   D. 轻型圆锥动力触探

三、计算题

1. 某建筑工程基础采用灌注桩,桩径Φ600mm,桩长25m,低应变检测结果表明这6根基桩均为Ⅰ类桩。对6根基桩进行单桩竖向抗压静载试验,6根桩的极限承载力分别为2880kN、2580kN、2940kN、3060kN、3530kN、3360kN。则该工程的单桩竖向抗压承载力特征值最接近哪个选项?

A. 1290kN   B. 1480kN   C. 1530kN   D. 1680kN

2. 某建筑场地土层为稍密砂层,用面积为$0.5m^2$的方形板进行浅层平板静力载荷试验,压力和相应沉降见下表,试求变形模量($\mu=0.33$)。

p/kPa	25	60	100	125	150	175	200	225	250	275
s/mm	0.88	1.76	3.53	4.41	5.30	6.13	7.25	8.00	10.54	15.80

3. 某深层载荷试验,承压板的直径 0.8m,承压板桩底埋深 15.8m,持力层为砾砂层,泊松比 0.3,试验 p-s 曲线见下图,试求持力层的变形模量。

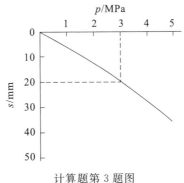

计算题第 3 题图

4. 某场地地基处理,采用水泥搅拌桩法,桩径 0.5m,桩长 12m,矩形布桩,桩间距 1.2m×1.6m。该复合地基在竣工验收时,承载力检验应采用复合地基载荷试验,试求单桩复合地基载荷试验的承压板面积。

5. 某场地 3 个浅层平板载荷试验,试验数据见下表。试按照《建筑地基基础设计规范》(GB 50007—2011)确定该土层的地基承载力特征值。

试验点号	1#	2#	3#
比例极限对应的荷载值/kPa	160	165	173
极限荷载/kPa	300	340	330

5 水文地质原位测试

水文地质试验分野外试验和室内试验两种,本章仅介绍野外水文地质试验即水文地质原位测试,其种类主要有抽水试验、压水试验、渗水试验、注水试验等。

5.1 抽水试验

抽水试验的主要目的是评价含水层的富水程度以及确定含水层的水文地质参数。

5.1.1 抽水试验的技术要求

抽水试验时,水位下降的次数宜为 3 次,其中最大下降值应接近孔内的设计动水位,其余 2 次下降值宜分别为最大下降值的 1/3 和 2/3。

按井流公式,抽水试验可分为稳定流抽水试验和非稳定流抽水试验两种。

对于稳定流抽水试验,一般要求抽水试验的稳定延续时间如下:卵石、圆砾和粗砂含水层为 8h;中砂、细砂和粉砂含水层为 16h;基岩含水层(带)为 24h。

对于非稳定流抽水试验,试验要求如下:

(1)抽水孔的出水量,应保持常量。

(2)抽水试验的延续时间,应按水位下降与时间$[s(或 \Delta h^2)-\lg t]$关系曲线确定,并应符合下列要求:①$s(或 \Delta h^2)-\lg t$ 的关系曲线有拐点时,则延续时间宜至拐点后的线段趋于水平;②$s(或 \Delta h^2)-\lg t$ 的关系曲线没有拐点时,则延续时间宜根据试验目的确定。[注:在承压含水层中抽水时,应采用 $s-\lg t$ 关系曲线;在潜水含水层中抽水时,应采用 $\Delta h^2-\lg t$ 关系曲线。拐点是指曲线上斜率的导数等于零的点;当有观测孔时,应采用最远观测孔的 $s(或 \Delta h^2)-\lg t$ 关系曲线。]

(3)抽水试验时,动水位和出水量观测的时间,宜在抽水开始后第 1min、2min、3min、4min、6min、8min、10min、15min、20min、25min、30min、40min、50min、60min、80min、100min、120min 各观测一次,以后可每隔 30min 观测一次。

5.1.2 抽水试验设备及其相关的技术要求

抽水试验的设备包括:抽水设备(离心泵、潜水泵、空气压缩机等)、测量(水位、流量、水温等)器具、排水设备等。

其中测定井水位常用的工具为电测水位计,测定流量主要有三角堰、梯形堰、矩形堰、量桶、流量箱、缩径管流量计等工具。采用堰测法测定流量时可参考表 5.1.1 进行流量换算。

表 5.1.1 堰测法测定流量的计算公式

测定方法	应用范围	涌水量计算公式	备注
三角堰	$Q<360 m^3/h$	$Q=0.014H^{5/2}$	Q 为流量(L/s)； H 为三角堰堰口尖端至水面的垂直距离(cm)
梯形堰	$Q<1000 m^3/h$	$Q=0.0186bH^{3/2}$	Q 为流量(L/s)； b 为梯形堰堰口底边宽度(cm)； H 为堰口底边至水面的距离(cm)
矩形堰	$Q>1000 m^3/h$	$Q=0.01838(b-0.2h)h^{3/2}$	Q 为流量(L/s)； b 为矩形堰堰口宽度(cm)； h 为堰口底边至水面的距离(cm)

现场观测要求：①主孔和观测孔的水位应同时观测；②流量和水位应同时观测，气温、水温可隔 2~4h 观测一次。

5.1.3 抽水试验的资料整理

5.1.3.1 现场资料整理

在试验过程中，要绘制流量、降深与时间的关系曲线图（图 5.1.1），以检查试验是否正常运行。

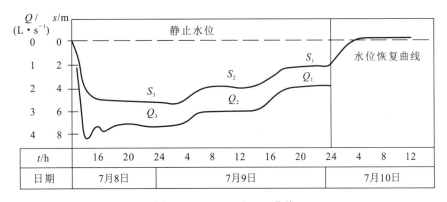

图 5.1.1 Q-t 及 s-t 曲线

5.1.3.2 室内资料整理

（1）绘制钻孔抽水试验综合成果图表。格式要求参见图 5.1.2，该图表内容一般包括：①钻孔位置、孔口坐标、试验日期、抽水设备及测量工具等；②试验过程中水位、流量的观测记录表；③Q-t、s-t、Q-s 关系曲线图；④水位恢复曲线图；⑤钻孔柱状图及钻孔的结构图（包括主孔、观测孔）；⑥水文地质参数的计算公式及计算结果表。如后期有取水样进行水质分析，也可以把结果列于表中。

（2）计算水文地质参数，并对含水层的富水性进行判定。

(3)编写抽水试验报告。其内容可分为绪言、抽水试验的方法及试验步骤、抽水试验的成果、试验结果分析、结论等部分。

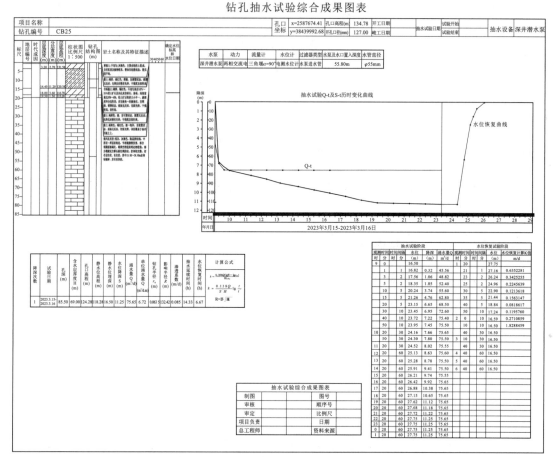

图 5.1.2 抽水试验综合成果图表

5.1.3.3 根据抽水试验求取水文地质参数

(1)有观测孔时,渗透系数的计算式如下。

承压水完整井: $$K=\frac{Q}{2\pi M(s_w-s_1)}\ln\frac{r_1}{r_w}(有1个观测孔时)\tag{5.1.1}$$

$$K=\frac{Q}{2\pi M(s_1-s_2)}\ln\frac{r_2}{r_1}(有2个观测孔时)\tag{5.1.2}$$

潜水完整井: $$K=\frac{Q}{\pi(2H_0-s_w-s_1)(s_w-s_1)}\ln\frac{r_1}{r_w}(有1个观测孔时)\tag{5.1.3}$$

$$K=\frac{Q}{\pi(2H_0-s_1-s_2)(s_1-s_2)}\ln\frac{r_2}{r_1}(有2个观测孔时)\tag{5.1.4}$$

(2)有观测孔时,影响半径的计算式如下。

承压水完整井：$\lg R = \dfrac{s_w \lg r_1 - s_1 \lg r_w}{s_w - s_1}$（有 1 个观测孔时） (5.1.5)

$$\lg R = \dfrac{s_1 \lg r_2 - s_2 \lg r_1}{s_1 - s_2}（有 2 个观测孔时） \quad (5.1.6)$$

潜水完整井：$\lg R = \dfrac{s_w(2H_0 - s_w)\lg r_1 - s_1(2H_0 - s_1)\lg r_w}{(s_w - s_1)(2H_0 - s_w - s_1)}$（有 1 个观测孔时） (5.1.7)

$$\lg R = \dfrac{s_1(2H_0 - s_1)\lg r_2 - s_2(2H_0 - s_2)\lg r_1}{(s_1 - s_2)(2H_0 - s_1 - s_2)}（有 2 个观测孔时） \quad (5.1.8)$$

式(5.1.1)至式(5.1.8)中，Q 为稳定时抽水井的抽水量(m^3/d)；R 为井孔的影响半径(m)；K 为地层的渗透系数(m/d)；M 为承压含水层的厚度(m)；r 为井的半径(m)；s_1、r_1 分别为 1# 观测孔的稳定降深及其距抽水井的距离(m)；s_w、r_w 分别为抽水井孔的稳定降深及井半径(m)；s_2、r_2 分别为 2# 观测孔的稳定降深及其距抽水井的距离(m)；H_0 为以含水层底板为基准计算的潜水含水层的初始水位(m)，其值等于抽水前潜水面的标高与含水层底板标高之差。

(3) 无观测孔时水文地质参数的估算。

缺乏观测孔时，水文地质参数只能用经验公式进行估算，对于承压水完整井，可利用下列两式进行迭代求出 K、R 值。

$$R = 10 s_w \sqrt{K} \quad (5.1.9)$$

裘布依公式：$$K = \dfrac{0.366 Q}{M s_w} \lg \dfrac{R}{r_w} \quad (5.1.10)$$

式中各量纲的含义同前。需要利用迭代法求算，具体方法可参考本节例题 1。

对于潜水完整井，可根据下列两式利用迭代法求得。

$$R = 2 s_w \sqrt{KH} \quad (5.1.11)$$

裘布依公式：$$K = \dfrac{0.366 Q}{H s_w} \lg \dfrac{R}{r_w} \quad (5.1.12)$$

式中，H 为含水层抽水前后的平均水位(以含水层底板为基准)(m)，即 $H = (H_w + H_0)/2$，其中 H_w 为抽水井的稳定水位值(m)，其值等于降深稳定后井水面标高与含水层底板标高之差；其余量纲的含义同前。

[例题 1] 某承压含水层内，抽水井的井径为 300mm，进行单孔稳定流抽水试验，当抽水量为 1000m^3/d 时井内的稳定水位降深为 15m，已知该含水层的厚度 30m，试估算该含水层的渗透系数和影响半径 R。

解：据题意，本含水层为承压水，且 $s_w = 15m$，$r_w = 0.15m$，$Q = 1000m^3/d$，$M = 30m$。可用式(5.1.9)和式(5.1.10)迭代求解。具体做法如下：

初步假定 $K_0 = 1m/d$，代入式(5.1.9)求得 $R_1 = 150m$。

把 R_1 代入式(5.1.10)求得 $K_1 = 2.44m/d$。

再把 K_1 代入式(5.1.9)求得 $R_2 = 234.31m$。

又把 R_2 代入式(5.1.10)求得 $K_2 = 2.598m/d$。

如此循环，依次求得 $R_3 = 241.77m$，$K_3 = 2.61m/d$；$R_4 = 242.27m$，$K_4 = 2.61m/d$；

$R_5=242.30\mathrm{m}$,…。经过几次循环后,K、R值基本不再发生变化,则该含水层的渗透系数就取最终的稳定值,即$K=2.61\mathrm{m/d}$,影响半径为$R=242.30\mathrm{m}$。

5.2　压水试验

压水试验是最常用的在钻孔内进行的岩体原位渗透试验,主要用于评价岩体的渗透特性。

5.2.1　压水试验的基本规定

5.2.1.1　试验方法和试验段长度

(1)试验方法:钻孔压水试验应随钻孔的加深自上而下地用单栓塞分段隔离进行。岩石完整、孔壁稳定的孔段,或有必要单独进行试验的孔段,可使用双栓塞分段进行。

(2)试验段长度:一般为5m。试验段是编制渗透剖面图的基本单位。压水试验所求得的透水率是试验段的平均值。如果试验段过长,势必影响成果的精度;如果试验段过短,又会增加压水试验的次数和费用。

5.2.2.2　压力阶段与压力值

1.压力阶段与各阶段压力的取值

一般按3级压力、5个阶段进行。即$p_1 \to p_2 \to p_3 \to p_4(=p_2) \to p_5(=p_1)$,其中$p_4=p_2$,$p_5=p_1$,$p_1<p_2<p_3$;$p_1$,$p_2$,$p_3$压力值宜分别为0.3MPa、0.6MPa和1.0MPa。

2.试验段压力的确定

当用安设在与试验段连通的测压管上的压力计测压时,试验段压力按下式计算。

$$p=p_p+p_z \tag{5.2.1}$$

式中,p为试验段压力(MPa);p_p为压力计指示压力(MPa);p_z为压力计中心至压力计算零线的水柱压力(MPa)。

当用安装在进水管的压力计测压时,试验段压力按下式计算。

$$p=p_p+p_z-p_s \tag{5.2.2}$$

式中,p_s为管路压力损失(MPa);其余符号同式(5.2.1)。

3.水柱压力计算零线(0—0)和水柱压力p_z值

p_z值为自压力计中心至压力计算零线的铅直距离的水柱压力。在确定p_z值前必须先确定出压力计算零线。

压力计算零线(0—0)按以下3种情况分别来确定:

(1)地下水位位于试验段以下时,以通过试验段1/2处的水平线作为压力计算零线,如图5.2.1所示。

(2)地下水位位于试验段之内时,以通过地下水位以上的试验段1/2处的水平线作为压力计算线,如图5.2.2所示。

(3)地下水位位于试验段之上时,且试验段在该含水层中,以地下水位线作为压力计算零线,如图5.2.3所示。

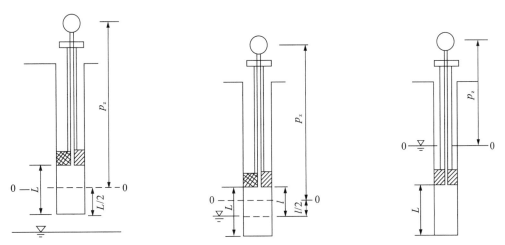

p_z—水柱压力(自压力表中心至压力计算零线的铅直距离);L—试验段长度;l—位于地下水位以上试验段的长度。

图5.2.1 地下水位位于试验段以下　　图5.2.2 地下水位位于试验段之内　　图5.2.3 地下水位位于试验段之上

4. 管路压力损失 p_s 的确定

当工作管内径一致,且内壁粗糙度变化不大时,管路压力损失可用下式求得。

$$p_s = \lambda \cdot \frac{L_p}{d} \cdot \frac{v^2}{2g} \tag{5.2.3}$$

式中,λ 为摩阻系数($\lambda = 2 \times 10^{-4} \sim 4 \times 10^{-4}$ MPa/m);L_p 为工作管长度(m);d 为工作管内径(m);v 为水在管内的流速(m/s);g 为重力加速度,取 9.8m/s^2。

当工作管的内径不一致时,管路的压力损失 p_s 应根据实测资料确定。

5.2.2.3 试验钻孔

(1)孔径。宜为59~91mm。孔径的大小对压水试验成果的影响不大,无需过多关注。

(2)钻进方法。应采用金刚石或合金钻进,不应使用泥浆等护壁材料,否则会使孔壁附上形成一层泥膜,堵塞裂隙。

5.2.2 压水试验的设备及要求

(1)止水栓塞。要求止水栓塞的长度不小于试验钻孔孔径的8倍,并应优先选用气压式或水压式栓塞。

(2)供水设备。基本要求是压力稳定、出水均匀,在1MPa压力下流量能保持100L/min。不过上述供水能力只能使岩体透水率小于20Lu的试验段达到预定的最大试验压力1MPa。

为了保持试验用水清洁,吸水龙头外应包裹1~2层孔径小于2mm的过滤网,并与水池底部保持不小于0.3m的距离。供水调节阀门应灵活可靠,不漏水,且不宜与钻进共用。

(3)量测设备。

①测压工具:压力表或压力传感器。为了保证量测精度,压力表的量测范围应控制在极限压力值的 1/3 至 3/4 之间。

②测流量工具:应采用自动记录仪。在压水试验的降压阶段,有时会出现回流,为了记录回流情况和消除回流的影响,要求流量计能测定正、反向流量。

③地下水位量测设备:电测水位计。

5.2.3 现场试验

现场的试验工作包括洗孔、下置栓塞隔离试验段、水位观测、仪表安装、压力和流量观测等步骤。

(1)洗孔:应采用压水法。洗孔时钻具应下到孔底,流量应达到水泵的最大出力。洗孔工作应进行到孔口回水清洁,肉眼观察无岩粉时方可结束;当孔口无回水时,洗孔时间不得少于 15min。

(2)下置栓塞隔离试验段。下栓塞前应对压水试验工作管进行检查,不得有破裂、弯曲、堵塞等现象。接头处应采取严格的止水措施。为了提高试验段隔离的质量,除要求止水栓塞的性能良好外,还应使栓塞位于岩石较完整处。下置栓塞时栓位确定要准确,避免漏段。

(3)水位观测。下栓塞前应首先观测一次孔内水位,试验段隔离后,再观测工作管内水位。工作管内水位应每隔 5min 观测一次。当水位下降速度连续两次均小于 5cm/min 时,观测工作即可结束。用最后的观测结果确定压力计算零线。

(4)压力和流量观测。流量观测时应先调整好节阀,使试验段的压力达到预定值并保持稳定。流量的观测工作应每隔 1~2min 观测一次。当流量无持续增大趋势,且 5 次流量读数中最大值与最小值之差小于最终值的 10%,或最大值与最小值之差小于 1L/min 时,本压力阶段的试验即可结束,取最终值作为计算值。

将试验段压力调整到新的预定值,重复上述试验过程,直至完成该试验段的试验。在降压阶段,如出现水由岩体向孔内回流现象,应记录回流情况,待回流停止,流量无持续增大趋势(5 次流量读数中最大值与最小值之差小于最终值的 10%,或最大值与最小值之差小于 1L/min)时,方可结束本阶段的试验。

5.2.4 试验资料的整理

试验资料整理包括校核原始记录、绘制 p-Q 曲线、判别 p-Q 曲线类型、计算试验段的透水率和判断岩体的透水性强弱等。

5.2.4.1 绘制 p-Q 曲线

绘制 p-Q 曲线应采用统一的比例尺,即纵坐标(p 轴)1mm 代表 0.01MPa,横坐标(Q 轴)1mm 代表 1L/min。如果采用不同的比例尺,如在流量较小时用较大的比例尺,就会出现一些人为造成的不规则曲线,使判读和划分类型产生困难。

曲线图上各点应标明序号,并依次用直线相连,升压阶段用实线,降压阶段用虚线。

5.2.4.2 确定 p-Q 曲线类型

p-Q 曲线类型主要有以下 5 类(图 5.2.4)。

(1) A(层流)型。p-Q 曲线中,升压曲线为通过坐标原点的直线,降压曲线与升压曲线基本重合。该曲线揭示着渗流状态为层流。在整个试验期间,裂隙状态(即裂隙的张开度及其中的细颗粒充填物数量)基本没有发生变化。这类曲线一般在裂隙细小或裂隙中的充填物较多,地下水在其中的渗流十分缓慢的情况下才会出现。

(2) B(紊流)型。p-Q 曲线中,升压曲线为凸向 Q 轴的曲线,降压曲线与升压曲线基本重合。该曲线揭示着渗流状态为非线性流。在整个试验期间,裂隙状态基本没有发生变化。这类曲线一般在张开度较大的裂隙中才会出现,地下水在裂隙中的流速较快。

(3) C(扩张)型。升压曲线大体上为凸向 p 轴的曲线,降压曲线与升压曲线基本重合。该型曲线最大的特征是:在某一压力之后,流量显著增大,且第 4 点与第 2 点、第 5 点与第 1 点基本重合。

该曲线揭示,在试验压力作用下,裂隙发生了扩张,导致岩体渗透性增大,但这种变化是暂时性的、可逆的,随着试验压力下降,裂隙又恢复到原来状态,呈现出一种弹性扩张性质。

(4) D(冲蚀)型。p-Q 曲线中,升压曲线大体上为凸向 p 轴的曲线,降压曲线与升压曲线不重合,位于升压曲线的右侧,整个 p-Q 曲线呈顺时针环状。该类型曲线最大特征是:在某一压力之后,流量显著增大,且 $Q_4 > Q_2$,$Q_5 > Q_1$。

该曲线揭示,在试验压力作用下裂隙的状态产生了变化,岩体渗透性增大,这种变化是永久性的、不可逆的。流量显著增大且不能恢复原状,多半是由岩石劈裂且与原有的裂隙相通或裂隙中的充填物被冲蚀、移动造成的。

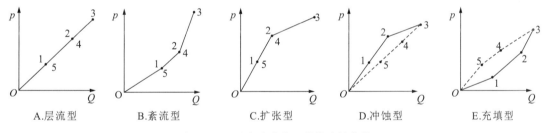

图 5.2.4 压水试验的 5 种代表性曲线

(5) E(充填)型。p-Q 曲线中,升压曲线为直线或凸向 Q 轴的曲线,降压曲线与升压曲线不重合,降压曲线凸向 p 轴,位于升压曲线的左侧,整个 p-Q 曲线呈逆时针环状。该类型曲线的最大特征是 $Q_4 < Q_2$,$Q_5 < Q_1$。

该曲线揭示,试验期间裂隙状态发生了变化,岩体渗透性减小,这种减小大多是由裂隙部分被堵塞造成的。此外,如裂隙处于半封闭状态,当被水充满后,流量即逐渐减小,甚至趋近于零。

5.2.4.3 试验段透水率的计算

取第三阶段的压力和流量(p_3、Q_3),按下式计算试验段的透水率。

$$q = \frac{Q_3}{L \cdot p_3} \quad (5.2.4)$$

式中,q 为试验段的透水率(Lu),取两位有效数字;Q_3 为第三阶段的计算流量(L/min);L 为试验段的长度(m);p_3为第三阶段的试验段压力(MPa)。

用第三阶段数据计算试验段透水率的主要原因是该组数据最接近于吕荣值的定义压力。吕荣的定义为:在1MPa(约100m水柱压力)压力下,每米试验段的平均压入流量(L)。

5.2.4.4　试验成果表示与注意事项

现场试验时应把相关数据填入成果表,格式见表5.2.1。

表5.2.1　压水试验成果记录表

试验日期	试验段						p-Q曲线类型	试验段的透水率q/Lu
	编号	深度/m		试验段长度/m	高程/m			
		起	止		起	止		

每个试验段的试验成果,应采用试验段的透水率和p-Q曲线类型代号(加括号)表示,如0.23(A)、19.6(B)、8.5(C)等。

5.2.4.5　岩体渗透系数K的确定

(1)当试验段位于地下水位以下时,透水性较小($q<10$Lu,p-Q曲线为层流型)时,可按下式计算岩体的渗透系数。

$$K=\frac{Q}{2\pi HL}\ln\frac{L}{r_0} \qquad (5.2.5)$$

式中,K为岩体的渗透系数(m/d);Q为压入流量(m³/d);H为试验水头(m);L为试验段长度(m);r_0为钻孔半径(m)。

(2)当试验段位于地下水位以下时,透水性不大,p-Q曲线为紊流型时,可用第一阶段的压力值(换算为水头值H,以m计)和流量值代入式(5.2.5)近似地计算岩体的渗透系数。

(3)当岩石的透水性较大时,应该采用其他水文地质试验方法(饱水带可用抽水试验)测定岩体的渗透系数。

5.2.4.6　对岩体的透水性进行分类

利用岩土的透水率或渗透系数可对岩土的透水性进行分类,见表5.2.2。

表5.2.2　根据透水率q或渗透系数K对岩土的透水性进行分类

透水率q/Lu	$q<0.1$	$0.1\leqslant q<1$	$1\leqslant q<10$	$10\leqslant q<100$	$q\geqslant 100$
渗透系数K/(cm·s^{-1})	$K<10^{-6}$	$10^{-6}\leqslant K<10^{-5}$	$10^{-5}\leqslant K<10^{-4}$	$10^{-4}\leqslant K<10^{-2}$	$K\geqslant 10^{-2}$
岩体透水性	极微透水岩体	微透水岩体	弱透水岩体	中等透水岩体	强透水岩体

5.3 渗水试验

渗水试验是用于现场测定表土层渗透系数的简易方法。利用渗水试验，可提供灌溉设计、研究区域水均衡以及判定包气带防污性能的强弱等。

5.3.1 渗水试验方法

渗水试验最常用的方法有试坑法、单环法和双环法（表 5.3.1），其中双环法是在试坑底嵌入两个铁环，外环直径一般采用 0.5m，内环直径采用 0.25m。试验时用 Mariotte 瓶自动供水或用量杯人工供水来控制外环和内环的水柱一直保持在同一高度（一般为 10cm）。由于双环法试验中有外环水的入渗，在其辅助下内环中的水基本上都能垂向渗入，没有了侧向渗流带来的误差，因此双环法获得的成果精度比试坑法和单环法都较高，故最为常用。

表 5.3.1 渗水试验各方法的装置示意图及其特点

试验方法	装置示意图	优缺点	备注
试坑法		1、装置简单； 2. 受侧向渗透的影响大（图 5.3.1），试验成果精度差	当圆坑的坑壁四周有防渗措施时，试坑内的渗水面积 $F = \pi r^2$。式中，r 为试坑底半径。 当坑壁四周无防渗措施时，$F = \pi r(r + 2z)$。式中，r 为试坑底半径；z 为试坑中的水层厚度
单环法		1. 装置简单； 2. 没有考虑侧向渗透的影响大，试验成果精度稍差	
双环法		1. 装置较复杂； 2. 基本排除了侧向渗透的影响，试验成果精度较高	

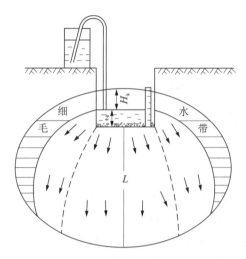

图 5.3.1 黏性土中渗水土体浸润部分示意图

渗水试验时,入渗水的水力梯度(I)和渗透系数(K)按达西定律可得。

$$I = \frac{H_k + z + H}{z} \quad (5.3.1)$$

$$K = \frac{Q}{FI} = \frac{Qz}{F(H + z + H_k)} \quad (5.3.2)$$

上两式中,Q 为内环水的入渗流量(cm^3/min);F 为内环面积(cm^2);H_k 为毛细压力水头(cm),其值可按表 5.3.2 中的经验值取值;z 为试验结束时水的入渗深度(cm),可由实验结束后利用麻花钻(或其他钻具)探测确定;K 为渗透系数(cm/min);H 为试验水头(cm),坑内水头一般采用 10cm。

表 5.3.2 不同岩性毛细压力水头 H_k 经验值表

岩(土)名称	H_k/m	岩(土)名称	H_k/m
重亚黏土(粉质黏土)	≈1.0	细粒黏土质砂	0.3
轻亚黏土(粉质黏土)	0.8	粉砂	0.2
重亚砂土(黏质粉土)	0.6	细砂	0.1
轻亚砂土(砂质粉土)	0.4	中砂	0.05

5.3.2 渗水试验记录和成果资料整理

《水利水电工程注水试验规程》(SL 345—2007)在试坑双环注水试验中规定,土的渗透系数按式(5.3.3)进行。

$$K = \frac{16.67Qz}{F(H + z + 0.5H_a)} \quad (5.3.3)$$

式中各量纲的含义同式(5.3.2),只是单位不同。式(5.3.3)中各量纲的单位分别为:K(cm/s)、

$Q(\text{L/min})$、$F(\text{cm}^2)$、$H(\text{cm})$、$z(\text{cm})$；H_a 为试验土层的毛细上升高度(cm)；查表 5.3.2 得 H_k 后令 $H_a=2H_k$；16.67 为单位换算系数。

在渗水试验中，应定时、准确地观测给水装置中所注入的水量。观测时间通常为渗水后的第 3min、5min、10min、15min、30min 各观测一次，以后每隔 30min 观测一次，直到流量达到稳定后 2～4h 以上。渗水试验的流量观测和成果记录表的格式见表 5.3.3。

表 5.3.3 试坑双环渗水试验观测记录表

工程名称：				试验点编号：		试验深度/m：		
试验点地理位置：				试验点坐标（		）		
水头高度/cm：				实验土层名称：		铁环压入深度/cm：		
内环直径/cm：				外环直径/cm：		试验时间： 年 月 日		
试验土层渗入深度/cm：				试验土层毛细上升高度/cm：				
序号	试验时间			内环给水瓶		流量 Q		备注
	日	时	分	持续时间/min	读数/cm	与前读数之差/cm	本时间段总注入量/mL	单位时间渗入量/($\text{mL}\cdot\text{min}^{-1}$)	

试验过程中，还需在现场绘制 K-t 曲线(图 5.3.2)，直至 K 值基本稳定在某个数值时，可结束试验，并取稳定的 K 值作为该表土的渗透系数值。

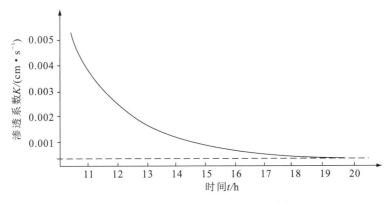

图 5.3.2 渗水试验中渗透速度历时曲线图

进行渗水试验时需注意的是：

(1)表 5.3.2 显示，黏性土中毛细水的上升可以达到很高的高度(超过 0.8m)，而野外人工挖掘的试坑一般都较浅（大多深度 20~40cm），这种情况下，毛细水的上升高度是受限的，故当 $0.5H_a$ 值超过了试坑的深度时，应取试坑的深度值作为 $0.5H_a$ 值代入式(5.3.3)。

(2)试验时要求在试坑的底部铺一层粗砂或砾石，其作用是缓冲向坑内倒水时注入水对坑底表土产生的冲击力，否则试验开始时向坑内的快速注水会把坑内的表土冲出一个小凹坑，使坑内的水位（H）各处不同，不同位置水的渗入深度（z）也不同；且待坑内的水静止后，被冲出的土颗粒重新沉降并分层，粗粒先沉在下，细粒后沉在上，细颗粒在表土形成了一层透水性更差的黏土薄膜，阻碍了坑内的水下渗，使得测试出来的渗透系数严重偏低，严重失真。如果受野外条件所限，很难在短时间内找到合适的粗砂、碎石，可以用杂草、宽树叶来代替，把它们铺在坑底对缓冲水的冲击力效果更佳。

(3)渗水试验结束后，先用勺子把坑内的积水舀出，再用铲把坑内的稀泥铲出，然后在坑中间用麻花钻向下钻孔，每钻 10cm 提钻一次，查看土的含水量，当发现钻至干土时，用钢卷尺量测地表至湿、干土分界处的深度，此深度即为渗水试验中水的入渗深度（z）。若仍难以确定，可在试坑 2m 远外再钻一对照孔，用两孔不同深度土层的含水量对比来确定。

(4)据式(5.3.1)可知，当 z 很大（无穷大）时，I 将趋近于 1.0，因此在渗水速度较快（$K>0.5$m/d）的砂性土进行渗水试验后，若用麻花钻钻至 2.0m 仍不见干土，可无需再下钻，直接令 $I=1.0$ 代入式(5.3.2)时，即可求得该砂性土稳定渗透系数 K 值。在下雨过后不久若需要在砂性土中进行渗水试验，可让水入渗的时间足够长（超过 4h），亦无需钻孔比对，利用 $I=1.0$ 求其稳定的 K 值。

渗水试验需提交的成果包括：①把试验点用特定的符号标记在平面地质图中；②绘制水文地质剖面图与试验装置示意图（或把试验情景进行拍照）；③绘制流量历时曲线、渗透速度历时曲线；④填写渗水试验记录表（格式见表 5.3.3）并附计算公式、渗透系数的计算结果（K 的单位应换算为 m/d）。

5.4 钻孔注水试验

根据试验时注入井的水头变化，可把注水试验分为两大类，即常水头注水试验和降水头注水试验。

钻孔注水试验设备有：①供水设备，包括水箱、水泵；②量测设备，包括水表、量筒、瞬时流量计、秒表、米尺等；③止水设备，包括套管、栓塞；④测量水位的工具，包括电测水位计。

5.4.1 常水头注水试验

常水头注水试验适用于渗透性比较大的壤土、粉土、砂土和卵砾石层，或不能进行压水试验的强风化、破碎、断层破碎带等渗透性较强的岩体。

5.4.1.1 现场试验

(1)试验段不能用泥浆钻进；孔底沉淀层厚度不应大于 10cm；应防岩土层被扰动。

(2)在进行注水试验前，应进行地下水位观测，水位观测间隔为 5min，当连续 2 次观测的数据变幅小于 10cm 时，水位观测即可结束。用最后一次观测值作为地下水位计算值。

(3)试验段止水采用栓塞或套管脚黏土等止水方法，应保证止水可靠。

对孔壁稳定性差的试验段宜采用花管护壁;同一试验段不宜跨越透水性相差悬殊的两种岩土层,试验段长度不宜大于5m。

(4)试验段隔离后,应向套管内注入清水,使套管中水位高出地下水位一定高度(或至孔口)并保持固定不变,用流量计或量桶测定试验过程中所注入的流量。

(5)量测应符合下列规定:①开始每隔5min量测一次,连续量测5次;以后每隔20min量测一次并至少连续量测6次。②当连续2次量测的注入流量之差不大于最后1次注入流量10%时,可结束试验。取最后一次注入流量作为计算值。

(6)当试验段的漏水量大于供水能力时,应记录最大供水量。

5.4.1.2 资料整理

(1)现场记录应按表5.4.1进行,并绘制注入流量和时间关系(即 Q-t)关系曲线。

表 5.4.1 钻孔常水头注水试验记录表

工程名称:			试验点编号:		试验土层名称:		
地下水位:			试验段深度/m:		试验段长度/m:		
试验段直径/mm:			试验段类型:		试验时间: 年 月 日		
序号	试验时间			试验水头/cm	注入水量/L	单位时间注入水量/(L·min^{-1})	备注
	日	时	分	持续时间/min			

(2)当试验段位于地下水位以下时,按下式计算土层的渗透系数。

$$K = \frac{16.67Q}{AH} \tag{5.4.1}$$

式中,K 为试验土层的渗透系数(cm/s);Q 为注入流量(L/min);H 为试验水头(cm),等于试验水位与地下水位之差;A 为形状系数,按表5.4.2选用。

表 5.4.2 形状系数 A 的取值

试验条件	简图	形状系数 A	备注
试验段位于地下水位以下,钻孔套管下至孔底,孔底进水		$5.5r$	

续表 5.4.2

试验条件	简图	形状系数 A	备注
试验段位于地下水位以下,钻孔套管下至孔底,孔底进水。试验土层顶板为不透水层		$4r$	
试验段位于地下水位以下,孔内不下套管或部分下套管,试验段裸露或下花管,孔壁和孔底进水		$\dfrac{2\pi l}{\ln\dfrac{ml}{r}}$	$\dfrac{l}{r}>8$ $m=\sqrt{\dfrac{K_\mathrm{h}}{K_\mathrm{v}}}$ 式中,K_h、K_v 分别为试验土层的水平、垂直渗透系数
试验段位于地下水位以下,孔内不下套管或部分下套管,试验段裸露或下花管,孔壁和孔底进水。试验土层顶板为不透水层		$\dfrac{2\pi l}{\ln\dfrac{2ml}{r}}$	$\dfrac{l}{r}>8$ $m=\sqrt{\dfrac{K_\mathrm{h}}{K_\mathrm{v}}}$ 式中,K_h、K_v 分别为试验土层的水平、垂直渗透系数

(3)当试验段位于地下水位以上,且 $50<H/r<200$、$H\leqslant l$ 时,可采用下式计算试验岩土层的渗透系数。

$$K=\frac{7.05Q}{lH}\lg\frac{2l}{r} \tag{5.4.2}$$

式中,l 为试验段长度(cm);r 为钻孔内径(cm);其余符号同式(5.4.1)。

5.4.2 降水头注水试验

降水头注水试验适用于地下水位以下的粉土、黏性土层或渗透性较小的岩层。其试验设备与钻孔常水头方法相同。

5.4.2.1 现场试验

(1)与常水头现场试验要求的第(1)~(3)条相同。

(2)试验段止水后,应向套管内注入清水,使管中水位高出地下水位一定高度或至套管顶部作为初试水头值。停止供水,试验开始,按表 5.4.3 开始记录管内水位随时间变化的情况。

表 5.4.3　钻孔降水头注水试验记录表

工程名称：			试验点编号：		试验土层名称：		
地下水位：			试验段深度/m：		试验段长度/m：		
试验段直径/mm：			试验段类型：		注水管内半径/mm：		
初始试验水头 H_0/cm：			试验时间：	年　月　日			
序号	试验时间			管内水位距孔口/cm	试验水头/cm	水头比 H_t/H_0	备注
	日	时	分	持续时间/min			

(3)管内水位的观测应符合下列规定:①开始间隔时间为 1min,连续观测 5 次;然后间隔时间为 10min,观测 3 次;后期观测间隔时间应根据水位下降速度确定,可按 30min 间隔进行。②在现场应用半对数坐标纸绘制水头比与时间[$\ln(H_t/H_0)-t$]的关系曲线。当水头比与时间关系不成直线时,应进行检查并重新试验。③当试验水头降到初试水头的 30% 或连续观测点达到 10 个以上时,即可结束试验。

5.4.2.2 资料整理

降水头注水试验,岩土层的渗透系数按下式计算。

$$K = \frac{0.0523 r^2}{A} \frac{\ln \frac{H_1}{H_2}}{t_2 - t_1} \quad (5.4.3)$$

式中,K 为试验土层的渗透系数(cm/s);t_1、t_2 为注水试验某一时刻的试验时间(min);H_1、H_2 分别为在试验时间 t_1、t_2 时的试验水头(cm),等于试验水位与地下水位之差;A 为形状系数,按表 5.4.2 选用。

除按式(5.4.3)计算外,渗透系数值还可根据 $\ln(H_t/H_0)-t$ 关系曲线先求得注水特征时间 T_0,然后按下式计算试验岩土层的渗透系数。

$$K = \frac{0.0523 r^2}{A T_0} \quad (5.4.4)$$

式中,T_0 为注水试验的特征时间(min),即当 $H_t/H_0=0.37$ 时,$\ln(H_t/H_0)-t$ 关系曲线所对应的时间[注:H_t 为注水时间为 t 时的水头值(cm);H_0 为注水试验的初始水头值(cm)];其余符号意义同式(5.4.3)。

5.4.3 根据水工建筑部门的经验求参

钻孔注水试验方法恰好与抽水试验相反(图 5.4.1)。在注水试验过程中往钻孔中注水,使孔中水位抬高,造成水流由钻孔内向外周含水层运动,形成一个以钻孔为中心的反漏斗曲面。因此常水头注水试验公式的推导过程与抽水井的裘布依公式的原理相似。其不同点仅是注水时由于注入的水是沿井壁向外流的,故水力坡度为负值。连续往孔内注水,形成稳定的水位和常量的注入量。注水的稳定时间因目的和要求不同而异,一般延续 2~8h。

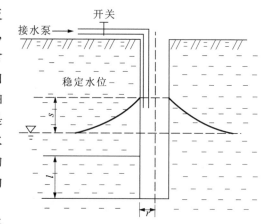

图 5.4.1 钻孔注水试验示意图

根据水工建筑部门的经验,在巨厚且水平分布宽的含水层中做常水头注水试验时,可按下面两式计算渗透系数 K。

当 $l/r \leqslant 4$ 时,
$$K = \frac{0.08Q}{rs\sqrt{\frac{l}{2r}+\frac{1}{4}}} \tag{5.4.5}$$

当 $l/r > 4$ 时,
$$K = \frac{0.366Q}{ls}\lg\frac{2l}{r} \tag{5.4.6}$$

式中,l 为试验段或过滤器的长度(m);Q 为稳定注水量(m³/d);s 为孔中的水头高度(m);r 为钻孔或过滤器的半径(m)。

在不含水的干燥岩(土)层中注水时,如果试验段高出地下水位很多,介质为均质介质,且 $50 < h/r < 200$,孔中水柱高 $h \leqslant l$ 时,可按下式计算渗透系数 K 值。

$$K = 0.423\frac{Q}{h^2}\lg\frac{2h}{r} \tag{5.4.7}$$

式中,h 为注水引起的水头高度(m);其余字母意义同前两式。

[例题1] 某场地地层情况如下:1.5~10m 为粉砂,10m 以下为黏土。现有一孔径为 120mm 的钻孔钻至黏土层,在钻孔中进行注水试验,初始地下水位为地表下 6.0m。第一次注水试验时钻孔中的稳定水位为地表下 2.4m,常量注水量为 16.0m³/d;第二次注水试验时钻孔中的稳定水位为地表下 1.8m,常量注水量为 18.0m³/d。问:该地层的渗透系数是多少?

解:参考图 5.4.1。注水试验前含水层的厚度 $l = 10 - 6 = 4$(m),故 $l/r > 4$,根据式(5.4.6)得

第 1 次注水:$K = \dfrac{0.366Q}{ls}\lg\dfrac{2l}{r} = \dfrac{0.366 \times 16}{4 \times 3.6}\lg\dfrac{2 \times 4}{0.06} = 0.864$(m/d)

第 2 次注水:$K = \dfrac{0.366 \times 18}{4 \times 4.2}\lg\dfrac{2 \times 4}{0.06} = 0.833$(m/d)

取两次注水结果的平均值,为 $K = 0.849$m/d。

思 考 题

1. 在花岗岩岩体中进行压水试验,钻孔的孔径为 110mm,地下水位以下试验段长度为 5.0m,资料整理显示,该压水试验 p-Q 曲线为 A(层流)型,第三压力阶段试验段压力为 1.0MPa,压入流量为 7.50L/min。问:该岩体的渗透系数是多少?

2. 某钻孔进行压水试验,钻孔半径 0.15m,孔内地下水位埋深 29.0m。试验段位于地下水位以下,试验段的长度为 5.0m。

压力表读数/MPa	0	0.30	0.7
稳定流量/(L·min^{-1})	30	65	100

安装在与试验段连通的测压管上的压力表所测得的水压力和稳定流量关系见上表。压力表中心比地面高 1.0m。请计算试验段的透水率并判定该段岩体的透水性等级。

3. 某压水试验地面进水管的压力表读数 $p_3=0.90$MPa,压力表中心高于孔口 0.5m,压入流量 $Q=80$L/min,试验段长度 $L=5.1$m,钻杆及接头的压力总损失为 0.04MPa。钻孔为斜孔,其倾角为 60°。地下水位位于试验段之上,自孔口至地下水位沿钻孔的实际长度 $H=24.8$m,试问试验段地层的透水率是多少?

4. 压水试验时,若发现试验段的栓塞隔离无效(隔不住水),其原因一般有哪些?

5. 在某含水层内进行单孔稳定流抽水试验,该抽水井孔的孔径为 200mm(如右图,图中标注的数字为海拔标高),稳定时抽水量为 1000m³/d。试估算含水层的渗透系数和影响半径。

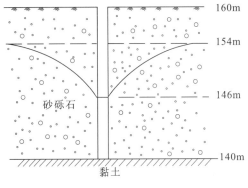

第 5 题图

6. 利用双环渗水试验所求得的渗透系数的精确度为什么比单环渗水试验的要高些?

7. 在刚下雨的潮湿场地上,能否利用渗水试验求得表土层的渗透系数?(提示:按砂性土和黏性土分别阐述。)

8. 在渗水试验过程中,所测得的渗透系数会随着时间的延长逐渐减小并最终趋于某个常数值,这是为什么?

6 岩土工程分析评价与成果报告

6.1 岩土参数的分析与选取

6.1.1 岩土参数的可靠性和适用性

岩土参数应根据工程特点和地质条件选用，并按下列内容评价其可靠性和适用性：
(1)取样方法和其他因素对试验成果的影响。
(2)采用的试验方法和取值标准。
(3)不同测试方法所得结果的分析比较。
(4)测试结果的离散程度。
(5)测试方法与计算模型的配套性。

6.1.2 岩土参数的统计分析

由于土的不均匀性，对同一工程地质单元(土层)取的土样，用相同方法测定的数据通常是离散的，并以一定的规律分布，可以用频率分布直方图和分布密度函数来表示。为了简化，采用统计特征值。常用的特征值可分两大类：一类是反映数据分布的集中情况或中心趋势的，它们被作为某批数据的典型代表；另一类是反映数据分布的离散程度的。按《岩土工程勘察规范》(GB 50021—2001)(2009 年版)规定，岩土的物理力学指标，应按场地的工程地质单元和层位分别进行统计，并按下列公式计算出每层的平均值、标准差和变异系数。

$$\phi_m = \frac{1}{n}\sum_{i=1}^{n}\phi_i \tag{6.1.1}$$

$$\sigma_f = \sqrt{\frac{1}{n-1}\left[\sum_{i=1}^{n}\phi_i^2 - \frac{1}{n}\left(\sum_{i=1}^{n}\phi_i\right)^2\right]} \tag{6.1.2}$$

$$\delta = \frac{\sigma_f}{\phi_m} \tag{6.1.3}$$

式中，ϕ_i 为岩土的物理力学指标数据；n 为参加统计的数据个数。

标准差虽然是衡量参数离散程度的尺子，但由于它是有量纲的，不能用来比较不同参数的离散性，即无法进行相互比较，因此引入了变异系数的概念来评价岩土参数的变异特征。变异系数是无量纲的，使用上比较方便，它在国际上是通用的指标。国外有些学者致力于土体各项参数变异系数的研究，其成果见表 6.1.1。

按变异系数的大小可划分变异性的不同等级(变异类型)，它有助于技术人员定量地判别和评价岩土参数的变异特性,以便提出不同的设计参数值。岩土参数变异性等级判定标准见表6.1.2。

表6.1.1 Ingles 建议的变异系数

岩土参数		范围值	建议标准值
内摩擦角 φ	砂土	0.05~0.15	0.10
	黏性土	0.12~0.56	
黏聚力 c(不排水)		0.20~0.50	0.30
压缩系数 a_{1-2}/MPa^{-1}		0.18~0.73	0.30
固结系数 C_v		0.25~1.00	0.50
弹性模量 E/MPa		0.02~0.42	0.30
液限 w_L		0.02~0.48	0.10
塑限 w_P		0.09~0.29	0.10
标准贯入试验锤击数 N		0.27~0.85	0.30
无侧限抗压强度 q_u/MPa		0.06~1.00	0.40
孔隙比 e		0.13~0.42	0.25
重度 γ/(kN·m^{-3})		0.01~0.10	0.03
黏粒含量 ρ_c/%		0.09~0.70	0.25

表6.1.2 岩土参数的变异性等级

变异系数	$\delta<0.1$	$0.1\leqslant\delta<0.2$	$0.2\leqslant\delta<0.3$	$0.3\leqslant\delta<0.4$	$\delta\geqslant0.4$
变异性等级	很低	低	中等	高	很高

6.1.3 异常数据的剔除

根据统计结果,应分析出现误差的原因,并剔除异常数据。剔除异常值有不同的标准,常用的有正负3倍标准差法、Chauvenet 法和 Grubbs 法等。

当离差满足下式时应剔除。

$$|d|>g\sigma \tag{6.1.4}$$

式中,$d=\phi_i-\phi_m$;σ 为标准差;g 为由不同标准给出的系数,当采用正负3倍标准差时取3,用其他两种方法时,由表6.1.3查得。

岩土参数在垂向(深度)上的变异,可划分为相关型与非相关型两类。相关型参数随深度呈有规律的变化(正相关或负相关),可以计算相关系数,并确定经验公式中的系数。其变异系数按下式确定。

$$\delta = \frac{\sigma_r}{f_m} \tag{6.1.5}$$

$$\sigma_r = \sigma_f \sqrt{1-r^2} \tag{6.1.6}$$

式中，σ_r 为剩余标准差；σ_f 为岩土参数的标准差；f_m 为算术平均值；r 为相关系数，对非相关型，$r=0$。

按计算确定的 δ 值，即可将岩土参数随深度的变异特征划分为均一型（$\delta<0.3$）和剧变型（$\delta \geqslant 0.3$）。

表 6.1.3 Chauvenet 法和 Grubbs 法的 g 值

n	Chauvenet 法	Grubbs 法	
		$\alpha=0.05$	$\alpha=0.01$
5	1.68	1.67	1.75
6	1.73	1.82	1.94
7	1.79	1.94	2.10
8	1.86	2.03	2.22
9	1.92	2.11	2.32
10	1.96	2.18	2.41
12	2.03	2.29	2.55
14	2.10	2.37	2.66
16	2.16	2.44	2.75
20	2.24	2.50	2.82
30	2.39	2.75	3.10
40	2.50	2.87	3.24

6.1.4 岩土参数的标准值和设计值

岩土参数的标准值是岩土工程设计时所采用的基本代表值，是岩土参数的可靠性估值。它是在统计学区间估计理论基础上得到的关于参数母体平均值置信区间的单侧置信界限值。母体平均值 u 的可靠性可按下式估求得到。

$$P(\mu < \phi_k) = \alpha \tag{6.1.7}$$

α 为风险率，是一个可以接受的小概率，符合上式的是单侧置信下限。当采用此下限值作为设计值时，意味着参数母体平均值可以推断为一个大概率大于设计值的数值，而仅有一个小的风险率可能会小于此值。

按区间估计理论，估计总体平均值的单侧置信界限值由下式求得。

$$\phi_k = \phi_m \left(1 \pm \frac{t_a \sigma}{\sqrt{n} f_m}\right) = \phi_m \left(1 \pm \frac{t_a}{\sqrt{n}} \delta\right) \tag{6.1.8}$$

式中，t_a 为学生氏函数，按风险率 α 和样本容量 n 从有关表格中查得；其他符号同前。

当 $\alpha=0.05$ 时，上式可简化为

$$\phi_k = \gamma_s \phi_m \tag{6.1.9}$$

$$\gamma_s = 1 \pm \left(\frac{1.704}{\sqrt{n}} + \frac{4.678}{n^2}\right)\delta \tag{6.1.10}$$

式中，γ_s 为统计修正系数。式中正负号的取用按不利组合考虑，如 c、ϕ 值取负号，e、a、I_L 值取正号。γ_s 值亦可按岩土工程的类型和重要性、参数的变异性和统计时数据的个数，根据经验选用。

在工程地质勘察成果报告中，应按下列不同情况提供岩土参数值：

(1) 一般情况下，应提供岩土参数的平均值 (ϕ_m)、变异系数 (δ)、数值范围和数据的个数 (n)。

(2) 承载能力极限状态计算需要的岩土参数标准值应按式 (6.1.9) 计算；当设计规范另有专门规定的标准值取值方法时，可按有关规范执行。

正常使用极限状态计算需要的岩土参数宜采用平均值，评价岩土性状需要的岩土参数应采用平均值。

(3) 当用以分项系数描述的设计表达式计算时，岩土参数的设计值 f_d 可按下式计算。

$$f_d = \frac{f_k}{\gamma} \tag{6.1.11}$$

式中，γ 为岩土参数的分项系数，按有关设计规范的规定取值。

[例题1] 某软土地基进行十字板剪切试验，测定其 8m 以内土层的不排水抗剪强度如下表。其中软土层的十字板剪切强度与深度呈线性相关 (相关系数 $r=0.98$)，问：最能代表试验深度范围内软土不排水抗剪强度标准值是多少？

试验深度 H/m	1.0	2.0	3.0	4.0	5.0	6.0	7.0	8.0
不排水抗剪强度 C_u/kPa	38.6	35.5	7.0	9.6	12.3	14.4	16.7	19.0

解：据表中数据知，深度 1m、2m 为浅部硬壳层，其黏聚力 c 值为异常值，不应参与统计，只统计 3～8m 处 6 个样数据即可。故

$$\phi_m = \frac{1}{n}\sum_{i=1}^{n}\phi_i = \frac{1}{6}(7.0+9.6+12.3+14.4+16.7+19.0) = 13.2(\text{kPa})$$

$$\sigma_f = \sqrt{\frac{1}{n-1}\left[\sum_{i=1}^{n}\phi_i^2 - \frac{1}{n}\left(\sum_{i=1}^{n}\phi_i\right)^2\right]} = \sqrt{\frac{1}{6-1}[7.0^2+9.6^2+12.3^2+14.4^2+16.7^2+19.0^2 - 6\times 13.2^2]}$$

$$= 4.34$$

由于软土的十字板抗剪强度与深度呈线性相关，剩余标准差为

$$\sigma_r = \sigma_f\sqrt{1-r^2} = 4.34\sqrt{1-0.98^2} = 4.34\times 0.199 = 0.8637$$

$$\delta = \frac{\sigma_r}{f_m} = \frac{0.8637}{13.2} = 0.065$$

$$\gamma_s = 1-\left(\frac{1.704}{\sqrt{n}}+\frac{4.678}{n^2}\right)\delta = 1-\left(\frac{1.704}{\sqrt{6}}+\frac{4.678}{6^2}\right)\times 0.065 = 0.946$$

$$C_k = \gamma_s\phi_m = 13.2\times 0.946 = 12.5(\text{kPa})$$

6.2 岩土工程分析评价

岩土工程分析评价应在工程地质测绘、勘探、测试和搜集已有资料的基础上,结合工程特点和要求进行。各类工程应对不良地质作用、地质灾害以及各种特殊性岩土的影响进行分析评价。

6.2.1 岩土工程分析和评价

岩土工程分析和评价应符合下列要求:
(1)充分了解工程结构的类型、特点、荷载情况和变形控制要求。
(2)掌握场地的地质背景,考虑岩土材料的非均质性、各向异性和随时间的变化(如含水量随季节的变化),评估岩土参数的不确定性,确定其最佳估值。
(3)充分考虑当地经验和类似工程的经验。
(4)对于理论依据不足、实践经验不多的岩土工程问题,可通过现场模型试验或足尺试验取得实测数据进行分析评价。
(5)必要时可建议通过施工监测,调整设计和施工方案。
岩土工程分析评价应在定性分析的基础上进行定量分析。岩土体的变形、强度和稳定应进行定量分析,而场地的适宜性、场地地质条件的稳定性可仅作定性分析。

6.2.2 岩土工程计算

岩土工程计算应符合下列要求:
(1)按承载能力极限状态计算,可用于评价岩土地基承载力和边坡、挡墙、地基稳定性等问题,可根据有关设计规范规定用分项系数或总安全系数方法计算,有经验时也可用隐含安全系数的抗力容许值进行计算。
(2)按正常使用极限状态要求进行验算控制,可用于评价岩土体的变形、动力反应、透水性和涌水量等。
(3)岩土工程的分析评价,应根据岩土工程勘察等级区别进行。对丙级岩土工程勘察,可根据邻近工程经验,结合触探和钻探取样试验资料进行;对乙级岩土工程勘察,应在详细勘探、测试的基础上,结合邻近工程经验进行,并提供岩土的强度和变形指标;对甲级岩土工程勘察,除按乙级要求进行外,尚宜提供载荷试验资料,必要时应对其中的复杂问题进行专门研究,并结合监测对评价结论进行检验。
(4)任务需要时,可根据工程原型或足尺试验岩土体性状的量测结果,用反分析的方法反求岩土参数,验证设计计算,查验工程效果或事故原因。

6.2.3 场地的稳定性评价

(1)活动断裂带对建筑的稳定性评价。
符合下列规定之一的,就要考虑发震断裂错动对地面建筑物的影响:①抗震设防烈度≥8度,且抗震设防烈度为8度、9度时,隐覆断裂的土层覆盖厚度分别小于60m和90m;②场地内存在全新世活动断裂。

符合以上规定之一的,建筑物就应避开主断裂带,其避让距离不小于第7章表7.5.1的规定。

(2)位于斜坡地段上的高层建筑的稳定性评价。

①建筑物不应该放在滑坡体上。

②位于坡顶或岸边的高层建筑应考虑边坡的整体稳定性,必要时应验算整体是否有滑动的可能性。

边坡整体稳定验算:当边坡坡角 β 大于 $45°$、坡高大于 $8m$ 时,按下式进行坡体稳定性验算(圆弧法)。

$$K = \frac{M_R}{M_a} \geqslant 1.2 \qquad (6.2.1)$$

式中,M_R 为抗滑力矩;M_a 为滑动力矩。

③当边坡整体是稳定的,还应验算基础外缘至坡顶的安全距离。

位于稳定土坡坡顶上的建筑,当垂直于坡顶边缘线的基础底面边长 $b \leqslant 3m$ 时,其基础底面外边缘线至坡顶的水平距离 a 应符合下式的规定(图6.2.1),但不得小于 $2.5m$。

条形基础: $a \geqslant 3.5b - \dfrac{d}{\tan\beta}$ (6.2.2)

矩形基础: $a \geqslant 2.5b - \dfrac{d}{\tan\beta}$ (6.2.3)

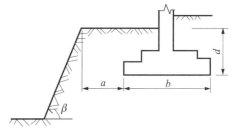

图6.2.1 基础底面外边缘线至坡顶的水平距离示意图

式中,β 为坡角;a 为基础底面外边缘线至坡顶的水平距离;b 为垂直于坡顶边缘线的基础底面边长;d 为基础埋深。

(3)建筑物周围有高陡边坡时,还应考虑高陡边坡滑塌的可能性,并确定建筑物离坡角的安全距离。

(4)高层建筑场地不应该选择在对建筑物抗震的危险地段,应避开对建筑抗震不利的地段。当无法避开不利地段时,应采取防护措施。

(5)在有塌陷可能的地下采空区,或岩溶土洞强烈发育的地段,应考虑地基加固措施,经技术经济分析认为不可取时,应另选场地。

6.2.4 地基均匀性评价

据《高层建筑岩土工程勘察标准》(JGJ/T 72—2017)第8.2.3条,符合下列情况之一者,应判定为不均匀地基。

(1)地基持力层跨越不同地貌单元或工程地质单元,其工程地质特性差异显著。

(2)地基持力层虽同属一个地貌单元或工程地质单元,但存在下列情况之一:①中-高压缩性地基,持力层底面或相邻基底高程的坡度大于 10%;②中-高压缩性地基,地基持力层和下卧层在基础宽度方向上,厚度的差值大于 $0.05b$(b 为基础宽度)时。

(3)同一高层建筑虽同属一地貌单元或工程地质单元,但各处地基土的压缩性相差较大，可在计算各钻孔地基变形计算深度范围内当量模量的基础上，根据当量模量的最大值 $\overline{E}_{s,max}$ 和当量模量的最小值 $\overline{E}_{s,min}$ 的比值来判定地基的均匀性。当 $\dfrac{\overline{E}_{s,max}}{\overline{E}_{s,min}}$ 大于表 6.2.1 中的界限值 K 时，可按不均匀地基考虑。

表 6.2.1　地基不均匀系数 K 界限值

同一建筑下各钻孔压缩模量当量值 $\overline{E}_s$ 的平均值/MPa	≤4	7.5	15	>20
不均匀系数界限值 K	1.3	1.5	1.8	2.5

表 6.2.1 中的 $\overline{E}_s$ 为沉降计算范围内压缩模量的当量值，按下式计算。

$$\overline{E}_s = \dfrac{\sum A_i}{\sum \dfrac{A_i}{E_{si}}} \tag{6.2.4}$$

式中，A_i 为第 i 层土的层位深度内平均附加应力系数的积分值。

6.2.5　地下水和土层的腐蚀性评价

6.2.5.1　取样规定

按《岩土工程勘察规范》(GB 50021—2001)(2009 年版)规定：①当混凝土或钢结构位于地下水位以下时，应采取地下水试样和地下水位以上的土试样，分别进行腐蚀性实验。②当混凝土或钢结构位于地下水位以上时，应采取土试样作腐蚀性实验。③当混凝土或钢结构处于地表水中时，应采取地表水试样作水的腐蚀性实验。④水和土的取样数量每个场地不应少于各 2 件，对建筑群不宜少于各 3 件。

6.2.5.2　腐蚀性评价

(1) 按环境类型(表 6.2.2)，水和土对混凝土结构的腐蚀性评价按表 6.2.3 进行。

(2) 按地层的透水性，水和土对混凝土结构的腐蚀性评价按表 6.2.4 进行。

(3) 腐蚀性综合评价。方法如下：①在(1)、(2)腐蚀等级中，只出现弱腐蚀，无中等腐蚀或强腐蚀时，应综合评价为弱腐蚀；②在(1)、(2)腐蚀等级中，无强腐蚀，最高为中等腐蚀时，应综合评价为中等腐蚀；③在(1)、(2)腐蚀等级中，有一个或一个以上为强腐蚀时，应综合评价为强腐蚀。

表 6.2.2　环境类别划分

环境类别	场地环境地质条件
Ⅰ	①高寒区、干旱区直接临水；②高寒区、干旱区强透水土层中的地下水
Ⅱ	①高寒区、干旱区弱透水层中的地下水；②各气候区湿、很湿的弱透水层湿润区直接临水；③湿润区强透水层中的地下水
Ⅲ	①各气候区稍湿的弱透水土层；②各气候区地下水位以上的强透水土层

表 6.2.3 按环境类型的水和土对混凝土结构的腐蚀性评价

腐蚀等级	腐蚀介质	环境类型		
		I	II	III
微	硫酸盐含量 SO_4^{2-} / $(mg \cdot L^{-1})$	<200	<300	<500
弱		200~500	300~1500	500~3000
中		500~1500	1500~3000	3000~6000
强		>1500	>3000	>6000
微	镁盐含量 Mg^{2+} / $(mg \cdot L^{-1})$	<1000	<2000	<3000
弱		1000~2000	2000~3000	3000~4000
中		2000~3000	3000~4000	4000~5000
强		>3000	>4000	>5000
微	铵盐含量 NH_4^+ / $(mg \cdot L^{-1})$	<100	<500	<800
弱		100~500	500~800	800~1000
中		500~800	800~1000	1000~1500
强		>800	>1000	>1500
微	苛性碱含量 OH^- / $(mg \cdot L^{-1})$	<35 000	<43 000	<57 000
弱		35 000~43 000	43 000~50 000	57 000~70 000
中		43 000~57 000	50 000~70 000	70 000~100 000
强		>57 000	>70 000	>100 000
微	总矿化度/ $(mg \cdot L^{-1})$	<10 000	<20 000	<50 000
弱		10 000~20 000	20 000~50 000	50 000~60 000
中		20 000~50 000	50 000~60 000	60 000~70 000
强		>50 000	>60 000	>70 000

注：1. 表中的数据适用于干湿交替的情况；I、II类腐蚀环境无干湿交替作用时，表中的硫酸盐含量数值应乘以1.3的系数。
2. 本表适宜于水的腐蚀性评价，对土的腐蚀性评价应乘以1.5的系数；单位以 mg/kg 表示。
3. 表中苛性碱的含量为 NaOH 和 KOH 中的 OH^- 含量(mg/L)。

表 6.2.4 按地层透水性的水和土对混凝土结构的腐蚀性评价

腐蚀等级	pH 值		侵蚀性 CO_2 含量/$(mg \cdot L^{-1})$		HCO_3^- 含量/$(mmol \cdot L^{-1})$	
	A	B	A	B	A	B
微	>6.5	>5.0	<15	<30	>1.0	/
弱	6.5~5.0	5.0~4.0	15~30	30~60	1.0~0.5	/

续表6.2.4

腐蚀等级	pH值		侵蚀性CO_2含量/(mg·L^{-1})		HCO_3^-含量/(mmol·L^{-1})	
	A	B	A	B	A	B
中	5.0~4.0	4.0~3.5	30~60	60~100	<0.5	/
强	<4.0	<3.5	>60	/	/	/

注:1. A是指直接临水或强透水层中的水;B是指弱透水层中的地下水;强透水层是指碎石土和砂土,弱透水层是指粉土和黏性土。
2. HCO_3^-含量是指水的矿化度低于0.1g/L的软水时,该类水质HCO_3^-的腐蚀性。
3. 土的腐蚀性评价只考虑pH值指标;评价其腐蚀性时,A指强透水层,B指弱透水层。

(4)混凝土中的钢筋的腐蚀性评价:水和土对钢筋混凝土结构中的钢筋的腐蚀性评价按表6.2.5实行。

(5)钢结构的腐蚀性评价:土对钢结构的腐蚀性评价按表6.2.6实行。

表6.2.5 水和土对钢筋混凝土结构中的钢筋的腐蚀性评价

腐蚀等级	水中Cl^-含量/(mg·L^{-1})		土中Cl^-含量/(mg·L^{-1})	
	长期浸水	干湿交替	A	B
微	<1000	<100	<400	<250
弱	1000~2000	100~500	400~750	250~500
中	/	500~5000	750~7500	500~5000
强	/	>5000	>7500	>5000

注:A是指地下水位以下的碎石土、砂土、稍湿粉土、坚硬或硬塑黏性土;B是指湿、很湿的粉土,可塑、软塑、流塑状的黏性土。

表6.2.6 土对钢结构的腐蚀性评价

腐蚀等级	pH值	氧化还原电位/mV	视电阻率/(Ω·m)	极化电流密度/(mA·cm^{-2})	质量损失/g
微	>5.5	>400	>100	<0.02	<1
弱	5.5~4.5	400~200	100~50	0.02~0.05	1~2
中	4.5~3.5	200~100	50~20	0.05~0.20	2~3
强	<3.5	<100	<20	>0.20	>3

[例题1] 某工程勘察场地地下水位埋藏较深,基础范围内为砂土,其中一个土样的测试结果见下表。按Ⅱ类环境、无干湿交替考虑,此土样对结构混凝土结构腐蚀性正确的选项是哪一等级?

指标	SO_4^{2-}	Mg^{2+}	NH_4^+	OH^-	矿化度	pH 值
含量/(mg·L^{-1})	4551	3183	16	42	20 152	6.85

解：(1)按环境类型评价：Ⅱ类环境、无干湿交替。故把表 6.2.3 中 SO_4^{2-} 数值均乘以 1.3 系数。本题为对土的评价，故再乘以 1.5 系数。然后按实测值判断如下：

①SO_4^{2-} 实测含量为 4551，因 1500×1.3×1.5＜4551＜3000×1.3×1.5，故为中等腐蚀。

②Mg^{2+} 实测含量为 3183，因 2000×1.5＜3183＜3000×1.5，属于弱腐蚀。

③NH_4^+ 实测含量为 16，因 16＜500×1.5，属于微腐蚀。

④OH^- 实测含量为 42，因 42＜43 000×1.5，属于微腐蚀。

⑤总矿化度实测含量为 20 152，因 20 152＜20 000×1.5，属于微腐蚀。

(2)按地层的透水性评价，砂土为强透水土层，pH＝6.85，判定为微腐蚀。

(3)综合评价：最后按(1)、(2)判断中的最高级别，即中等腐蚀。

6.3 工程地质勘察成果报告

6.3.1 工程地质勘察报告的内容和要求

(1)工程地质勘察报告所依据的原始资料，应进行整理、检查、分析，确认无误后方可使用。

(2)工程地质勘察报告应资料完整、真实准确、数据无误、图表清晰、结论有据、建议合理、便于使用和适宜长期保存，并应因地制宜，重点突出，有明确的工程针对性。

(3)工程地质勘察报告应根据任务要求、勘察阶段、工程特点和地质条件等具体情况编写，并应包括下列内容：

①勘察目的、任务要求和依据的技术标准；

②拟建工程概况；

③勘察方法和勘察工作布置；

④场地地形、地貌、地层、地质构造、岩土性质及其均匀性；

⑤各项岩土性质指标，岩土的强度参数、变形参数、地基承载力的建议值；

⑥地下水埋藏情况、类型、水位及其变化；

⑦土和水对建筑材料的腐蚀性；

⑧可能影响工程稳定的不良地质作用的描述和对工程危害程度的评价；

⑨场地稳定性和适宜性的评价。

报告编写时的注意事项：①报告文字要精炼，论述要有逻辑性、针对性，要切中问题要害，前后不能自相矛盾，文图必须相符；②工程地质勘察报告应对岩土利用、整治和改造方案进行分析论证，并提出建议；对工程施工和使用期间可能发生的工程地质问题进行预判，提出监控和预防措施的建议。

6.3.2 单项报告

任务需要时,工程地质勘察可提交下列专题报告:
(1)岩土工程测试报告;
(2)岩土工程检验或监测报告;
(3)岩土工程事故调查与分析报告;
(4)岩土利用、整治或改造方案报告;
(5)专门岩土工程问题的技术咨询报告。

6.3.3 报告应附的图表

附图、附表主要有:
(1)勘探点平面位置图;
(2)工程地质柱状图;
(3)工程地质剖面图;
(4)原位测试成果图表;
(5)室内试验成果总表。

当需要时,尚可附综合工程地质图、综合地质柱状图、地下水等水位线图、素描、照片、综合分析图表以及岩土利用、整治和改造方案的有关图表,岩土工程计算简图及计算成果图表等。

对附图的编制要求如下:①图件应整洁、清晰;②比例尺选择适当,图式、图例符合规程、规范或地方统一规定;③界线的勾绘和表示的内容应符合地质规律和工程建设要求。

第 2 篇
各类工程地质勘察

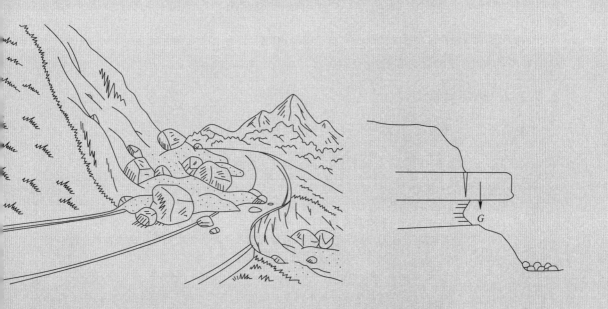

7 场地稳定性工程地质勘察

7.1 岩溶

岩溶是地壳中可溶性岩石(如石膏、石灰岩)在具有侵蚀性和腐蚀性能力的水体作用下,以化学溶蚀为主、机械作用为辅的综合地质作用以及由此产生的地貌现象的统称。

岩溶发育必须具备4个基本条件:可溶性岩石、岩石的裂隙性、水的溶蚀能力和岩溶水的运动与循环。

7.1.1 岩溶的工程地质问题

若地基有岩溶存在,它将极大地影响着地基的稳定性,表现在以下方面:

(1)石芽、溶沟、溶槽发育,导致基岩面凹凸不平,高低起伏大,上覆土层厚薄不一,岩面低洼处常有软弱土分布,从而导致地基土的不均匀沉降。

(2)在建筑物自重及荷载作用下可能发生不稳定溶洞的洞顶塌落。

(3)在一定的地质和水文地质条件下,上覆土层中的土洞,可因自重、外荷作用或人为改变地下水动态等影响或作用而造成地表塌陷;或土洞潜伏,造成隐患。

(4)排泄地表水的漏斗、落水洞以及其他岩溶通道被堵时,会造成季节性涌水,场地被淹。

(5)岩溶隧道施工及运营期的危害:隧道渗水漏水、衬砌开裂变形、隧道及导水洞涌水涌泥、地表环境恶化、衬砌背后存在空洞等病害。

7.1.2 岩溶类型

按埋藏条件、形成时代、区域气候可进行岩溶分类,见表7.1.1。

表 7.1.1 岩溶基本类型表

类型划分依据	基本类型	主要特征
埋藏条件	裸露型	岩溶岩体直接出露于地表或其上仅有很薄的覆盖层(厚度≤10m)的地基。又可分为溶洞地基和石芽地基两种。常见被地表水溶蚀形成的各种岩溶地貌,如溶沟、石芽、溶斗等
	浅覆盖型	岩层大部分被第四系土层覆盖,土层厚度一般不超过30m,少部分有岩溶景观显露地表,地表水和地下水连通较密切

续表 7.1.1

类型划分依据	基本类型	主要特征
埋藏条件	深覆盖型	岩层基本被第四系土层覆盖,土层厚度一般超过30m,几乎没有岩溶景观显露地表,地表水和地下水连通不密切
	埋藏型	可溶岩被不可溶岩(如砂岩、页岩等)覆盖,没有岩溶景观显露地表,地表水和地下水连通不密切
形成时代	古岩溶型	岩溶形成于新生代以前,溶蚀凹槽和溶洞中常填有新生代以前沉积的岩石
	近代岩溶型	岩溶形成于新生代以后,溶槽和溶洞呈空洞状或充填古近系、新近系、第四系沉积物
区域气候	寒带型	地表和地下岩溶发育强度均弱,岩溶规模小
	温带型	地表岩溶发育强度较弱,规模较小,地下岩溶发育强度较大
	亚热带型	地表岩溶发育,且规模大、分布广;地下溶洞、暗河较常见
	热带型	地表岩溶发育强度较大,规模较大,分布较广;地下溶洞、暗河常见

7.1.3 场地岩溶发育等级

迄今,《岩溶地区建筑地基基础技术标准》(GB/T 51238—2018)表 3.0.3、《建筑地基基础设计规范》(GB 50007—2011)表 6.6.2、《广西壮族自治区岩土工程勘察规范》(DBJ/T 45-066—2018)表 11.1.3 等多个规范列出了场地岩溶发育程度等级的划分方法和划分标准。其中《广西壮族自治区岩土工程勘察规范》(DBJ/T 45-066—2018)的划分方法最为详细,也最具有操作性,它认为:场地岩溶发育程度等级应据地表岩溶发育密度、线岩溶率、钻孔遇洞隙率、井孔单位涌水量等来综合评定,具体见表 7.1.2。

表 7.1.2 场地岩溶发育等级划分

岩溶发育等级	地表岩溶发育密度/(个·km^{-2})	线岩溶率/%	遇洞隙率/%	单位涌水量/(L·m^{-1}·s^{-1})	岩溶发育特征
岩溶弱发育	<1	<3	<30	<0.1	以不纯碳酸盐岩为主,地表岩溶形态稀疏,泉眼、暗河及洞穴少见
岩溶中等发育	1~5	3~10	30~60	0.1~1	以次纯碳酸盐岩为主,地表发育有洼地、漏斗、落水洞,泉眼、暗河稀疏,溶洞少见
岩溶强烈发育	>6	>10	>60	>1	岩性纯,分布广,地表有较多的洼地、漏斗、落水洞,泉眼、暗河、溶洞发育

注:1. 同一档次的4个划分指标中,根据最不利组合的原则,从高到低,有1个达标即可定为该等级。
2. 地表岩溶发育密度是指单位面积内岩溶空间形态(塌陷、落水洞等)的个数。
3. 线岩溶率是指单位长度上岩溶空间形态长度的百分比,即:线岩溶率=(钻孔所遇岩溶洞隙长度)/(钻孔穿过可溶岩的长度)×100%。
4. 遇洞隙率是指钻探中遇岩溶洞隙的钻孔与钻孔总数的百分比。

7.1.4 岩溶场地稳定性评价

7.1.4.1 岩溶场地稳定性判定

(1)当场地存在下列情况之一时,可判定为未经处理不宜作为地基的不利地段:
①浅层洞体或溶洞群,其洞径大,且不稳定的地段;
②隐藏的漏斗、槽谷等,并覆有软弱土体或地面已出现明显变形的地段;
③土洞或塌陷成群的地段;
④岩溶水排泄不畅,可能暂时淹没的地段。

(2)当地基属于下列条件之一时,对二级、三级工程可不考虑岩溶稳定性的不利影响:
①基础底面以下土层厚度大于3倍单独基础宽度或6倍条基宽度,且不具备形成土洞或其他地面变形的条件;
②基础底面与洞体顶板间土层厚度虽小于单独基础宽度3倍或条基宽度6倍,但是如能满足下列条件之一的也可不考虑岩溶稳定性的不利影响:
　A. 洞隙或岩溶漏斗被密实的沉积物填满且无被水冲蚀的可能;
　B. 洞体岩石的基本质量等级为Ⅰ级或Ⅱ级岩体,顶板岩体厚度大于或等于洞跨;
　C. 洞体较小,基础底面积大于洞的平面尺寸,并有足够的支承长度;
　D. 宽度(长径)小于1m的竖向溶蚀裂隙、落水洞、漏斗近旁地段。

(3)当不符合前述(1)、(2)条件时,则应进行洞体地基稳定性分析,并符合下列规定:
①顶板不稳定,但洞内为密实堆积物充填且无流水活动时,可认为堆填物受力,按不均匀地基进行评价;
②当能取得计算参数时,可将洞体顶板视为结构自承重体系进行力学分析;
③有工程经验的地区,可按类比法进行稳定性评价;
④在基础近旁有洞隙和临空面时,应验算向临空面倾覆或沿裂面滑移的可能;
⑤当地基为石膏、岩盐等易溶岩时,应考虑溶蚀继续作用的不利影响;
⑥对不稳定的岩溶洞隙可建议采用地基处理或桩基础。

7.1.4.2 岩溶地基稳定性的半定量评价

评价方法有材料力学分析法、溶洞顶板坍塌堵塞法、荷载传递法等,选择的方法如下:

(1)当洞室顶板岩层的岩体强度较高、单层厚度大、裂隙少(即岩石的基本质量等级为Ⅰ级或Ⅱ级)时,洞室的稳定性应按材料力学来验证。

(2)当洞室顶板的岩体因风化而强度变低或岩体的强度原本就低、单层厚度薄、裂隙发育(即岩石的基本质量等级为Ⅲ级或更差)时,洞室的稳定性应按溶洞顶板坍塌堵塞法、塌落拱理论分析法或荷载传递法来进行。

(3)土洞的稳定性验证:验算土洞是否位于建筑物基础压缩层的深度范围内;若是,则该土洞视为不稳定。

1. 材料力学分析法

当溶洞顶板岩石的基本质量等级为Ⅰ级或Ⅱ级时,可根据顶板裂隙的分布情况,分别对顶板岩层进行抗弯、抗剪验算。

(1)当顶板跨中有裂缝,顶板两端支座处岩石坚固完整时,按悬臂梁计算。

$$M = \frac{1}{2}pl^2 \tag{7.1.1}$$

(2)若裂隙位于支座处,而顶板较完整时,按简支梁计算。

$$M = \frac{1}{8}pl^2 \tag{7.1.2}$$

(3)若支座和顶板岩层均较完整,无裂隙存在时,按两端固定梁计算。

$$M = \frac{1}{12}pl^2 \tag{7.1.3}$$

抗弯验算: $\dfrac{6M}{bH^2} \cdot K \leqslant \sigma$,化简后即 $H \geqslant \sqrt{\dfrac{6MK}{b\sigma}}$ (7.1.4)

抗剪验算: $\dfrac{4f_s}{H^2} \leqslant S$ (7.1.5)

以上各式中,M 为弯距(kN·m);p 为顶板所受总荷重,$p = p_1 + p_2 + p_3$,其中 p_1 为顶板厚为 H 的岩体的自重(kN/m),p_2 为顶板上覆土层重量(kN/m),p_3 为顶板上附加荷载(kN/m);l 为溶洞跨度(m);σ 为岩体的计算抗弯强度(石灰岩一般为允许抗压强度的1/8)(kPa);f_s 为支座处的剪力(kN);S 为岩体的计算抗剪强度(石灰岩一般为允许抗压强度的1/12)(kPa);b 为梁板的宽度(m);H 为顶板岩层厚度(m);K 为安全系数。

2. 荷载传递法

在剖面上从基础边缘按 $30° \sim 45°$ 扩散角向下作应力传递线,当洞体位于该线所确定的应力扩散范围之外时,可认为洞体不会危及基础的稳定。

如《公路路基设计规范》(JTG D30—2015)第 7.6.3 条规定:对位于路基两侧的溶洞,应判断其对路基的影响,可按其坍塌扩散角来计算确定溶洞距路基的安全距离。据图 7.1.1,建筑物(即公路)的最小安全距离由下式求得。

$$L = H \operatorname{ctan} \beta \tag{7.1.6}$$

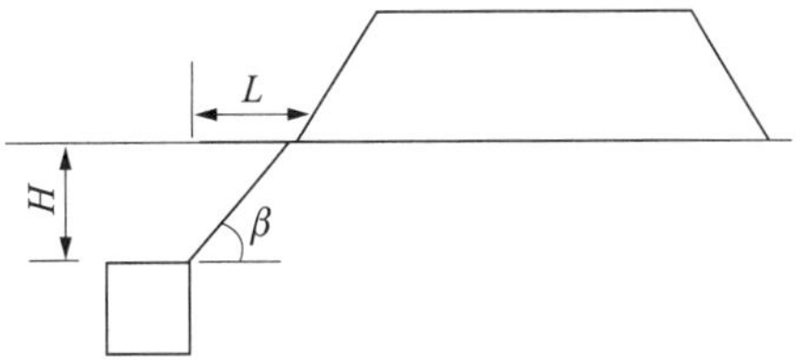

图 7.1.1 溶洞安全距离计算示意图

其中, $\beta = \dfrac{45° + \varphi/2}{K}$ (7.1.7)

上两式中,L 为最小安全距离(m);H 为溶洞顶板厚度(m);β 为坍塌扩散角(°);K 为安全系数,取 $1.10 \sim 1.25$,一级公路、高速公路取大值;φ 为顶板岩石的内摩擦角(°)。

当溶洞顶板上有覆盖土层时,岩土界面处用土体的稳定坡率(综合内摩擦角)向上延长坍塌扩散线与地面相交,路基边坡坡角处于距交点不小于 5m 以外范围。

综合内摩擦角(φ_d)亦称等效内摩擦角,推导如下:

因 $\tau = \sigma \tan\varphi + c = \sigma \tan(\varphi_d)$

则 $\tan(\varphi_d) = \tan\varphi + c/\sigma$ (7.1.8)

$\sigma = 0.5\gamma h \cos(45° + \varphi/2)$ (7.1.9)

式中,γ 为土的天然重度(kN/m³);c 为土层的黏聚力(kPa);φ 为土的内摩擦角(°);h 为土层厚度(m);σ 为水平向压应力(kPa)。

3. 溶洞顶板坍塌堵塞法

顶板坍塌后,坍落体较原岩体有一定的膨胀,据此可估算坍落体填满原溶洞空间所需的顶板坍落高度。溶洞坍落高度按下式计算。

$$Z = \frac{H_0}{K-1} \tag{7.1.10}$$

式中,H_0 为溶洞坍落前的最大高度(m);Z 为坍落体填满原溶洞空间所需的坍落高度(m);K 为岩石的膨胀系数,对于碳酸盐岩,取 $K=1.2$。

4. 坍落拱理论分析法

假定岩体为一均匀介质,溶洞顶板岩体自然坍落后呈一平衡拱,拱上部的岩体自重及外荷载由该平衡拱承担(图7.1.2)。当溶洞顶板的厚度大于或等于平衡拱高度加上上部荷载作用所需的岩体厚度时,溶洞地基才安全稳定。此方法使用于高度大于宽度的竖直溶洞。

坍落平衡拱的高度 H 按下式计算。

$$H = \frac{0.5b + H_0 \tan(90° - \varphi)}{f} \tag{7.1.11}$$

式中,b,H_0 分别为坍塌前溶洞的宽度(跨度)和高度(m);φ 为内摩擦角(°);f 为岩土的坚实系数,其数值是岩石或土单轴抗压强度极限值的1/10,无量纲。对于新鲜完整的石灰岩或白云岩,$f=8$;对于微风化的石灰岩,可取 f 为 6.4~7.2;对于中等风化石灰岩,可取 f 为 3.2~6.4;对于强风化石灰岩,可取 $f<3.2$。

5. 土洞的稳定性评价

对于特定的建筑物荷载,处于极限平衡状态的上覆土层厚度 H_k 可用下式估算。

$$H_k = h + Z + D \tag{7.1.12}$$

式中,H_k 为极限状态的上覆土层厚度(m);h 为土洞厚度(m);D 为基础埋深(m);Z 为基础底板以下建筑荷载的有效影响深度(m)。各量纲的含义见图7.1.3。

当上覆第四系土层的总厚度 $H > H_k$ 时,地基稳定;反之,则不稳定。

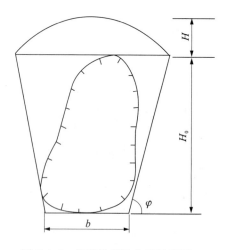

图 7.1.2 坍落拱理论分析示意图

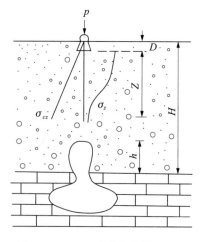

图 7.1.3 土洞稳定性验算示意图

7.1.5 岩溶场地工程地质勘察的要点

7.1.5.1 岩溶勘察的主要内容

拟建场地或附近存在对工程安全有影响的岩溶时,应进行岩溶勘察。岩溶场地的工程地质勘察应按岩土工程勘察等级分阶段进行。各勘察阶段的内容如下。

(1)可行性研究勘察或选址勘察阶段:应查明洞隙、土洞的发育条件,对其危害程度及发展趋势做出判断,对场地稳定性、适宜性做出初步评价。

(2)初步勘察阶段:应查明洞隙及其伴生的土洞、地表塌陷的分布、发育程度和规律,按场地稳定性、适宜性进行分区,为建筑物总平面布置提供依据。

(3)详细勘察阶段:应查明建筑物范围内或有影响地段的各种岩溶洞隙、土洞的位置、埋深、规模、溶洞顶板岩体的强度及裂隙发育特征,堆填物的性状,地下水埋藏特征等。评价地基稳定性,为地基基础设计和岩溶的治理提供参数和建议。

(4)施工勘察阶段:应针对某一地段或尚待查明的专门问题进行补充勘察。当采用大直径嵌岩桩或墩基时,则应进行专门的桩(墩)勘察。

7.1.5.2 岩溶场地工程地质测绘

对于岩溶场地的工程地质测绘和调查,除应遵循有关规定之外,还应调查下列内容:

(1)岩溶洞隙的分布、形态和发育规律。
(2)岩面的起伏、形态和覆盖层厚度。
(3)地下水赋存条件、水位变化和运动规律。
(4)岩溶发育与地貌、构造、岩性、地下水的关系。
(5)土洞和塌陷的分布、形态和发育规律。
(6)土洞和塌陷的成因及其发展趋势。
(7)当地治理岩溶、土洞和塌陷的经验。

7.1.5.3 在岩溶的下列地段,宜查明土洞或土洞群的位置

(1)土层较薄,土中裂隙及下伏岩体洞隙发育部位。
(2)岩面张裂隙发育,石芽或外露的岩体交接部位。
(3)两组构造裂隙交会处或宽大裂隙带上。
(4)隐伏溶沟、溶槽、溶斗等负岩面地段,其上有软弱土分布地段。
(5)地下水强烈活动于岩土交界面的地段和大幅人工降水的地段。
(6)低洼地段和地面水体旁。

7.1.5.4 勘察方法和工作布置

(1)可行性研究勘察及初级勘察阶段:采用工程地质测绘及综合物探方法为主。在测绘与物探异常地段选择代表性部位布孔验证;控制性钻孔的深度应穿过岩溶发育带。

(2)详细勘察阶段:以工程物探、钻探、井下电视、波速测试等方法为主,并采用多种方法判定异常地段的岩溶发育情况。此阶段的勘探工作应符合下列要求:

①勘探线应沿建筑物轴线布置,勘探点间距视地基复杂程度等级而定,对一级、二级、三级分别取 10～15m、15～30m、30～50m。在建筑物基础下和近旁的典型异常点,或基础顶面

荷载大于2000kN的单独基础,均应布验证勘探孔;当发现有危及工程安全的洞体则应加密钻孔或采用电磁波透视、井下电视、波速测试等手段进一步查证其规模、性质,必要时采取顶板岩样及洞内堆积物土样进行测试。

②勘探孔深度除应符合一般地基的规定之外,当基础底面下的土层厚度不符合"基础底面以下土层厚度大于独立基础宽度的3倍或条形基础宽度的6倍,且不具备形成土洞或其他地面变形的条件"时,应有部分或全部勘探孔钻入基岩。

③当预定深度内有洞体存在,且可能影响地基稳定时,应钻入洞底基岩面下不少于2m,必要时应圈定洞体范围。

④对一柱一桩的基础,宜逐柱布置勘探孔。

⑤在土洞和塌陷发育地段,可采用静力触探、轻型动力触探、小口径钻探等手段,详细查明其分布。

⑥当需查明断层、岩组分界、洞隙和土洞形态、塌陷等情况时,应布置适当的探槽或探井。

⑦物探应根据物性条件采用有效方法,对异常点应采用钻探验证,当发现或可能存在危害工程的洞体时,应加密勘探点。

⑧凡人员可以进入的洞体,均应入洞勘查;人员不能进入的洞体,宜用井下电视等手段探测。

(3)施工勘察阶段:应根据岩溶地基设计和施工要求布置勘察工作。在土洞发育、出现塌陷地段,可在已开挖的基槽内布置触探或钎探。对重要或荷载较大的工程,可在槽底采用小口径钻探进行检测。对大直径嵌岩桩,勘探点应逐桩布置,勘探深度应不小于底面以下桩径的3倍并不小于5m,当相邻桩底的基岩面起伏较大时应适当加深。

7.1.5.5 岩溶勘察的测试和观测

(1)当需追索隐伏洞隙之间的联系时,可进行连通试验。

(2)评价洞隙稳定时,可采取洞体顶板岩样及充填物土样进行物理力学性质试验,必要时可进行现场顶板岩体的载荷试验。

(3)当需要查明土体的性状与土洞形成关系时,可进行湿化、胀缩、可溶性和剪切试验。

(4)为了查明地下水的水动力条件、潜蚀作用、地表水与地下水的联系,为了预测土洞和塌陷的发生、发展时,可进行流速、流向的测定和水位、水质的长期观测。

(5)对非碳酸盐岩岩溶(如石膏,盐岩)进行稳定性评价时,还应考虑溶蚀作用的不利因素。

7.1.6 岩溶的防治措施

(1)重要的建筑物宜避开岩溶强烈发育区。

(2)对不稳定的岩溶洞隙应以地基处理为主,据其形态大小、埋深,选择清爆换填、浅层换土填塞、洞底支撑、梁板跨越、调整柱距等方法。

(3)对岩溶地下水的处理宜疏不宜堵。

(4)在未经有效处理的隐伏土洞或地表塌陷影响范围内,不应采用天然地基。对土洞、塌陷的处理宜采用地表截流、防渗堵漏、挖/填/堵岩溶通道、通气降压等方法,同时采用梁板跨越。对重要建筑物则应优先采用桩(墩)基础或嵌岩桩基础。

【例题1】 如右图所示,某山区公路的路基宽度为20m,勘察发现路基下有一溶洞,溶洞跨度8m,勘察证实,该洞室顶板岩层产状近似水平,厚层状、坚硬完整且无裂隙发育。已测知,该顶板岩体的抗弯强度为4.20MPa,顶板受荷19 000kN/m。问:当安全系数为2.0时,溶洞顶板的最小安全厚度是多少?

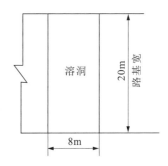

解: 在支座和顶板岩层均较完整时,按两端固定梁计算。

弯矩: $M = \frac{1}{12}pl^2 = \frac{1}{12} \times 19\,000 \times 8^2 = 101\,333.3(\text{kN} \cdot \text{m})$

则安全厚度 $H \geqslant \sqrt{\frac{6M \cdot K}{b\sigma}} = \sqrt{\frac{6 \times 101\,333.3 \times 2}{20 \times 4200}} = 3.80(\text{m})$

本节思考题

一、单项选择题

1. 下列( )分布区的岩溶最为发育。
   A. 石膏   B. 石灰岩   C. 白云岩   D. 岩盐

2. 岩溶最发育、形态最复杂的是( )。
   A. 季节交替带   B. 水平径流带   C. 深部缓流带   D. 垂直渗流带

3. ( )岩石最易被溶蚀。
   A. 生物碎屑灰岩   B. 泥晶粒屑灰岩   C. 亮晶灰岩   D. 大理岩

4. 对安全等级为二级及以下的建筑物,当地基属于下列( )种条件时,可不考虑岩溶稳定性的不利影响。
   A. 岩溶水通道堵塞或涌水,有可能造成场地淹没
   B. 有酸性生产废水流经岩溶通道地区
   C. 微风化硬质围岩,顶板厚度等于或大于洞跨
   D. 抽水降落漏斗中最低动水位高于岩土界面的覆盖土地段

5. 某一薄层状裂隙发育的石灰岩出露场地,在距地面17m深处以下有一溶洞,洞高2.0m。若按溶洞顶板坍塌自行填塞法对此溶洞的影响进行估算,则地面下不受溶洞坍塌影响的岩层安全厚度是( )。
   A. 5m   B. 7m   C. 10m   D. 14m

6. 某建筑场地岩溶发育,其地表岩溶发育密度为2~3个/km²,线岩溶率为11%,钻孔遇洞率为28%,单位涌水量为130mL/(m·s)。该场地的岩溶发育强度等级属于( )。
   A. 岩溶弱发育   B. 岩溶中等发育   C. 岩溶强烈发育   D. 岩溶较发育

二、多项选择题(少选、多选、错选均不得分)

1. 下列哪些选项是岩溶发育的必备条件?( )
   A. 可溶岩   B. 含CO_2的地下水
   C. 强烈的构造运动   D. 节理裂隙等渗水通道

2. 据《岩土工程勘察规范》(GB 50021—2001)(2009年版),对岩溶地区的二级、三级工

程,基础底面与洞体顶板间岩土层厚度虽然小于独立基础宽度的 3 倍或条形基础宽度 6 倍,但当符合( )选项时可不考虑岩溶稳定性不利影响。

A. 岩溶漏斗被密实的沉积物充填且无被水冲蚀的可能

B. 洞室岩体基本质量等级为Ⅰ级、Ⅱ级,顶板岩石厚度小于洞跨

C. 基础底面小于洞的平面尺寸

D. 宽度小于 1.0m 的竖向洞隙近旁的地段

3. 在其他条件均相同的情况下,关于岩溶发育程度与地层岩性关系的下列说法中哪些选项是正确的?( )

A. 岩溶在石灰岩地层中的发育速度小于白云岩地层

B. 厚层可溶岩岩溶发育比薄层可溶岩强烈

C. 可溶岩含杂质越多,岩溶发育越强烈

D. 结晶颗粒粗大的可溶岩较结晶颗粒细小的可溶岩岩溶发育更易

4. 在不具备形成土洞条件的岩溶地区,遇下列( )种情况可不考虑岩溶对地基稳定性的影响。

A. 基础底面以下的地层厚度大于 1.5 倍独立基础底宽

B. 基础底面以下的地层厚度大于 3.0 倍独立基础底宽

C. 基础底面以下的地层厚度大于 3.0 倍条形基础底宽

D. 基础底面以下的地层厚度大于 6.0 倍条形基础底宽

5. 某多层住宅楼,拟采用埋深为 2.0m 的独立基础,场地表层为 2.0m 厚的红黏土,以下为薄层岩体裂隙发育的石灰岩,基础底面下 14.0～15.5m 处有一溶洞,问下列选项中哪些适宜本场地洞穴稳定性评价方法?( )

A. 溶洞顶板坍塌自行填塞洞体估算法   B. 溶洞顶板按抗弯、抗剪验算法

C. 溶洞顶板按冲切验算法   D. 根据当地经验按工程类比法

6. 岩溶地区地基处理应遵循的原则是( )。

A. 重要建筑物宜避开岩溶强烈发育区

B. 对不稳定的岩溶洞穴,可根据洞穴的大小、埋深,采取清爆换填、梁板跨越等地基处理

C. 防止地下水排水通道堵塞造成水压力对地基的不良影响

D. 对基础下岩溶水及时填塞封堵

7. 现有一溶洞,其顶板为水平厚层岩体,基本性质等级为Ⅱ级,试问:应采用下列哪些计算方法来评价洞体顶板的稳定性?( )

A. 按溶洞顶板坍塌堵塞洞体所需厚度计算   B. 按坍塌拱理论的压力拱高度计算

C. 按顶板受力抗弯安全厚度计算   D. 按顶板受力抗剪安全厚度计算

三、计算题

某高速公路附近有一覆盖型岩(如下图所示),上部的残积黏土重度为 $20kN/m^3$,$c=50kPa$,$\varphi=13°$;为防止溶洞坍塌危及路基,按现行公路规范要求,溶洞边缘距路基坡脚的安全距离 L 应为多少?(灰岩 φ 取 $37°$,安全系数 K 取 1.25)

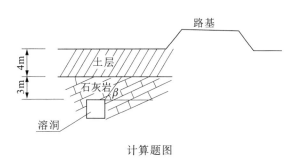

计算题图

7.2 滑　坡

滑坡是指在自然地质作用和(或)人类活动等因素的影响下,斜坡或边坡上的岩土体在重力作用下沿一定的软弱面"整体"或局部保持岩土体结构完整而向下滑动的过程和现象及其形成的地貌形态。

7.2.1 滑坡的分类

通常按岩土体类型、滑动面与岩层的关系、滑坡体的体积、滑坡体厚度以及滑坡始滑部位对滑坡进行分类,如表 7.2.1 所示。

表 7.2.1　常见的滑坡分类表

分类依据	滑坡名称	特征说明
按岩土体类型分	堆积体滑坡	各种性质不同的堆积层(坡积、残积、洪积),体内滑动,或沿基岩面滑动。其中坡积物的滑动最为常见
	黄土滑坡	不同时期黄土层中的滑坡,多群集出现,常见于高阶地前缘斜坡上,或黄土层沿下覆第三系(古近系+新近系)岩层滑动
	黏性土滑坡	黏性土本身的变形滑动(如基坑边坡),或沿与其他土层的接触面,或沿基岩接触滑动
	残坡积层滑坡	由基岩风化壳、残坡积土构成,通常沿基岩面发生浅层滑坡
	冰水(碛)堆积层滑坡	冰川消融沉积物的松散堆积物,沿下覆基岩或滑坡体内软弱面滑动
	填土滑坡	发生在路堤或人工弃土堆中,多沿老地面或基底以下松软层滑动
	岩层滑坡	主要沿结构面发生滑坡,滑面呈椅子形、直线形、折线形等
按滑动面与岩层的关系分	近水平层滑坡	由基岩构成,沿缓倾岩层或裂隙滑动,滑动面倾角≤10°
	顺层滑坡	沿层面或基岩面滑动,大都出现在顺倾向的山坡上
	切层滑坡	滑动面与岩层面相切,常沿倾向山外的一组断裂面发生,滑坡床多呈折线形,多分布在逆倾向岩层的山坡上

续表 7.2.1

分类依据	滑坡名称	特征说明
按滑动面与岩层的关系分	逆层滑坡	由基岩构成,沿倾向坡外的软弱面滑动,滑动面与岩层层面相切,且滑动面倾角大于岩层倾角
	楔体滑坡	在花岗岩、厚层石灰岩等具有整体结构的岩体中,被多组裂隙切割形成的楔形体向下滑动
按滑坡体厚度分	浅层滑坡	滑坡体厚度在 10m 之内
	中层滑坡	滑坡体厚度为 10~25m
	深层滑坡	滑坡体厚度为 25~50m
按滑坡体体积分	小型滑坡	体积 $<10\times10^4 m^3$
	中型滑坡	体积为 $(10\sim100)\times10^4 m^3$
	大型滑坡	体积为 $(100\sim1000)\times10^4 m^3$
	巨型滑坡	体积 $>1000\times10^4 m^3$
按滑坡始滑部位分	推移式滑坡	上部滑体挤压推动前缘滑体,滑动速度较快,多呈楔形环谷外貌,滑体表面波状起伏,多见于有堆积物分布的斜坡地段
	牵引式滑坡	前缘先发生滑坡,上部因失去支撑而变形滑动。一般速度较慢,多呈上小下大的塔式外貌,横向张裂隙发育,表面多呈阶梯状或陡坎状。常见于被河水冲刷坡脚的河岸边或被开挖坡脚的公路边、民房旁
按成因分	工程滑坡	由于施工开挖或加载等人类活动引发的滑坡
	自然滑坡	在自然地质作用下产生的滑坡

7.2.2 滑坡体工程地质勘察要点

对滑坡体工程地质勘察的要求是:查明滑坡范围、规模、地质背景、性质、危害程度,分析滑坡产生的主、次要条件和原因,判定滑坡的稳定程度,预测其发展趋势,提出防治对策或进行整治设计。

7.2.2.1 滑坡体工程地质测绘与调查

对滑坡体的勘察应是工程地质测绘、调查与勘探相结合。其测绘范围应包括滑坡体区及其邻近的稳定地段,一般包括滑坡后壁外一定距离,滑坡体两侧自然沟谷和滑坡舌前缘一定距离或江、河、湖边。测绘比例尺视滑坡规模选用 1:200~1:1000;当用于整治设计时,比例尺可为 1:200~1:500。

(1)应充分搜集已有资料(地形图、遥感影像、水文气象、地质地貌等内容),搜集当地滑坡史、易滑地层分布、工程地质图和地质构造图等资料。

(2)调查微地貌形态及其演变过程,详细圈定各滑坡要素;查明滑坡分布范围、滑带部位、滑痕指向、倾角及滑带的组成和岩土状态。

(3)调查滑带水和地下水的情况、泉水出露点及流量,地表水体、湿地的分布、变迁以及植被情况。

(4)调查滑坡体内外已有建筑物、树木等的变形、位移、特点及其形成时间和破坏过程。

(5)调查当地治理滑坡的经验和过程。

在滑坡的测绘调查工作中,对其重点部位应摄影、素描或录像。

7.2.2.2 勘探

(1)勘探的主要任务:查明滑坡体的范围、厚度、物质组成和滑动面(带)的个数、形状及各滑动带物质组成;查明滑坡体内地下水含水层的层数、分布、来源、动态及各含水层之间的水力联系,采取岩土试样进行试验等。

(2)滑坡的勘探手段:包括钻探、坑探和物探等,具体用法参见表7.2.2。

表 7.2.2　滑坡勘探方法及适用条件

勘探方法	适用条件
井探、槽探	用于确定滑坡周界和滑坡壁、滑坡前缘的产状,有时也作为现场大面积剪切试验的试坑
深井(竖井)	用于观察滑坡体的变化、滑动面(带)的特征及采取原状土样等。深井常布置在滑坡体中前部主轴附近。采用深井时,应结合滑坡的整治措施综合考虑
洞探	用于了解关键性的地质资料(滑坡的内部特征),当滑体厚度大、地质条件复杂时采用。洞口常选在滑坡两侧沟壁或滑坡前缘。平硐常为排泄地下水整治工程措施的一部分,并兼做观察洞
电探	用于了解滑坡区含水层、富水带的分布和埋藏深度,了解下伏基岩面起伏和岩性变化及与滑坡有关的断裂破碎带范围
地震勘探	用于探测滑坡区基岩埋深,滑动面(带)位置、形状
钻探	用于了解滑坡内部的构造,确定滑动面(带)的范围、深度和数量,观察滑坡深部滑动动态

(3)勘探点布置的原则:勘探线和勘探点的布置应根据工程地质条件、地下水情况和滑坡复杂程度(表7.2.3)、规模和应查清的问题综合确定。除沿主滑方向应布置勘探线外,在其两侧也应布置一定数量的勘探线。在滑坡体转折处和预计采取工程措施的地段,应有勘探点控制。

(4)勘探点线的间距:按照《滑坡防治工程勘察规范》(GB/T 32864—2016)给出的点线间距(表7.2.4、表7.2.5)。需要说明的是,在实际的工作中,还应根据滑坡的复杂程度进行适当的调整,且除了钻探外,还应有一定数量的探井。对于规模较大的滑坡,宜布置物探工作。

表 7.2.3　滑坡勘查地质条件复杂程度分类表

地质条件复杂程度	特点				
	地形地貌	地层岩性	地质构造	岩（土）体地质结构	水文地质
简单	地形起伏小，冲沟不发育，地貌类型简单	岩性变化不大，地质界线清楚，第四系阶地结构清楚	单斜地层，岩层平缓，节理不发育	围岩露头良好，岩体结构单一完整，风化卸荷裂隙不发育，风化层厚度薄	水文地质结构单一，地下水补、径、排条件清晰
复杂	地形起伏大，冲沟发育，地貌类型多变	岩性变化大，地质界线不清楚，覆盖层厚，地质露头差	褶皱强烈，断层规模大，岩溶发育强烈，节理发育	卸荷裂隙发育，风化层厚度大，岩体结构复杂，堆积层厚度大	水文地质结构变化大，地下水补、径、排条件复杂

表 7.2.4　勘探点线间距要求（初步勘察阶段）

地质条件复杂程度	勘探线	主辅勘探线间距/m	主勘探线上勘探点间距/m	辅勘探线上勘探点间距/m
简单	纵向	60～240	60～120	60～240
	横向	60～240	60～120	60～240
复杂	纵向	40～160	40～80	40～160
	横向	40～160	40～80	40～160

表 7.2.5　勘探点线间距要求（详细勘察阶段）

地质条件复杂程度	勘探线	主辅勘探线间距/m	主勘探线上勘探点间距/m	辅勘探线上勘探点间距/m
简单	纵向	30～120	30～60	60～120
	横向	30～120	60～120	60～120
复杂	纵向	20～80	20～40	40～80
	横向	20～80	20～40	40～80

（5）勘探孔的深度：应穿过最下层滑面，进入滑床3～5m，拟布设抗滑桩或锚索部位的控制性钻孔应更深，应进入滑床的深度宜大于滑体厚度的1/2，并不小于5m。在滑坡体、滑动面（带）和稳定地层中，应采取土试样和水试样。

①根据滑动面的可能深度确定，必要时可先在滑坡中、下部布置1～2个控制性深孔，其深度应超过滑坡床最大可能埋深3～5m，其他钻孔可钻至最下滑动面以下1～3m。

②当堆积层滑坡的滑床为基岩时，则钻入基岩的深度应大于堆积层中所见同类岩性最

大孤石的直径,以能确定是基岩时终孔。

③若为向下做垂直疏干排水的勘探孔,应打穿下伏主要排水层,以了解其厚度、岩性和排水性能。在抗滑桩地段的勘探深度,则应按其预计嵌固深度确定。

7.2.2.3　滑坡面的确定

(1)滑动面(带)的确认方法:滑带土的特点是潮湿饱和或含水量较高,比较松软,颜色和成分较杂,常具滑动形成的揉皱或微斜层理、镜面和擦痕;所含角砾、碎屑具有磨光现象,条状、片状碎石有错断的新鲜断口。孔壁坍塌、卡钻、漏水、涌水,甚至套管变形、民井井圈错位等都有可能是滑动面的位置。

(2)直线连接法:根据工程地质测绘确定的前后缘位置和勘探井孔中获得的最软弱面位置,在剖面图上用直线相连可获得该剖面中滑动面(带)。

7.2.2.4　试验工作

(1)做抽(提)水试验,测定滑坡体内含水层的涌水量和渗透系数;做分层止水试验和连通试验,观测滑坡体各含水层的水位动态、地下水流速、流向及相互联系;进行水质分析,用滑坡体内、外水质对比和体内分层对比,判断水的补给来源和含水层数。

(2)在滑动面(带)及其上下的土层,均应通层取样鉴定,并进行物理、力学性质试验。除对滑坡体不同地层分别做天然含水量、密度试验外,更主要是对软弱地层,特别是滑动面(带)土做物理、力学性质试验。

7.2.2.5　滑动面岩土抗剪强度指标的确定

滑面(带)土的抗剪强度(c,φ)直接影响滑坡稳定性验算和防治工程设计,因此c,φ值应据滑坡性质,组成滑带土的岩性、结构和滑坡目前的运动状态选择尽量符合实际情况的剪切试验(或试验方法)。具体要求如下:

(1)在滑动面(带)上应取原状土进行物理、力学性质试验。

(2)采用室内、野外滑面重合剪,滑带土做重塑土或原状土多次剪,获取多次剪和残余剪的抗剪强度。

(3)试验应采用与滑动受力条件相类似的方法(快剪、饱和快剪,或固结快剪、饱和固结快剪)。

(4)可采用反分析检验滑动面抗剪强度参数,并应符合:①采用滑动后实测的主轴断面进行计算。②要合理选择稳定系数F_s值,对正在滑动的滑坡可选择$0.95 \leqslant F_s < 1$,对相对稳定的滑坡选择$1 \leqslant F_s \leqslant 1.05$。③依据工程经验,当滑动面上、下土层以黏性土为主时,可给定φ值,反求c值;当滑动面上、下土层为砂土或碎石土时,可给定c值,反求φ值。这样比较易判断c,φ值的合理性及正确性。

7.2.3　滑坡稳定性验算

7.2.3.1　要求

(1)正确选择有代表性的分析断面,正确划分牵引段、主滑段和抗滑段。

(2)正确选择强度指标,宜综合考虑测试成果、反分析和当地经验。

(3)有地下水时,宜计入浮托力和水压力。

(4)根据滑面(带)条件,选择平面、圆弧或折线型计算模型。

(5)当有局部滑动可能时,除验算整体稳定外,尚应验算局部稳定。

(6)当有地震、冲刷、人类活动等影响因素时,应计入这些因素对滑坡稳定性的影响。

滑坡稳定性的验算方法很多,包括有限单元法、数值模拟法、极限平衡法等。以下仅介绍极限平衡法。

7.2.3.2 滑面呈圆弧形时

对于均匀土质边坡,节理极为发育的岩体或碎石堆积边坡易发生旋转破坏,此时可采用总应力法或有效应力法计算。

(1)总应力法。稳定系数 F_s 由式(7.2.1)求得。

$$F_s = \frac{\sum N \cdot \tan\varphi + c \cdot L}{\sum T} \tag{7.2.1}$$

式中,N 为分条条块重量垂直于潜在滑面的分量(kN/m);φ 为边坡物质的内摩擦角(°),用直接快剪或三轴不排水剪试验获得;c 为边坡物质的黏聚力(kPa),用直接快剪或三轴不排水剪试验获得;L 为潜在滑弧长度(m);T 为分条条块重量平行潜在滑面上的分量(kN/m)。

(2)有效应力法。其稳定系数 F_s 按下式计算。

$$F_s = \frac{\sum (N-u) \cdot \tan\varphi' + \sum c' \cdot L}{\sum T} \tag{7.2.2}$$

式中,u 为孔隙水压力(kPa);φ' 为边坡物质的有效内摩擦角(°),用直接慢剪或三轴固结不排水剪试验获得;c' 为边坡物质的有效黏聚力(kPa),用直接慢剪或三轴固结不排水剪试验获得;其余符号同前。

(3)对于圆弧形滑面(图7.2.1),先找出其圆弧中心点,再按式(7.2.3)计算。

$$F_s = \frac{W_2 d_2 + cLR}{W_1 d_1} \tag{7.2.3}$$

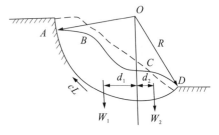

图7.2.1 圆弧形滑面计算

式中,W_1 为滑体下滑部分的重量(kN/m);d_1 为 W_1 对于通过滑动的圆弧中心的铅垂线的力臂(m);W_2 为滑体阻滑部分的重量(kN/m);d_2 为 W_2 对于通过滑动圆弧中心的铅垂线的力臂(m);L 为滑动圆弧的全长(m);R 为滑动圆弧的半径(m);c 为圆弧面上的综合单位黏聚力(kPa)。

7.2.3.3 滑动面为单一平面时

当岩质边坡的主要结构面走向平行于坡面,结构面倾角小于坡角且大于其摩擦角时,易发生平面破坏,滑面基本上呈平面(图7.2.2),稳定性系数 F_s 可按式(7.2.4)—式(7.2.8)计算。

$$F_s = \frac{c \cdot A + (W\cos\beta - u - V \cdot \sin\beta)\tan\varphi}{W \cdot \sin\beta + V \cdot \cos\beta} \tag{7.2.4}$$

$$A = (H-Z)\csc\beta \tag{7.2.5}$$

7 场地稳定性工程地质勘察

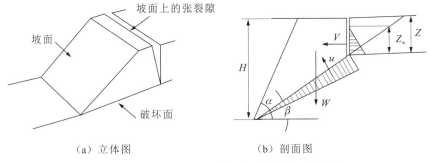

（a）立体图　　　　　（b）剖面图

图 7.2.2　坡面上有张裂隙的岩质边坡的平面破坏

$$u = \frac{1}{2}[\gamma_w \cdot Z_w(H-Z)\csc\beta] \quad (7.2.6)$$

$$V = \frac{1}{2}\gamma_w \cdot Z_w^2 \quad (7.2.7)$$

$$W = \frac{1}{2}\gamma_w H^2 \left\{ \left[1 - \left(\frac{Z}{H}\right)^2\right]\cot\beta - \cot\alpha \right\} \quad (7.2.8)$$

式中，γ_w 为水的重度（kN/m^3）；γ 为岩体的重度（kN/m^3）；α 为坡角（°）；β 为结构面倾角（°）；φ 为结构面摩擦角（°）；W 为滑体所受重力（kN）；其余符号意义如图 7.2.2 所示。

7.2.3.4　滑动面呈楔形时

当岩质边坡的两组结构面的交线倾向坡角，交线倾角小于坡角且大于其摩擦角时，易发生楔形破坏，滑面呈楔形，楔形沿结构面交线下滑（图 7.2.3），其稳定系数 F_s 可按式（7.2.9）计算。

$$F_s = \frac{N_A \cdot \tan\varphi_A + N_B \cdot \tan\varphi_B + c_A \cdot A_A + c_B \cdot A_B}{W \cdot \sin\beta_{AB}} \quad (7.2.9)$$

图 7.2.3　楔体滑动示意图

式中，N_A，N_B 分别为 W 引起的作用于结构面 A、B 上的法向力（kN）；φ_A，φ_B 分别为结构面 A、B 内摩擦角（°）；c_A，c_B 分别为结构面 A、B 的黏聚力（kPa）；A_A，A_B 分别为结构面 A、B 的面积（m^2）；W 为楔形体所受的重力（kN）；β_{AB} 为 A、B 结构面交线的倾角（°）。

7.2.3.5　滑动面为折线时

如图 7.2.4 所示，其稳定性系数 F_s 可用式（7.2.10）计算。

$$F_s = \frac{\sum_{i=1}^{n-1}\left(R_i \prod_{j=i}^{n-1}\Psi_j\right) + R_n}{\sum_{i=1}^{n-1}\left(T_i \prod_{j=i}^{n-1}\Psi_j\right) + T_n} \quad (7.2.10)$$

式中，Ψ_i 为第 i 块剩余下滑力传至第 $i+1$ 块的传递系数，

$$\Psi_i = \cos(\alpha_i - \alpha_{i+1}) - \sin(\alpha_i - \alpha_{i+1})\tan\varphi_{i+1} \tag{7.2.11}$$

$$\prod_{j=i}^{n-1} \Psi_j = \Psi_i \cdot \Psi_{i+1} \cdot \Psi_{i+2} \cdot \cdots \cdot \Psi_{n-1} \tag{7.2.12}$$

R_i 为第 i 块滑动体的法向分力(kN/m)，

$$R_i = N_i \cdot \tan\varphi_i + c_i \cdot l_i \tag{7.2.13}$$

T_i 为作用于第 i 块滑面上的滑动分力(kN/m)，出现与滑面方向相反的滑动分力时，T_i 和 α_i 应取负值，$T_i = W_i \sin\alpha_i$；其余符号意义如图 7.2.4 所示。

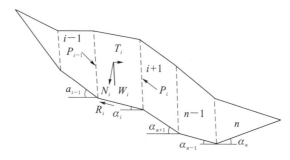

P_i—第 i 块段以下滑体对其施加的抵抗力(kN/m)；P_{i-1}—第 i 块段以上滑体对其施加的传递下滑力(kN/m)；$N_i = W_i \cos\alpha_i$。

图 7.2.4 折线形滑动面计算简图

7.2.3.6 滑坡的剩余推力计算

滑坡的推力计算，不仅是判定滑动面的稳定性的依据，也是滑坡治理设计的重要依据。

(1)如果滑坡具有多个滑动面(带)，应分别计算各滑动面(带)的滑坡推力。

(2)计算推力时，应选平行滑动方向的几个(至少两个，其中一个应是主滑断面)具有代表性的断面进行计算，据不同断面的推力，设计相应的抗滑结构。

(3)滑坡推力的作用点，可取在滑体厚度的 1/2 处。

(4)当滑带验算指标为排水条件时，水压力应作为滑面上的作用力进行计算。

(5)在强震区，对一级工程有威胁的滑坡，应考虑地震作用的影响。

第 i 条块的剩余下滑力 p_i 可按下式计算。

$$p_i = F_{st} W_i \sin\alpha_i + \Psi_{i-1} p_{i-1} - W_i \cos\alpha_i \tan\varphi_i - c_i l_i \tag{7.2.14}$$

式中，p_{i-1}，p_i 分别为第 $i-1$ 条块、第 i 条块的剩余下滑力(kN/m)；Ψ_{i-1} 为第 $i-1$ 条块把力传给第 i 条块的传递系数，其值为 $\Psi_{i-1} = \cos(\alpha_{i-1} - \alpha_i) - \sin(\alpha_{i-1} - \alpha_i)\tan\varphi_i$；$W_i$ 为第 i 条块的重力(kN/m)；F_{st} 为滑坡推力计算安全系数，应根据滑坡现状及对工程影响等因素综合确定，取 1.05～1.25；其余符号意义同前。

计算时需要注意的是：①任一条块的剩余下滑力 p_i 值都不能为负值。假若算出某一条块的剩余下滑力为负值，则应令之为零，在此基础上再继续计算下一条块。②可根据剩余下滑力来判断滑坡的稳定性，方法是当最后条块的剩余下滑力为零时，说明所研究的剖面是稳定的；倘若最后条块的剩余下滑力为正值，说明该剖面还有下滑的动力，处于不稳定状态。

7.2.4 滑坡的治理措施

滑坡的治理原则是排水、减重、反压、支挡。具体措施如下：

（1）防止地面水浸入滑坡体。可采用黏土填塞裂缝,消除滑坡范围内的积水洼地；在滑体内充分利用自然沟谷,布置成树枝状排水系统,或布置垂直及水平孔群或排水涵洞等措施,防止和排除地表水、地下水；还应在滑坡体外修筑环形不透水的截水沟、盲沟,在滑坡前缘抛石、铺石笼等防止地表水对坡面、坡角的冲刷；还可在滑坡上游严重冲刷地段修筑拦水坝,改变坡面水流向,在滑坡内种植蒸腾量大的树木等。

（2）改善滑坡体的力学条件,减少下滑力、增大抗滑力。对于推移式滑坡,可在上部主滑段减重,并在前部抗滑段加填压脚,增加滑体的稳定性。公路、铁路若必须穿越滑坡时,宜以路堤的形式从其前缘部位通过（以增大滑坡前缘的抗滑力）。

（3）设置支挡结构（如抗滑片石垛、抗滑挡墙、抗滑桩、抗滑锚杆、抗滑锚索桩等）,以支挡滑体或把滑体锚固在稳定地层上,但应验算滑坡体越过支挡区滑出或自抗滑结构物基底破坏的可能性。此种措施往往较少破坏山林,有效改善滑体的力学条件,故目前是稳定滑坡的有效措施之一。

（4）改善滑面（带）土的性质。如用焙烧法、灌浆法、孔底爆破、灌注混凝土砂井（砂桩）、电渗排水、电化学加固等措施,改变滑面（带）土的性质,使其强度指标提高,增强滑坡的稳定性。

（5）对规模较大的以及对工程有重要影响的滑坡,应进行动态监测。监测的内容包括：滑坡体的位移,滑面位置及错动,滑坡裂缝的发生及发展,滑带（面）体内地下水的水位、流向、泉水流量和滑带孔隙水压力；支挡结构及其他工程设置的位移、变形、裂缝的发生和发展。

[例题1] 某滑坡需要做支挡设计,已知 $c=10\text{kPa}$, $\varphi=10°$,安全系数取 1.15,求第3块滑体的剩余下滑力（见右图所示）。

滑块编号	条块重量/$(\text{kN}\cdot\text{m}^{-1})$	条块滑动面长度/m
1#	500	11.03
2#	900	10.15
3#	700	10.79

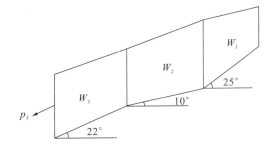

解：先求出两个传递系数,再自上而下求出每个条块的剩余下滑力。
据式(7.2.11),得
$$\Psi_1 = \cos(\alpha_1 - \alpha_2) - \sin(\alpha_1 - \alpha_2)\tan\varphi_2 = \cos(25°-10°) - \sin(25°-10°)\tan10° = 0.92$$
$$\Psi_2 = \cos(\alpha_2 - \alpha_3) - \sin(\alpha_2 - \alpha_3)\tan\varphi_3 = \cos(10°-22°) - \sin(10°-22°)\tan10° = 1.015$$
据式(7.2.14),得
$$p_1 = F_{st}W_1\sin\alpha_1 - W_1\cos\alpha_1\tan\varphi - cl_1$$

$$=1.15\times500\sin25°-500\cos25°\tan10°-10\times11.03=52.80(kN/m)$$
$$p_2=F_{st}W_2\sin\alpha_2+\Psi_1p_1-W_2\cos\alpha_2\tan\varphi-cl_2$$
$$=1.15\times900\sin10°+0.92\times52.80-900\cos10°\tan10°-10\times10.15=-29.48(kN/m)$$

因第2条块的剩余下滑力为负值,故令 $p_2=0$,则第3条块的剩余下滑力为

$$p_3=F_{st}W_3\sin\alpha_3+\Psi_2p_2-W_3\cos\alpha_3\tan\varphi-cl_3$$
$$=1.15\times700\sin22°+1.015\times0-700\cos22°\tan10°-10\times10.79=79.22(kN/m)$$

本节思考题

一、单项选择题

1. 分布于滑坡体后部或两级滑坡体之间呈弧形断续展布的裂隙属于( )。
   A. 主裂隙　　　　B. 拉张裂隙　　　　C. 剪切裂隙　　　　D. 鼓胀裂隙

2. 关于滑坡稳定性验算的表述中,下列哪一选项是不正确的?( )
   A. 滑坡稳定性验算时,除应验算整体稳定外,必要时尚应验算局部稳定
   B. 滑坡推力计算也可以作为稳定性的定量评价
   C. 滑坡安全系数应根据滑坡的研究程度和滑坡的危害程度综合确定
   D. 滑坡安全系数在考虑地震、暴雨附加影响时应适当增大

3. 如右图,岩石边坡的结构面与坡向一致,为了增加抗滑稳定性,采用预应力锚杆加固,下列4种锚杆加固方向中哪一个选项对抗滑最为有力?( )
   A. 方向A　　　　B. 方向B
   C. 方向C　　　　D. 方向D

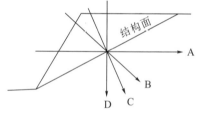

单项选择题第3题图

4. 地震烈度6度区内,在进行基岩边坡楔形体稳定分析调查中,下列哪一个选项是必须调查的?( )
   A. 各结构面的产状,结构面的组合交线的倾向、倾角,地下水位,地震影响力
   B. 各结构面的产状,结构面的组合交线的倾向、倾角,地下水位,各结构面的摩擦系数和黏聚力
   C. 各结构面的产状,结构面的组合交线的倾向、倾角,地下水位,锚杆加固力
   D. 各结构面的产状,结构面的组合交线的倾向、倾角,地震影响力,锚杆加固力

二、多项选择题(少选、多选、错选均不得分)

1. 关于土坡的稳定性论述中,下列( )是正确的。
   A. 砂土($c=0$时)与坡高无关
   B. 黏性土的土坡稳定性与坡高有关
   C. 所有土坡均可按照圆弧滑面作整体稳定性分析方法计算
   D. 简单条分法假定不考虑土条间的作用力

2. 在铁路线路遇到滑坡时,下列哪些选项是正确的?( )
   A. 对于性质复杂的大型滑坡,线路应尽量绕避
   B. 对于性质简单的中型滑坡,线路可不绕避

C. 线路必须通过滑坡时,宜从滑坡体中部通过
D. 线路通过滑坡体下缘时,宜采用路堤形式

三、计算题

1. 某边坡坡角 $\beta=60°$,坡面倾角 $\theta=30°$,岩体的天然重度 $\gamma=20\text{kN/m}^3$,滑动面 $\varphi=25°$,$c=10\text{kPa}$。假设滑动面倾角 $\alpha=45°$,滑动面长度 $L=60\text{m}$,滑动块楔体垂直高度 $h=20\text{m}$,试计算边坡的稳定安全系数。

2. 在饱和软土中基坑开挖采用地下连续墙支护,已知软土的十字板剪切试验的抗剪强度 $\tau=34\text{kPa}$,基坑开挖深度 16.3m,墙底插入坑底以下深度 17.3m,设有两道水平支撑,第一道支撑位于地面高程,第二道水平支撑距坑底3.5m,每延米支撑的轴向力均为2970kN。沿着图示的以墙顶为圆心,以墙长为半径的圆弧整体滑动,若每延米的滑动力矩为 154 230 kN·m,则该滑坡的安全系数为多少?

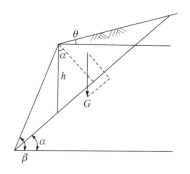

计算题第1题图

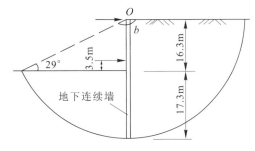

计算题第2题图

3. 下图示的顺层岩质边坡内有一软弱夹层 $AFHB$,层面 CD 与软弱夹层平行,在沿 CD 顺层清方后,设计了两个开挖方案。方案1:开挖坡面 $AEFB$,坡面 AE 的坡率为 1:0.5;方案2:开挖坡面 $ADHB$,坡面 AD 的坡率为 1:0.75。比较两个方案中坡体 ADH 和 AEF 在软弱夹层上滑移的安全系数,下列哪个选项的说法正确?

A. 两者安全系数相同　　　　　B. 难以判断
C. 方案2坡体的安全系小于方案1　　D. 方案2坡体的安全系大于方案1

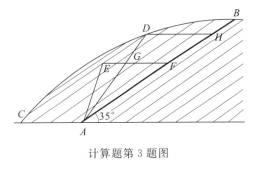

计算题第3题图　　　　　　计算题第4题图

4. 某一滑动面为折线形的均质滑坡,其主轴断面及作用力参数如下表及上图所示,试求该滑坡的稳定性系数 F_s。

滑块编号	下滑力/(kN·m^{-1})	抗滑力/(kN·m^{-1})	传递系数 Ψ_i
1#	3.5×10^4	0.9×10^4	0.756
2#	9.3×10^4	8.0×10^4	0.947
3#	1.0×10^4	2.8×10^4	

5. 无限长的土坡，土坡高 H，土的重度 $\gamma=19\text{kN/m}^3$，饱和重度 $\gamma_{sat}=20\text{kN/m}^3$，滑动面土的抗剪强度指标 $c=0,\varphi=30°$。若安全系数为 $F_s=1.3$，求危险坡角 α 的值。

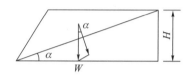

计算题第 5 题图

6. 某岩石边坡坡率为 1∶0.2，存在倾向与坡面同向的软弱结构面。软弱结构面的抗剪强度指标为 $c=35\text{kPa},\varphi=30°$，软弱面的倾角 $\alpha=45°$，岩石的重度为 $\gamma=25.0\text{kN/m}^3$，则该边坡能够保持稳定的最大高度为多少？

7. 某挡土墙墙背直立、光滑，墙后砂土的内摩擦角为 29°，假定墙后砂土处于被动极限状态，滑面与水平面的夹角为 31°，滑体的重量为 G，问：相应的被动土压力最接近于下列哪个选项？

  A. 1.21G B. 1.52G C. 1.73G D. 1.98G

7.3 危岩与崩塌

  危岩是指岩体被结构面切割后正在开裂变形，并可能发生崩塌或滑坡的危险岩体或山体；崩塌是指危岩或土体在重力或其他外力作用下的塌落过程及其产物。山区中大规模的崩塌又叫山崩，是山坡上的岩石、土壤快速、瞬间滑落的现象。

  岩溶石山上经常有危岩掉落，危及山下的人群和建筑物，因此铁路、公路旁及风景区内山体上（或洞室内）的危岩经常需要地质工作人员不定期地去勘查和清理，这涉及的技术问题就是如何鉴别危岩以及如何清理危岩。

7.3.1 危岩的鉴别

  (1)地质分析法。出现以下情况的岩块属于危岩：①悬挂状、悬臂状、与母岩连接较差的岩块；②位于山坡上已被纵横交叉和垂直裂隙切割成块的岩块；③悬挂在溶洞顶、洞壁内的钟乳石；④堆架在顶、壁上已塌落的岩块；⑤位于山坡上断层、褶曲的破碎带中的碎屑岩块。

  (2)测试法。①通过同一震源对危岩和母岩引起的振动频率和振幅不同的原理，判断出危岩与母岩的连接情况；②利用声波在危岩与母岩中传播速度的不同，判断其连接程度。

(3)经验判断法。即通过"看、敲、撬"手段来判别。

看:查看危岩与母岩之间的连接程度、胶结情况、裂隙的含水状况,判别其危险程度。

敲:用铁锤敲打危险岩块,如果敲打时锤不回弹、岩块有活动感,或锤声空哑,成"卜、卜"声,说明岩块已与母岩脱离。

撬:试着用杠杆撬动危岩,通过危岩的颤动程度来判断危岩与母岩的脱离程度。

7.3.2 崩塌的工程分类

(1)按崩塌发生的地层的物质成分,分为黄土崩塌、黏性土崩塌、岩体崩塌。

(2)按崩塌的形成机理,分为倾倒式崩塌、滑移式崩塌、鼓胀式崩塌、拉裂式崩塌、错断式崩塌等5种。

(3)按落石方量和处理的难易程度划分:Ⅰ类,>5000m³,Ⅱ类,500~5000m³,Ⅲ类,<500m³。

7.3.3 崩塌产生的条件

(1)地形地貌条件。一般崩塌多发生在陡峻的斜坡地段,一般坡度大于55°,高度大于30m,坡面凹凸不平且上陡下缓的斜坡上。

(2)岩性条件。坚硬、产状水平的岩层多组成高陡山坡,在节理、裂隙发育等条件配合下易产生崩塌。

(3)地质构造条件。当岩体中各种结构面的组合位置处于下列最不利的情况时,易发生崩塌:

①当岩层倾向山坡,倾角大于45°而小于自然坡度时;

②当岩层发育有多组节理,且有一组节理倾向山坡,倾角为25°~65°时;

③当有两组与山坡走向斜交的节理("X"形节理),组成倾向坡脚的楔形体时;

④当节理面呈弧形弯曲的光滑面或山坡上方不远处有断层破碎带存在时;

⑤在岩浆侵入接触带附近的破碎带或变质岩中片理片麻构造发育的地段,风化后形成软弱结构面,容易导致崩塌的产生。

(4)昼夜的温差、季节的温度变化大时,宜促使岩石风化;地表水的冲刷、溶解和软化裂隙充填物形成软弱面,或水的渗透增加裂隙的静水压力;强烈地震以及人类工程活动中的爆破;边坡的开挖过高过陡,破坏了山体平衡;……这些因素均都会促使崩塌的发生。

7.3.4 危岩和崩塌体的稳定性评价

稳定性评价是危岩和崩塌勘察中的重要问题,通常用定性分析、半定量的图解分析和定量的稳定性验算方法进行分析。在此仅介绍定量稳定性验算方法。

7.3.4.1 基本假定

(1)在突然发生崩塌之前,把危岩和崩塌视为整体。

(2)把崩塌体复杂的空间运动简化为二维问题,即视为单位宽度的崩塌体进行验算。

(3)崩塌体两侧和母岩之间,以及崩塌体内部各组成部分之间均无摩擦作用。

7.3.4.2 各发展模式崩塌体的稳定性验算

1. 倾倒式崩塌

当危岩发生倾倒时,将以其底端为转点发生向外侧转动,因此其抗倾覆稳定系数 K 按下式求得。

$$K = \frac{抵抗力矩}{倾倒力矩} \tag{7.3.1}$$

式中,抵抗力矩由崩塌体的重力产生;倾倒力矩一般由崩塌体与后侧母岩之间的裂隙中的静水压力产生。在 7 度以上地震区还需考虑水平地震力。

当抗倾覆稳定系数 $K > 1.0$ 时,可认为危岩是稳定的。

2. 滑移式崩塌

滑移式崩塌由滑坡演变为崩塌的模式。此模式可按滑坡的稳定性验算方法进行,即根据崩塌体滑动面的形状,从平面滑动、圆弧面滑动、楔形滑动、折线形滑动之中选一种符合其发生模式的公式进行稳定性验算。

3. 鼓胀式崩塌

这类崩塌体的下部常有较厚的软弱岩层,如断层破碎带、砂页岩中的页岩夹层等。在水的作用下,这些软弱岩层先行软化,一旦上部岩体传来的压应力大于软弱岩层的无侧限抗压强度时,软弱岩层就会被挤出,形成向下的掉落块(小崩塌体)。上部岩体也可能发生下沉、滑移甚至倾倒(形成大的崩塌体),因此鼓胀是这类崩塌发生的关键。验算时以下部软弱夹层的无侧限抗压强度(按雨季时的饱和抗压强度)和上部岩体在软岩顶面上的压应力的比值来确定,即

$$K = \frac{R_{无}}{W/A} = \frac{AR_{无}}{W} \tag{7.3.2}$$

式中,W 为上部危岩崩塌体的重力(kN);A 为上部危岩崩塌体的底面面积(m²);$R_{无}$ 为下部软弱岩层的无侧限抗压强度(雨季时用饱和抗压强度)。

当 $K \geqslant 1.2$ 时,认为是稳定的。

4. 拉裂式崩塌

若坚硬岩石下方有一层软弱夹层(如砂页岩中的页岩层),软弱夹层因风化快,常掉落碎块,在坚硬岩体下方产生空腔,这使得上部坚硬岩体(如砂岩)以悬臂梁的形式突出(图 7.3.1)。悬臂梁形式的岩体,其后缘某一竖向截面承受最大的弯矩和剪力,当该截面上的拉应力超过了该岩体的抗拉强度时,会产生拉裂,突出的危岩体就会发生崩塌。因此,拉裂式的崩塌体的稳定系数可用岩石的抗拉强度与其所受到的最大拉应力的比值来计算,即

$$K = [\sigma_t]/\sigma_t \tag{7.3.3}$$

式中,$[\sigma_t]$ 为岩石的抗拉强度;σ_t 为最大拉裂面上的拉应力。

据力学推导(图 7.3.2),由上式可推导出式(7.3.4)。

$$K = \frac{[\sigma_t]}{\sigma_{max}} = \frac{h(1-\alpha)^2[\sigma_t]}{3L^2\gamma} \tag{7.3.4}$$

式中,h 为悬臂梁的高度(m);L 为悬臂梁的长度(m);αh 为后缘现已拉裂的长度(m);$[\sigma_t]$

为岩石的抗拉强度(kPa);γ 为岩石的重度(kN/m³)。

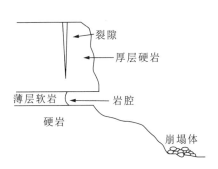

图 7.3.1 拉裂式崩塌形成机理图

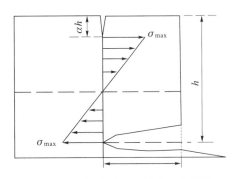

图 7.3.2 拉裂式破坏的力学分析图

当 $K<1.0$ 时,悬臂梁危岩体可以判断为不稳定状态;当 $K=1.0$ 时,悬臂梁危岩体可以判断为临界破坏状态;当 $1.0<K\leq1.5$ 时,悬臂梁危岩体可以判断为基本稳定状态;当 $K>1.5$ 时,悬臂梁危岩体可以判断为稳定状态。

5. 错断式崩塌

在不考虑水压力、地震力等附加作用时,错断式危岩体在岩体自重作用下,在过外底角点与铅直方向成 45°的截面上产生的最大剪应力。故其稳定系数可按最大剪应力面上的抗剪强度与最大剪应力的比值来计算,即

$$K=[\tau]/\tau \qquad (7.3.5)$$

式中,$[\tau]$ 为岩石最大剪应力面上的抗剪强度;τ 为岩石实际上承受的最大剪应力。

当 $K\geq1.2$ 时,认为是稳定的。

7.3.5 危岩和崩塌体的勘察要点

危岩和崩塌的勘察宜在可行性研究勘察阶段或初步勘察阶段进行,目的是要查明产生崩塌的条件及其规模、类型、范围,并对工程建设适宜性进行评价,提出防治方案的建议。勘察过程中以工程地质测绘和调查为主,并对危害工程设施及居民安全的崩塌体进行监测和预报。勘察要点如下:

(1)工程地质测绘。比例尺宜采用 1∶500~1∶1000,崩塌方向的主剖面的比例尺宜采用 1∶200,并应查明:

①地形地貌及崩塌类型、规模、范围,崩塌体的大小和崩落方向;
②岩体基本质量等级、岩性特征和风化程度;
③地质构造,岩体结构类型,结构面的产状、组合关系、闭合程度、力学属性、延展及贯穿情况;
④气象(重点是大气降水)、水文、地震和地下水的活动;
⑤崩塌前的迹象和崩塌原因;
⑥当地防治崩塌的经验。

(2)崩塌的监测和预报工作。当崩塌区下方有工程设施和居民点时,应对岩体的对张裂缝进行监测。对有较大危害的大型危岩,应结合监测结果,对可能发生崩塌的时间、规模、滚

落方向、途径、危害范围等做出预报。

监测的工作内容包括：①对危岩及裂隙进行详细编录；②在岩体裂隙主要部位要设置伸缩仪，记录水平位移量和垂直位移量；③绘制时间与水平位移、时间与垂直位移的关系曲线，根据曲线求得移动速度；④必要时可在伸缩仪上联接警报器。当位移量达到一定值或位移速度突然增大时，使之自动发出警报。

7.3.6 危岩和崩塌的防治对策和措施

7.3.6.1 防治对策

(1) 对Ⅰ类崩塌区：因其规模大，破坏后果很严重，难于治理，不宜作为工程场地；线路工程则应绕避。

(2) 对Ⅱ类崩塌区：规模较大，破坏后果较为严重，若必须作为工程场地，则应对可能产生崩塌的围岩进行加固处理；线路应采取防护措施。

(3) 对Ⅲ类崩塌区：规模小，破坏后果不严重，可作为工程场地，但应对不稳定围岩采取治理措施。

7.3.6.2 防治措施

崩塌的治理主要是针对Ⅱ类、Ⅲ类崩塌区的，其治理以根治为主，当不能完全清除或根治时，对中、小型崩塌可采取下列综合措施。

(1) 遮挡：对小型崩塌，可修筑明洞、棚洞遮挡建筑物使线路通过。

(2) 对中、小型崩塌，当线路工程或建筑物与坡脚有足够安全距离时，可在坡脚或半坡处设置落石平台或挡石墙、拦石网（如柔性拦石网）。

(3) 支撑加固：对小型崩塌，在危岩下部修筑支柱、支墙，亦可将易崩塌体用锚索、锚杆与斜坡稳定部分联固。

(4) 镶补沟缝：对小型崩塌，对岩体中的空洞、裂缝用片石填补、混凝土灌注。

(5) 护面：对易风化的软弱岩层，可用沥青、砂浆或浆砌片石护面。

(6) 排水：设排水工程以拦截疏导斜坡上的地表水和地下水。

(7) 刷坡：在危石突出的山嘴以及岩层表面因风化破碎的不稳定山坡地段，可刷缓山坡。

[例题1] 陡崖上悬出截面为矩形的危岩体（如右图所示），长 $L=7$m，高 $h=5$m，重度 $\gamma=24$kN/m³，抗拉强度为 0.9MPa，A 点处有一竖向裂隙，问：危岩处于沿 ABC 截面的拉裂式破坏极限状态时，A 点处的张拉裂隙深度 a 是多少？

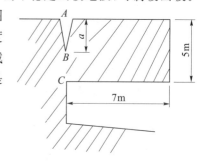

解：据式(7.3.4)，可得

$$K = \frac{h(1-\alpha)^2[\sigma_t]}{3L^2\gamma} = \frac{5(1-\alpha)^2 \times 900}{3 \times 7^2 \times 24} = 1$$

可求得 $\alpha = 0.115$

故 $a = \alpha h = 0.115 \times 5 = 0.575$(m)

本节思考题

一、单项选择题

1. 关于塌陷的形成条件,下列( )是不对的。
   A. 高陡的斜坡易形成崩塌
   B. 软岩强度低,易风化,最易形成崩塌
   C. 岩石的不利结构面倾向临空面时,易沿结构面形成崩塌
   D. 昼夜的温差大时,危岩易产生崩塌

2. 对下列崩塌区的建筑场地适宜性评价,以下说法中( )是正确的。
   A. Ⅰ类崩塌区可作为建筑场地
   B. Ⅰ类崩塌区各类线路可通过
   C. 在Ⅱ类崩塌区,线路工程可以通过,但要采取相应处理措施
   D. 对于Ⅲ类崩塌区,即使采取加固保护措施,也不能作为建筑场地

3. 某岩质边坡,坡度40°,走向NE 30°,倾向SE,发育如下4组结构面,问其中哪个选项所表示的结构面对其稳定性最为不利?( )
   A. 120°∠35°
   B. 110°∠65°
   C. 290°∠35°
   D. 290°∠65°

4. 下列关于崩塌的说法错误的是( )。
   A. 崩塌的物质称为崩塌体
   B. 崩塌体为土质者称为岩崩
   C. 多发生在60°~70°的斜坡上
   D. 山区中大规模的崩塌称为山崩

7.4 泥石流

泥石流是山区里一种在重力和水动力作用下,携带有大量泥沙和石块的、突然暴发的泥水石流。它往往突然暴发,来势凶猛,具有强大的破坏力,还常堵塞江河,使河水泛滥,严重威胁着山区人民的生命和财产安全,也威胁着各类工程设施(如毁坏铁路、公路、水库等)。

泥石流的形成条件:①有三面环山的地形;②上游有丰富松散固体物质;③有突发性、持续性的大暴雨或大量冰融水。典型的泥石流区域可分为3个区:形成区、流通区、堆积区。

7.4.1 泥石流的分类

(1)按泥石流的物质组成,可分为泥流、泥石流、水石流。

泥流:以黏性土为主,夹少量的砂土、石块,黏度大。

泥石流:由大量黏性土和粒径不等的砂、石块组成。

水石流:以粒径大小不等的石块、砂为主,黏性土含量较少。

(2)按泥石流的流体性质,可分为黏性泥石流和稀性泥石流两大类。

黏性泥石流:含大量黏性土的泥流或泥石流,黏性大,固体物质占40%~60%,最高可达80%;水不是搬运物质而是组成物质,石块在其中呈悬浮状态。

稀性泥石流:水是主要成分,黏性土含量少,固体物质占10%~40%,有很大分散性;水为搬运物质,石块呈滚动或跳跃式地被水流向前推进。

(3)按泥石流的规模,可分为特大型、大型、中型和小型(表7.4.1)。

表 7.4.1　按泥石流的规模分类

指标	类型			
	特大型	大型	中型	小型
流域单位面积固体物质储量/($10^4m^3 \cdot km^{-2}$)	>100	10～100	5～10	<5
固体物质一次最大冲出量/(10^4m^3)	>10	5～10	1～5	<1
破坏范围及威力	最大	大	中等	小

（4）泥石流的工程分类。该分类方法见表7.4.2。该分类是为了对建筑场地的适宜性进行评价，并为泥石流的整治提供指导。该分类综合考虑了泥石流的成因、物质组成、流体特性、流域特征、危害程度等因素。

表 7.4.2　泥石流的工程分类

分类	泥石流特征	流域特征	亚类	严重程度	流域面积/km^2	固体物质一次冲出量/(10^4m^3)	流量/($m^3 \cdot s^{-1}$)	堆积区面积/km^2
高频率泥石流沟谷（Ⅰ）	基本上每年均有泥石流发生。固体物质主要来源于沟谷的滑坡、崩塌。泥石流暴发雨强小于2～4mm/10min。除岩性因素外，滑坡、崩塌严重的沟谷多发生黏性泥石流，规模大，反之多发生稀性泥石流，规模小	多位于强烈抬升区，岩层破碎，风化强烈。山体稳定性差。沟床和扇形地上泥石流堆积物新鲜，无植被或有稀疏草丛。黏性泥石流沟中，下游沟床坡度大于4%	Ⅰ₁	严重	>5	>5	>100	>1
			Ⅰ₂	中等	1～5	1～5	30～100	<1
			Ⅰ₃	轻微	<1	<1	<30	—
低频率泥石流沟谷（Ⅱ）	泥石流暴发周期一般在10年以上。固体物质主要来源于沟床，泥石流发生时，"揭床"现象明显。暴雨时坡面产生的浅层滑坡往往是激发泥石流形成的重要因素。泥石流暴发雨强一般大于4mm/10min。泥石流规模一般较大，性质有黏有稀	山体稳定性相对较好，无大型活动性滑坡、崩塌。中、下游沟谷往往切于老台地和扇形地内，沟床和扇形地上巨砾遍布。植被较好，常具"山青水秀"，沟床内灌木丛密布，扇形地多辟为农田。黏性泥石流沟谷中，下游沟床坡度小于4%	Ⅱ₁	严重	>10	>5	>100	>1
			Ⅱ₂	中等	1～10	1～5	30～100	<1
			Ⅱ₃	轻微	<1	<1	<30	—

注：1. 表中流量对Ⅰ类系指百年一遇流量，对Ⅱ类系指调查历史最大流量。
　　2. 分类宜采用野外特征与定量指标相结合的原则，定量指标满足其中一项即可。

7.4.2 泥石流的勘察要点

泥石流的勘察工作应在可行性研究(选择场地)勘察阶段或初步勘察阶段时进行,旨在查明建筑场地及其上游沟谷、邻近沟谷是否具备泥石流的形成条件,预测发生时的泥石流类型、规模,对其作为建筑场地的适宜性做出评价,提出防治措施方案。

泥石流的工程地质勘察主要包括以下内容:

(1)工程地质测绘和调查。测绘范围包括沟谷至分水岭的全部地段和可能受泥石流影响的地段,即应包括泥石流的形成区、流通区和堆积区。比例尺的选取:对全流域可采用 1∶50 000,下游地段可采用 1∶2000~1∶10 000。工程地质测绘应调查以下内容:

①冰雪融化和暴雨强度,一次最大降雨量,平均及最大流量,地下水活动情况。

②地形地貌特征,包括沟谷的发育程度、切割情况、坡度、弯曲及粗糙程度,并划分泥石流的形成区、流通区及堆积区,圈绘整个沟谷的汇水面积。

③形成区的水源类型、水量、汇水条件、山坡坡度、岩层性质及风化程度,断裂、滑坡、崩塌、岩堆等不良地质现象的发育情况及可能变成泥石流固体物质的分布范围和储量。

④流通区的沟床纵、横坡度、跌水、急弯等特征,两侧山坡坡度及稳定程度,沟床的冲淤变化和泥石流的痕迹。

⑤堆积区的堆积扇分布范围,表面形态,纵坡,植被,沟道变迁和冲淤情况,堆物的性质、层次、厚度,一般粒径及最大粒径和分布规律。判定堆积区的形成历史,堆积速度,估算一次最大堆积量。

⑥调查泥石流沟谷的历史。历次泥石流的发生时间、频数、规模、形成过程,暴发前的降水情况和暴发后产生的灾害情况。

⑦开矿弃渣、修路切坡、砍伐森林、陡坡开荒及过度放牧等人类活动情况。

⑧当地防治泥石流的措施及建筑经验。

(2)勘探和测试。当需要对泥石流采取防治措施时,应进行勘探测试,以进一步查明泥石流堆积物的性质、结构、厚度、固体物质的含量、最大粒径、流速、流量和淤积量等。具体实施可按下列几点:

①宜采用物探、槽探、钻探等进行综合勘探。勘探点的数量和位置应根据地形地质条件,泥石流堆积物的组成、厚度及构筑物的类型、规模等确定。

②泥石流堆积物勘探深度应至基底以下稳定地层中不小于 3m,且不得小于最大块石直径的 1.5 倍。

③泥石流的流体密度、固体颗粒密度、颗粒分析试验,应在现场进行;泥石流的颗粒分析侧重做粉砂和黏土粒组含量百分数、小于 1mm 的颗粒含量百分数、平均粒径 d_{50} 的分析;黏性泥石流要做湿陷性试验及可溶盐含量测试;稀性泥石流要采取补给区固体物质的试样进行颗分试验。

④钻探遇地下水时,应量测地下水的初见水位和稳定水位。宜取样做水质分析,判明环境水的腐蚀性。

(3)对泥石流进行工程分类。

(4)对泥石流地区的工程建设适宜性进行评价。

7.4.3 泥石流区工程建设场地的适宜性评价

(1) I_1、II_1 类泥石流沟谷,因其规模大,复杂,危害性大,防治工作困难且不经济,不应作为建筑场地,线路工程应采取绕避方案。

(2) I_2、II_2 类泥石流沟谷不宜作为建筑场地,当必须利用时应采取治理措施;路线通过泥石流沟时,应避开沟谷纵坡由陡变缓和沟谷急弯部位,避免压缩沟谷断面,并应依据设计年限内泥石流的淤积高度留足净空,在有利位置以桥梁通过。

(3) I_3、II_3 类泥石流沟谷,可利用堆积区作为建筑场地,但应避开沟口。线路可从堆积扇通过,可分段设桥和采取排洪、导流措施,不宜改沟、并沟。

(4) 当上游有大量弃渣或进行工程建设,改变了原有的供排平衡条件时,应重新判定产生新泥石流的可能性。

7.4.4 泥石的勘察报告

除了按第 6 章第 6.3 节的规定外,还应包括下列内容:
(1) 泥石流的地质背景及形成条件。
(2) 泥石流的形成区、流通区、堆积区的分布和特征,绘制专门工程地质图。
(3) 划分泥石流的类型,评价其对工程建设的适宜性。
(4) 泥石流防治与监测的建议。

7.4.5 泥石的防治措施

对泥石流的防治应进行全面规划、综合治理,遵循以防为主、以治为辅的原则,采取生物措施与工程措施相结合。生物措施主要是在形成区内种植草被和植树造林。工程措施是指修建蓄水、引水、拦挡、坡面防护工程等,以铁路、公路等线路工程为例,具体包括 3 个方面。

1. 跨越措施

(1) 桥梁:适用于跨越流通区稳定的自然沟槽。设计时应结合地形、地质、沟床冲淤情况、河槽宽度,泥石流的泛滥边界、泥浪高度、流量、发展趋势等,采取合理的跨度及形式。

(2) 隧道:适用于线路穿过规模大、危害严重的大型或多条泥石流沟。因隧道方案造价大,应与其他方案作技术、经济比较后再确定。隧道的洞身应设置在泥石流底部稳定的地层中,进出口应避开泥石流可能危害的范围。

(3) 因涵洞易被泥石流堵塞,故不宜采用涵洞来输导泥石流,特别是在活跃的泥石流洪积扇上禁止使用涵洞。仅当泥石流规模较小、固体物质含量低、不含较大石块,并有顺直的沟槽时,方可采用。

2. 排导措施

(1) 排导沟:适用于有排沙地形条件的路段。出口应与主河道衔接,出口标高应高出主河道 20 年一遇的洪水水位。排导沟的纵坡宜与地面坡一致,排导沟的横断面尺寸应根据流量计算确定。排导沟应进行防护。

(2) 渡槽:适用于排泄流量小于 $30 m^3/s$ 的泥石流,且地形条件能满足渡槽设计纵坡及行车净空要求。渡槽应与原沟顺直平滑衔接,纵坡不小于原沟纵坡,出口应满足排泄泥石流的要求。

(3)导流堤:用于需要控制泥石流的走向或限制其影响范围的泥石流堆积扇区,防止泥石流直接冲击路堤、农田、民房或雍塞桥涵等。在泥石流可能受阻的地方或弯道处,需加高导流堤。

3. 拦截措施

(1)拦挡坝:适用于沟谷中上游或下游没有排沙或停淤的地形条件且必须控制上游产沙的河道;以及流域来沙量大,沟内崩塌、滑坡较多的河段。

拦挡坝的坝体位置应根据设坝的目的,结合沟谷地形及基础的地质条件综合确定,并注意坝的两端与岸坡的衔接和基础的埋深。坝体的最大高度不宜超过5m,坝顶宜采用平顶式。当两端岸坡有冲刷可能时,宜采用凹形。

(2)格栅坝:适用于拦截流量较小、大石块含量少的小型泥石流。格栅坝的格栅间距按拦截大石块、排除细颗粒的要求来布置,其过水断面应满足下游安全泄洪的要求。坝的宽度应与沟槽相同。坝基应设置在坚实的地基上。

7.4.6 泥石流的监测

对线路无法绕避的大型泥石流,应进行施工安全和防护效果监测。监测内容包括泥石流的频率、流量、物质组成,以及泥石流流量的变化与河道流量、降雨量的关系。

泥石流的动态监测按监测时间长短可分为3类:一是年际或多年的长期动态监测,二是年或月的中期动态监测,三是时、分、秒的短期动态监测。目前泥石流监测方法主要有GPS卫星定位技术、地磁技术和测绳测深技术等。

(1)对泥石流固体物质的年补给量或年总堆积量的变化,以及多年内地形、水文网、森林覆盖、水土流失等的变化,人类工程活动的影响等,可通过长期动态监测获取有关变化数据进行分析评价。

(2)对泥石流活动期前后,崩塌、滑坡区的固体物质的补给量,沟床及堆积扇固体物质堆积量等的变化,可进行中期动态监测,获取信息,进行分析、评价。

(3)短期监测。建立监测预警系统,利用遥感、地理信息系统等现代信息技术,对泥石流进行自动化监测,建立起灾害预警预报模型,实现对泥石流的自动监测、自动报警。

本节思考题

一、单项选择题

1. 下列( )不属于泥石流形成的必要条件。
   A. 有陡峻、便于集水、聚物的地形　　B. 有丰富的松散物质来源
   C. 有宽阔的排泄通道　　　　　　　　D. 短期有大量的水来源及其汇集

2. 下列选项中哪个勘察方法不适用泥石流勘察?( )
   A. 物探　　　　　　　　　　　　　　B. 室内试验,现场测试

C. 地下水长期观测和水质分析　　　D. 工程地质测绘和调查

3. 对于泥石流地区的路基设计,下列(　　)说法是错误的。

A. 应全面考虑跨越、排导、拦截以及水土保持等措施,总体规划,综合防治

B. 跨越的措施包括桥梁、涵洞、渡槽和隧道,其中以涵洞最为常用

C. 拦截措施的主要作用是将一部分泥石流拦截在公路上游,以防泥石流的沟床进一步下切、山体崩塌和携带的冲积物危害路基

D. 排导沟的横切面应根据流量确定

4. 按《岩土工程勘察》(GB 50021—2001)(2009 年版)的规定,对于高频率泥石流沟谷,当泥石流的固体物质一次冲出量为 $3×10^4 m^3$ 时,属于哪个类型的泥石流?(　　)

A. I_1 类　　　B. I_2 类　　　C. II_1 类　　　D. II_2 类

5. 某泥石流流体密度 $1.9×10^3 kg/m^3$,堆积物呈舌状,按泥石流的分类标准,该泥石流可判为下列哪一选项的类型?(　　)

A. 稀性水石流　　B. 稀性泥石流　　C. 稀性泥流　　D. 黏性泥石流

二、多项选择题(少选、多选、错选均不得分)

1. 黏性泥石流堆积物中的块石、碎石在泥浆中的分布的结构特征符合(　　)类型。

A. 块石、碎石在细颗粒物质中呈不接触的悬浮状结构

B. 块石、碎石在细颗粒物质中呈支撑状结构

C. 块石、碎石间有较多点和较大面积相互接触的叠置状结构

D. 块石、碎石互相镶嵌状结构

2. 下列(　　)是黏性泥石流的基本特征。

A. 密度较大　　　　　　　　　　B. 水是搬运介质

C. 泥石流整体呈等速流动　　　　D. 基本发生在高频率泥石流沟谷

7.5 场地与地基的地震效应

7.5.1 强震区的地震效应

所谓强震区是指抗震设防烈度大于或等于 7 度的地区,其地震效应主要表现在 4 个方面:

(1)强烈的地面运动会导致各类建筑物的震动破坏。

(2)强烈的地面运动造成场地、地基失稳或失效,造成砂土液化、地裂、震陷、滑坡等。

(3)地表断裂错动导致建筑物、公路开裂。包括地表基岩断裂和构造性地裂造成的破坏。

(4)地震面波使地表波动起伏,致建筑物、铁轨、公路和各类设施扭曲损坏。

2008 年 5 月 12 号汶川地震(里氏震级 8.0 级)时,北川老县城遭到了近乎毁灭性的破坏,其主要原因是:①有发震断裂从该县城通过;②县城附近的地震破裂位移大;③县城坐落在河滩松散堆积物上,场地效应和地基失效致建筑物破坏加剧;④地震引发的次生灾害严

重,县城周围多发生山体滑坡和岩石崩塌。

1976年7月28日发生的唐山地震(里氏震级7.8级),是典型的构造地震,是地下岩石长期受力被强烈挤压,最后破裂释放出巨大的能量所致。此次地震造成强烈的破坏和重大人员伤亡的原因主要是:①震源浅(震源深度只有23km),震中位于市区;②缺乏有效的救援设备(如生命探测仪、发电设备及相应的照明设备),医疗条件差;③当时的建筑物多为预制板砖混结构,抗震性能差;④地震发生的时间是深夜(凌晨3时),救援不及时;⑤唐山是以煤炭为主的重工业城市,很多地区因地下坍塌引发地面建筑物的坍塌。

7.5.2 场地和地基地震效应勘察的主要任务

(1)抗震设防烈度大于或等于6度的地区,应进行场地和地基地震效应的工程地质勘察,并应根据国家批准的地震动参数区划和有关的规范,提出勘察场地的抗震设防烈度、设计基本地震加速度和设计特征周期分组。

(2)在抗震设防烈度等于或大于6度的地区进行勘察时,应确定场地类别。当场地位于抗震危险地段时,应根据现行国家标准《建筑抗震设计规范》(GB 50011—2010)(2016年版)的要求,提出专门研究的建议。

(3)对需要采用时程分析的工程,应根据设计要求,提供土层剖面、覆盖层厚度和剪切波速等有关参数。任务需要时,可进行地震安全性评估或抗震设防区划。

(4)为划分场地类别布置的勘探孔,当缺乏资料时,其深度应大于覆盖层厚度。当覆盖层厚度大于80m时,勘探孔深度应大于80m,并分层测定剪切波速。10层和高度30m以下的丙类和丁类建筑,无实测剪切波速时,可按现行国家标准《建筑抗震设计规范》(GB 50011—2010)(2016年版)的规定,按土的名称和性状估计土的剪切波速。

(5)抗震设防烈度为6度时,可不考虑液化的影响,但对沉陷敏感的乙类建筑,可按7度进行液化判别。甲类建筑应进行专门的液化勘察。

(6)场地地震液化判别应先进行初步判别,当初步判别认为有液化可能时,应再作进一步判别。液化的判别宜采用多种方法,综合判定液化可能性和液化等级。

(7)液化的初步判别除按现行国家有关抗震规范进行外,尚宜包括下列内容进行综合判别:

①分析场地地形、地貌、地层、地下水等与液化有关的场地条件;
②当场地及其附近存在历史地震液化遗迹时,宜分析液化重复发生的可能性;
③倾斜场地或液化层倾向水面或临空面时,应评价液化引起土体滑移的可能性。

(8)对判别液化而布置的勘探点不应少于3个,勘探孔深度应大于液化判别深度。

(9)地震液化的进一步判别,除应按现行国家标准《建筑抗震设计规范》(GB 50011—2010)(2016年版)的规定执行外,尚可采用其他成熟方法进行综合判别。

当采用标准贯入试验判别液化时,应按每个试验孔的实测击数进行。在需作判定的土层中,试验点的竖向间距宜为1.0~1.5m,每层土的试验点数不宜少于6个。

(10)凡判别为可液化的土层应按现行国家标准《建筑抗震设计规范》(GB 50011—2010)(2016年版)的规定确定其液化指数和液化等级。

勘察报告除应阐明可液化的土层、各孔的液化指数外,尚应根据各孔液化指数综合确定场地液化等级,并提出抗液化措施的建议。

(11)抗震设防烈度等于或大于 7 度的厚层软土分布区,宜判别软土震陷的可能性和估算震陷量。

(12)场地或场地附近有滑坡、滑移、崩塌、塌陷、泥石流、采空区等不良地质作用时,应进行专门勘察,分析评价它们在地震作用时的稳定性。

7.5.3 抗震设防

(1)抗震设防烈度为 6 度及以上地区的建筑,必须进行抗震设计。

(2)我国基本的抗震设防目标是:①小震不坏。即当遭受到低于本地区抗震设防烈度的多遇地震影响时,主体结构不受损坏或不需修理仍可继续使用。②中震可修。即当遭受相当于本地区抗震设防烈度的地震影响时,建筑物可能有一定的损坏,但经一般修理或不需修理仍可继续使用。③大震不倒。即当遭受高于本地区抗震设防烈度的罕遇地震影响时,建筑物不致倒塌或发生危及生命的严重破坏。

(3)依据建筑物受地震破坏时产生的后果(经济、政治和社会影响),确定其抗震设防标准。将建筑物的抗震设防类别分为以下 4 类。

①特殊设防类:使用上有特殊设施,涉及国家公共安全的重大建筑工程和地震时可能发生严重次生灾害等特别重大灾害后果,需要进行特殊设防的建筑,简称甲类。该类建筑应按高于本地区抗震设防烈度提高一度的要求加强其抗震措施;但当抗震设防烈度为 9 度时应按比 9 度更高的要求采取抗震措施。

②重点设防类:地震时使用功能不能中断或需尽快恢复的生命线相关建筑,以及地震时可能导致大量人员伤亡等重大灾害后果,需要提高设防标准的建筑,简称乙类。该类建筑应按高于本地区抗震设防烈度一度的要求加强其抗震措施;但抗震设防烈度为 9 度时应按比 9 度更高的要求采取抗震措施。

③标准设防类:大量的除①、②、④款以外按标准要求进行设防的建筑,简称丙类。该类建筑抗震设防要求是:应按本地区抗震设防烈度确定其抗震措施和地震作用,达到在遭遇高于当地抗震设防烈度的预估罕遇地震影响时不致倒塌或发生危及生命安全的严重破坏的抗震设防目标。

④适度设防类:使用上人员稀少且震损不致产生次生灾害,允许在一定条件下适度降低要求的建筑,简称丁类。

7.5.4 活动断裂的概念与防范措施

7.5.4.1 活动断裂的概念

断裂可分为以下 4 类。

(1)全新活动断裂:在全新地质时期(1 万年)内有过地震活动或近期还在活动,在将来(今后 100 年)可能继续活动的断裂。

(2)发震断裂:全新活动断裂中,近期(500 年来)发生过地震,且震级 $M \geqslant 5$ 级的断裂,或在未来 100 年内,推测可能发生 $M \geqslant 5$ 级的断裂。

(3) 非全新活动断裂：1 万年以前活动过,1 万年以来没有发生过活动的断裂。

(4) 地裂：又分为构造地裂及重力性地裂。构造地裂是指在地震作用下,震中区地面可能出现的以水平错位为主的构造性破裂。重力性地裂是指由于地震液化、滑移、地下水位下降造成地面沉降等,在地面造成的沿重力方向产生的无水平错位的张性裂缝。

7.5.4.2 发震断裂的防范措施

当场地内存在发震断裂时,应对断裂的工程影响进行评价,并应符合下列要求。

(1) 对符合下列规定之一的情况,可忽略发震断裂错动对地面建筑物的影响：①抗震设防烈度小于 8 度;②非全新世活动断裂;③抗震设防烈度为 8 度、9 度时,隐覆断裂的土层覆盖厚度分别大于 60m 和 90m。

(2) 对不符合(1)规定的,应避开主断裂带,其避让距离不小于表 7.5.1 的规定。在避让距离内若必须建造分散的、低于三层的丙、丁类建筑物时,应提高一度采取抗震措施,并提高基础和上部结构的整体性,且不得跨越断层。

表 7.5.1 发震断裂的最小避让距离

烈度	建筑抗震设防类别			
	甲	乙	丙	丁
8 度	专门研究	200m	100m	—
9 度	专门研究	400m	200m	—

7.5.5 基本地震加速度及地震分组

抗震设防烈度与设计基本地震加速度取值关系见表 7.5.2。

表 7.5.2 抗震设防烈度与设计基本地震加速度的对应关系

抗震设防烈度	6 度	7 度	8 度	9 度
设计基本地震加速度	0.05g	0.10g(0.15g)	0.20g(0.30g)	0.40g

《建筑抗震设计规范》(GB 50011—2010)(2016 年版)将原来《建筑抗震设计规范》(GBJ 11—89)的远震、近震改称为设计地震分组,以更好地体现震级和震中距的影响。《中国地震动参数区划图》和《中国地震动反应谱特征周期区划图》对建筑工程的设计地震分为以下 3 组：

(1)《中国地震动反应谱特征周期区划图》附图 B1 中 0.35s 和 0.40s 的区域作为设计地震第一组。

(2)《中国地震动反应谱特征周期区划图》附图 B1 中的 0.45s 的区域,多数作为设计地震第二组。

(3)借用 GBJ 11—89 中按烈度衰减等震线确定"设计远震"的规定,取加速度衰减影响的下列区域作为设计地震的第三组:

①《中国地震动参数区划图》附图 A1 中峰值加速度 0.20g 减至 0.05g 的影响区域和 0.3g 减至 0.1g 的影响区域;

②《中国地震动参数区划图》附图 B1 中 0.45s 且《中国地震动参数区划图》附图 A1 中＞0.40g 的峰值加速度减至 0.2g 以下的影响区域。

为使用方便,《建筑抗震设计规范》(GB 50011—2010)(2016 年版)还列举了县级及以上城镇的中心地区的抗震设防烈度、设计基本地震加速度和所属的设计地震分组。

7.5.6 场地类别和特征周期

7.5.6.1 有利地段、不利地段和危险地段

地震造成的破坏,除了地震动直接引起结构破坏之外,还有场地条件的原因,因此应该选择对抗震有利的地段作为建筑场地,这是减轻地震灾害的第一道工序。根据汶川地震的教训,抗震设防区的建筑应避开不利的地段,严禁在危险地段建造甲、乙类建筑。

有利地段、不利地段和危险地段的划分方法详见第 1 章表 1.1.2。

7.5.6.2 建筑场地覆盖层厚度

(1)一般情况下,应按地面至剪切波速大于 500m/s 且其下卧各岩土的剪切波速均不小于 500m/s 的土层顶面的距离确定。

(2)当地面 5m 以下存在剪切波速大于其上部各土层剪切波速 2.5 倍的土层,且该层及其下卧各层岩土的剪切波速均不小于 400m/s 时,可按地面至该土层顶面的距离确定。

(3)剪切波速大于 500m/s 的孤石、透镜体,应视同周围土层。

(4)土层中的火山岩硬夹层,应视为刚体,其厚度应从覆盖土层中扣除。

7.5.6.3 土层的等效剪切波速和场地土类别

土层的等效剪切波速,应按下列公式计算。

$$v_{se} = \frac{d_0}{t} \tag{7.5.1}$$

其中,

$$t = \sum_{i=1}^{n} \frac{d_i}{v_{si}} \tag{7.5.2}$$

式中,v_{se} 为土层等效剪切波速(m/s);d_0 为计算深度(m),取覆盖层厚度和 20m 两者的较小值;t 为剪切波在地面至计算深度之间的传播时间(s);d_i 为计算深度范围内第 i 土层的厚度(m);v_{si} 为计算深度范围内第 i 土层的剪切波速(m/s);n 为计算深度范围内土层的分层数。

土层剪切波速的测定,应符合下列要求:

(1)在场地初步勘察阶段,对大面积的同一地质单元,测量土层剪切波速的钻孔数量不宜少于 3 个。

(2)在场地详细勘察阶段,对单幢建筑,测试土层剪切波速的钻孔数量不宜少于 2 个,数据变化较大时,可适量增加;对小区中处于同一地质单元内的密集建筑群,测试土层剪切波速的钻孔数量可适量减少,但每幢高层建筑和大跨空间结构钻孔数量均不得少于 1 个。

(3)对丁类建筑及层数不超过 10 层、高度不超过 24m 的多层建筑,当无实测剪切波速时,可根据岩土名称和性状,按表 7.5.3 划分土的类型,再利用当地经验在表 7.5.3 的剪切波速范围内估算各土层的剪切波速。

表 7.5.3 土的类型划分和剪切波速范围

土的类型	土层剪切波速/$(m \cdot s^{-1})$	岩土的名称和性状
岩石	$v_s > 800$	坚硬、较硬且完整的岩石
坚硬土或软质岩	$800 \geqslant v_s > 500$	稳定的岩石,密实的碎石土
中硬土	$500 \geqslant v_s > 250$	中密、稍密的碎石土,密实、中密的砾、粗、中砂,$f_{ak} > 200 \text{kPa}$ 的黏性土和粉土
中软土	$250 \geqslant v_s > 150$	稍密的砾、粗、中砂,除松散外的细、粉砂,$f_{ak} \leqslant 200 \text{kPa}$ 的黏性土和粉土,$f_{ak} \geqslant 130 \text{kPa}$ 的填土
软弱土	$v_s \leqslant 150$	淤泥和淤泥质土,松散的砂,新近代沉积的黏性土和粉土,$f_{ak} \leqslant 130 \text{kPa}$ 的填土

注:v_s 为岩土的剪切波速;f_{ak} 为由静力载荷试验等方法得到的承载力特征值(kPa)。

7.5.6.4 场地类别及场地的特征周期

建筑的场地类别,应根据土层等效剪切波速和场地覆盖层的厚度按表 7.5.4 划分为 4 类,其中 I 类又细分为 I_0、I_1 两个亚类。当有可靠的剪切波速和覆盖层厚度且其值处于表 7.5.4 所列场地类别的分界线附近时,应允许按插值方法确定地震作用计算所用的设计特征周期。

根据该地区的地震分组和场地类别,查表 7.5.5 即可得到场地特征周期 T_g。

表 7.5.4 各类建筑场地的覆盖层厚度   单位:m

岩石的剪切波速或土的等效剪切波速/$(m \cdot s^{-1})$	场地类别				
	I_0	I_1	II	III	IV
$v_{se} > 800$	0				
$800 \geqslant v_{se} > 500$		0			
$500 \geqslant v_{se} > 250$		<5	$\geqslant 5$		
$250 \geqslant v_{se} > 150$		<3	3~50	>50	
$v_{se} \leqslant 150$		<3	3~15	>15~80	>80

表 7.5.5 特征周期值 单位:s

设计地震分组	场地类别				
	I_0	I_1	II	III	IV
第一组	0.20	0.25	0.35	0.45	0.65
第二组	0.25	0.30	0.40	0.55	0.75
第三组	0.30	0.35	0.45	0.65	0.90

注:在计算罕遇地震作用时,特征周期应增加 0.05s。

7.5.7 地震液化的机理及判别方法

7.5.7.1 地震液化的机理

液化:饱水的疏松的粉土、砂土在振动作用下孔隙水压力突然上升,土的结构突然被破坏而呈现液态的现象。

液化的机制:饱和的疏松的粉土、粉细砂土在振动作用下颗粒发生移动和变密的趋势,对应力的承受从砂土骨架转向孔隙水,由于砂土的渗透力不良,孔隙水压力会急剧增大,当孔隙水压力增大至总应力值时,有效应力就降小到零,出现颗粒悬浮于水中,砂土体即发生液化。

影响地震液化的因素主要有:①土的类型和性质。黏性土、碎石土不液化,而粉土、细砂、粉砂土易液化。②砂土的密实度。越松散的砂土越容易液化。③液化土的埋藏条件。上覆不透水的黏性土层越薄、地下水位埋深越小时,越容易液化。④地震强度和历时。较高的地震强度和较长的地震历时,容易液化。

7.5.7.2 液化的初步判别

《岩土工程勘察规范》(GB 50021—2001)(2009 年版)第 5.7.5 条规定:抗震设防烈度为 6 度时,可不考虑液化的影响,但对沉陷敏感的乙类建筑,可按 7 度进行液化判别。甲类建筑应进行专门的液化勘察。

非饱和土不液化,而饱和砂土或粉土,当符合下列条件之一时,亦可初步判别为不液化或不考虑液化的影响:

(1)地质年代为第四纪晚更新世(Qh_3)及其以前时,烈度为 7 度、8 度时可判为不液化。

(2)粉土的黏粒(粒径小于 0.005mm 的颗粒)含量,在烈度 7 度、8 度和 9 度分别不小于 10%、13% 和 16% 时,可判为不液化土。

(3)浅埋天然地基的建筑,当上覆非液化土层厚度和地下水位深度符合下列条件之一时,可不考虑液化影响。

$$d_u > d_0 + d_b - 2 \tag{7.5.3}$$

$$d_w > d_0 + d_b - 3 \tag{7.5.4}$$

$$d_u + d_w > 1.5d_0 + 2d_b - 4.5 \tag{7.5.5}$$

式中,d_b 为基础埋置深度(m),当 $d_b < 2m$,按 2m 计;d_0 为液化土特征深度(m),按表 7.5.6

取值;d_u 为上覆盖非液化土层厚度(m),计算时宜将淤泥和淤泥质土层扣除;d_w 为地下水位埋深(m),宜按设计基准期内年平均最高水位采用,也可按近期年最高水位采用。

表7.5.6 液化土特征深度 单位:m

饱和土类别	烈度		
	7度	8度	9度
粉土	6	7	8
砂土	7	8	9

注:当区域的地下水位处于变动状态时,应按不利的情况考虑。

7.5.7.3 地震液化的复判

一般采用标准贯入试验判别法。

当地面以下20m深度内饱和砂土或饱和粉土(对可不进行天然地基及基础的抗震承载力验算的各类建筑,可只判别地面下15m范围)实测标准贯入试验锤击数(未经杆长修正)N值小于 N_{cr} 值[利用式(7.5.6)计算]时则判为可液化土,否则为不液化土。

$$N_{cr}=N_0\beta[\ln(0.6d_s+1.5)-0.1d_w]\sqrt{\frac{3}{\rho_c}} \quad (7.5.6)$$

式中,N_{cr} 为液化判别标准贯入试验锤击数临界值;d_s 为标准贯入试验测试点深度(m);d_w 为地下水位深度(m);ρ_c 为饱和土的黏粒含量百分率(去掉百分数),当小于3或为砂土时,应采用3;N_0 为液化判别标准贯入试验锤击数基准值,按表7.5.7采用;β 为调整系数,设计地震第一组取0.80,第二组取0.95,第三组取1.05。

表7.5.7 液化判别标准贯入试验锤击数基准值 N_0

设计基本地震加速度/g	0.10	0.15	0.20	0.30	0.40
液化判别标准贯入试验锤击数基准值	7	10	12	16	19

注:1. 试验时应确保孔底不扰动、不涌砂情况下采用自动落锤法,试验孔的数量可按控制孔数确定,但单幢建筑物不得少于3个试验孔,且每层土的试验点数不宜少于6个。

2. 在可能液化土层中,标准贯入点沿钻孔深度方向间距一般为1~1.5m。

3. 黏粒含量为采用六偏磷酸钠分散剂测定,否则应换算。

7.5.7.4 液化指数及液化等级

对存在液化土层的地基应按下式进行液化指数计算,然后按表7.5.8划分液化等级。

$$I_{lE}=\sum_{i=1}^{n}\left(1-\frac{N_i}{N_{cri}}\right)d_iW_i \quad (7.5.7)$$

式中,I_{lE} 为液化指数,无量纲;n 为在判别深度范围内每一个钻孔标准贯入试验点的总数;N_i、N_{cri} 为分别为第 i 点标准贯入试验锤击数的实测值和临界值(当实测值大于临界值时应取临界值;当只需要判别15m范围以内的液化时,15m以下的实测值可按临界值采用);d_i

为第 i 点所代表的土层厚度(m),可采用与该标准贯入试验点相邻的上、下两标准贯入试验点深度差的一半,但上界不高于地下水位深度,下界不深于液化深度;W_i 为 i 土层单位土层厚度的层位影响权函数值(单位为 m^{-1}),当该层中点深度不大于 5m 时应采用 10,等于 20m 时应采用零值,5～20m 时应按线性内插法取值。内插法如下:

假设 i 土层的中心深度为 x(m),当判别 20m 深度时,按照示意图 7.5.1 中的小三角形和大三角形相似时其边长成正比的原理,得

$$\frac{W_i}{10} = \frac{20-x}{20-5} \quad \text{简化后得} \quad W_i = \frac{10}{15}(20-x) \tag{7.5.8}$$

同理,当判别深度为 15m 时,有

$$\frac{W_i}{10} = \frac{15-x}{15-5} \quad \text{简化后得} \quad W_i = 15-x \tag{7.5.9}$$

表 7.5.8 液化等级与液化指数的对应关系

液化等级	轻微	中等	严重
液化指数 I_{lE}	$0 < I_{lE} \leq 6$	$6 < I_{lE} \leq 18$	$I_{lE} > 18$

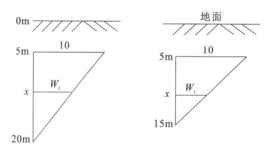

图 7.5.1 判别深度分别为 20m、15m 时层位影响权函数值的线性插值方法示意图

液化指数综合反映了 20m(或 15m)深度内各可液化土层的易液化性和各可液化土层的厚度及所处深度的影响,液化土层与基础的距离越近,土的液化对建筑物的影响越大(表现为其层位影响权函数值越大)。液化指数是判定砂土层或粉土层的液化等级以选定相应抗液化措施的一个重要指标。不同液化等级的表现及对建筑物的危害情况见表 7.5.9。

表 7.5.9 不同液化等级的危害程度

液化等级	地面喷水冒砂情况	对建筑物的危害情况
轻微	地面无喷水冒砂,或仅在洼地、河边有零星的喷水冒砂点	危害性小,一般不造成明显的震害
中等	喷水冒砂的可能性大,从轻微到严重均有,多数为中等	危害性较大,可造成不均匀沉陷和开裂,有时不均匀沉陷可达 200mm
严重	喷水冒砂很严重,地面变形很明显	危害性大,不均匀沉陷可能大于 200mm,高重心结构可能产生不允许的倾斜

7.5.7.5 液化判定深度的规定

《建筑抗震设计规范》(GB 50011—2010)(2016年版)第4.3.4条规定:需要进行液化复判时,一般需判别20m深度范围内土的液化,但对于以下建筑,可只判别地下15m范围内土的液化。

(1)可不进行上部结构抗震验算的建筑。

(2)地基主要受力层范围内不存在软弱黏土层的下列建筑:①一般的单层厂房和单层空旷房屋;②砌体房屋;③不超过8层且高度在24m以下的一般民用框架和框架-抗震墙房屋;④基础荷载与③相当的多层框架厂房和多层混凝土抗震墙房屋。

注:此处的软弱黏土层是指在地震烈度7度、8度、9度时,地基承载力特征值分别小于80kPa、100kPa、120kPa。

7.5.7.6 抗液化措施

地基抗液化措施应根据建筑物的重要性、地基的液化等级,结合具体情况综合确定。当液化砂土层、粉土层较平坦且均匀时,可按表7.5.10选用地基抗液化措施。不宜将未经处理的液化土层作为天然地基持力层。

表 7.5.10 抗液化措施

建筑抗震设防类别	地基的液化等级		
	轻微	中等	严重
乙类	部分消除液化沉陷,或对基础和上部结构处理	全部消除液化沉陷,或部分消除液化沉陷且对基础和上部结构处理	全部消除液化沉陷
丙类	对基础和上部结构处理,亦可不采取措施	对基础和上部结构处理,或更高要求的措施	全部消除液化沉陷,或部分消除液化沉陷且对基础和上部结构处理
丁类	可不采取措施	可不采取措施	对基础和上部结构处理,或其他经济的措施

注:甲类建筑的地基抗液化措施应进行专门研究,但不宜低于乙类的相应要求。

此外,建筑物应避开古河道、暗沟坑边缘地带、坡地的半挖半填地段,如不能避开则应采取相应的适当措施。

建筑物亦应避开地震时可能导致滑移或地裂的临近河岸、海岸和边坡及古河道边缘地段,如不能避开,则应进行抗滑动验算、采取防土体滑动措施或结构抗裂措施。

1. 全部消除地基液化沉陷措施

(1)用桩基,桩端伸入液化深度以下稳定土层中的长度(不包括桩尖部分),应按计算确定,且对碎石土,砾、粗、中砂,坚硬黏性土和密实粉土尚不应小于0.8m,对其他非岩石土尚不宜小于1.5m。

(2)采用深基础时,基础底面应埋入非液化深度以下稳定土层中,其深度不应小于

0.5m；对甲类建筑物基础，可采用地下连续墙或板桩等围封，但应深至不透水的坚硬土层。

(3)采用加密法(如振冲、振动加密、挤密碎石桩、强夯等)加固时，应处理至液化深度下界；振冲或挤密碎石桩加固后，桩间土的标准贯入试验锤击数不宜小于液化判别标准贯入试验锤击数临界值。

(4)用非液化土替换全部液化土层，或增加上覆非液化土层的厚度。

(5)采用加密法或换土法处理时，在基础边缘以外的处理宽度，应超过基础底面下处理深度的1/2且不小于基础宽度的1/5。

2. 部分消除地基液化措施

(1)处理深度应使处理后的地基液化指数减少，其值不宜大于5；大面积筏基、箱基的中心区域，处理后的液化指数可比上述规定降低1；对独立基础和条形基础，尚不应小于基础底面下液化土特征深度和基础宽度的较大值。中心区域指位于基础外边界以内沿长宽方向距外边界大于相应方向1/4长度的区域。

(2)采用振冲或挤密碎石桩加固后，桩间土的标准贯入试验锤击数不宜小于液化判别标准贯入试验锤击数临界值。

(3)采取减小液化震陷的其他方法，如增厚上覆非液化土层的厚度和改善周边的排水条件等。

3. 减轻液化影响的基础和上部结构处理措施

(1)选择合适的基础埋置深度，使基础至液化土层上界的距离不小于3m。

(2)调整基础底面积，减少基础偏心。

(3)加强基础的整体性和刚度，如采用箱基、筏基或钢筋混凝土十字形基础。加设基础圈梁、基础系梁等。

(4)减轻荷载，增强上部结构整体刚度和均匀对称性。合理设置沉降缝，避免采用对不均匀沉降敏感的结构；管道穿过建筑处应预留足够尺寸或采用柔性接头等。

7.5.8 震陷的机理及判别方法

对于震陷的机制目前有两种说法：一是认为地基土在地震作用下，由于强度的降低而产生下沉；二是地震作用下，土的塑性区扩大而产生下沉。

软土的震陷与否可依据以下3点来判定：

(1)当地基承载力标准值 f_{ak} 或平均剪切波速值大于表7.5.11所列数据时，可不考虑震陷影响，否则应采用合理方法综合评价。

表7.5.11 震陷发生的临界承载力标准值与平均剪切波速

抗震设防烈度	7度	8度	9度
承载力标准值 f_{ak}/kPa	>80	>130	>160
平均剪切波速/(m·s^{-1})	>90	>140	>200

(2)基础埋深 $d<2m$ 的6层以下建筑物和荷载相当的工业厂房，在地震烈度为7度时，

可不考虑震陷问题或满足表 7.5.12 任一条件时,也可不考虑震陷影响。

表 7.5.12 不考虑软土震陷影响的条件

设防烈度	地基承载力标准值/kPa	上覆非软弱土层厚度/m	软弱土层厚度/m	平均剪切波速 $v_{sm}/(m·s^{-1})$
8 度	≥80	≥10	≤5	≥120
9 度	≥100	≥15	≤2	≥150

(3)当地震烈度为 8 度(0.30g)和 9 度时,若塑性指数小于 15 且符合下式规定的饱和粉质黏土可判为震陷性软土。

$$w_s \geq 0.9 w_L \tag{7.5.10}$$
$$I_L \geq 0.75 \tag{7.5.11}$$

式中,w_s 为天然含水量;w_L 为液限,采用液、塑限联合测定法测定;I_L 为液性指数。

[例题 1] 某建筑场地的土层分布及实测剪切波速如下表所示,请判别该场地的类别。

层序	岩土名称	层厚/m	层底深度/m	实测剪切波速/(m·s^{-1})
1	填土	2.0	2.0	150
2	粉质黏土	3.0	5.0	200
3	淤泥质粉质黏土	5.0	10.0	100
4	残积粉质黏土	5.0	15.0	300
5	花岗岩孤石	2.0	17.0	600
6	残积粉质黏土	8.0	25.0	300
7	风化花岗岩	未揭穿	未揭穿	>500

解:根据各土层实测剪切波速 v_{si} 值,可判断本场地第四系覆盖层厚度为 25m。等效剪切波速的计算深度 d_0 取覆盖层厚度和 20m 二者中的较小者(故取 20m),同时 v_s>500m/s 的孤石应视同周围土层。故

$$v_{se} = \sum_{i=1}^{n} \frac{d_0}{d_i/v_{si}} = \frac{20}{\frac{2}{150} + \frac{3}{200} + \frac{5}{100} + \frac{5}{300} + \frac{5}{300}} = \frac{20}{0.112} = 178.6(m/s)$$

查表 7.5.4 知,该场地为 Ⅱ 类场地。

[例题 2] 某场地设计基本地震烈度加速度为 0.15g,设计地震分组为第一组,地下水位深度 2.0m,地层分布和标准贯入点深度及锤击数见下表。请按《建筑抗震设计规范》(GB 50011—2010)(2016 年版)进行液化等级判定。

土层序号	土层名称	层底深度/m	标贯深度/m	实测锤击数 N
①	填土	2.0		
②-1	粉土(黏粒含量6%)	8.0	4.0	5
②-2			6.0	6
③-1	粉细砂	15.0	9.0	12
③-2			12.0	18
④	中粗砂	20.0	16.0	24
⑤	卵石			

解：第1步：进行液化初判。因地下水位埋深为2.0m，故①层填土位于包气带，非饱和土层不会液化；其次⑤卵石层是碎石土，也不会液化。

第2步：对于初判不能排除的层位，进行逐点液化判别，并计算各分层的标准贯入试验锤击数临界值 N_{cri}。

按题意，本场地设计基本地震加速度为0.15g，根据表7.5.7，本场地的标准贯入试验锤击数基准值 $N_0=10$；因本场地的设计地震分组为第一组，则 $\beta=0.8$；又据题意知，本场地的地下水位埋深 $d_w=2.0$m，按式(7.5.6)求各点标准贯入试验锤击数临界值 N_{cri} 的方法如下。

第1个标贯点(4.0m处)：

$$N_{cr1}=N_0\beta[\ln(0.6d_s+1.5)-0.1d_w]\sqrt{3/\rho_c}$$
$$=10\times0.8[\ln(0.6\times4.0+1.5)-0.1\times2.0]\sqrt{3/6}=6.57>5，判定为液化。$$

同理，可求第2个标贯点(6.0m处)的 $N_{cr2}=8.09$，因其实测标准贯入试验锤击数为6击<临界值8.09，亦判定为液化层。

第3个标贯点(9.0m处)：

$$N_{cr3}=N_0\beta[\ln(0.6d_s+1.5)-0.1d_w]\sqrt{3/\rho_c}$$
$$=10\times0.8[\ln(0.6\times9.0+1.5)-0.1\times2.0]\sqrt{3/3}=13.85>12，判定为液化。$$

同理，可求第4个标贯点(12.0m处)的 $N_{cr4}=15.71$，因其实测标准贯入试验锤击数18击>临界值15.71，判定为不液化层。

第5个标贯点(16.0m处)：同理可求得 $N_{cr5}=17.66<$实测锤击数24，判定为不液化层。

第3步：计算各液化分土层的厚度 d_i、分层中点深度和层位影响权函数值 W_i。

②-1分层：其层位深度为2.0~5.0m(取标贯点4m和6m的中间位置5m作为上下两分层的界线)，故分层的厚度 $d_2=5.0-2.0=3.0$(m)，该分层的中点埋深为3.5m(取2m和5m的平均值)。因分层的中点埋深(3.5m)小于5m，故其层位影响权函数值 $W_1=10$m^{-1}。

②-2分层：其层位深度为5.0~8.0m，该分层的厚度 $d_2=8.0-5.0=3.0$(m)，该分层的中点埋深为6.5m(5m和8m的平均值)。据式(7.5.8)，其层位影响权函数值按下式求出。

$$W_2=\frac{10}{15}\times(20-6.5)=9.0(m^{-1}) \quad (判定深度按20m)$$

③-1分层:其层位深度为8.0～10.5m(取标贯点9m和12m的中间位置10.5m作为③-1和③-2两分层的界线),该分层的厚度$d_2=10.5-8.0=2.5(m)$,该分层的中点埋深为9.25m(8m和10.5m的平均值)。则其层位影响权函数值按下式求出。

$$W_3 = \frac{10}{15} \times (20 - 9.25) = 7.17(m^{-1}) \quad (判定深度按20m)$$

第4步:求液化指数。按下式进行。

$$I_{lE} = \sum_{i=1}^{n} \left(1 - \frac{N_i}{N_{cri}}\right) d_i W_i$$

$$= \left(1 - \frac{5}{6.57}\right) \times 3 \times 10 + \left(1 - \frac{6}{8.09}\right) \times 3 \times 9 + \left(1 - \frac{12}{13.85}\right) \times 2.5 \times 7.17$$

$$= 16.5$$

据表7.5.8可查知,该场地的液化等级为"中等"。

本节思考题

一、单项选择题

1. 某场地位于山前河流冲洪积物平原上,土层的变化较大,性质不均匀,局部分析有软弱土和液化土,个别地段边坡在地震时可能发生滑坡,下列哪个选项的考虑是合理的?(　　)

    A. 该场地属于对抗震不利或危险的地段,不宜建造工程,应予避开

    B. 根据工程需要进一步划分对建筑抗震有利、不利或危险地段,并做出综合评价

    C. 严禁建造丙类和丙类以上建筑

    D. 对地震时可能发生滑坡的地段,应进行专门的地震稳定性评价

2. 场地等级判定为严重液化的,正确的抗震措施是(　　)。

    A. 乙、丙、丁类建筑均应采取全部消除液化沉陷的措施

    B. 对乙类建筑除全部消除地基液化沉陷外,尚需对基础及上部结构进行处理

    C. 对乙类建筑只需全部消除地基液化沉陷,不需对上部结构进行处理

    D. 对丙类建筑只需部分消除地基液化沉陷

3. 对场地液化性判定时,下述说法不正确的是(　　)。

    A. 存在饱和砂土和饱和粉土的地区,除了6度及之下需设防外,其他均需进行液化判别

    B. 对初判为液化的土层,可采用标准贯入试验等方法进一步进行液化复判

    C. 当采用标准贯入试验进行液化判别时,应对锤击数进行杆长校正

    D. 对存在液化土层的地基,应进行液化等级判定

二、多项选择题(少选、多选、错选均不得分)

1. 按《建筑抗震设计规范》(GB 50011—2010)(2016年版),当场地内存在发震断裂时,下列情况中可忽略发震断裂错动对地面建筑的影响的是(　　)。

    A. 抗震设防烈度小于8度　　　　　　B. 非全新世活动断裂

    C. 抗震设防烈度为8度时,前第四纪基岩隐伏断裂的土层覆盖厚度大于60m

    D. 抗震设防烈度为9度时,前第四纪基岩隐伏断裂的土层覆盖厚度大于60m

2. 按照《建筑抗震设计规范》(GB 50011—2010)(2016年版),选择建设场地时,下列哪些场地属于抗震危险地段?(　　)
   A. 可能发生地陷的地段　　　　　　B. 液化指数等于12的地段
   C. 可能发生地裂的地段　　　　　　D. 高耸孤立的山丘
3. 对于饱和砂土和饱和粉土的液化判别,下列(　　)选项的说法是不正确的。
   A. 液化土特征深度越大,液化的可能性就越大
   B. 基础的埋置深度越小,液化的可能性就越大
   C. 地下水位埋深越浅,液化的可能性就越大
   D. 同样的标准贯入试验锤击数实测值,粉土的液化可能性比砂土的大
4. 关于饱和砂土的液化机理,下列说法中正确的是(　　)。
   A. 如果振动作用的强度不足以破坏砂土的结构,液化不发生
   B. 如果振动作用的强度足以破坏砂土结构,液化也不一定发生
   C. 砂土液化时,砂土的有效内摩擦角将降低到零
   D. 砂土液化以后,砂土将变得更松散
5. 在采用标准贯入试验进一步判别地面下20m深度范围内的土层液化时,下列(　　)选项的说法是正确的。
   A. 地震烈度越高,液化判别标准贯入试验锤击数临界值也就越大
   B. 设计近震场地的标准贯入试验锤击数临界值总是比设计远震的临界值更大
   C. 标准贯入试验锤击数临界值总是随地下水位深度的增大而减少
   D. 标准贯入试验锤击数临界值总随标准贯入试验深度增大而增大
6. 某建筑场地为严重液化土,下列选项中(　　)是正确的。
   A. 场地液化指数 $I_{lE}=18$　　　　　B. 场地液化指数 $I_{lE}>18$
   C. 出现严重喷水、冒砂及地面变形　　D. 不均匀沉陷可能大于20cm

三、计算题

1. 某建筑场地的土层条件及测试数据如下表所示,请判断该场地的类别。

土层名称	层底深度/m	剪切波速/(m·s^{-1})	土层名称	层底深度/m	剪切波速/(m·s^{-1})
填土	1.0	90	细砂	16.0	420
粉质黏土	3.0	180	粉土	20	440
淤泥质黏土	11.0	110	基岩	>25	>500

2. 某建筑场地抗震设防烈度为7度,地下水位埋深为 $d_w=5.0m$,土层分布如下表所示,拟采用天然地基,按照液化初判条件,建筑物基础埋置深度 d_b 最深不能超过多大临界深度时,方可不考虑饱和粉砂的液化影响?

土层	①粉质黏土 Qh^{al+pl}	②淤泥 Qh^{al}	③黏土 Qh^{al}	④粉砂 Qh^{al}
层底深度/m	6.0	9.0	10.0	未揭穿

3. 某钻孔的剪切波速 v_s 的测试资料如下表,求:(1)场地的覆盖层厚度;(2)场地的等效剪切波速;(3)判定场地类别。

土层	①杂填土	②砂黏	③火山硬夹层	④砂黏	⑤残积黏土	⑥含砾黏土	⑦花岗岩
层底深度/m	2.70	5.50	7.65	12.65	18.00	30.7	>30.7
层厚/m	2.70	2.80	2.15	5.00	5.35	12.7	
$v_s/(m \cdot s^{-1})$	160	160	760	160	280	380	750

4. 在地震烈度为 8 度的场地修建采用天然地基的住宅楼,设计时需要对埋藏于非液化土层之下的厚层砂土进行液化判别。下面哪个选项的组合条件可初判为不考虑液化影响?

A. 上覆非液化土层厚 5m,地下水位埋深 5m,基础埋深 1.6m

B. 上覆非液化土层厚 7m,地下水位埋深 4m,基础埋深 1.7m

C. 上覆非液化土层厚 7m,地下水位埋深 5m,基础埋深 1.8m

D. 上覆非液化土层厚 5m,地下水位埋深 3.5m,基础埋深 2.2m

5. 某一 4 层建筑物(独立基础)建于天然地基上,基底埋深 3.0m,地下水位埋深 6.0m。该地区的基本地震加速度为 0.20g,设计地震分组为第一组,为判定液化等级而进行了标贯试验,结果如右图所示。试计算液化指数并判定场地的液化等级。

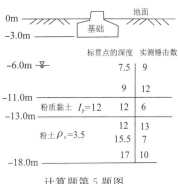

计算题第 5 题图

7.6 地面沉降

地面沉降是一种环境地质灾害,能够造成地面下沉的原因很多,如构造运动使得区域性地壳下沉,或气候变暖导致海水面上升(陆地则相对下降)。但工程地质勘察所研究的地面沉降仅限于因人为开采地下水、石油、天然气而造成的地层压密所致的区域性地面下沉。本节仅针对人为抽取地下水引起的大面积地面沉降的工程地质勘察。

地面沉降造成的损失主要表现在以下方面:①沿海地区的地面沉降使地面低于海面,造成海水入侵;②造成沿海城市排水系统失效,防汛能力降低;③不均匀沉降会导致地表建筑物地基不均匀下沉、基础开裂而受破坏;④造成地下建筑向水井、油井倾斜,甚至拉裂破坏,还对大量线状工程如铁路、输水输油管线、桥梁、通信线路等造成弯曲、折断性破坏;⑤一些港口城市,由于码头、堤岸的沉降而丧失或降低了港湾设施的能力。

7.6.1 抽水导致地面沉降的机理

抽取地下水,会引起地下水水位的下降。根据太沙基有效应力原理($\sigma = u + p$),当地下水位下降(即孔隙水压力 u 减少),而作用于相对隔水层中的黏土层的总应力(σ)近似保持不变,原本由孔隙水承担的部分压力(u)就转移给固体颗粒来承担(使有效应力 p 增大),从而导致土层被压密,地表随之沉降。

(1)砂层的变形:孔隙水压力(u)减少,有效应力增加,将会使砂土发生近弹性压缩变形,是可逆的变形。

(2)黏性土层的变形:对于饱和细粒土层(粉土、黏性土),在外力的作用下发生压缩变形(包括弹性变形和固结变形)。变形的原因主要是土中的孔隙水被挤出,同时土骨架也被压缩。骨架的压缩变形是可逆的弹性变形,而孔隙水被挤出则为不可逆的永久变形(固结变形)。因细粒土的渗透性差,孔隙水被挤出的过程(固结变形)是缓慢的。

当地下水位下降 1m 时,土中的孔隙水压力将减少:

$$\Delta u = \gamma_w h = 10\text{kN/m}^3 \times 1\text{m} = 10\text{kPa} = 0.01\text{MPa}$$

由于总应力不变,故土层有效应力会增加:$\Delta p = 0.01$MPa。相反,当地下水位上升1.0m,土层的有效应力就会减少 0.01MPa。

7.6.2 地面沉降的计算

7.6.2.1 分层总和法

砂层:
$$S_\infty = \frac{\Delta p H}{E} \tag{7.6.1}$$

黏性土或粉土:
$$S_\infty = \frac{\alpha_v}{1+e_0} \Delta p H \tag{7.6.2}$$

式中,Δp 为地下水水位升降导致的土层有效应力变化值(MPa);H 为计算土层厚度(mm);E 为砂土的弹性模量,压缩时为 E_c(MPa),回弹时为 E_s(MPa);S_∞ 为土层最终沉降量(mm);e_0 为土层的初始孔隙比;α_v 为黏性土或粉土的竖向压缩系数或回弹系数(MPa^{-1})。

地面总沉降量等于地下各土层沉降量之和,即

$$S = \sum_{i=1}^{n} S_i \tag{7.6.3}$$

7.6.2.2 单位变形量法

以已有的地面沉降实测资料为依据,计算在某一特定时段(水位上升或下降)内,含水层水头每变化 1m 时地表相应的变形量,称为单位变形量法。可按下式进行计算。

水位上升:
$$I_s = \frac{\Delta S_s}{\Delta h_s} \tag{7.6.4}$$

水位下降:
$$I_c = \frac{\Delta S_c}{\Delta h_c} \tag{7.6.5}$$

式中,I_s,I_c 分别为水位上升、下降期的单位变形量(mm/m);Δh_s,Δh_c 分别为同期水位上升、下降的幅度(m);ΔS_s,ΔS_c 分别为相应于该水位变幅下土层的变形量(mm)。

为反映地质条件和土层厚度与 I_s、I_c 参数的关系,将上述单位变形量除以土层的厚度 H(mm),称为该土层的比单位变形量。按下列公式计算。

水位上升:
$$I'_s = \frac{I_s}{H} = \frac{\Delta S_s}{\Delta h_s H} \tag{7.6.6}$$

水位下降：
$$I'_c = \frac{I_c}{H} = \frac{\Delta S_c}{\Delta h_c H} \tag{7.6.7}$$

式中，I'_s，I'_c 分别为水位上升、下降的比单位变形量（mm/m²）。

在已知预期的水位升幅和土层厚度的情况下，预测地表回弹量或沉降量按下式计算。

地表回弹预测：
$$S_s = I_s \cdot \Delta h = I'_s \cdot \Delta h H \tag{7.6.8}$$

地表沉降预测：
$$S_c = I_c \cdot \Delta h = I'_c \cdot \Delta h H \tag{7.6.9}$$

式中，S_s，S_c 分别为水位上升或下降 Δh（m）、土层厚度为 H（m）时预测的地表上升或下降量（mm）。

7.6.2.3 黏性土固结过程计算

在水位升降已经稳定的条件下，黏土层变形量与时间变化关系可用下列公式计算。

$$S_t = S_\infty \cdot U \tag{7.6.10}$$

固结度：
$$U \approx 1 - 0.8 e^{-N} \tag{7.6.11}$$

$$N = \frac{\pi^2 C_v}{4H^2} t \tag{7.6.12}$$

式中，S_∞ 为最终变形量（mm），按式(7.6.2)求得；S_t 为地下水位升降稳定 t 月后黏土层的变形量（mm）；U 为固结度（%）；t 为时间（月）；N 为时间因素；C_v 为固结系数（m²/月）；H 为土层的计算厚度（m），两面排水时取实际厚度的1/2。

7.6.3 地面沉降工程地质勘察要点

7.6.3.1 地面沉降勘察的目的和任务

（1）对已发生地面沉降的地区，应查明其原因和现状，并预测其发展趋势，提出控制和治理方案。

（2）对可能发生地面沉降的地区，应预测发生的可能性，并对可能的沉降层位做出估计，对沉降量进行估算，提出预防和控制地面沉降的建议。

7.6.3.2 对地面沉降原因的调查

（1）场地的地貌和微地貌。

（2）第四纪堆积物的年代、成因、厚度、埋藏条件和土性特征，硬土层和软弱压缩层的分布。

（3）地下水位以下可压缩层的固结状态和变形参数。

（4）含水层和隔水层的埋藏条件和承压性质，含水层的渗透系数、单位涌水量等水文地质参数值。

（5）地下水的补给、径流、排泄条件，含水层之间或地下水与地表水之间的水力联系。

（6）历年地下水位、水头的变化幅度和速率。

（7）历年地下水的开采量和回灌量，开采或回灌的层段。

（8）地下水位下降漏斗及回灌时地下水反漏斗的形成和发展过程。

7.6.3.3 对地面沉降现状的调查

（1）用精密水准测量仪器进行长期观测，并按不同的结构单元设置高程基准标、地面沉降标和分层沉降标。

(2)对地下水的水位升降、开采量和回灌量,化学成分,污染情况和孔隙水压力消散、增长情况进行观测。

(3)调查地面沉降对建筑物的影响,包括建筑物的沉降、倾斜、裂缝及其发生时间和发展过程。

(4)绘制不同时间的地面沉降等值线图,并分析地面沉降中心与地下水位下降漏斗的关系及地面回弹与地下水位反漏斗的关系。

(5)绘制以地面沉降为特征的工程地质分区图。

7.6.3.4 勘察技术与方法

(1)工程地质测绘与调查。

(2)精密水准监测:需设置高程基准标、地面沉降标、分层沉降标。

(3)勘探、鉴别土层及取样。

(4)土工试验和原位测试:包括颗分、含水量、重度、土的相对密度、液限、塑限、c、φ、孔隙比、压缩系数、压缩模量等。

7.6.4 地面沉降的治理与控制措施

(1)对已发生地面沉降的地区,可根据工程地质和水文地质条件,建议采取下列控制和治理方案:

①减少地下水开采量和水位降深,调整开采层次,合理开发地下水资源。当地面沉降发展剧烈时,应暂时停止开采地下水。

②对地下水进行人工补给。回灌时应控制回灌水源的水质标准,防止地下水被污染。

③限制工程建设中的人工降低地下水位。

(2)对可能发生地面沉降的地区,应预测地面沉降的可能性和估算沉降量,并可采取下列预测和防治措施:

①根据场地工程地质、水文地质条件,预测可压缩层的分布。

②根据抽水压密试验、渗透试验、先期固结压力试验、流变试验、载荷试验等的测试成果和沉降观测资料,计算分析地面沉降量和发展趋势。

③提出合理开采地下水资源,限制人工降低地下水位及在地面沉降区内进行工程建设。

[**例题1**] 存在大面积地面沉降的某市,其地下水位下降平均速率为1m/a,现地下水位在地面下5m处,其地层结构及参数见下表,试用分层总和法预测今后15年内地面总沉降量。

层序	土层名称	层厚/m	孔隙比e	压缩模量/MPa
1	粉质黏土	8	0.75	5.2
2	粉土	7	0.65	6.7
3	细砂	18	0.50	12(弹性模量)
4	岩石			

解：先考察几个重要节点处的有效应力变化情况。

(1)深度 5m 处：现在压强水头为 0(与水位线齐平)；未来 15 年后水位降落至 20m 深度时此处的压强水头亦为 0(变为包气带)，故此处在水位降落前后的变幅 $\Delta u=0$，相应地，此处有效应力变幅 $\Delta p=0$。

(2)深度 8m 处：现在的压强水头为 3m(8－5＝3)，未来 15 年后水位降落至 20m 深度时此处压强水头为 0(变为包气带)，故此处在水位降落前后的有效应力变幅为 $\Delta p=0.03$ MPa。

(3)深度 15m 处：水位降落前，压强水头为 10m(15－5＝10)，水位降落后压强水头为 0(此处变为非饱和带)，故此处在水位降落前后的有效应力变幅为 $\Delta p=0.10$ MPa。

(4)深度 20m 处：现压强水头为 15m(20－5＝15)，15 年后此处压强水头为 0(与未来水位线齐平)，故此处在水位降落前后的有效应力变幅为 $\Delta p=0.15$ MPa。

(5)深度 33m 处：现在的压强水头为 28m(33－5＝28)，水位降落后压强水头为 13m(33－20＝13)，故此处在水位降落前后有效应力的变幅为 $\Delta p=0.28$ MPa－0.13 MPa＝0.15 MPa。

把以上各节点在水位下降前后的有效应力变化情况绘制成下图。根据图示，应分为 4 个计算分层(①为三角形，②为梯形，③-1 为梯形，③-2 为长方形)。

①层(深度 5～8m)：厚度 $H=3$m＝3000mm，该分层的有效应力的变化值呈线性变化，故可用顶、底板的 Δp 值的平均值作为整个分层有效应力变化的平均值，即分层 $\Delta p=(0+0.03)/2$ MPa＝0.015 MPa。则①分层的沉降量为

$$S_1=\frac{\alpha_v}{1+e_0}\Delta p H=\frac{\Delta p H}{E_s}=\frac{0.015\times 3000}{5.2}=8.65(\text{mm})$$

②层(8～15m)：厚度 $H=7$m，顶 $\Delta p=0.03$ MPa，底 $\Delta p=0.10$ MPa，分层平均值 $\Delta p=(0.03+0.10)/2$ MPa＝0.065 MPa。

$$S_2=\frac{\Delta p H}{E_s}=\frac{0.065\times 7000}{6.7}=67.91(\text{mm})$$

③-1 层(15～20m)：厚度 $H=5$m，顶 $\Delta p=0.1$ MPa，底 $\Delta p=0.15$ MPa，分层平均值 $\Delta p=(0.10+0.15)/2$ MPa＝0.125 MPa。

$$S_{3-1}=\frac{\Delta p H}{E}=\frac{0.125\times 5000}{12}=52.08(\text{mm})$$

③-2 层(20～33m)：顶 $\Delta p=0.15$ MPa，底 $\Delta p=0.15$ MPa，分层平均值 $\Delta p=0.15$ MPa。

$$S_{3-2}=\frac{\Delta p H}{E}=\frac{0.15\times 13\,000}{12}=162.50(\text{mm})$$

则总沉降量为 $S=8.65+67.91+52.08+162.50=291.14(\text{mm})$

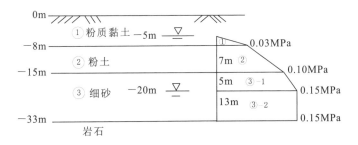

本节思考题

一、单项选择题

《岩土工程勘察规范》(GB 50021—2001)(2009 年版)中讲的地面沉降是指(　　)。

A. 油田开采时引起的地面沉降

B. 采砂引起的地面沉降

C. 抽吸地下水引起水位或水压下降而引起的地面沉降

D. 建筑群中地基附加应力引起的地面沉降

二、多项选择题(少选、多选、错选均不得分)

对已发生地面沉降的地区进行控制和治理,下列(　　)是可采用的方案。

A. 减少或暂停地下水的开采　　　　B. 地下水从浅层转至深层开采

C. 暂停大范围的建设,特别是高层建筑物群的建设

D. 对地下水进行人工补给

三、计算题

1. 以厚层黏性土组成的冲积相地层,由于大量抽吸地下水引起大面积地面沉降。经 10 年观测,地面总沉降量达 1200mm,从地面下深度 50m 处以下沉降观测标未发生沉降,在此期间,地下水位深度由 5m 下降到 30m。问该黏性土地层的平均压缩模量为多少?

2. 如右图所示,当地下水位下降 3.0m 后,地面沉降量为多少?

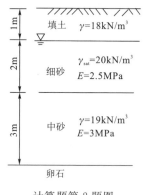

计算题第 2 题图

7.7 采空区

7.7.1 采空区的概念及其产生的工程地质问题

人类采掘地下而在地下留下的空间称为地下采空区。根据开采现状,可分为老采空区、现采空区、未来采空区。老采空区是目前已完成挖掘的采空区;现采空区是目前还在挖掘过程中的采空区;未来采空区是指地下有矿(煤矿、金属矿床、非金属矿床)储存,现尚未开采但未来会开采的地区。

采空区的工程地质问题:当采空区的空间位置很浅或尺寸很大时,其围岩的变形破坏往往涉及地表,使地面发生沉降,形成地表移动盆地,甚至出现崩陷和裂缝。

采空区会引起上覆岩层的变形和破坏,通常有明显分带性(图 7.7.1)。

Ⅰ. 冒落带:紧靠矿体上方,覆盖岩层由于破碎而冒落的区域。冒落岩石破碎松散,体积增大,冒落岩块填满空间后,冒落过程也就结束。据观测资料,冒落的高度与采空高度及岩石重力密度有关,一般为采空高度的 2~6 倍。

Ⅱ. 裂隙带:位于冒落带的上方,也称"充分采动区"。

Ⅲ. 弯曲带:裂隙带以上至地表,岩土层发生向下弯曲变形。

由于采空区大小、采出厚度(采空高度)及埋深的不同,上述 3 带不一定都同时存在。

7.7.2 采空区的变形特征及特征指标

7.7.2.1 采空区的变形特征

当地下的挖掘影响到地表后,在地下采空区的上方将形成一个凹陷的盆地,称为地表移动盆地,一般以地表下沉 10mm 为标准圈定其范围。地表移动盆地的范围一般要比采空区的大得多,见图 7.7.2。

发育完全的地表移动盆地可分为 3 个区:①中间区。一般无裂缝,但下沉量最大。②内边缘区。即挤压变形区,其地表下沉不均匀,一般不出现明显裂缝。③外边缘区。即拉伸变形区,其地表下沉不均匀,常出现张裂缝。

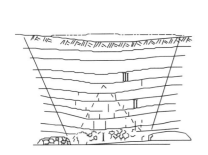

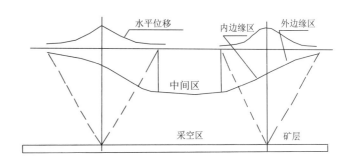

图 7.7.1 采空区上覆岩层的变形与错动分带　　图 7.7.2 采空区地表移动分区示意图

7.7.2.2 衡量采空区变形的特征指标

如图 7.7.3 所示,设 A'、B' 分别为 A、B 移动后的位置,则:

(1)垂直位移(下沉)W 是指盆地内任一点铅直方向的位移分量(mm)。

(2)水平移动 U 是指盆地内任一点的水平位移分量(mm)。

(3)倾斜 i 是指任意两点之间的沉降差 ΔW 与两点间的水平距离之比(mm/m)。

$$i = \frac{W_A - W_B}{L_{AB}} = \frac{\Delta W}{L_{AB}} \quad (7.7.1)$$

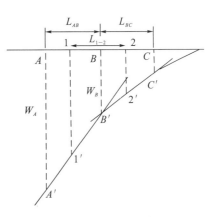

图 7.7.3 倾斜变形示意图

(4)曲率 K 是指任意一点处的平均倾斜变化率(mm/m²),按下式求得。

$$K_B = \frac{i_{AB} - i_{BC}}{L_{1-2}} = \frac{\Delta i}{L_{1-2}} \quad (7.7.2)$$

负曲率即地表下凹作用,会使建筑物中央部分悬空,如果建筑物长度过大,则在重力作用下,建筑物将会从底部断裂。反之,正曲率(地表上凸)作用,会使建筑物两端悬空,也使建筑物开裂破坏。

(5)水平变形ε是指地表水平伸张或压缩量(mm/m)。可用任意两点的水平位移之差与该两点之间的水平距离之比求得。

$$\varepsilon = \frac{U_A - U_B}{L_{AB}} \tag{7.7.3}$$

7.7.3 影响地表变形的因素

采空区地表变形的影响因素较多,在分析时应综合考虑,同时应注意它们之间的相互制约和作用关系。影响因素大致有以下几个方面。

1)矿层因素

(1)矿层埋深越大(即开采深度越大),变形扩展到地面所需的时间则越长,地表变形值越小,变形越平缓,但地表移动盆地的范围增大。

(2)矿层厚度大,采空的空间大,会促使地表变形值增大。

(3)矿层倾角越大,使水平移动值增大,地表出现裂缝的可能性增加,盆地和采空区位置也越不相对称。

2)岩性因素

(1)采空区上覆岩层强度高,分层厚度大时,地表变形面积就大,破坏过程所需的时间就长。厚度大的坚硬岩层,甚至长期不产生地表变形。强度低、分层薄的岩层,常产生较大的地表变形,且速度快,变形均匀,地表一般不出现裂缝。脆性岩层地表易产生裂缝。

(2)厚的、塑性大的软弱岩层覆盖于硬脆的岩层上时,后者产生变形会被前者缓冲或掩盖,使地表变形平缓;反之,上覆软弱岩层较薄,则地表变形会加快并出现裂缝;岩层软硬相间,且倾角较陡时,岩层接触处常出现层离现象。

(3)第四系覆盖厚度愈大,则地表变形值增大,但变形平缓均匀。

3)地质构造因素

(1)岩层节理裂隙发育,会促使变形加快,变形范围增大,扩大地表裂缝区。

(2)断层往往会破坏地表移动的正常规律,改变移动盆地的大小和位置,同时断层带上的地表变形会更加剧。

4)地下水因素

地下水活动会加快岩层(特别抗水性弱的岩层)的变形速度,扩大地表的变形范围,增大地表变形值。

5)开采条件因素

矿层开采和顶板处置方法以及采空区的大小、形状、工作面推进速度等均影响地表变形值、变形速度和变形的形式。有资料表明,以柱房式开采和全部充填处置顶板,对地表变形影响较小。

7.7.4 采空区的勘察要点

(1)勘察目的:地下采空区勘察的目的是查明老采空区的分布范围,预测现采空区和未来采空区的地表变形特征和规律,为建筑工程选址、设计和施工提供可靠的地质和岩土工程资料。

(2)勘察方法:通过资料搜集、地面调查,辅以物探(地震法、电法等)、钻探和地表变形观测等进行。

(3)勘察内容。包括以下几个方面:

①矿区地层岩性、地质构造及水文地质条件。

②矿层的分布、层数、厚度、倾角、埋深及上覆岩层性质。

③开采方法、深度、厚度、顶板管理方法、开采边界及工作面推进方向与速度。

④地表变形特征和分布规律。包括地表陷坑、台阶及裂缝的位置、形状、大小、深度、延伸方向及其与采空区、地质构造、开采边界及工作面推进方向等的关系。

⑤对老采空区应通过调查访问和物探、钻探工作查明采空区的分布范围、采厚、埋深、充填情况和密实程度、开采时间、方式,评价上覆岩层的稳定性,预测残余变形的影响,判定作为建筑场地的适宜性和应采取的措施。

⑥对现采空区和未来采空区,应分析预测地表移动盆地的特征,划分出中间区、内边缘区和外边缘区。计算地表下沉、倾斜、曲率、水平位移和变形等值的大小。根据建筑物的允许变形判断对建筑物的危害程度,提出加固保护措施。

⑦采空区附近的抽、排水情况及对采空区稳定性的影响。

⑧已有建筑的类型、结构及其对地表变形的适宜程度和建筑经验。

⑨建筑场地的地形及地基岩土的物理力学性质。

⑩采空区的物探工作应根据岩土的物性条件和当地经验采用综合物探方法,如地震法、电法等。

⑪钻探工作除满足甲级岩土工程详勘要求外,在异常点可疑部位应加密勘探点,必要时可一桩一孔。

(4)观测工作:观测点间距应大致相等,并可据表7.7.1确定。

表7.7.1 观测点间距表

开采深度 H/m	观测点间距 L/m	开采深度 H/m	观测点间距 L/m
$H<50$	5	$200 \leqslant H<300$	20
$50 \leqslant H<100$	10	$300 \leqslant H<400$	25
$100 \leqslant H<200$	15	$H \geqslant 400$	30

观测周期可据地表变形速度按式(7.7.4)计算,或据开采深度按表7.7.2确定。

$$t=\frac{K \cdot n \cdot \sqrt{2}}{S} \quad (7.7.4)$$

式中,t 为观测周期(月);K 为系数,一般取 2~3;n 为水准测量平均误差(mm);S 为地表变形的月下沉量(mm/月)。

表 7.7.2 观测周期表

开采深度 H/m	观测周期 t	开采深度 H/m	观测周期 t
$H<50$	10 天	$250 \leqslant H<400$	2 个月
$50 \leqslant H<150$	15 天	$400 \leqslant H<600$	3 个月
$150 \leqslant H<250$	1 个月	$H \geqslant 600$	4 个月

在观测地表变形的同时应观测地表裂缝、陷坑、台阶的发展和建筑物的变形情况,地表位移变形观测对现采矿区尤有意义,它可以提供资料、数据对未来地表变形(含未来采空区)进行预测。

(5)对正在开采和将来开采的采空区,应预测其最大变形值。对于缓倾斜(倾角<25°)矿层充分采动时,预测方法可按表 7.7.3 所列公式进行。

表 7.7.3 缓倾斜矿层充分采动时地表移动和变形预测计算公式

指标	最大变形量	任一点(x)的变形量
下沉(W)/mm	$W_{\max} = \eta \cdot m$	$W_{(x)} = \dfrac{W_{\max}}{r} \displaystyle\int_{x}^{\infty} e^{-\pi\left(\frac{x}{r}\right)^2} dx$
倾斜(T)/(mm·m^{-1})	$T_{\max} = \dfrac{W_{\max}}{r}$	$T_{(x)} = \dfrac{W_{\max}}{r} e^{-\pi\left(\frac{x}{r}\right)^2}$
曲率(K)/(mm·m^{-2})	$K_{\max} = \pm 1.52 \dfrac{W_{\max}}{r^2}$	$K_{(x)} = \pm 2\pi \dfrac{W_{\max}}{r^3}\left(\dfrac{x}{r}\right) e^{-\pi\left(\frac{x}{r}\right)^2}$
水平移动(U)/mm	$U_{\max} = b \cdot W_{\max}$	$U_{(x)} = b \cdot W_{\max} \cdot e^{-\pi\left(\frac{x}{r}\right)^2}$
水平应变(ε)/(mm·m^{-1})	$\varepsilon_{\max} = \pm 1.52 b \dfrac{W_{\max}}{r}$	$\varepsilon_{(x)} = \pm 2\pi b \dfrac{W_{\max}}{r}\left(\dfrac{x}{r}\right) \cdot e^{-\pi\left(\frac{x}{r}\right)^2}$

注:η 为下沉系数,与矿层倾角、开采方法和顶板管理方法有关,一般取 0.01~0.95;m 为矿层采出厚度(m);r 为主要影响半径(m),$r = H/\tan\beta$;b 为水平移动系数,取 0.25~0.35;H 为开采深度(m);β 为移动角(主要影响范围角),一般取 $\tan\beta = 1.5~2.5$。

7.7.5 采空区建筑场地的适宜性评价

应据开采情况、移动盆地的特征,将地表移动和变形的大小等划分为不宜建筑场地、较为稳定的场地(需经处理后才能建筑)和相对稳定的场地(不经处理就可以建筑)。

1. 相对稳定的场地

地表变形趋于稳定,且无重复开采可能的地表移动盆地的中间区域,或预测的地表变形小于建筑物的允许变形,即地表倾斜 $i<3$ mm/m、地表曲率 $K<0.2$ mm/m² 及水平变形 $\varepsilon<2$ mm/m 的地段。在这类场地建筑时,不会产生因地表变形而影响建筑物的安全与正常运行,无需特殊的加固和处理。

2. 不宜建筑场地

不宜建筑场地是指预测的变形超过了建筑物的允许变形值,将使建筑物产生严重破坏(达到Ⅳ级即严重损坏),甚至有倒塌的危险。出现以下几种情况之一的场地就属于这类场地。

(1)在开采过程中及以后可能产生台阶、裂缝和塌陷坑等非连续变形的地段。

(2)处于地表移动活跃地段的地段。

(3)特厚煤层和倾角大于 55°的厚煤层露头地段。

(4)地表移动和变形可能引起边坡失稳和山崖崩塌地段。

(5)地下水位深度小于建筑物可能下沉量与基础埋深之和的地段。

(6)地表倾斜 $i>10\mathrm{mm/m}$,或地表曲率 $K>6\mathrm{mm/m^2}$,或地表水平变形值 $\varepsilon>6\mathrm{mm/m}$ 的地段。

3. 较为稳定的场地

介于稳定场地与不稳定场地之间,此类场地为需进行结构加固或地基方面的特殊处理后才能建筑的场地。属于这类场地的情况有:

(1)采空区采深采厚比小于 30 的地段。

(2)预测地表变形值处于下列范围内的地段:地表倾斜 i 为 $3\sim10\mathrm{mm/m}$ 或地表曲率 K 为 $0.2\sim0.6\mathrm{mm/m^2}$,或水平变形 ε 为 $2\sim6\mathrm{mm/m}$。

(3)老采空区可能活化或有较大残余变形影响的地段。

(4)采深采厚比小,但上覆岩层坚硬,并采用非正规方法掘进的地段。

7.7.6 防止地表和建筑物变形措施

1. 开采工艺方面

(1)采用充填法处置顶板,及时全部或两次充填,以减少地表下沉量。

(2)减少开采跨度,或采用条带法开采、柱房式开采,使地表变形不超过建筑物允许变形值。

2. 建筑规划和设计方面

(1)将重要的和体型较复杂的大型建筑优先置于地表变形简单且已趋稳定的盆地中间区,次要的、轻型的建筑可以置于盆地边缘。

(2)建筑物平面形状力求简单,以矩形为主。

(3)建筑物长轴应垂直采掘工作面推进方向,避免斜交导致建筑物受到较大的扭曲变形。

(4)基础底部应位于同一标高和岩性均一的地层上,否则应用沉降缝分开。当基础埋深不一时,应采用台阶而不宜用柱廊和独立柱。

(5)采用混凝土或钢筋混凝土十字交叉条形基础,并在上部结构中设置圈梁和纵横通式对称承重墙,以增加建筑物的整体性和刚度。

7.7.7 小窑采空区的工程地质勘察与评价

7.7.7.1 小窑采空区地表变形特征

小窑一般是手工开采，采空范围小，开采深度浅（多在 50m 以内），平面延伸一般 100～200m，以巷道采掘为主，向两侧开支巷道，一般分布无规律或呈网格状，有单层或 2～3 层交错，巷道高、宽一般为 2～3m，大多不支撑或临时支撑，任其自由垮落。因此其地表变形特征是：

(1) 不会产生移动盆地，大多产生较大裂缝或塌坑。

(2) 地表裂缝的分布常与工作面前进方向平行，且随工作面推进，裂缝不断地向前发展，形成相互平行的裂缝。裂缝一般上宽下窄，两边无显著高差出现。

7.7.7.2 工程地质勘察基本技术要求

通过收集资料、调查访问结合测绘及配合适量的物探、钻探工作，查明以下内容：①采空区和巷道的具体位置、大小、埋深、开采时间、回填塌落及充水情况；②地表裂缝、陷坑位置、形状、大小、深度、延伸方向及其采空区与地层岩性、地质构造的关系等；③开采计划及规划，采空区附近工程建设（尤其是水利建设）对采空区的影响。

7.7.7.3 小窑采空区建筑场地的适宜性评价

(1) 地表产生裂缝和塌坑发育地段，属不稳定地段，不宜建筑。在附近建筑时，应有一定的安全距离（视建筑物性质而定，一般大于 5～15m）。

(2) 如建筑物已建在影响范围内，若采空区采深采厚比大于或等于 30，且地表已经稳定时可不进行稳定性评价；当采深采厚比小于 30 时，应据临界深度来验算顶板稳定性。

临界深度 H_0：当采空区的深度增大到某值时，其顶板岩层上所受的总重力 $G(G=\gamma \cdot B \cdot H)$ 及建筑物基压力 p_0 与巷道单位长度侧壁的摩阻力就能处于平衡状态，再不至于引发顶板岩层受荷向下塌落。H_0 可按下式求得。

$$H_0 = \frac{B \cdot \gamma + \sqrt{B^2 \gamma^2 + 4B\gamma p_0 \cdot \tan\varphi \cdot \tan^2\left(45° - \frac{\varphi}{2}\right)}}{2\gamma \tan\varphi \cdot \tan^2\left(45° - \frac{\varphi}{2}\right)} \quad (7.7.5)$$

式中，p_0 为建筑物基底压力作用在采空段顶板上的压力（kPa）；B 为巷道宽度（m）；γ 为巷道顶板上岩层的重度（kN/m³）。

地表建筑物地基的稳定性评判标准：

(1) H 为巷道顶板埋深，当 $H < H_0$ 时，地基不稳定。

(2) $H_0 \leqslant H \leqslant 1.5 H_0$ 时，地基稳定性差。

(3) 当 $H > 1.5 H_0$ 时，地基稳定。

7.7.7.4 小窑采空室的处理措施

(1) 回填或压力灌浆，回填材料可用毛石混凝土、粉煤灰或砂、矸石。

(2) 加强采空区地表建筑物的基础及上部结构刚度。

[例题 1]　建筑物位于小煤窑采空区，煤巷宽 2m，顶板至地面 27m，顶板岩体重度

22kN/m³,内摩擦角34°,建筑物横跨煤巷,基础埋深2.0m,基底附加压力250kPa,请按顶板临界深度法近似评价地基稳定性。

解:据式(7.7.5)得

$$H_0 = \frac{2 \times 22 + \sqrt{2^2 \times 22^2 + 4 \times 2 \times 22 \times 250 \tan 34° \tan^2(45° - 34°/2)}}{2 \times 22 \tan 34° \tan^2(45° - 34°/2)} = 10.53(\text{m})$$

因小窑巷道顶板至地面27m>1.5H_0(1.5×10.53m=15.8m),故可判定该建筑地基稳定。

(注:虽有基础埋深2m,但巷道单位长度侧壁摩阻力发挥的作用是从顶板至地表,故H值不应扣除基础埋深。)

思 考 题

一、单项选择题

1. 影响采空区上部岩层变形的诸因素中,下列( )不正确。
   A. 矿层的埋深越大,表层的变形范围越大
   B. 采深厚比越大,地表变形值越大
   C. 在采空区上部第四系越厚,地表的变形值越大
   D. 地表移动盆地并不总是位于采空区的上方
2. 对于小窑采空区,下列哪个说法是错误的?( )
   A. 地表变形形成移动盆地
   B. 应查明地表裂缝、陷坑的位置、形状、大小、深度和延伸方向
   C. 当采空区采深厚比大于30,且地表已经稳定,对于三级建筑物可不进行稳定性评价
   D. 地基处理可采用回填或压力灌浆
3. 对水平或缓倾斜煤层上的地表移动盆地,以下几种特征中( )是错误的。
   A. 盆地位于采空区上方   B. 盆地面积大于采空区
   C. 地表最大下沉值位于盆地中央位置   D. 地表最大水平位移值位于盆地中央部分

二、多项选择题(少选、多选、错选均不得分)

1. 当矿层急倾斜时,( )叙述是正确的。
   A. 盆地水平位移值小   B. 盆地中心向倾斜方向偏移
   C. 盆地发育对称于矿层走向   D. 盆地位置与采空区位置相对应
2. 在采空区下列( )选项中的情况易产生不连续的地表变形。
   A. 小煤窑煤巷开采   B. 急倾斜煤层开采
   C. 开采深度和开采厚度比值较大(一般大于30)
   D. 开采深度和开采厚度比值较小(一般小于30)
3. 在煤矿采空区,下列地段中( )建筑是不适宜的。
   A. 在开采过程中可能出现非连续变形   B. 地表曲率大于0.6mm/m²的地段
   C. 采空区采深厚比大于30的地段   D. 地表水平变形为2~6mm/m的地段
4. 关于采空区地表移动盆地的特征,下列哪些选项是正确的?( )

A. 地表移动盆地的范围总是比采空区面积大
B. 地表移动盆地的形状总是对称于采空区
C. 移动盆地中间区地表下沉最大
D. 移动盆地内边缘区产生压缩变形,外边缘区产生拉伸变形

5. 在采空区进行工程建设时,下列哪些地段不宜作为建筑场地?(　　)

A. 地表移动活跃的地段　　　　　　B. 倾角大于 55°的厚矿层露头地段
C. 采空区采深采厚比大于 30 的地段　　D. 采深采厚比小,上覆岩层极坚硬的地段

8 特殊岩(土)的工程地质勘察

一些岩土具有某些独特的工程特性,这些特性会对建(构)筑物的稳定性有特殊的影响或作用,因此在工程建设时,就需针对这些工程特性进行详细勘测,正确地评价其对工程将产生的不利影响,并提出防范措施。本章就几种常见的特殊岩土的工程地质勘察问题进行讨论。

8.1 湿陷性土

8.1.1 湿陷性土的概念与评价方法

在200kPa压力下进行浸水载荷试验时,附加湿陷量与承压板宽度(或直径)之比$\Delta s/b \geqslant 0.023$的土,应判定为湿陷性土。

除湿陷性黄土外,未碾压过的新近填土一般亦为湿陷性土,此外山前洪、坡积扇(裙)中的碎石类土、砂土也可能是湿陷性土。

湿陷程度等级一般是根据野外浸水载荷试验所获的附加湿陷量按表8.1.1进行划分的。

表 8.1.1 湿陷程度分类

湿陷程度	附加湿陷量 ΔF_s/cm	
	承压板面积 0.50m^2	承压板面积 0.25m^2
轻微(Ⅰ)	$1.6 < \Delta F_s \leqslant 3.2$	$1.1 < \Delta F_s \leqslant 2.3$
中等(Ⅱ)	$3.2 < \Delta F_s \leqslant 7.4$	$2.3 < \Delta F_s \leqslant 5.3$
强烈(Ⅲ)	$\Delta F_s > 7.4$	$\Delta F_s > 5.3$

注:对能用取样器取得不扰动土样的湿陷性粉砂,其试验和评定标准可按《湿陷性黄土地区建筑规范》(GB 50025—2018)执行。

8.1.2 湿陷性黄土的成因及工程特性

8.1.2.1 黄土的成因及分类

黄土是在干旱、半干旱气候条件下(主要是在冰川期)形成的具有褐黄、灰黄或黄褐等颜色,并有针状大孔、垂直节理的一种特殊性土。黄土在全世界分布面积约1300万km^2,占陆地总面积的9.3%,主要分布于干旱、半干旱地区,广泛分布于大陆内部和荒漠地区。

我国黄土分布面积约64万km^2,分布范围为东至山西的太行山,南至秦岭,主要分布在北纬 33°~47°。我国黄土厚度分布不均,陕甘高原黄土总厚度可达 100~200m,渭北高原 50~100m,山西高原 30~50m,陇西高原 30~100m。河谷地区黄土总厚度一般只有几米到 20~30m。

黄土按成因可分为原生黄土和次生黄土。一般认为沉积在原地、不具层理的风成黄土为原生黄土。原生黄土经水流冲刷、搬运后再重新沉积而形成的称为次生黄土,它具有层理,含有砂砾和细砂。

黄土按堆积时代可分为老黄土和新黄土。老黄土包括形成于早更新世的午城黄土(Qp_1)和中更新世的离石黄土(Qp_2)。老黄土的大孔结构多已退化,一般仅在 Qp_2 黄土的上部有轻微湿陷性,或在大压力下才有湿陷性。新黄土为普遍覆盖在老黄土之上的或河谷阶地晚更新世的马兰黄土(Qp_3)及全新世的黄土(Qh),其野外特征见表 8.1.2。新黄土的特点是土质均匀、疏松,大孔和虫孔发育,具垂直节理,有较强烈的湿陷性。

表 8.1.2 新黄土的特点

形成年代		野外特征	
全新世 Qh	近期 Qh_2	锹挖极为容易,进度很快	松软,多虫孔,有人类活动痕迹
	早期 Qh_1	锹挖容易,但进度稍慢	大孔、虫孔,有人类活动痕迹
更新世 Qp_3	马兰黄土 Qp_3	锹、镐开挖不困难	具垂直节理

8.1.2.2 湿陷性黄土的工程特性

(1)塑性指数 I_P 值在 8~12 之间,其颗粒成分以粉粒为主,含量达 50% 以上至 70% 左右。

(2)孔隙比变化在 0.85~1.24 之间,多为 1.0~1.10,大多数情况下随深度而减小。

(3)天然重度小,一般小于 $17.0kN/m^3$,显示其密度小。

(4)湿陷系数大,在 0.015 以上。

8.1.2.3 黄土具有湿陷性的原因

(1)黄土具有大孔结构(图 8.1.1),且孔隙比大(一般 0.8 以上),孔隙率一般大于 45%。

(2)黄土是风积土,土中含有大量可溶盐类物质,这些可溶盐类物质遇水浸湿后很快就溶解,导致土的结构迅速破坏,土层迅速沉陷,土的强度也随之降低。

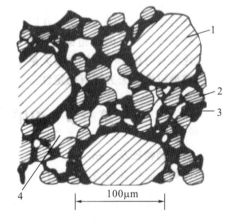

1-砂粒;2-粗粉粒;3-胶结物;4-大孔隙。

图 8.1.1 黄土结构示意图

8.1.3 湿陷性黄土的特征指标

黄土特征指标的测试方法有室内压缩试验、现场载荷试验、现场浸水压缩试验等 3 种。下面仅介绍室内测定的方法,野外测定方法类似。

(1)湿陷系数。按下式计算:

$$\delta_s = \frac{h_p - h'_p}{h_0} \quad (8.1.1)$$

式中，δ_s 为湿陷系数（无量纲）；h_p 为保持天然湿度和结构的土的试样，加至一定压力时下沉稳定后的高度（mm）；h'_p 为上述加压稳定后的土试样，在浸水（饱和）作用下，附加下沉稳定后的高度（mm）；h_0 为土试样的原始高度（mm），用环刀测试时，h_0 为环刀的高度 20mm。

当 $\delta_s < 0.015$ 时，为非湿陷性黄土；当 $\delta_s \geqslant 0.015$ 时，为湿陷性黄土。

室内测定湿陷系数 δ_s 时的试验压力：应自基础底面（如基底标高不确定时，自地面下 1.5m）算起。基底下 10m 以内的土层用 200kPa，10m 以下至非湿陷性黄土层顶面，应用其上覆土饱和自重压力（当大于 300kPa 压力时，仍用 300kPa）；当基底压力大于 300kPa 时，宜用实际压力测定 δ_s 值。对于压缩性较高的新近堆积黄土，基底下 5m 以内的土层宜用 100～150kPa 压力；5～10m 和 10m 以下至非湿陷性黄土层顶面，应分别用 200kPa 和上覆土的饱和自重压力。

（2）自重湿陷系数。按下式计算。

$$\delta_{zs} = \frac{h_z - h'_z}{h_0} \quad (8.1.2)$$

式中，δ_{zs} 为土样在上覆土饱和（饱和标准按 $S_r > 85\%$）自重压力下的自重湿陷系数（无量纲）；h_z 为保持天然湿度和结构的土试样，加压至土的饱和自重压力时，下沉稳定后的高度（mm）；h'_z 为上述土试样加压稳定后，再在浸水作用下，下沉稳定后的高度（mm）；h_0 为土试样的原始高度（mm）。

当 $\delta_{zs} < 0.015$ 时，为非自重湿陷性黄土；当 $\delta_{zs} \geqslant 0.015$ 时，为自重湿陷性黄土。

自重湿陷系数测定的试验要求：①土样的质量等级为 I 级的不扰动土样；②环刀面积不小于 5000mm²；③加荷前，应保持土样的天然湿度；④试样浸水宜用蒸馏水；⑤采取分级加荷法，逐级加压直至试样上覆土的饱和自重压力。

（3）湿陷起始压力。

湿陷起始压力的定义：使非自重湿陷性黄土开始发生湿陷所需的最低压力。在室内试验可用 p-δ_s 曲线来确定。

测定方法：同一取土点同一深度处取不少于 5 个环刀试样，各试样采用的压力不同，测定得到的湿陷系数也不同，把各试样的压力、湿陷系数值点在 p-δ_s 曲线上，然后连线即可得 p-δ_s 曲线。则曲线上 $\delta_s = 0.015$ 所对应的压力值（横坐标值）即为该湿陷性黄土的湿陷起始压力 p_{sh}（图 8.1.2）。

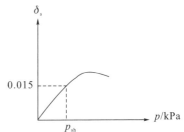

图 8.1.2 利用 p-δ_s 曲线图确定 p_{Sh} 方法

某黄土层是否为湿陷性黄土，应采用湿陷系数来判定；若判定它为湿陷性黄土，应再利用自重湿陷系数来判定它是否属自重湿陷性黄土；若不是，则需用湿陷起始压力来判定它产生湿陷时所需的最小压力，即需要确认黄土在承受多大的荷载时才表现出湿陷特性。

湿陷起始压力的工程意义：①当某土层的饱和自重压力小于或等于土湿陷起始压力时，

可定为非自重湿陷性黄土;反之为自重湿陷性黄土。②地基某一深度处,土所承受的建筑物附加压力 p_z 及土的自重压力 p_{0z} 之和等于或小于 p_{sh} 值时,亦不按湿陷性黄土来对待。

8.1.4 场地的湿陷类型和湿陷等级

8.1.4.1 场地的湿陷类型

(1)湿陷类型:当自重湿陷量实测值或计算值≤7.0cm 时,判定为非自重湿陷黄土场地;否则就定为自重湿陷黄土场地。

(2)自重湿陷量的实测方法:由现场试坑浸水试验确定。即在现场开挖直径或边长不小于湿陷土层厚度的圆形或方形试坑(边长不应小于 10m,试坑深一般 50cm),坑底铺设厚 5~10cm 的粗砂或圆砾,在坑内不同位置设置沉降观测标点,坑外也需设置地面沉降观测标点,沉降观测精度为±0.1mm。向坑内注水,试验期间一致保持水位高度 30cm 不变(水位下降就及时补水)。在浸水过程中观测记录耗水量、土的湿陷量、浸湿范围和地面裂缝。当最后 5 天平均湿陷量达到<1mm/d 时,即可认为湿陷已达到稳定。测量所得的总湿陷量即为实测自重湿陷量。在新建地区,对甲、乙类建筑物场地应现场测定自重湿陷量。

(3)自重湿陷量 Δ_{zs} 计算值(cm)。按下式计算。

$$\Delta_{zs} = \beta_0 \sum_{i=1}^{n} \delta_{zsi} h_i \tag{8.1.3}$$

式中,δ_{zsi} 为第 i 层黄土在上覆土的饱和(S_r>85%)自重压力下的自重湿陷系数,按式(8.1.2)确定;h_i 为第 i 层土的厚度(cm);β_0 为因土质地区而异的修正系数,在缺乏实测资料时,可按以下规定取值:陇西地区可取 1.5,陇东—陕北—晋西地区可取 1.20,关中地区可取 0.90,其他地区可取 0.50。

自重湿陷量的计算值 Δ_{zs} 应自天然地面(当挖、填方厚度和面积较大时,应自设计地面)算起,至其下非湿陷性黄土层的顶面止,其中自重湿陷系数 δ_{zs}<0.015 的土层不参与累计。

8.1.4.2 湿陷等级

(1)总湿陷量 Δ_s。按下式计算。

$$\Delta_s = \sum_{i=1}^{n} \beta \delta_{si} h_i \tag{8.1.4}$$

式中,δ_{si} 为第 i 层土的湿陷系数(无量纲);h_i 为第 i 层土的厚度(cm);Δ_s 为总湿陷量(cm);β 为考虑基底下地基土的侧向挤出和浸水机率等因素的修正系数:基底下 0~5m(或压缩层)深度内可取 1.5;5~10m 深度内取 1.0;基底下 10m 以下至非自重湿陷性黄土层顶面,在自重湿陷性黄土场地,可取工程所在地区的 β_0 值。

湿陷量 Δ_s 自基础底面(如基底标高不确定时,从地面下 1.5m)算起;在非自重湿陷性黄土场地,累计至基底以下 10m(或地基压缩层)深度止;在自重湿陷性黄土场地,累计至非湿陷性黄土层顶面止。其中湿陷系数 δ_s<0.015 的土层不累计。

(2)湿陷等级。根据湿陷量的计算值 Δ_s 和自重湿陷量的计算值(或实测值)Δ_{zs},按表8.1.3 判定。

(3)特殊情况。《湿陷性黄土地基建筑标准》(GB 50025—2018)第 5.1.2 条规定,各类建筑物的地基符合下列情况之一者,可按一般地区的规定设计:①在非自重湿陷性黄土场地,地基内各土层的湿陷起始压力值,均大于其附加压力与上覆土饱和自重压力之和;②基底下湿陷性黄土层已经全部挖除或已全部处理;③丙类、丁类建筑地基湿陷量计算值 $\Delta_s \leqslant 50mm$。

表 8.1.3 湿陷性黄土地基的湿陷等级

湿陷类型		非自重湿陷性场地	自重湿陷性场地	
计算自重湿陷量 Δ_{zs}/cm		$\Delta_{zs} \leqslant 7$	$7 < \Delta_{zs} \leqslant 35$	$\Delta_{zs} > 35$
总湿陷量 Δ_s/cm	$\Delta_s \leqslant 30$	Ⅰ(轻微)	Ⅱ(中等)	—
	$30 < \Delta_s \leqslant 70$	Ⅱ(中等)	Ⅱ(中等)或Ⅲ(严重)①	Ⅲ(严重)
	$\Delta_s > 70$	Ⅱ(中等)	Ⅲ(严重)	Ⅳ(很严重)

注:① 当 $\Delta_s \geqslant 60cm$、$\Delta_{zs} \geqslant 30cm$ 时,可判为Ⅲ级,其他情况可判为Ⅱ级。

8.1.5 场地复杂程度等级及建筑物重要性等级

8.1.5.1 场地复杂程度等级

(1)简单场地:地形平缓,地貌、地层简单,湿陷类型单一,湿陷等级变化不大。
(2)中等复杂场地:地形起伏较大,地貌、地层较复杂,局部有不良地质现象,场地湿陷类型、地基湿陷等级变化较大。
(3)复杂场地:地形起伏很大,地貌、地层复杂,不良地质现象广泛发育,场地湿陷类型、地基湿陷等级分布复杂,地下水位变化幅度大或变化趋势不利。

8.1.5.2 建筑物重要性等级

拟建在湿陷性黄土场地上的建筑物,应根据其重要性、地基受到浸湿可能性大小和使用期间对不均匀沉降限制的严格程度,分为甲、乙、丙、丁4类。

(1)甲类:高度大于60m和14层及14层以上体型复杂的建筑;高度大于50m构筑物;高度大于100m的高耸结构;特别重要的建筑;地基受水浸湿可能性大的重要建筑;对不均匀沉降有严格限制的建筑。
(2)乙类:高度24~60m的高层建筑;高度30~50m的构筑物;高度50~100m的高耸结构;地基受水浸湿可能性较大的重要建筑;地基受水浸湿可能性大的一般建筑。
(3)丙类:除甲、乙、丁类以外的一般建筑和构筑物,如多层办公楼、住宅楼等。
(4)丁类:次要建筑。长高比不大于2.5且总高度不超过5m,地基浸水可能性小的单层辅助建筑,如1~2层简易住宅、简易办公楼、简易原料棚、小型库房、自行车棚。

8.1.6 湿陷性黄土工程地质勘察基本技术要求

8.1.6.1 工程地质测绘的技术要求

除应符合现行的《岩土工程勘察规范》(GB 50021—2001)(2009 年版)的规定外,还应符合下列的规定：

(1)研究地形的起伏和地面水的集聚、排泄条件,调查洪水淹没范围及其发生规律。

(2)划分不同的地貌单元,确定其与黄土分布的关系,查明湿陷凹地、黄土溶洞、滑坡、崩塌、冲沟、泥石流及地裂缝等不良地质现象的分布、规模、发展趋势及其对建设的影响。

(3)划分黄土地层或判别新近堆积黄土,可按表 8.1.2 实行。老黄土中午城黄土(Qp_1)不具湿陷性,而离石黄土(Qp_2)仅上部部分土层具有弱的湿陷性。

(4)调查地下水位的深度、季节性变化幅度、升降趋势及其与地表水体、灌溉情况和开采地下水强度的关系,查明上层滞水、潜水、承压水等地下水类型和来源,评估地下水上升的可能性和程度。

(5)调查既有建筑物的现状。

(6)了解场地内有无地下坑穴,如古墓、井、坑、穴、地道、砂井(巷)等。

(7)调查活动断裂的时代、位置、方向、性质及地震效应。

8.1.6.2 取样和观测要求

评价湿陷性用的不扰动土样应为 I 级土样,且必须保持其天然的结构、密度和湿度。不扰动土样的采取应符合下列规定：

(1)取土勘探点中,应有足够数量的探井,其数量应为取土勘探点总数的 1/3～1/2,并不宜少于 3 个。

(2)探井的深度,宜穿透湿陷性黄土层。

(3)探井中取样,竖向间距宜为 1m,土样直径不宜小于 120mm。

(4)钻孔中取样,应下列方法执行。钻孔取样的土工试验数据宜在与探井取样对比分析的基础上使用,土层的密度、湿陷性和力学指标宜以探井取样土工试验为准。

①应采用回转钻进、使用螺旋(纹)钻头,控制回次进尺的深度,并应根据土质情况,控制钻头的垂直进入速度和旋转速度,严格掌握"1米3钻"的操作顺序,即取土间距为 1m 时,第一次钻进 0.5～0.6m,第二次钻清孔后再进尺 0.2～0.3m,第三次钻取土样。当取样间距大于 1m 时,其下部 1m 深度内仍按上述方法操作。

②压入法取样,取样前将取样器轻吊放入孔内预定取土深度,然后均速压入,中途不得停顿,钻杆保持垂直不摇摆,压入深度以土样超过盛土段 30～50mm 为宜。

③宜使用带内衬的黄土薄壁钻头取土器,对结构较松散的黄土,不宜使用无内衬的黄土薄壁钻头取土器,其内径不宜小于 120mm,刃口壁的厚度不宜大于 3mm,刃口角度为 10°～12°,控制面积比为 12%～15%。

④严禁向孔内加水钻进;卸土过程不得敲打取样器;土样从取样器推出时,防止土筒回弹崩裂土样,应检查土样是否受压损、碎裂等;经常检查钻头、取样器是否完好。

(5)勘探点使用完毕后,应及时用原土分层夯实回填,且密实度不应小于该场地天然黄土的密度。

(6)黄土工程性质评价,宜采用室内土工试验和现场原位试验成果相结合的方法。

(7)对地下水位变化幅度较大或变化趋势不利的地段,应从初步勘察阶段开始进行地下水位动态的长期观测。

8.1.6.3 可行性研究勘察阶段

据《湿陷性黄土地基建筑标准》(GB 50025—2018)第 4.2.1 条,此阶段的勘察应包括下列工作内容:

(1)搜集并分析与建设场地相关的工程地质、水文地质资料及地区建筑经验。

(2)调查了解拟建场地的地形地貌和黄土层的地质时代、成因、厚度、地下水位以及分布特点。

(3)调查影响场地稳定性的不良地质作用和地质环境问题。

(4)初步分析黄土湿陷类型、湿陷等级和湿陷下限,评估可能的地基基础类型及优缺点;当已有资料不足时,应开展满足本勘察阶段要求的工程地质测绘、勘探、测试工作。

(5)评价场地的稳定性和适宜性,对各拟选场址提出明确比选意见。

8.1.6.4 初步勘察阶段

(1)初步勘察阶段应包括下列工作内容:

①初步查明场地地层结构、各土层的物理力学性质、场地湿陷类型、地基湿陷等级、湿陷下限及其在不同区段内的差异;

②初步查明场地地下水的类型与埋深、场地及周边范围内地表水汇集和排泄情况,分析地下水与地表自然水体(系)的联系特点,预估地下水位季节性变化幅度和升降可能性;

③查明场地内不良地质作用的类型、成因、分布范围和危害程度;

④结合岩土工程条件分析建筑总平面布置的合理性,对不同类型建筑的地基基础方案和地质环境防治做出分析建议,提出岩土设计参数初步取值意见。

(2)初步勘察应符合下列规定:

①场地工程地质条件复杂时应进行工程地质测绘,其比例尺可采用1:1000~1:5000;

②探点应沿地貌单元的纵、横剖面线方向或分界线及其垂直线方向布置,且每个地貌单元上均应有勘探点;取样和原位测试勘探点在平面布局上应具控制性,其数量不得少于全部勘探点的1/2;

③勘探点的间距和深度宜分别按表8.1.4、表8.1.5确定。

表 8.1.4 初步勘察勘探点间距

单位:m

地貌单元	建筑类别			
	甲类	乙类	丙类	丁类
黄土塬、黄土阶地	80~120	120~160	160~200	200~250
黄土梁、峁,黄土斜坡	50~80	80~120	120~160	160~200
黄土沟谷	20~50	50~80	80~110	110~150

注:1. 地貌单元的分界地带应加密勘探点。

2. 黄土沟谷谷底应有勘探线或勘探点。

表 8.1.5 初步勘察勘探点的深度

建筑类型	甲类	乙类	丙类	丁类
一般性勘探点	25～30m	20～25m	15～20m	12～15m
控制性勘探点	穿透湿陷性黄土层并不宜小于40m	穿透湿陷性黄土层并不宜小于30m	穿透自重湿陷性黄土层或不宜小于25m	穿透自重湿陷性黄土层或不宜小于20m

注：表中的勘探深度内遇稳定的地下水位或非湿陷性坚实地层时，部分勘探点可终孔。

8.1.6.5 详细勘察阶段

(1) 详细勘察阶段应包括下列工作内容：

①详细查明各建筑地段的地层结构、场地湿陷类型、地基湿陷等级，甲类和乙类建筑地段尚应查明湿陷下限；

②查明各建筑地段土层的物理力学性质指标，对每层湿陷性土层选取典型土样测试不同压力下的湿陷系数，绘制该层的压力-湿陷系数($p-\delta_s$)曲线；分析湿陷起始压力、强度与变形指标沿深度的变化特点；

③根据地下水类型、埋深，结合上部结构物特性和周边环境条件，分析地基浸水湿陷的可能性和程度；

④提出适宜的地基处理或基础方案并进行分析，对处理深度和主要技术参数提出建议；

⑤进一步查明场地内不良地质作用类型、成因、分布范围和危害程度，提出防治措施建议；

⑥有深基坑和降水施工时，尚应分析评估坑壁稳定性以及对邻近建筑物的影响，并提供相关计算参数；场地条件复杂时，应进行专项研究。

(2) 详细勘察应符合下列规定：

①勘探点应沿建筑轮廓或基础中心位置布设；

②建筑群勘探点间距宜按表8.1.6确定；

表 8.1.6 详细勘察阶段勘探点间距   单位：m

场地类别	建筑类别			
	甲类	乙类	丙类	丁类
简单场地	30～40	40～50	50～80	80～100
中等复杂场地	20～30	30～40	40～50	50～80
复杂场地	10～20	20～30	30～40	40～50

注：表中的场地类别、建筑类别应按照本书8.1.5小节内容判定。

③单体建筑勘探点数量，甲类、乙类建筑不宜少于5个，丙类建筑不应少于3个，丁类建筑不应少于2个，杆塔式构筑物不应少于1个；

④勘探点深度应大于地基压缩层深度且满足评价湿陷等级的深度需要，甲类、乙类建筑

尚应穿透湿陷性土层,对桩基工程尚应满足验算沉降的要求;

⑤采取不扰动土样和原位测试的勘探点不应少于全部勘探点的 2/3,且取样勘探点不宜少于全部勘探点的 1/2。

8.1.6.6 室内试验要求

(1)压缩试验环刀面积不小于 50cm^2,透水石应烘干冷却。

(2)测定湿陷系数时,应分级加荷至规定压力下沉稳定后再浸水至湿陷稳定为止。分级加荷要求在 0~200kPa 压力区间,每级增量为 50kPa;在 200kPa 压力以上,每级增量为 100kPa。

(3)测定自重湿陷系数时,应采用快速分级加荷,加压至上覆土的饱和自重压力为止,下沉稳定后再浸水到湿陷稳定为止。

8.1.7 承载力的确定

湿陷性黄土地基承载力的确定,应符合下列规定:

(1)地基承载力特征值,在地基稳定的条件下,应使建筑物的沉降量不超过允许值。

(2)甲类、乙类建筑的地基承载力特征值,宜根据静载荷试验或其他原位测试结果,结合土性指标及工程实践经验综合确定。

(3)当有充分依据时,对丙类、丁类建筑,可根据当地经验确定。

(4)对天然含水量小于塑限的土,可按塑限确定土的承载力。

迄今利用土的物理、力学指标与载荷试验结果进行统计分析建立的黄土地基承载力经验式如下。

湿陷性黄土承载力基本值 f_0(kPa):

$$f_0 = 144.8 + 7.417 \frac{w_L}{e} - 8.035 w \tag{8.1.5}$$

新近堆积黄土承载力基本值 f_0(kPa):

$$f_0 = 175.3 - 46.4 \frac{w}{w_L} - 47.19 a \tag{8.1.6}$$

河谷阶地新近堆积黄土承载力基本值 f_0(kPa):

$$f_0 = 44.67 + 44.41 p_s \tag{8.1.7}$$

新近堆积黄土承载力基本值 f_0(kPa):

$$f_0 = 58 + 2.9 N_{10} \tag{8.1.8}$$

饱和黄土承载力基本值 f_0(kPa):

$$f_0 = 219.4 - 132 a_{1-2} - 27 \frac{w}{w_L} \tag{8.1.9}$$

上述式(8.1.5)—式(8.1.9)中,w 为土的天然含水量;w_L 为土的液限;e 为孔隙比;a 为土的压缩系数,取 50~150kPa 或 100~200kPa 压力段的大值(MPa^{-1});p_s 为静力触探比贯入阻力(MPa);N_{10} 为轻便触探锤击数。

对于一般建筑物,其承载力还可按经验值来确定(表 8.1.7、表 8.1.8)。

表 8.1.7 晚更新世(Qp_3)、全新世(Qh_1)湿陷性黄土承载力 f_0　　　　单位:kPa

w_L	$w/\%$				
	≤13	16	19	22	25
22	180	170	150	130	110
25	190	180	160	140	120
28	210	190	170	150	130
31	230	210	190	170	150
34	250	230	210	190	170
37	—	250	230	210	190

注:对天然含水量小于塑限的土,宜按塑限确定土的承载力。

表 8.1.8 新近堆积黄土(Qh_2)承载力基本值 f_0　　　　单位:kPa

a	w/w_L					
	0.4	0.5	0.6	0.7	0.8	0.9
0.2	148	143	138	133	128	123
0.4	136	132	126	122	116	112
0.6	125	120	115	110	105	100
0.8	115	110	105	100	95	90
1.0	—	100	95	90	85	80
1.2	—	—	85	80	75	70
1.4	—	—	—	70	65	60

注:压缩系数 a 值可取 50~150kPa 或 100~200kPa 压力下的大值;a 的单位为 MPa^{-1}。

当基础底面宽度 $b>3m$,或基础埋置深度 $d>1.5m$ 时,地基承载力特征值 f_a 应按式(8.1.10)进行修正;当 $b<3m$ 时,按 3m 计;$b>6m$ 时,按 6m 计;$d<1.5m$ 时,按 1.5m 计。

$$f_a = f_{ak} + \eta_b \gamma (b-3) + \eta_d \gamma_m (d-1.50) \tag{8.1.10}$$

式中,f_a 为修正后的承载力特征值(kPa);f_{ak} 为相应于 $b=3m$ 和 $d=1.5m$ 的承载力特征值(kPa);γ,γ_m 分别为基础底面以下土的重度和以上的加权平均重度(kN/m^3);d 为基础埋置深度(m),一般自室外地面标高算起;当填方在上部结构施工后完成时,应自天然地面标高算起;对于地下室,如采用箱形基础或筏形基础时,基础埋置深度可自室外地面标高算起;在其他情况下,应从室内地面标高算起;η_b,η_d 分别为基础宽度和深度的地基承载力修正系数,可按基底下土的类别由表 8.1.9 查得。

表 8.1.9　基础宽度和埋置深度的地基承载力修正系数（η_b、η_d）

土的类别	有关物理指标	η_b	η_d
Qp_3、Qh 湿陷性黄土	$w \leqslant 24\%$	0.2	1.25
	$w > 24\%$	0	1.10
饱和黄土	e 及 I_L 均小于 0.85	0.2	1.25
	e 或 I_L 均大于 0.85	0	1.10
	e 及 I_L 都不小于 1	0	1.00
新近堆积（Qh_2）黄土[①②]		0	1.00

注：① 只适用于 $I_P > 10$ 的饱和黄土。
　　② 饱和度 $S_r \geqslant 80\%$ 的晚更新世（Qp_3）、全新世（Qh_1）黄土。

8.1.8　防治和减少黄土地基湿陷措施

（1）地基处理措施。对于拟建场地的地基可采用垫层法、强夯法、挤密法、预浸水法、注浆法等。据《湿陷性黄土地基建筑标准》（GB 50025—2018）第 6.1.11 条，各类方法的适用性可按表 8.1.10 选用一种或多种组合。下面对这几种方法分别进行介绍。

表 8.1.10　湿陷性黄土地基处理办法

方法名称	适用范围	可处理的湿陷性黄土层的厚度
垫层法	地下水位以上	1～3m
强夯法	$S_r \leqslant 60\%$ 的湿陷性黄土	3～12m
挤密法	$S_r \leqslant 65\%$，$w \leqslant 22\%$ 的湿陷性黄土	5～25m
预浸水法	湿陷性中等—强烈的自重湿陷性黄土场地	地表下 6m 以下
注浆法	可灌性较好的湿陷性黄土（需经试验验证注浆效果）	现场试验确定
其他方法	经试验研究或工程实践证明行之有效	现场试验确定

垫层法：垫层材料可选用土、灰土、水泥土等，不应采用砂石、建筑垃圾、矿渣等透水性强的材料。当仅要求消除基底下 1～3m 湿陷性黄土的湿陷量时，可采用土垫层。当同时要求提高垫层土的地基承载力及增强水稳性时，宜采用灰土垫层或水泥土垫层。土垫层一般是将基坑内的湿陷性土挖出，然后在其最优或接近最优含水量下再分层回填至基坑内并夯实（压实系数要求不小于 0.97）。

强夯法：适用于处理地下水位以上、含水量为 10%～22% 的且平均含水量低于塑限 1%～3% 的湿陷性黄土地基。当强夯施工产生的振动和噪声对周边环境可能产生有害影响时，应评价强夯法的适宜性。若地基土的含水量过低，宜增湿至最优含水量；若含水量过大，宜晾干或用其他办法减低其含水量。强夯法处理湿陷性黄土地基宜采取整片处理,并应事先进行试验性施工;强夯法处理过的地基宜在基底下设置灰土垫层。

挤密法:根据成孔工艺,可分为挤土成孔挤密法和预钻孔夯扩挤密法两种。宜选择振动沉管法、锤击沉管法、静压沉管法、旋挤沉管法、冲击夯扩法。孔内填料宜采用素土、灰土或水泥土,也可采用混凝土或粉煤灰+碎石+水泥填料,但不应用透水性好的粗粒填料。甲、乙类建筑或缺乏建筑经验的地区,宜先进行试验性施工。

预浸水法:宜用于处理自重湿陷性黄土厚度大于10m、自重湿陷量计算值$\Delta_{zs} \geqslant 500$mm的场地。浸水前宜通过现场试坑浸水试验来确定浸水时间、耗水量和湿陷量等。

注浆法:一般是利用压力将能固化的浆液注入湿陷性黄土中。它采用了水力压裂的原理,提高浆液在黄土中的可灌性和灌入率。浆液一般由水泥、粉煤灰和水按一定比例混合而成。

对既有建筑物地基加固和纠偏的措施有:单液硅化法、碱液加固法、旋喷加固法、坑式静压桩托换法。

(2)防水措施。包括:①基本防水措施。在总评设计、场地排水、地面防水、排水沟、管道材料和连接等采取措施,防止雨水或生产、生活用水渗漏。②检漏防水措施。在基本防水措施的基础上,对防护范围内的地下管道,增设检漏管沟和检漏井。③严格防水措施。在检漏防水措施的基础上,提高防水地面、排水沟、检漏管沟和检漏井等设施的材料标准,如增设可靠的防水层、采用钢筋混凝土排水沟等。④侧向防水措施。在建筑物周围采取防止水从建筑物外侧渗入地基中的措施,如设置防水帷幕、增大地基处理外放尺寸等。

(3)结构措施。采用混凝土或钢筋混凝土十字交叉条形基础,并在上部结构中设置圈梁和纵横通式对称承重墙,以增加建筑物的整体性和刚度,减少或调整建筑物的不均匀沉降。

(4)地基基础措施:①消除地基的全部或部分湿陷量。②将基础直接设置在非湿陷性土层上。若非湿陷性土层深度较大,甲、乙、丙类建筑物的基础埋深要求不应小于1m。这是因为湿陷性黄土地区地表下1m内的土层沉积年代较短,土质疏松,多虫孔,压缩性高,承载力低,同时基础埋置若太浅,地表水容易渗入地基引起湿陷。③采用桩基础穿透全部湿陷性黄土层。

①甲类建筑:应消除地基的全部湿陷量或采用桩基穿透全部湿陷性黄土层,将桩基础设置在非湿陷性黄土层上。

②乙类建筑:应采用地基处理消除部分湿陷量(要求详见规范 GB 50025—2018),并应采取结构措施和检漏防水措施。

③丙类建筑:应采用地基处理消除部分湿陷量(要求详见规范 GB 50025—2018)。在Ⅰ级湿陷性黄土地基上,采取结构措施和基本防水措施;在Ⅱ、Ⅲ、Ⅳ级湿陷性地基上,采取结构措施和检漏防水措施。

④丁类建筑:地基可不处理。在Ⅰ级湿陷性黄土地基上,采取基本防水措施;在Ⅱ级湿陷性黄土地基上,采取结构措施和基本防水措施;在Ⅲ、Ⅳ级湿陷性黄土地基上,采取结构措施和检漏防水措施。

[例题1] 陕北某黄土地区建筑场地,基础埋深为1.5m。在一探井中取样做室内湿陷性试验,结果见下表。试判定该黄土地基的湿陷等级。

取样深度/m	自重湿陷系数 δ_{zs}	湿陷系数 δ_s	取样深度/m	自重湿陷系数 δ_{zs}	湿陷系数 δ_s
1.0	0.040	0.030	7.0	0.014	0.018
2.0	0.027	0.035	8.0	0.005	0.009
3.0	0.012	0.010	9.0	0.012	0.020
4.0	0.020	0.030	10.0	0.011	0.017
5.0	0.007	0.011	11.0	0.012	0.020
6.0	0.016	0.020	12.0	0.007	0.017

解: 在竖直方向上的每两个取样点中间位置作为各计算分层的界线,则第 1 分层范围为 $0\sim1.5$m,第 2 分层为 $1.5\sim2.5$m,第 3 分层为 $2.5\sim3.5$m,第 4 分层为 $3.5\sim4.5$m,……以此类推。

自重湿陷量(从地面算起,湿陷系数小于 0.015 不计)为

$$\Delta_{zs} = \beta_0 \sum \delta_{zsi} h_i = 1.2 \times 0.04 \times 150 + 1.2 \times 100(0.027 + 0.02 + 0.016) = 14.76 \text{(cm)}$$

因 $\Delta_{zs} > 7.0$cm,判定该场地为自重湿陷性场地。其总湿陷量 Δ_s 的计算应从基底起累计至非湿陷性黄土层顶面止,其中湿陷系数 $\delta_s < 0.015$ 的土层不累计。湿陷总量为

$$\Delta_s = \sum \beta \delta_{si} h_i = 1.5 \times 100(0.035 + 0.03 + 0.02) + 1.0 \times 100(0.018 + 0.02 + 0.017 + 0.02) + 1.2 \times 100 \times 0.017 = 12.75 + 7.5 + 2.04 = 22.29 \text{(cm)}$$

查表 8.1.3 知,该地基湿陷等级为Ⅱ级。

本节思考题

一、单项选择题

1. 黄土湿陷性的强弱程度是由下列(　　)指标来衡量。
   A. 湿陷起始压力　B. 自重湿陷量　C. 湿陷系数　D. 收缩系数
2. 原生黄土的成因,是由(　　)形成的。
   A. 冲洪积　B. 风积　C. 残积　D. 冰积
3. 当黄土地基上的自重压力和附加压力之和小于湿陷起始压力时,地基将产生(　　)。
   A. 湿陷变形　B. 压缩变形　C. 膨胀变形　D. 弹性变形
4. 在黄土地基评价时,湿陷起始压力 p_{sh} 可用于下列哪个选项的评判?(　　)
   A. 评价黄土地基承载力　B. 评价黄土地基的湿陷等级
   C. 对非自重湿陷性黄土场地考虑地基处理深度　D. 确定桩基负摩阻力的计算深度
5. 对于天然含水量小于塑限的湿陷性黄土,确定其承载力时,可按(　　)选项的含水量考虑。
   A. 天然含水量　B. 塑限
   C. 饱和度为 80% 的含水量　D. 天然含水量+50%
6. 下列关于黄土的湿陷性强弱的叙述,正确的是(　　)。
   A. 含水量越大,孔隙比越小,湿陷性越强

B. 含水量越大,孔隙比越大,湿陷性越强

C. 含水量越小,孔隙比越小,湿陷性越强

D. 含水量越小,孔隙比越大,湿陷性越强

7. 各级湿陷性黄土地基上的丁类建筑,其地基可不处理,但应采取相应措施,下列哪一选项的要求是正确的?(   )

A. Ⅰ类湿陷性黄土地基上,应采取基本防水措施

B. Ⅱ类湿陷性黄土地基上,应采取结构措施

C. Ⅲ类湿陷性黄土地基上,应采取检漏防水措施

D. Ⅳ类湿陷性黄土地基上,应采取结构措施和基本防水措施

8. 下列地基处理方法中,(   )种方法不宜用于湿陷性黄土地基。

A. 换填垫层法　　　　　　　　B. 强夯法和强夯置换法

C. 砂石桩法　　　　　　　　　D. 单液硅化法或碱液法

9. 某湿陷性黄土场地,自重湿陷量的计算值 $\Delta_{zs}=315\mathrm{mm}$,湿陷量的计算值 $\Delta_s=652\mathrm{mm}$,则根据《湿陷性黄土地区建筑标准》(GB 50025—2018)的规定,该场地湿陷性黄土地基的湿陷等级属于(   )。

A. Ⅰ级　　　　B. Ⅱ级　　　　C. Ⅲ级　　　　D. Ⅳ级

10. 根据《湿陷性黄土地区建筑标准》(GB 50025—2018)判定建筑场地的湿陷类型时,下列选项(   )是定为自重湿陷性黄土场地的充分必要条件。

A. 湿陷系数大于或等于 0.015　　　　B. 自重湿陷系数大于或等于 0.015

C. 实测或计算自重湿陷量大于 7cm　　D. 总湿陷量大于 30cm

11. 采用黄土薄壁取土器取样的钻孔,钻探时采用下列哪种规格(钻头直径)的钻头最合适?(   )

A. 146mm　　　B. 127mm　　　C. 108mm　　　D. 89mm

12. 关于湿陷起始压力,下列说法不正确的是(   )。

A. 可以用室内压缩试验或野外载荷试验确定

B. 在 p-δ_s 曲线上,与 $\delta_s=0.015$ 所对应的压力即为湿陷起始压力

C. 在 p-δ_s 曲线上,与 $\delta_s=0$ 所对应的压力即为湿陷起始压力

D. 可以通过使基底压力小于湿陷起始压力来避免湿陷的发生

13. 对湿陷性黄土地基上的甲、乙、丙类建筑物,基础的埋置深度不应小于(   )。

A. 1m　　　　B. 2m　　　　C. 3m　　　　D. 4m

14. 某建筑物基底压力为 350kPa,建于湿陷性黄土地基上,为测定基底下 12m 处黄土的湿陷系数,其浸水压力应采用(   )。

A. 200kPa　　　　　　　　　　B. 300kPa

C. 上覆土的饱和自重压力　　　D. 上覆土的饱和自重压力加附加压力

二、多项选择题(少选、多选、错选均不得分)

1. 下面哪些选项的浆液主要用于治理湿陷性黄土?(   )

A. 氢氧化钠浆液　　B. 水泥浆　　C. 单液硅化法　　D. 双液硅化法

2. 处理湿陷性黄土地基,(   )是不适宜的。

A. 强夯法　　　　　B. 振冲碎石桩法　　C. 土挤密法　　　　D. 砂石垫层法

3. 采用换填垫层法处理湿陷性黄土时,可以采用(　　)垫层。

A. 砂土垫层　　　　B. 素土垫层　　　　C. 矿渣垫层　　　　D. 灰土垫层

4. 关于黄土湿陷起始压力 p_{sh} 的论述中,下列哪些选项是正确的?(　　)

A. 湿陷性黄土浸水饱和,开始出现湿陷时的压力

B. 测定自重湿陷系数试验时,需分级加荷至试样上覆土的饱和自重压力,此时的饱和自重压力即为湿陷起始压力

C. 室内测定湿陷起始压力可选用单线法压缩试验或双线法压缩试验

D. 现场测定湿陷起始压力可选用单线法静载荷试验或双线法静载荷试验

5. 在湿陷性黄土场地进行建设,下列哪些选项中的设计原则是正确的?(　　)

A. 对甲类建筑物应消除地基的全部湿陷量或采用桩基础穿透全部湿陷性黄土层

B. 应根据湿陷性黄土的特点和工程要求,因地制宜,采取以地基处理为主的综合措施

C. 在使用期内地下水位可能会上升至地基压缩层深度以内的场地不能进行建设

D. 在非自重湿陷性黄土场地,当地基内各土层的湿陷起始压力值均大于其附加应力与上覆土的天然状态下自重压力之和时,该地基可按一般地区地基设计

6. 在湿陷黄土地区建筑时,若满足(　　)选项所列的条件,各类建筑均可按一般地区的规定进行设计。

A. 在非自重湿陷黄土场地,地基内各土层的湿陷起始压力均大于其附加压力与上覆土饱和自重压力之和

B. 地基湿陷量的计算值等于 100mm

C. 丙类、丁类建筑地基湿陷量的计算值等于 70mm

D. 丙类、丁类建筑地基湿陷量的计算值小于或等于 50mm

7. 对湿陷性黄土地基进行工程地质勘察时,可采取下列哪些方法采取土试样?(　　)

A. 带内衬的黄土薄壁取土器

B. 探井

C. 单动三重管回转取土器

D. 厚壁敞口取土器

8. 影响黄土自重湿陷量的主要因素有(　　)。

A. 微观结构　　　　B. 物质组成

C. 基础埋深　　　　D. 作用压力

三、计算题

1. 关中地区某自重湿陷性黄土场地的探井资料如右图所示。从地面下 1.0m 开始取样,取样间距为 1.0m,基础埋深 2.5m,当基底下的地基处理厚度为 4.0m 时,问:下部未处理的湿陷性黄土层的剩余湿陷量是多少?

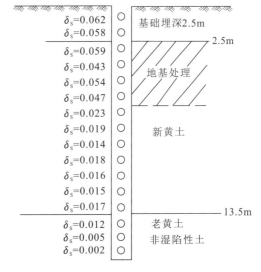

计算题第 1 题图

2. 某黄土试样进行室内双线法压缩试验：一个试样在天然湿度下逐级加压至 200kPa，到最后一级荷载压缩稳定后再浸水饱和；另一个在天然湿度下加第一级荷载，下沉稳定后浸水，至湿陷稳定，再逐级加荷至变形稳定。试验数据如下表，求该黄土的湿陷起始压力。

压力/kPa	0	50	100	150	200	200kPa 浸水
h_p/mm	20	19.81	19.55	19.28	19.01	18.64
h_p'/mm	20	19.60	19.28	18.95	18.64	18.64

3. 因工程需要，在关中某一黄土场地上进行初步勘察。基础埋深 1.50m，在一探井中取样进行湿陷性试验，试验结果见下表。试确定该黄土地基的湿陷等级。

取样深度/m	自重湿陷系数 δ_{zs}	湿陷系数 δ_s	取样深度/m	自重湿陷系数 δ_{zs}	湿陷系数 δ_s
1.0	0.034	0.042	5.0	0.003	0.014
2.0	0.026	0.035	6.0	0.008	0.025
3.0	0.023	0.037	7.0	0.005	0.022
4.0	0.021	0.032	8.0	0.006	0.007

8.2 膨胀土（岩）

8.2.1 膨胀岩土的危害、鉴别及分类

膨胀土（岩）可以定义为：含有大量亲水矿物，湿度变化时体积有较大变化，变形受约束时产生较大内应力的岩土，包括膨胀岩和膨胀土。

膨胀土在我国云南、广西、贵州、河北、河南、湖北分布较广，在山西、陕西、安徽、四川、山东等也有不同程度的分布。

膨胀岩土的危害主要表现在：①低层建筑物常开裂破坏且具有成群出现的特点，以及建筑物的裂缝随着气候的变化不停地张开和闭合。土的胀缩变形会使房屋在水平和垂直方向都受弯和受扭，故在房屋的转弯处首先开裂，墙上出现对称或不对称的"X"形、倒"八"字形缝。②膨胀土边坡不稳定，地基承受水平变形和垂直变形，导致坡地上的房屋受损比平地上的更严重。③使公路路基破坏、路堑发生滑坡，还会导致涵洞、桥梁等刚性结构因不均匀沉降而开裂。

8.2.1.1 膨胀土的判定标准

《膨胀土地区建筑技术规范》（GB 50112—2013）第 4.3.3 条规定：场地具有下列工程地质特征及建筑物破坏形态，且土的自由膨胀率大于等于 40% 的黏性土，应判定为膨胀土。

(1)土的裂隙发育,常有光滑面和擦痕,有的裂隙中充填有灰白、灰绿等杂色黏土。自然条件下呈坚硬或硬塑状态。

(2)多出露于二级或二级以上的阶地、山前和盆地边缘的丘陵地带。地形平缓,无明显自然陡坎。

(3)常见有浅层滑坡、地裂。新开挖的坑(槽)壁易发生坍塌等现象。

(4)建筑物多呈倒"八"字形、"X"形或水平裂缝,裂缝宽度随气候变化而张开和闭合。

8.2.1.2 膨胀岩的判定依据

(1)多见于伊利石含量大于20%的黏土岩、页岩、泥质砂岩。

(2)具有前述膨胀土(2)~(4)条特征的岩石。

8.2.1.3 膨胀土的工程地质分类

按膨胀土的成因及特征,可分为以下3种基本类型:

(1)湖相沉积及其风化层。该类土的矿物成分以蒙脱石为主,土的胀缩性极为显著。

(2)冲积、冲洪积、坡积类型。主要分布在河流阶地上,黏土矿物以水云母为主,土的胀缩性也很显著。

(3)碳酸盐类岩石的残积、坡积及洪积红黏土。这类土液限高,但自由膨胀率小于40%,因而常被误判为非膨胀土。

8.2.2 膨胀土的工程特性及影响因素

8.2.2.1 膨胀土的工程特性

(1)胀缩性。膨胀土因含水率变化而出现的体积变化被叫做胀缩变形。膨胀土会随着含水率的提高出现膨胀,相反,也会因含水率的降低而收缩。同时,膨胀土吸水膨胀后强度会降低,而失水收缩后强度会提高。迄今研究发现:①膨胀土的胀缩性大小与干湿循环次数有关,当受到的干湿循环次数过多时,其体积对含水率变化的敏感性将逐步降低,呈现出不可逆特征;②膨胀土在吸水后体积出现膨胀的本质是水膜的形成及其厚度的持续增加,导致膨胀土的颗粒间距持续增大,而且在颗粒之间形成了一种"楔"力。

(2)多裂隙性。在严重失水时,膨胀土的表面会出现龟裂现象,产生相互交错的裂隙网络。在膨胀土工程中,这种龟裂现象会带来十分不利的后果。膨胀土表面出现的裂隙会损害土体的整体性和承载能力,相应土的压缩性则会出现增长,容易引发建筑的不均匀沉降。对于膨胀土中裂隙的产生机理,目前学者的看法还不统一,有的学者认为膨胀土的龟裂主要是与土的吸力以及其抗拉强度不平衡有关,一旦土体吸力过高,张拉应力超出其自身的抗拉强度时,就会出现龟裂现象。

(3)超固结性。超固结性是指土体曾经受过比当前应力水平更高的荷载作用。在膨胀土工程特性中,超固结性的影响往往会被人忽视,导致工程地质问题的发生。例如在进行边坡开挖的过程中,膨胀土所具有的较高水平应力会使开挖时产生的卸荷效应远高于普通的固结黏土,进而导致裂隙的产生,影响土体的结构整体性、稳定性以及强度。对于膨胀土超固结性的成因目前学者的看法还不统一,我国姚海林等(2002)研究认为膨胀土在干湿循环影响下出现的反复胀缩变形,导致其水平侧向应力远超出竖向自重应力,是膨胀土超固结性的成因。

(4) 崩解性。膨胀土浸水后其体积膨胀,在无侧限条件下则发生吸水湿化崩解。不同类型的膨胀土其湿化崩解性是不一样的,这与土中的黏土矿物、结构、胶结性质、土的初始含水量有关。一般由蒙脱石组成的膨胀土,放入水中后即可发生崩解,且几分钟内即可完全崩解;若由伊利石和高岭石组成的弱膨胀土,浸入水中后需经较长时间才逐步崩解,且有的崩解不完全。

(5) 易风化性。膨胀土具有非水稳特性和多裂隙结构,因此膨胀土对温度和含水量的变化非常敏感,换言之,风化作用对膨胀土的影响极为显著。膨胀土路堑被开挖后,土体被暴露在大气环境中,很快就会产生碎裂、剥落和泥化,形成松散层,使土体结构破坏,强度降低。

(6) 强度衰减性。膨胀土的峰值强度极高,但残余强度极低。由于膨胀土具有超固结性,因此初期的强度很高,但由于土中蒙脱石的亲水性及膨胀土的多裂隙性,随着风化作用的时间增加,其抗剪强度将大幅衰减。

8.2.2.2 影响膨胀土工程特性的因素

(1) 土的内在因素。包括矿物组分、微观结构特征、黏粒含量、土的密度、土的含水量等。土中蒙脱石含量越多,吸附的钠、钾一价阳离子的含量越多,小于 0.002mm 的黏粒含量越多,土的初始含水量越低,土的密度越大,则其膨胀潜势越大,胀缩性能越明显。

微观结构中"面-面叠聚体"越多,膨胀土的吸水膨胀和失水收缩能力越强。

(2) 外部因素。包括气候条件、地形地貌、建筑物周围阔叶树覆盖率、日照时间和强度等对膨胀土的胀缩性也有影响。

8.2.3 膨胀土的胀缩性指标

(1) 自由膨胀率(δ_{ef}):人工制备的烘干土样,在水中吸水饱和增加的体积与原体积之比,即

$$\delta_{ef} = \frac{V_w - V_0}{V_0} \tag{8.2.1}$$

式中,V_w 为在水中膨胀稳定后的体积(mL);V_0 为土样(烘干的)原有的体积(mL)。

(2) 膨胀率(δ_{ep}):在一定压力作用下,处于侧限条件下的原状土样在浸水饱和膨胀稳定后,土样增加的高度与原高度之比,即

$$\delta_{ep} = \frac{h_w - h_0}{h_0} \tag{8.2.2}$$

式中,h_w 为在水中膨胀稳定后的高度(mm);h_0 为土样(天然含水量)原始高度(mm)。

显然,δ_{ep} 值的大小与土样的初始含水量有关。同一土样,若初始含水量越低,则吸水饱和后能增加的高度越大,测定得到的 δ_{ep} 值就越大。δ_{ep} 值的大小还与试验压力的大小有关,土样受的压力越大,土在水中的膨胀高度就越小,甚至还会出现负值(当土样所受的压力超过其膨胀力时土样产生压缩变形)。

(3) 膨胀力(p_e):原状土样在体积不变时,由于浸水膨胀产生的最大内应力。

确定方法:以各级压力下测定得到的相应膨胀率(δ_{ep})为纵坐标,以压力 p 为横坐标,绘制 δ_{ep}-p 曲线,则该曲线与横坐标的交点即为该土样的膨胀力,如图 8.2.1 所示。

膨胀力(p_e)的数值大小也可用线性插值公式求得,方法详见本小节例题 1。

(4)线缩率(δ_s):原状土样完全失水后的竖向收缩变形量与失水前高度之比,即

$$\delta_s = \frac{h_0 - h}{h_0} \times 100\% \quad (8.2.3)$$

式中,h 为土样在温度 100～105℃烘干稳定后的高度(mm);h_0 为原状土样(具有天然含水量)原来的高度(mm)。

(5)收缩系数:根据不同湿度段的线缩率及其相应含水量绘制成 δ_s-w 关系曲线(图 8.2.2),在该曲线的直线收缩阶段,含水量减小 1%时的竖向线缩率即为收缩系数。换言之,δ_s-w 关系曲线尾部直线段的斜率即为该土层的收缩系数。

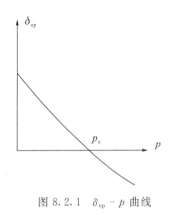

图 8.2.1 δ_{ep}-p 曲线

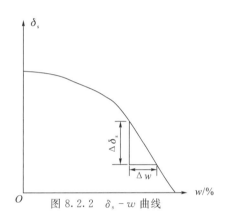

图 8.2.2 δ_s-w 曲线

$$\lambda_s = \frac{\Delta \delta_s}{\Delta w} \quad (8.2.4)$$

(6)膨胀总率(δ_{eps}):土的线膨胀率与线缩率之和,即

$$\delta_{eps} = \delta_{epi} + \lambda_s \Delta w \quad (8.2.5)$$

式中,δ_{epi} 为压力 p_i 下的膨胀率;λ_s 为压力 p_i 下的收缩系数;Δw 为土的含水量可能减少的幅度(%)。

8.2.4 膨胀土地基的评判

8.2.4.1 膨胀潜势

膨胀潜势大的土,其胀缩性就大,建筑物的损坏就严重。膨胀潜势的大小可按自由膨胀率 δ_{ef} 来衡量,见表 8.2.1。

表 8.2.1 膨胀土的膨胀潜势分类

自由膨胀率 δ_{ef}/%	膨胀潜势
$40 \leq \delta_{ef} < 65$	弱
$65 \leq \delta_{ef} < 90$	中
$\delta_{ef} \geq 90$	强

8.2.4.2 膨胀土地基的胀缩等级

(1)地基的膨胀变形量。按下式计算。

$$S_e = \Psi_e \sum_{i=1}^{n} \delta_{epi} h_i \quad (8.2.6)$$

式中,S_e 为地基土的膨胀变形量(mm);Ψ_e 为计算膨胀变形量的经验系数,宜根据当地经验

确定,当无经验时,3层及3层以下建筑物可采用0.6;δ_{epi}为基础底面下第i层土的平均自重压力与平均附加压力之和作用下的膨胀率,由室内试验确定;h_i为第i层土的计算厚度(mm);n为自基础底面至计算深度内所划分的土层数(计算深度应根据大气影响深度确定,有浸水可能时,可按浸水影响深度确定)。

(2)地基土的收缩变形量。按下式计算。

$$S_s = \Psi_s \sum_{i=1}^{n} \lambda_{si} \Delta w_i h_i \qquad (8.2.7)$$

式中,S_s为地基土的收缩变形量(mm);Ψ_s为计算收缩变形量的经验系数,宜根据当地经验确定,当无经验时,3层及3层以下建筑物可采用0.8;Δw_i为地基土在收缩过程中,第i层土可能发生的含水量变化的平均值(以小数表示);λ_{si}为第i层土的收缩系数,由室内试验确定;h_i为第i层土的计算厚度(m);n为自基础底面至计算深度内所划分的土层数(计算深度应根据大气影响深度确定;有热源影响时,可按热源影响深度确定)。

(3)膨胀土的胀缩变形量。由下式确定。

$$S_c = \Psi \sum_{i=1}^{n} (\delta_{epi} + \lambda_{si} \Delta w_i) h_i \qquad (8.2.8)$$

式中,Ψ为计算胀缩变形量的经验系数,可取0.7;其他符号的意义同前。

最后根据计算结果查表8.2.2,可确定膨胀土地基的胀缩等级。

极端情形:①当离地表1m处地基土的天然含水量等于或接近最小值($0.8w_P$以下)或地面有覆盖且无蒸发可能,以及建筑物在使用期间经常有水浸湿的地基,可按膨胀变形量计算。②场地天然地表下1m处土的含水量大于1.2倍塑限或直接受高温作用的地基,可按收缩变形量计算。

表8.2.2 膨胀土地基的胀缩等级

分级胀缩变形量S_c/mm	级别
$15 \leq S_c < 35$	Ⅰ
$35 \leq S_c < 70$	Ⅱ
$S_c \geq 70$	Ⅲ

8.2.5 膨胀土(岩)工程地质勘察基本技术要求

8.2.5.1 场地类别的划分

据大量工程实践资料,膨胀土(岩)分布地段地貌形态不一,岩土工程问题的复杂性也不一,因而将建筑场地分为"平坦"和"坡地"两种类型的场地。凡属于下列情况之一,则应划分为平坦场地:

(1)地形坡度小于5°,且同一建筑物范围内局部高差不超过1m。

(2)地形坡度大于5°小于14°,与坡肩水平距离大于10m的坡顶地带。

凡不符合上述条件的均为坡地场地。

8.2.5.2 地基基础设计等级

膨胀土场地上的建筑物,可根据其重要性、规模、功能要求和工程地质特征以及土中水分变化可能造成建筑物破坏或影响正常使用的程度,将地基基础分为甲、乙、丙3个设计等级。划分标准按表8.2.3实行。

表 8.2.3　膨胀土场地地基基础设计等级

设计等级	建筑物和地基类型
甲级	①覆盖面积大、重要的工业与民用建筑物; ②使用期间用水量较大的湿润车间,长期承受高温的烟囱、炉、窑以及负温的冷库等建筑物; ③对地基易变性要求严格或对地基往复升降变形敏感的高温、高压、易燃、易爆的建筑物; ④位于坡地上的重要建筑物; ⑤胀缩等级为Ⅲ级的膨胀土地基上的低层建筑物; ⑥高度大于 3m 的挡土结构,深度大于 5m 的深基坑工程
乙级	除甲级、丙级以外的工业与民用建筑物
丙级	①次要的建筑物; ②场地平坦、地基条件简单且载荷均匀的胀缩等级为Ⅰ级的膨胀土地基上的建筑物

8.2.5.3　各勘察阶段基本技术要求

膨胀土地区的工程地质勘察可分为可行性研究勘察、初步勘察和详细勘察阶段。对场地面积较小、地质条件简单或有建设经验的地区,可直接进行详细勘察。对地形、地质条件复杂或有大量建筑物破坏的地区,应进行施工勘察等专门性的勘察工作。

1. 可行性研究勘察阶段

应对拟建场址的稳定性和适宜性做出初步评价。包括下列内容:

(1)搜集区域地质资料,包括土的地质时代、成因类型、地形形态、地层和构造;了解原始地貌条件,划分地貌单元。

(2)采取适量原状土样和扰动土样,分别进行自由膨胀率试验,初步判定场地内有无膨胀土及其膨胀潜势。

(3)调查场地内不良地质作用的类型、成因和分布范围。

(4)调查地表水集聚、排泄情况,以及地下水类型、水位及其变化幅度。

(5)搜集当地不少于 10 年的气象资料,包括降水量、蒸发力、干旱和降水持续时间以及气温、地温等,了解其变化特点。

(6)调查当地建设经验,对已开裂破坏的建筑物进行研究分析。

2. 初步勘察阶段

应确定膨胀土的胀缩等级,应对场地的稳定性和地质条件做出评价,并应为确定建筑总平面布置、主要建筑物地基基础方案和预防措施,以及不良地质作用的防治提供资料和建议,同时应包括下列内容:

(1)当工程地质条件复杂且已有资料不满足设计要求时,应进行工程地质测绘,所用比例尺宜采用 1:1000~1:5000。

(2)查明场地内滑坡、地裂等不良地质作用,并评价其危害程度。

(3)预估地下水位季节性变化幅度和对地基土胀缩性、强度等性能的影响。

(4)采取原状土样进行室内基本物理力学性质试验、收缩试验、膨胀力试验和 50kPa 压力下的膨胀率试验,判定有无膨胀土及其膨胀潜势,查明场地膨胀土的物理力学性质及地基胀缩等级。

3. 详细勘察阶段

应查明各建筑物地基土层分布及其物理力学性质和胀缩性能,并应为地基基础设计、防治措施和边坡防护,以及不良地质作用的治理提供详细的工程地质资料和建议,同时应包括下列内容:

(1)采取原状土样进行室内 50kPa 压力下的膨胀率试验、收缩试验及其资料的统计分析,确定建筑物地基的胀缩等级。

(2)进行室内膨胀力、收缩和不同压力下的膨胀率试验。

(3)对于地基基础设计等级为甲级和乙级中有特殊要求的建筑物,应按规范规定进行现场浸水载荷试验。

(4)对地基基础设计和施工方案、不良地质作用的防治措施等提出建议。

8.2.5.4　勘探点的布置、孔深和采取土样的要求

应符合下列要求:

(1)勘探点的布置及控制性钻孔深度应根据地形地貌条件和地基基础设计等级确定,钻孔深度不应小于大气影响深度,且控制性勘探孔不应小于 8m,一般性勘探孔不应小于 5m。

(2)取原状土样的勘探点应根据地基基础设计等级、地貌单元和地基土胀缩等级布置,其数量不应少于勘探点总数的 1/2;详细勘察阶段,地基基础设计等级为甲级的建筑物,不应少于勘探点总数的 2/3,且不得少于 3 个勘探点。

(3)采取原状土样应从地表下 1m 处开始,在地表下 1m 至大气影响深度内,每 1m 取土样 1 件;土层有明显变化处,宜增加取土数量;大气影响深度以下,取土间距可为 1.5～2.0m。

(4)钻探时,不得向孔内注水。

8.2.6　各土层含水层变化值和大气影响深度的确定

8.2.6.1　各土层的含水量变化值

在计算深度内,各土层的含水量变化值,可按下式计算。

$$\Delta w_i = \Delta w_1 - (\Delta w_1 - 0.01)\frac{Z_i - 1}{Z_n - 1} \quad (8.2.9)$$

其中
$$\Delta w_1 = w_1 - \Psi_w w_P \quad (8.2.10)$$

式中,w_1,w_P 分别为地表下 1m 处土的天然含水量和塑限(小数);Ψ_w 为土的湿度系数;Z_i 为第 i 层土的深度(m);Z_n 为计算深度,可取大气影响深度(m)。如果在地表下 4m 土层深度内,存在不透水基岩时,可假定含水量变化值为常数。如果在计算深度内有稳定地下水位时,可计算至水位以上 3m。

8.2.6.2　膨胀土的湿度系数

膨胀土的湿度系数,应根据当地 10 年以上土的含水量变化及有关气象资料统计求出;无此资料时,可按下式计算。

$$\Psi_w = 1.152 - 0.726\alpha - 0.00107c \quad (8.2.11)$$

式中，Ψ_w 为膨胀土湿度系数，在自然气候影响下，地表下 1m 处土层含水量可能达到的最小值与塑限值之比；α 为当地 9 月至次年 2 月的蒸发力之和与全年蒸发力之比值；c 为全年中干燥度大于 1.00 的月份的蒸发力与降水量差值之总和(mm)。干燥度为蒸发力与降水量之比值。

8.2.6.3 大气影响深度的确定

大气影响深度是指在自然条件下，由降水、蒸发、地温等因素引起土的升降变形的有效深度，无实测资料时可由表 8.2.4 查得。

大气急剧影响深度是指大气影响特别显著的深度，应由各气候区土的深度变形观测或含水量观测及地温观测资料确定。如无此资料，可按大气影响深度值乘以 0.45 采用。

表 8.2.4 大气影响深度

土的湿度系数 Ψ_w	大气影响深度 d_a/m
0.6	5.0
0.7	4.0
0.8	3.5
0.9	3.0

8.2.7 膨胀土地基承载力

地基承载力特征值可由载荷试验或其他原位测试结合工程实践经验等方法综合确定，并应符合下列要求：

(1) 荷载较大的重要建筑物(一级、二级工程)宜采用现场浸水载荷试验确定。

(2) 二级工程也可采用饱和状态下不固结不排水三轴剪切试验计算。

(3) 三级工程可根据经验值来确定。据《膨胀土地区建筑技术规范》(GB 50112—2013) 第 4.3.7 条的条文说明推荐，膨胀土地基承载力的经验值可按表 8.2.5 取。

表 8.2.5 膨胀土地基承载力特征值经验值 f_{ak} 单位：kPa

含水比 α_w	孔隙比 e		
	0.6	0.9	1.10
<0.5	350	280	200
0.5~0.6	300	220	170
0.6~0.7	250	200	150

注：1. 此表适用于基坑开挖时土的天然含水量等于或小于勘察时土的天然含水量。

2. 使用此表时，应结合建筑物的容许变形值考虑。

8.2.8 膨胀(岩)土地基和基础措施

(1) 膨胀土地基上建筑物的基础埋置深度不应小于 1m。这是为了降低大气急剧层的影响，《膨胀土地区建筑技术规范》(GB 50112—2013) 第 5.2.2 条做出如此的规定。

(2) 可采用换土、砂石垫层、灰土垫层、土性改良等方法。

换土可采用非膨胀性土、灰土或改良土，换土厚度可通过变形计算确定。膨胀土土性改良可采用掺和水泥、石灰等材料，掺和比及施工工艺应通过试验确定。

平坦场地胀缩等级为Ⅰ、Ⅱ级的膨胀土地基,宜采用砂、碎石垫层,垫层厚度不应小于300mm,垫层宽度应大于基底宽度,两侧宜采用与垫层相同的材料回填,并做好防水、隔水处理。

土性改良措施:目前已发现有不少材料如石灰、聚丙烯纤维、有机硅、粉煤灰、工业固废稻壳灰和高炉矿渣等材料掺入膨胀土中后,均能不同程度地减少膨胀土的不良工程力学特性(详见本书0.4.2小节)。

(3)对较均匀且胀缩等级为Ⅰ级的膨胀土地基,可采用条形基础,基础埋深较大或基底压力较小时,宜采用墩基础;对胀缩等级为Ⅲ级或设计等级为甲级的膨胀土地基,宜采用桩基础。

(4)膨胀土的厚度较大时,可采用桩基,将桩尖支承在非膨胀土层上,或支承在大气影响层以下的稳定层上。当桩顶标高低于大气影响急剧层深度时,可按一般桩基础进行设计;若桩顶标高位于大气影响急剧层深度内,则需考虑土的胀缩对桩的上拔或下拉力。

(5)膨胀岩以治理为主。

[例题1] 某组原状土样室内压力与膨胀率的关系见下表,请计算该土的膨胀力。

垂直压力 p/kPa	0	25	75	125
膨胀率 δ_{ep}	8%	4.7%	1.4%	−0.6%

解:从表中测试的结果可见,若绘制 δ_{ep}-p 关系曲线,该曲线与 p 轴的交点应处于75kPa 与125kPa 之间。因此可用这2个压力的试验结果,代入线性插值公式,即可求出该交点($\delta_{ep}=0$)的压力值。

即据 $\dfrac{y-y_1}{y_2-y_1}=\dfrac{x-x_1}{x_2-x_1}$,得 $p_e = 75 + \dfrac{0-1.4}{-0.6-1.4}(125-75) = 110(\text{kPa})$

[例题2] 某膨胀土场地有关资料如下表所示。若大气的影响深度为4.0m,拟建的建筑物2层,基础埋深1.2m。试算膨胀土地基的胀缩变形量。

分层号	层底深/m	天然含水量/%	塑限/%	含水率变化值 Δw	膨胀率 δ_{ep}	收缩系数 λ_s
1	1.8	23	18	0.0298	0.0160	0.50
2	2.5			0.0250	0.0265	0.46
3	3.2			0.0185	0.0200	0.40
4	4.0			0.0125	0.0180	0.30

解:因为地表1.0m处的地基土的天然含水量大于塑限的1.2倍时,只按收缩变形量计算。

故由式(8.2.7)求得(从基底至大气影响深度)

$$S_s = \Psi_s \sum_{i=1}^{n} \lambda_{si} \Delta w_i h_i = 0.8(0.50 \times 0.0298 \times 600 + 0.46 \times 0.0250 \times 700 + 0.40 \times 0.0185 \times 700 + 0.30 \times 0.0125 \times 800) = 20.136(\text{mm})$$

本节思考题

一、单项选择题

1. 下列是膨胀土地区建筑中可用来防止建筑物地基事故的几项措施,试问:下列哪个选项更具有原理上的概括性?(　　)
   A. 科学绿化　　　　B. 防水保湿　　　　C. 地基处理　　　　D. 基础深埋

2. 膨胀土地基的胀缩变形与下列哪一选项无明显关系?(　　)
   A. 地基土的矿物成分　　　　　　　B. 场地的大气影响深度
   C. 地基土的含水量变化　　　　　　D. 地基土的剪胀性及压缩性

3. 对于一级工程,膨胀土地基承载力应采用下列哪种方法确定?(　　)
   A. 饱和状态下不固结不排水三轴剪切试验
   B. 饱和状态下固结排水三轴剪切试验
   C. 浸水载荷试验
   D. 不浸水载荷试验

4. 下列关于膨胀土胀缩变形的叙述中,哪个选项是错误的?(　　)
   A. 膨胀土的 SiO_2 含量越高,胀缩量越大
   B. 膨胀土的蒙脱石和伊利石含量越高,胀缩量越大
   C. 膨胀土的初始含水量越高,其膨胀量越小,而收缩量越大
   D. 在其他条件相同情况下,膨胀土的黏粒含量越高,胀缩变形会越大

5. 膨胀土地基的基础埋深,应不小于(　　)。
   A. 0.5m　　　　　B. 1.0m　　　　　C. 1.5m　　　　　D. 大气影响深度

二、多项选择题(少选、多选、错选均不得分)

1. 膨胀土的工程特性有(　　)。
   A. 胀缩性　　　　B. 多裂隙性　　　　C. 崩解性　　　　D. 超固结性

2. 下列指标中哪些是膨胀土的工程特性指标?(　　)
   A. 含水比　　　　B. 收缩系数　　　　C. 膨胀率　　　　D. 塑限

3. 右图为膨胀土试样的膨胀率与压力关系曲线图,根据图示内容判断,下列哪些选项是正确的?(　　)
   A. 自由膨胀率约为 8.4%
   B. 50kPa 压力下的膨胀率约为 4%
   C. 膨胀力约为 110kPa
   D. 150kPa 压力下的膨胀力约为 110kPa

4. 下列关于膨胀土地基上建筑物变形的说法,哪些选项是正确的?(　　)
   A. 多层房屋比平房容易开裂
   B. 建筑物往往建成多年后才出现裂缝
   C. 建筑物裂缝多呈正"八"字形,上窄下宽

多项选择题第3题图

D. 地下水位较低的比地下水位高的容易出现开裂

5. 关于膨胀土的性质,下列哪些选项是正确的?(　　　)

A. 当含水量相同时,上覆压力大时膨胀量大,上覆压力小时膨胀量小

B. 当上覆压力相同时,含水量高的膨胀量大,含水量小的膨胀量小

C. 当上覆压力超过膨胀力时土不会产生膨胀,只会出现压缩

D. 常年地下水位以下的膨胀土的膨胀量为零

6. 计算膨胀土的地基土胀缩变形量时,取下列哪些选项的值是错误的?(　　　)

A. 地基土膨胀变形量或收缩变形量

B. 地基土膨胀变形量或收缩变形量两者中取大值

C. 地基土膨胀变形量与收缩变形量之和

D. 地基土膨胀变形量与收缩变形量之差

三、计算题

1. 对不扰动膨胀土试样在室内试验后得到含水量与竖向线缩率数据见下表,按《膨胀土地区建筑技术规范》(GB 50112—2013),求该试样的收缩系数。

试验次序	含水量 w/%	竖向线缩率/%	试验次序	含水量 w/%	竖向线缩率/%
1	7.2	6.4	4	18.6	4.0
2	12.0	5.8	5	22.1	2.6
3	16.1	5.0	6	25.1	1.4

2. 某原状土样室内压缩试验见下表,求此土样的膨胀力。

垂直压力/kPa	0	25	50	75	100	125
天然湿度下的高度/mm	20	20	20	20	20	20
在水中膨胀稳定后的高度/mm	21.6	21.0	20.3	19.9	19.8	19.6

3. 某膨胀土地区的多年平均蒸发力和降水量值详见下表,请确定该地区大气影响急剧层深度。

月份	1月	2月	3月	4月	5月	6月	7月	8月	9月	10月	11月	12月
蒸发力/mm	14.2	20.6	43.6	60.3	94.1	114.8	121.5	118.1	57.4	39.0	17.6	11.9
降水量/mm	7.5	10.7	32.2	68.1	86.6	110.2	158.0	141.7	146.9	80.3	38.0	9.3

8.3 多年冻土

8.3.1 概述

含有固态水,且冻结状态持续两年或两年以上的土,应判定为多年冻土。多年冻土一般分为两层:上部是夏融冬冻的季节性冻土(亦称活动层),下部是终年不融的多年冻结层。

多年冻土层的形成条件是:气温低,年平均气温低于零摄氏度,且低温持续时间较长。

世界上冻土总面积约为 3500 万 km^2,占地球全部大陆面积的 25%。俄罗斯和加拿大是冻土分布最广的国家,俄罗斯领土的一半有冻土分布。我国冻土分布在东北北部山区、西北高山区及青藏高原地区,冻土面积约 215 万 km^2,占全国总面积的 22.4%。

冻土层的厚度及分布受纬度的控制,最明显的是永冻层顶面的埋深自北而南逐渐加深,其厚度则自北而南逐渐减小,最后消失。例如西伯利亚北部永冻层顶面几乎与地表一致,其厚度达数百米,向南到我国东北境内,冻土层顶面埋深加大,其厚度也大为减薄,一般不超过 25~30m。高山高原地区冻土层厚度则不完全受纬度控制。例如祁连山东段 3500m 高处(北坡)冻土厚 22m 左右,到 4000m 高度却厚达 100m。但是,冻土分布的下限(限冻土发育的最低高度)则与纬度有关,由南往北逐渐降低,如昆仑山西大滩其分布下限为 4300~4400m,祁连山为 3500~3800m,天山约为 2500m,到阿尔泰山为 1000~1100m。

冻土的厚度、埋深及分布虽然受到纬度和高度的控制,但是在同一纬度和高度的冻土区,由于其他自然地理条件的不同,冻土的厚度往往也有很大的差异。

8.3.2 冻土的不良地质作用及危害

8.3.2.1 多年冻土的不良地质作用

(1)在冻结过程中产生的不良地质作用有:冻胀现象,出现厚层地下冰、冰锥、寒冻泥流、冻胀丘,土石表面出现寒冻裂隙等。

冻胀丘(又称冰堆丘)指在冻土区由于不均匀冻结膨胀作用使土层产生局部隆起而形成的圆形或椭圆形地形。冰锥是在寒冷季节流出封冻地表和冰面的地下水或河水在地表冻结后形成丘状隆起的冰体。寒冻泥流是指由冰雪融水或冰湖溃决洪水冲蚀形成的含有大量泥砂石块的特殊洪流,常发生在增温与融水集中的夏、秋季节。

(2)在融化过程中发生的不良地质作用有:热融沉陷、热融湖塘、热融滑塌、融冻泥流。

平坦地表因地下冰的融化而产生各种负地貌,称热融沉陷;当这些负地貌积水时,就形成热融湖塘。

坡地冻土层在地下的冰融化后,土体在重力作用下沿融冻界面滑动,称热融滑塌。

融冻泥流是指冻土层上部解冻时,融化的水使松散土层达到饱和状态,这种饱含水的土层因具有可塑性,在重力作用下发生沿斜坡蠕动的现象。

冻土的诸多不良地质作用对工程建设和建(构)筑物的危害很大,下面以冻土对路基和建筑物的危害为例说明。

8.3.2.2 对路基的危害

(1)路基融陷:一般发生在含水量较大,且常年气温较低的黏性土地段。当路堤基底或路堑边坡上覆盖有较厚一层冻土时,由于施工和运营过程的各种影响,上覆冻土层局部融化后在自重的作用下产生沉陷,造成路基路面的严重变形。这种病害多发生在低路堤路段,或路面材料由深色材料铺成的地段。

(2)冻胀破坏:由于土中水发生冻结形成冰体而引起土体膨胀、地表不均匀隆起的作用。发生冻胀需有两个必须的条件,即充足的水分补给和补给的通道,使土中原有水分冻结的同时下部未冻结土中的水分持续地向冻结面聚集。冻胀本身不仅造成道路破坏,还可在桥梁、涵洞等基础部分形成冻害。

(3)翻浆:春季温度回升时,路基表层土首先融化,而下层土体尚未解冻,水分不能向下渗透,聚集在路基土体上部形成自由水。当含水率超过路基土液限时,路基强度减弱,在行车荷载的作用下迅速破坏,形成翻浆。翻浆一般发生在路基由粉性土质铺筑而成的路段。

8.3.2.3 对建筑物的危害

地基土冻融对建筑物的破坏作用,表现在以下几个方面。

(1)基础拉断:由切向冻胀力和垂直冻胀力的共同作用所引起,这种情况对不采暖的轻型结构的基础经常可能发生,如仓库基础、围墙基础等。

(2)台阶隆起、门窗歪斜:部分居民住宅,每到冬天,由于台阶隆起,外门不易开关。次年开冻以后,台阶又回落,经多年起落,变形不断增加,出现不同程度的沉落和倾斜。由于内外墙变形不一,常使门窗变形,压碎玻璃。

(3)天棚抬起:主要是因冬季外墙基础因冻胀抬起,而内墙基础因采暖而没有受冻胀影响,天棚是支承在外墙上的,致使内墙顶面与天棚脱开,出现裂缝,最大的可达 10~20mm。春季地基融化后回落,裂缝宽度缩小。

(4)墙壁裂纹:轻型住宅裂缝最普遍。常在房屋的转角、门、窗、洞口附近、山墙等处,出现水平裂缝、垂直裂缝和斜裂缝。

水平裂缝常发生在门、窗洞口上下墙的横断面上,一般沿房屋的长度方向出现。水平裂缝又因房屋的结构和采暖情况不同,裂缝有内大外小或外大内小。

垂直裂缝一般多出现在内墙和外墙的连接处,外门斗、群房和主体结构连接处。主要是由地基冻胀不均引起的。

斜裂缝主要是由房屋周边产生不均匀冻胀和融化沉陷引起的,沿着门、窗洞口的对角方向出现。有的出现对称正"八"字和倒"八"字形裂缝,也有在山墙上出现不对称的斜裂缝。

8.3.3 多年冻土的力学特征

(1)冻土的抗压强度远远大于未冻土,这是由冰的胶结作用造成的。

(2)冻土中因存在未冻水和冰,故在长期荷载作用下土的流变性十分显著。

(3)与受冻前相比,冻土的抗剪强度和抗压强度均较高,但这两种强度同样都受温度、总含水量、应变速率和荷载作用时间的影响。

(4)冻土融化后的抗压强度与抗剪强度将显著降低。

(5)冻土具有流变性,在长期荷载作用下冻土的变形增大。
(6)在短期荷载作用下,冻土的压缩性很低,类似于岩石。
(7)多年冻土的内摩擦角很小,可视为理想的黏滞体。

8.3.4 多年冻土的冻胀的机理及影响因素

土发生冻胀的原因是冻结时土中水分向冻结区迁移和集聚。

当大气温度降至负温时,土层中温度也随之降低,土空隙中的自由水首先在 0℃ 时结冻成为冰晶体。随着气温的不断下降,弱结合水的最外层也开始冻结,使冰晶体逐渐扩大,这样使冰晶体周围土粒的结合水膜减薄,土粒就产生剩余的分子引力。另外,由于结合水膜中离子浓度的增加,这样就产生了渗负压力。在这两种作用力下,附近未冻结区水膜较厚处的结合水,被吸引到水膜较薄处。一旦水分被吸引到冻结区后,因为负温作用,水即冻结,使冰晶体增大,而不平衡引力继续存在。若未冻结区存在着水源及适当的水源补给通道,则未冻结区的水分就会不断地向冻结区集聚迁移,使冰晶体扩大,在土层中形成冰夹层,土体积发生膨胀,即冻胀现象。这种冰晶体不断增大,一直要到水源补给被断绝后才会停止。

影响冻胀的因素有以下3个方面:

(1)土的因素。粉土最为强烈,其冻胀现象严重,这是因为这类土具有较显著的毛细现象,毛细上升高度大、上升速度快,具有较畅通的水源补给通道,同时,这类土的颗粒较细,表面能大,土粒矿物成分亲水性强,能持有较多结合水,从而能使大量结合水迁移和集聚。相反,黏土虽有较厚的结合水膜,但毛细空隙较小,水分迁移时受到的阻力较大,没有畅通的水源补给通道,所以其冻胀较粉土的为小。

砂砾等粗颗粒土,没有或具有很少量的结合水,空隙中自由水冻结后,不会发生水分的迁移集聚,同时由于砂砾的毛细现象不显著,因而不会发生冻胀,所以在工程实践中常在地基或路基中换填卵砾石(或碎石)土,以防止冻胀。

(2)水的原因。土层发生冻胀的原因是水分的迁移和集聚。因此,当冻结区附近地下水位较高,毛细水上升高度能够达到或接近冻结线时,冻结区就能得到外部水源的不断补给,将发生比较强烈的冻胀现象。有外部水源的补给时往往在土层中形成很厚的冰夹层,而没有外来水源的补给时,冰夹层薄,冻胀量小。

(3)温度的原因。气温骤降且冷却强度很大时,土的冻结面迅速向下推移,这时,土中弱结合水及毛细水来不及向冻结区迁移就在原地冻结成冰,输水通道也被冰晶体所堵塞。这样,水分的迁移和集聚不会发生,在土层中看不到冰夹层,只有散布于空隙中的冰晶体,这时形成的冻土一般无明显的冻胀。但如果气温缓慢下降,冷却强度小,但负温持续的时间较长,则能促使未冻结区水分不断地向冻结区迁移和集聚,在土中形成冰夹层,出现明显的冻胀现象。

8.3.5 冻土的分类

(1)按冻结状态的持续时间,可分为多年冻土、隔年冻土和季节性冻土,划分标准见表8.3.1。

表 8.3.1 冻土按冻结状态持续时间分类

类型	冻结持续时间(t)	地面温度特征	冻融特征
多年冻土	$t \geqslant 2$ 年	年平均地面温度≤0℃	季节融化
隔年冻土	1 年≤t<2 年	最低月平均地面温度≤0℃	季节冻结
季节性冻土	t<1 年	最低月平均地面温度≤0℃	季节冻结

(2)多年冻土按存在的自然条件,可分为高纬度多年冻土、高海拔多年冻土。

(3)按冻土分布的持续程度,可分为大片多年冻土、岛状融区多年冻土、岛状多年冻土。

(4)按冻土融冻活动层与下卧土层关系,可分为季节冻结层(季节冻土区)、季节融化层(多年冻土区)。

(5)按含冰量及特征,分为少冰冻土、多冰冻土、富冰冻土、饱冰冻土、含土冰层。若冰层厚度大于 25mm,且不含土时应定名为纯冰层。

(6)根据多年冻土的年平均地温分为高温冻土和低温冻土。高温冻土是指年平均地温不低于-1.0℃,低温冻土则为年平均地温低于-1.0℃。

(7)按体积压缩系数或总含水率划分为坚硬冻土、塑性冻土和松散冻土。其中坚硬冻土的体积压缩系数不应大于 0.01MPa^{-1},塑性冻土的体积压缩系数大于 0.01MPa^{-1},松散冻土总含水率不大于 3%。

(8)若冻土中的易溶盐含量超过表 8.3.2 中界限值时,应称为盐渍化冻土;若冻土中的泥炭化程度超过表 8.3.3 中界限值时称为泥炭化冻土。

表 8.3.2 盐渍化冻土的盐渍度界限值

土类	碎石土、砂类土	粉土	粉质黏土	黏土
盐渍度/%	0.1	0.15	0.2	0.25

注:盐渍度是指土中易溶盐质量与土骨架质量之比。

表 8.3.3 泥炭化冻土的泥炭化程度界限值

土类	碎石土、砂类土	粉土、黏性土
泥炭化程度/%	3	5

注:泥炭化程度是指土中含植物残渣和泥炭的质量与土骨架质量之比。

8.3.6 冻土的特征指标

8.3.6.1 总含水量

冻土的总含水量(w_0)定义为

$$w_0 = \frac{M_w + M_i}{M_s} \times 100\% \qquad (8.3.1)$$

式中，M_w 为冻土中液态水的质量；M_i 为冻土中固态水的质量；M_s 为冻土中矿物颗粒的质量。

8.3.6.2 冻胀率

土在冻结时有体积增大的性能，可用冻胀率（η）来表示。按《冻土工程地质勘察规范》（GB 50324—2014），冻胀率按下式计算。

$$\eta = \frac{\Delta_z}{h - \Delta_z} \times 100\% \qquad (8.3.2)$$

式中，Δ_z 为地表冻胀量(mm)；h 为冻结层厚度(mm)。

当 $\eta \leq 1\%$ 时，为不冻胀土；

当 $1\% < \eta \leq 3.5\%$ 时，为弱冻胀土；

当 $3.5\% < \eta \leq 6\%$ 时，为冻胀土；

当 $6\% < \eta \leq 12\%$ 时，为强冻胀土；

当 $\eta > 12\%$ 时，为特强冻胀土。

8.3.6.3 融化下沉系数

冻土在融化过程中，因土内的固态冰转化为液态水导致土的体积缩小的现象称为冻土的融沉性，冻土融沉性的大小可用融化下沉系数 δ_0 来表示。

冻土的平均融化下沉系数 δ_0 可按下式计算。

$$\delta_0 = \frac{h_1 - h_2}{h_1} = \frac{e_1 - e_2}{1 + e_1} \times 100\% \qquad (8.3.3)$$

式中，h_1，e_1 分别为冻土试样融化前的高度(mm)和孔隙比；h_2，e_2 分别为冻土试样融化后的高度(mm)和孔隙比。

多年冻土按融化下沉系数 δ_0 的大小，可分为不融沉、弱融沉、融沉、强融沉和融陷 5 级，具体的划分标准按表 8.3.4 规定。

表 8.3.4 多年冻土的融沉性分类

土的名称	总含水量 $w_0/\%$	平均融化下沉系数 δ_0	融沉等级	融沉类别	冻土类型
碎石土，砾、粗、中砂（粒径小于 0.075mm 的颗粒含量不大于 15%）	$w_0 < 10$	$\delta_0 \leq 1$	Ⅰ	不融沉	少冰冻土
	$w_0 \geq 10$	$1 < \delta_0 \leq 3$	Ⅱ	弱融沉	多冰冻土
碎石土，砾、粗中砂（粒径小于 0.075mm 的颗粒含量大于 15%）	$w_0 < 12$	$\delta_0 \leq 1$	Ⅰ	不融沉	少冰冻土
	$12 \leq w_0 < 15$	$1 < \delta_0 \leq 3$	Ⅱ	弱融沉	多冰冻土
	$15 \leq w_0 < 25$	$3 < \delta_0 \leq 10$	Ⅲ	融沉	富冰冻土
	$w_0 \geq 25$	$10 < \delta_0 \leq 25$	Ⅳ	强融沉	饱冰冻土

续表 8.3.4

土的名称	总含水量 w_0/%	平均融化下沉系数 δ_0	融沉等级	融沉类别	冻土类型
粉砂、细砂	$w_0<14$	$\delta_0\leqslant1$	I	不融沉	少冰冻土
	$14\leqslant w_0<18$	$1<\delta_0\leqslant3$	II	弱融沉	多冰冻土
	$18\leqslant w_0<28$	$3<\delta_0\leqslant10$	III	融沉	富冰冻土
	$w_0\geqslant28$	$10<\delta_0\leqslant25$	IV	强融沉	饱冰冻土
粉土	$w_0<17$	$\delta_0\leqslant1$	I	不融沉	少冰冻土
	$17\leqslant w_0<21$	$1<\delta_0\leqslant3$	II	弱融沉	多冰冻土
	$21\leqslant w_0<32$	$3<\delta_0\leqslant10$	III	融沉	富冰冻土
	$w_0\geqslant32$	$10<\delta_0\leqslant25$	IV	强融沉	饱冰冻土
黏性土	$w_0<w_P$	$\delta_0\leqslant1$	I	不融沉	少冰冻土
	$w_P\leqslant w_0<w_P+4$	$1<\delta_0\leqslant3$	II	弱融沉	多冰冻土
	$w_P+4\leqslant w_0<w_P+15$	$3<\delta_0\leqslant10$	III	融沉	富冰冻土
	$w_P+15\leqslant w_0<w_P+35$	$10<\delta_0\leqslant25$	IV	强融沉	饱冰冻土
含土冰层	$w_0\geqslant w_P+35$	$\delta_0>25$	V	融陷	含土冰层

注：1. 总含水量 w_0 包括冰和未冻水。
2. 本表不包括盐渍化冻土、冻结泥炭化土、腐殖土、高塑性黏土。

8.3.6.4 体积压缩系数

融化后体积压缩系数 m_v 可根据室内试验或原位试验求得，计算方法分别如下。

$$m_v=\frac{\Delta s}{\Delta p}K（原位测试时）\tag{8.3.4}$$

式中，Δs 为相应于某一压力范围（Δp）的相对沉降；m_v 为融化后体积压缩系数（MPa^{-1}）；K 为系数，黏土为1.0，粉质黏土为1.2，砂土为1.3，巨粒土为1.35。

在原位测试条件下，土被压缩时，有侧向膨胀故需乘以 K 值。而在室内有侧限的试验条件下，土样没有侧向膨胀，无需乘以 K 值。故

$$m_v=\frac{s_{i+1}-s_i}{p_{i+1}-p_i}=\frac{\Delta s}{\Delta p}（室内试验时）\tag{8.3.5}$$

式中，p_i 为第 i 级的压力值（MPa）；s_i 为在 p_i 级压力下的沉降量（mm）。

融化后体积压缩系数 m_v 的测试（无论是原位测试还是室内测试），都是在继测定融化下沉系数后的下一个测试，按非冻土固结试验方法进行，即按《土工试验方法标准》（GB/T 50123—2019）进行测试。据《土工试验方法标准》（GB/T 50123—2019）中对标准固结试验的要求，试验时所施加的各级压力为12.5kPa，25kPa，50kPa，100kPa，200kPa，400kPa，…直至比上覆土层的计算压力大100~200kPa为止。

8.3.7 地基复杂程度分级

(1)符合下列条件之一应为一级地基(复杂地基):
①岩土种类多,性质变化大,冻土层上水、层间水发育;
②厚层地下冰发育;
③冻土工程类型属含土冰层或饱冰冻土;
④岛状多年冻土地段;
⑤冻土温度高于-1.0℃。

(2)符合下列条件之一应为二级地基(中等复杂地基):
①岩土种类较多,性质变化较大,冻土层上水、层间水较发育;
②地下冰较发育;
③冻土工程类型属富冰冻土或多冰冻土;
④冻土温度为-2.0℃~-1.0℃。

(3)符合下列条件之一应为三级地基(简单地基):
①岩土种类单一,性质变化不大;
②地下冰不发育;
③冻土工程类型属少冰冻土;
④冻土温度低于-2.0℃。

8.3.8 冻土工程地质勘察的基本技术要求

《冻土工程地质勘察规范》(GB 50324—2014)对不同行业(铁路、公路、水利水电、管道、架空送电线路等)的工程地质勘察都有要求,但限于篇幅,本书仅介绍冻土区对建(构)筑物的工程地质勘察的一些要求。

8.3.8.1 一般规定

冻土工程地质勘察应包括冻土工程地质调查与测绘、勘探、冻土取样、室内试验和原位测试、观测,以及冻土工程地质条件评价、预测。冻土工程地质勘察工作应包括下列内容:

(1)搜集工程建设项目的规模及建筑的类别,地基基础设计、施工的特殊要求及设计参数。

(2)搜集、整理与分析有关勘察报告、航卫片、室内外试验结果及科学研究文献报告,根据冻土的非均质性及随时间、人为活动的可能变化,确定勘察方法和工作量。

(3)通过搜集资料、踏勘、调查与测绘,初步了解建筑场地冻土工程地质条件的复杂程度,主要的冻土工程地质问题。

(4)应用搜集或勘察的资料,结合工程经验的判断和分析,对冻土工程地质条件做出评价,对设计、施工、防治处理及环境保护方案提出建议,并对建筑后的冻土工程地质条件变化做出预测。

8.3.8.2 冻土地区工程地质勘察要点

(1)在多年冻土地区,应对危害工程的冰锥、冻胀丘、厚层地下冰、融冻泥流、热融滑塌、热融湖塘、热融洼地、冻土沼泽、冻土湿地等冻土现象进行调查与测绘。其中融冻泥流、热融滑塌的调查宜在其发育期每年的7—9月进行,对冰锥、冻胀丘的调查宜在其发育期每年的1—4月进行。

(2)冻土钻探的开孔直径不应小于130mm,终孔直径不宜小于110mm。

(3)钻探速度:当土层为第四系低含冰量松散地层时,宜采取低速钻进方法,回次进尺宜为0.20～0.50m;当冻土层为高含冰量黏性土时,应采取快速钻进方法,回次进尺不宜大于0.80m;对于冻结的碎石类土和基岩,宜采用低温冲洗液钻进方法,回次进尺宜为0.15～0.30m。

(4)勘探孔深度:《岩土工程勘察规范》(GB 50021—2001)(2009年版)第6.6.4条规定,无论何种设计原则,勘探孔的深度宜超过多年冻土上限深度的1.5倍。这个规定适用于多个行业(管道工程、架空线路、房屋建筑、核电工程等)及不同勘察阶段。

(5)冻土取样要求:测定物理指标的试样应由地表以下0.5m开始逐层采取,取样间距应根据工程规模、工程特点及冻土工程地质性质确定,一般取样间距不宜大于1.0m;测定冻土力学及热学指标时,冻土取样应按工程需要采取;测定冻土天然含水率的取样宜采用刻槽法。

(6)冻土试验项目:应根据需要进行总含水率、未冻含水率、冻结温度、导热系数、冻胀率、融化压缩等项目的试验;对盐渍化多年冻土和泥炭化多年冻土,应分别测定易溶盐含量和有机质含量。

(7)原位测试要求:重要性等级为一、二级的建设工程应进行原位测试,测试项目包括地温、地下水位、多年冻土上限深度、下限深度、季节冻结深度、季节融化深度、季节冻土层的分层冻胀以及冻融过程;测试试验包括载荷试验、桩基静载试验、波速试验、动力触探试验、融化压缩试验、冻土与基础间冻结强度试验、锚杆与锚索抗拔试验以及冻胀力试验等内容。

(8)观测要求:重要工程以及对冻土环境影响较大的建筑,宜从勘察工作开始设置观测站(点),多年冻土地温观测孔的深度不宜小于20m,观测内容包括气温、冻土地温、冻土上限、季节冻结深度、地下水位、融化下沉量及冻胀量、冻土现象的变化特征;工程建设和运营期间建筑发生的变形;建筑场区内在人为活动影响下冻土环境变化等。

8.3.8.3 多年冻土地区建筑的工程地质勘察

宜分为可行性研究勘察、初步勘察和详细勘察3个阶段,各阶段的要求如下。

1. 可行性研究勘察阶段

除应对拟选场址的稳定性、适宜性以及技术经济的可行性进行论证外,尚应进行下列工作:

(1)搜集区域地质、地形地貌、地震、矿产和附近地区的冻土工程地质资料,了解当地的建筑经验。

(2)了解场地地形地貌、地质构造、冻土特征、岩土性质、冻土现象及地下水情况。

(3)当已有资料和踏勘不能满足要求时,应进行工程地质调查与测绘及必要的勘探和测试工作。

(4)可行性研究勘察阶段报告的内容,应重点阐明场地稳定性和适宜性问题,并应根据搜集的资料和必要的勘察工作,对场地地形地貌、地质构造、冻土特征、冻土现象、地层岩性和地下水条件等基本概况进行综合评价,同时应提出设计方案比选意见和建议。

2. 初步勘察阶段

初步勘察应对场地内拟建建筑地段的稳定性做出评价,并应对建筑总平面布置方案、冻土地基的设计原则、基础方案、冻土现象的防治及建筑场地地质环境保护与恢复措施提出建议。初步勘察阶段,应进行下列工作:

(1)搜集选址阶段的勘察、建筑区范围内地形、建筑区工程的性质及规模等资料。

(2)初步查明地层结构、冻土特征及分布规律,以及冻土现象的类型、成因和对场地稳定性的影响程度,并初步预测在建筑使用期间冻土工程地质条件可能发生的变化。

(3)初步查明冻土区地下水类型和地下水埋藏条件、相互关系,及其对冻土构造与工程建筑的影响。

(4)对抗震设防烈度等于或大于6度的建筑场地,应对场地和地基的地震效应做出初步评价。

(5)查明构造地质、环境地质条件。

(6)初步判定水和土对建筑材料的腐蚀性。

(7)冻土地区高层建筑初步勘察时,应对冻土地基设计原则、基础类型、基坑开挖与支护及地下水治理进行初步分析评价并提出建议。

初步勘察阶段,勘探线、点、网的布置,应符合下列规定:

(1)勘探线应垂直地貌单元边界线、地质构造线及地层界线。

(2)勘探点应布置在每个地貌单元类型的地貌交接部位,在微地貌或冻土现象发育地段应增加勘探点的数量。

(3)在同一地貌单元,地形平坦、冻土工程性质较均一、分布面积较大的场地,勘探点可按方格网布置。

(4)勘探线、勘探点间距可根据冻土地基复杂程度等级按表8.3.5确定。

表8.3.5 初步勘察勘探线、点间距

地基复杂程度	一级(复杂地基)	二级(中等复杂地基)	三级(简单地基)
线距/m	50~75	75~150	150~200
点距/m	20~40	40~60	60~100

(5)初步勘察勘探点可分一般性勘探点和控制性勘探点两种,其深度可根据工程重要性等级按表8.3.6确定。

表8.3.6 初步勘察勘探孔深度

工程重要性等级	一级	二级	三级
一般性勘探孔深度/m	≥20	>15	>10
控制性勘探孔深度/m	>30	>25	>20

注:1. 勘探孔包括钻孔、原位测试孔及探井等。
2. 控制性勘探点数量不小于勘探点总数的1/3,每个地貌单元或每个主要建筑地段应有控制性勘探点。

当存在下列情形之一时,应增减勘探孔深度:

①在预定深度内遇基岩时,除控制性勘探孔仍应钻入基岩适当深度外,其他勘探孔达到确认的基岩后即可终止钻进;

②在预定深度遇到饱冰冻土、含土冰层或纯冰层时,应加深或穿透该层;

③遇到岛状冻土,控制性勘探孔深度应超过冻土下限不小于3m。

(6)初步勘察阶段取土、水试样和原位测试工作,应符合下列规定:

①初步勘察取土样和进行原位测试的勘探点数量,不应少于勘探点总数的1/3;

②取土样和原位测试的竖向间距,应按地层的特点和冻土的均匀程度确定;各层土均应取样或进行原位测试,其有效数据不应少于6件(组);

③当地下水对地基基础有影响时,应采取水试样进行试验,评价其对建筑材料的腐蚀性时,每个场地不应少于2处,每处不应少于1件;

④地温测试点,在平面上宜均匀分布,当场地跨越不同地貌单元的场地时,应在不同地貌单元设置有地温观测点,地温观测点数量不宜少于控制性勘探点数量的1/3,且每个场地不应少于3个,测试深度不应小于20m,竖向测试间距不应大于2m;

⑤测试土层剪切波速可在控制性勘探孔中进行,每个场地波速测试孔数量不宜少于3个。

3. 详细勘察阶段

冻土工程地质详细勘察,应按不同建筑物或建筑群提出详细的冻土工程地质资料和设计所需的冻土技术参数。冻土工程地质详细勘察应进行下列工作:

(1)取得附有坐标及地形的建筑物总平面布置图和各建筑物的整平标高、性质、规模、荷载、上部结构特点、基础形式、埋置深度、地基允许变形、地下设施、有特殊要求的地基基础设计、施工方案等资料。

(2)查明建筑物范围内的冻土工程类型、构造、厚度、温度、工程性质,并分析和评价地基的承载力与稳定性。

(3)查明冻土现象的成因、类型、分布范围、发展趋势及危害程度,并提出整治所需冻土技术参数和整治方案的建议。

(4)查明地下水类型、埋藏条件、变化幅度、地层的渗透性、冻土层上水、层间水、层下水及其相互作用,评价对地基冻胀与融沉的影响。

(5)查明不良地质作用的类型、成因、分布范围、发展趋势和危害程度,提出整治所需技术参数和治理方案的建议。

(6)判定冻土的盐渍化和泥炭化程度,判定水和土对建筑材料的腐蚀性。

(7)对需要进行沉降计算的建筑物,应提供地基变形计算参数,预测建筑物的变形特征。

(8)工程重要性等级为一、二级的建筑物当利用塑性冻土作为地基时,应做静载荷试验。

勘探点的布置,应按冻土地基复杂程度等级确定,并应符合下列规定:

(1)勘探点宜按建筑物周边线和角点布置,对无特殊要求的其他建筑物或建筑群可按其范围布置。

(2)对重大设备基础应单独布置勘探点;对重大的动力机器基础,勘探点不宜少于3个。

(3)对高耸建筑物,勘探点的数量应结合高度、荷载大小、冻土条件等情况确定,不宜少于3个。

(4)冻土工程地质详细勘察勘探点可分为一般性勘探点和控制性勘探点,控制性勘探点数量不应少于勘探点总数的1/3。

(5)冻土工程地质详细勘察的勘探点间距可按表8.3.7确定。

表 8.3.7 详细勘察勘探点间距

冻土地基复杂程度	一级(复杂地基)	二级(中等复杂地基)	三级(简单地基)
勘探点间距/m	10～15	15～25	25～40

注:1. 为查清多年冻土平面分布界线时可加密勘探点。
    2. 遇冻土工程特性差异过大时可适当加密勘探点。
    3. 遇含土冰层或纯冰层,为查清其界线可适当加密勘探点。

(6)详细勘察勘探孔深度,应符合下列规定:

①岛状(不连续)多年冻土区一般性勘探孔深度应大于预计融化盘最大融深5m,且不应小于15m;控制性勘探孔深度不应小于20m,且每个场区不少于2个钻孔应穿透冻土下限,进入稳定地层不应小于5m;

②大片(连续)多年冻土区一般性勘探孔深度应大于预计融化盘最大融深5m,且不应小于13m,控制性勘探孔深度不应小于20m;

③地温观测孔深度不应小于20m;

④波速测试钻孔深度应满足确定覆盖层厚度及土层等效剪切波速计算深度的需要;

⑤当钻孔达到预计深度时遇有饱冰冻土或厚层地下冰,应加深勘探孔深度穿透该层;

⑥对需要进行变形验算的地基控制性勘探孔的深度应大于地基压缩层计算深度5m;

⑦在预计深度内遇有基岩或不融沉的稳定碎石土时勘探孔深度可减少。

(7)详细勘察的取样和测试工作,应符合下列规定:

①取土样和进行原位测试的勘探点数量应按冻土工程地质条件和设计要求确定,不应少于勘探点总数的2/3,且每幢建筑物不得少于4个;

②取土样和原位测试点的竖向间距,每个场地或每幢建筑物在地基主要受力层内应为1～2m,受力层以下取样间距不应大于3m,每一个主要土层的原状土数量或原位测试数据不应少于6件(组);

③地温观测孔应根据拟建场地规模及设计要求确定,数量不应少于勘探点总数的1/10,单幢建筑物不得少于2个;

④地温观测孔内测温点竖向间距,在季节融化层内不应大于0.5m,多年冻土层内应为0.5～2m;

⑤高层建筑群测试剪切波速钻孔数量:每幢不应少于1个,单幢高层建筑不应少于2个。

8.3.9 多年冻土地基承载力的确定及场址选择

(1)多年冻土的地基承载力,应区别保持冻结地基和容许融化地基,结合当地经验用载荷试验或其他原位测试方法综合确定,对次要建筑物可根据邻近工程经验确定。

(2)选择场址时宜避开下列地段:

①冻土现象发育并对建筑物有直接危害或潜在威胁的地段;

②地基土为强融沉、融陷的不稳定地段;

③冻土地区非岩质的高边坡危害影响地段。

《岩土工程勘察规范》(GB 50021—2001)(2009年版)第6.6.6条规定:对于重要的(一、二级)建筑物的场地,应尽量避开饱冰冻土、含土冰层地段和冰锥、冰丘、热融湖(塘)、厚层地下冰、融区与多年冻土区之间的过渡带。宜选择:①坚硬岩层、少冰冻土及多冰冻土的地段;②地形平缓的高地;③地下水位(或冻土层上水位)低的地段。

8.3.10 冻土地基的设计方案和防治措施

8.3.10.1 地基的设计方案

冻土地基的设计方案要根据实际情况,从以下两个方案中选择一个。

(1)保持冻结法。宜用于冻土层较厚、多年地温较低和多年冻土相对稳定的地带,以及不采暖的建筑物和富冰冻土、饱冰冻土、含土冰层的采暖建筑。

我国为了让青藏高原铁路、公路路基的冻土层保持低温状态,在路的两侧采用一种热传导材料"热棒"。它由碳素无缝钢管制成,总长7m(埋入地下5m,地面露出2m),其内部中空,外部有散热片的金属,它具有独特的单向传热性能,其中的热量只能从地面下端向地面上端传输,反向不能传热。当路基受热时会产生水汽,这些水汽会顺着空心管道上升到热棒中。然后冷风吹过热棒的散热片,把热量带走,水汽因此降温凝结,从而保障路基始终处在一个低温状态。同时热棒还能把低温不断地输送给路基下的冻土,使冻土保持稳定。

(2)容许融化法。宜用于地基总融沉量不超过地基容许下沉量的少冰冻土、多冰冻土地基。容许融化法是预先融化地基的冻土再进行建设。宜用于冻土厚度较薄、多年地温较高、多年冻土不稳定的地段。

8.3.10.2 建筑地基的防冻技术

(1)置换法。用粗砂、砾石等不冻胀材料填筑在基础底下。换填深度:对不采暖建筑为当地冻深的80%;采暖建筑为60%。换填的宽度:基础每边外伸15~20cm。

(2)隔温法。为了防止道路的冻胀破坏,可采用热传导率小的材料作为隔温材料,以控制冻结作用侵入路基土中。隔温材料除了要求热传导率小之外,还要求其隔温性能持久,承载能力高,耐水性好,且经济廉价。目前常选用聚苯乙烯薄板。隔温法施工时要注意避免隔温层上的垫层材料在机械压实过程中对下部隔温材料造成破坏。

8.3.10.3 路基的防冻技术

为减少冻土对公路路基的危害,可采取以下综合措施:

(1)在道路勘探选址过程时,尽量绕避厚冻土层地区,从少冰冻土带与融区通过。

(2)冻土路段增加路基高度,可明显降低因地下水位较高出现的水分迁移现象。

(3)采用浅色路面材料,减少热辐射。

(4)做好路基路面排水、防水工作,防止地表水进入路基内部。

(5)减少边坡冻害:适当减小边坡坡度、挖除边坡冻土,换成非冻胀性土;设置隔温层等。

[例题 1] 某季节性冻土地基实测冻土层厚度为 2.0m,冻前原地面标高为 186.128m,冻后实测地面标高为 186.288m。试问该土层的平均冻胀率最接近下列哪个选项的数值?

A. 7.1% B. 8.0% C. 8.7% D. 9.5%

解:地表的冻胀量:$\Delta_z = 186.288 - 186.128 = 0.16(m)$

则冻胀率:$\eta = \dfrac{\Delta_z}{h - \Delta_z} \times 100\% = \dfrac{0.16}{2.0 - 0.16} \times 100\% = 8.7\%$

故选 C。

本节思考题

一、单项选择题

1. 在多年冻土地区建筑时,下列地基设计方案中哪个说法不正确?(　　)
   A. 使用期间始终保持冻结状态,以冻土为地基
   B. 以冻土为地基但按融化后的力学性质及地基承载力设计
   C. 先挖除冻土,然后换填不融沉土,以填土为地基
   D. 采用桩基,将桩尖置于始终保持冻结状态的冻土上

2. 在铁路通过多年冻土带,下列(　　)种情况下适用采用破坏多年冻土的设计原则。
   A. 连续多年冻土带　　　　　　　B. 不连续多年冻土带
   C. 地面保温条件好的岛状多年冻土带　D. 地面保温条件差的岛状多年冻土带

3. 某多年冻土地区有一层粉质黏土,塑限 $w_P = 18.2\%$,总含水量 $w_0 = 26.8\%$,可初步判别其融沉类别为(　　)。
   A. 不融沉　　B. 弱融沉　　C. 融沉　　D. 强融沉

4. 由土工试验确定冻土融化下沉系数时,下列对冻土融化下沉系数的说法中(　　)才是正确的。
   A. 在压力为零时,冻土试样融化前后的高度差与融化前试样高度的比值(%)
   B. 在压力为自重压力时,冻土试样融化前后的高度差与融化前试样高度的比值(%)
   C. 在压力为自重压力与附加压力之和时,冻土试样融化前后的高度差与融化前试样高度的比值(%)
   D. 在压力为 100kPa 时,冻土试样融化前后的高度差与融化前试样高度的比值(%)

5. 对多年冻土进行勘探时,不论依据何种设计原则,勘探孔的深度均宜超过多年冻土上限冻深的(　　)倍。
   A. 1.5　　B. 2.5　　C. 2.0　　D. 3.0

6. 下列关于冻土叙述不正确的是(　　)。
   A. 冻土包括多年冻土和季节性冻土　　B. 冻土不具有流变性
   C. 冻土为四相体　　　　　　　　　　D. 具有融陷性

7. 将多年冻土用作建筑物地基时,关于地基设计以下不正确的是(　　)。
   A. 多年冻土以冻结状态用作地基　　B. 多年冻土以先融后冻结状态用作地基
   C. 多年冻土以逐年融化状态用作地基　D. 多年冻土以预先融化状态用作地基

二、多项选择题(错选、少选、多选均不得分)

1. 季节性冻土地区形成路基翻浆病害的主要原因有( )。
A. 地下水位过高及毛细水上升
B. 路基排水条件差,地表积水,路基土含水量过高
C. 路面结构层厚度达不到按允许冻胀值确定的防冻层厚度的要求
D. 采用了粗粒土填筑的路基

2. 将多年冻土用作建筑地基时,只有符合选项( )时才可采用保持冻结状态的设计原则。
A. 多年冻土的年平均地温为-0.5~1.0℃
B. 多年冻土的年平均地温低于-1.0℃
C. 持力层范围内地基土为坚硬冻土,冻土层厚度大于15m
D. 非采暖建筑

3. 在多年冻土地区进行工程建设时,下列选项( )符合规范要求。
A. 地基承载力的确定应同时满足保持冻结地基和容许融化地基的要求
B. 重要建筑物选址应避开融区与多年冻土区之间的过渡带
C. 对冻土融化有关的不良地质作用调查应该在9月和10月进行
D. 多年冻土地区钻探宜缩短施工时间,宜采用大口径低速钻进

4. 在多年冻土地区修建堤时,下列( )符合保护多年冻土的设计原则。
A. 堤底采用较大石块填筑
B. 加强地面排水
C. 设置保温护道
D. 保护两侧植被

8.4 盐渍岩土

8.4.1 概述

盐渍岩土包括盐渍岩和盐渍土。岩土中易溶盐含量大于0.3%,并具有溶陷、盐胀、腐蚀等工程特性时,应判定为盐渍岩土。

盐渍岩土主要分布在内陆干旱、半干旱地区,滨海地区也有分布。全世界盐渍土面积约为897.0万 km^2,约占世界陆地总面积的6.5%,占干旱区总面积的39%。我国盐渍土地面积约为14.8亿亩(约100万 km^2,1亩≈0.0006667km^2),其中现代盐渍土面积为5.5亿亩,残余盐渍土约6.7亿亩,潜在盐渍土约2.6亿亩,零散地分布于辽、吉、黑、冀、鲁、豫、晋、新、陕、甘、宁、青、苏、浙、皖、闽、粤、内蒙古和西藏等19个省(自治区)。

8.4.2 盐渍岩土的成土过程及形成条件

8.4.2.1 盐渍土的成土过程

滨海地区的盐渍土,其成因主要是人类过度抽取地下水,导致滨海地带地下水位大幅下降,引发海水入侵。

内陆的干旱、半干旱地区,若农灌区长期大水漫灌或只灌不排,就会导致地下水位大幅上升,地下水中的盐分通过毛细管上升到地表,在强烈的阳光照射下毛细水分被蒸发,其中的盐分就残留在地表。若地下水位长期处于高位,毛细水持续不断地蒸发,地表土壤中的盐分就逐渐增多,当土壤含盐量很高(超过0.3%)时,就形成盐碱灾害。

因地下水位上升而形成的盐渍土,其盐分在土层剖面中的分布有如下的规律:溶解度最小的硅酸盐化合物沉淀在毛细管的底部,向上是溶解度中等偏小的碳酸钙淀积层,而溶解度较高的易溶性盐类沉淀在表层。

8.4.2.2 盐渍土的形成条件

盐渍岩土的成土条件主要包括气候、地形、水文地质、土质及植被等,它们在盐渍土形成过程中所起的作用简述如下。

(1)气候:干旱或半干旱的气候区,降水量小,蒸发量大,年降水量不足以淋洗掉土壤表层累积的盐分,才能否引起土壤积盐。

(2)地形:盐渍岩土所处地形多为低平地、内陆盆地、局部洼地以及沿海低地,这是由于盐分随地面、地下径流而由高处向低处汇集,使洼地成为水盐汇集中心。

(3)水文地质:地下水埋深越浅、矿化度越高,土壤积盐越强。在一年中蒸发最强烈的季节,不致引起土壤表层积盐的最浅地下水埋藏深度,称为地下水临界深度。土壤开始发生盐渍时地下水的含盐量称为临界矿化度,以氯化物-硫酸盐为主的水质,临界矿化度为2~3g/L;以苏打为主的水质,临界矿化度为0.7~1.0g/L。

(4)土质:含盐沉积岩的风化物在干旱、半干旱地区容易形成盐渍土。不含盐母质须具备一定的气候、地形和水文地质条件才能发育成盐土。黏性土中毛细孔隙过小,毛细管上升高度受到限制,细砾、粗砂土中的毛细水又太短到不了地表,因此黏性土、粗粒土均不易形成盐渍土。而粉土、粉砂土的毛管孔径适中,毛细水上升速度既快,上升高度又高,易于在地表积盐,其土壤盐化较重。

(5)植被:一些聚盐植物,能把土壤深部的盐分吸收到体内,通过树叶掉落、植物死亡等方式把盐分遗留在地表。常见聚盐植物有碱蓬(Suaeda)、滨藜属(Atriplex)等。

8.4.3 盐渍岩土的分类

(1)按含盐矿物成分,盐渍土可分为石膏盐渍土、芒硝盐渍土等。

(2)按土颗粒粒径大小,盐渍土可分为粗颗粒盐渍土、细颗粒盐渍土。

(3)按化学成分分类。

①氯盐渍土:主要含有$NaCl$、KCl、$CaCl_2$、$MgCl_2$等氯盐。这类土通常有明显的吸湿性,土中的盐易溶解,冰点低。一般土中氯盐含量越大,土的强度越高。

②硫酸盐渍土:主要含有Na_2SO_4、$MgSO_4$等硫酸盐。由于硫酸盐从溶液中结晶时会形成结晶水合物(如$Na_2SO_4 \cdot 10H_2O$,$MgSO_4 \cdot 7H_2O$),体积会增大,故硫酸盐类盐渍土往往具有较为明显的盐胀性。随着硫酸盐含量的增加,土的强度一般将降低。

③碳酸盐渍土:主要含有Na_2CO_3、$NaHCO_3$碳酸盐。土中碱性反应强烈,使黏土颗粒发生最大的分散,崩解性强,速度快,并且具有盐胀性。

按化学成分分类见表8.4.1。

表 8.4.1 盐渍土按含盐化学成分分类

盐渍土名称	$\dfrac{c(\mathrm{Cl}^-)}{2c(\mathrm{SO}_4^{2-})}$	$\dfrac{2c(\mathrm{CO}_3^{2-})+c(\mathrm{HCO}_3^-)}{c(\mathrm{Cl}^-)+2c(\mathrm{SO}_4^{2-})}$
氯盐渍土	>2	—
亚氯盐渍土	2~1	—
亚硫酸盐渍土	1~0.3	—
硫酸盐渍土	<0.3	—
碱性盐渍土	—	>0.3

注：表中 $c(\mathrm{Cl}^-)$ 为氯离子在 100g 土中所含毫摩数，其他离子同。

不同化学类型的盐渍土，在野外的表现也有一些差异，在含盐量大的时候，尤为明显。可按盐渍土的地表形态特征（表 8.4.2）大致判断出是哪一种类型的盐渍土。

表 8.4.2 不同盐渍土的地表形态特征

盐渍土类型	地表形态特征
氯盐渍土	地表常结成厚度几厘米至几十厘米的褐黄色坚硬盐壳，地表高度不平，波浪起伏，犹如刚犁过的耕地；足踏"咔嚓咔嚓"作响；盐壳厚的表明其积盐更多，盐壳较薄或成结皮状者表明其积盐较少
硫酸盐渍土	因盐胀作用，表面形成厚 3~5cm 的白色疏松层，似海绵，踏之有陷入感。白色粉末尝之有苦涩味
碱性盐渍土	地表常有白色盐霜或结块，但厚度较小，仅数毫米，结块背面多分布有大量小孔，白色粉末尝之有咸味。胶碱土地表很少有植物生长，干燥时龟裂，潮湿时则泥泞不堪

（4）按含盐量大小分类。

含盐量越大，对土的强度影响越大、对混凝土的腐蚀性也越大。按含盐量分类见表 8.4.3。

盐渍土的含盐量是衡量其能否作路基、地基的关键。以公路路基为例，《公路工程地质勘察规范》（JTG C20—2011）对盐渍土作为路基填料的要求如表 8.4.4 所示。

8.4.4 盐渍岩土的工程性质

8.4.4.1 盐渍岩

（1）整体性。盐渍岩在地下深处环境下具有整体结构，基本上不存在裂隙（若有裂隙，早就被盐类充填）并具有较高的塑性变形，不透水。

表 8.4.3 盐渍土按含盐量分类

盐渍土名称	平均含盐量/%		
	氯及亚氯盐	硫酸及亚硫酸盐	碱性盐
弱盐渍土	0.3～1.0	—	—
中盐渍土	1～5	0.3～2.0	0.3～1.0
强盐渍土	5～8	2～5	1～2
超盐渍土	>8	>5	>2

表 8.4.4 盐渍土作路基填料的可用性

填料的盐渍化程度		公路等级							
		高速公路、一级公路			二级公路			三、四级公路	
		0～0.80m	0.80～1.50m	1.50m以下	0～0.80m	0.80～1.50m	1.50m以下	0～0.80m	0.80～1.50m
粗粒土	弱盐渍土	×	○	○	△^{1}	○	○	○	○
	中盐渍土	×	×	○	△^{1}	○	○	△^{3}	○
	强盐渍土	×	×	△^{1}	×	△^{2}	△^{3}	△^{3}	○
	过盐渍土	×	×	×	×	×	△^{2}	×	△^{2}
细粒土	弱盐渍土	×	△^{1}	○	△^{1}	○	○	△^{1}	○
	中盐渍土	×	×	△^{1}	△^{1}	○	○	×	△^{4}
	强盐渍土	×	×	×	×	×	△^{2}	×	△^{2}
	过盐渍土	×	×	×	×	×	△^{2}	×	×

注：○表示可用；×表示不可用；△^{1} 表示氯盐渍土及亚氯盐渍土可用；△^{2} 表示在强烈干旱地区的氯盐渍土及亚氯盐渍土经过论证可用；△^{3} 表示粉土质(砂)、黏土质(砂)不可用；△^{4} 表示水文地质条件差时，硫酸盐渍土及亚硫酸盐渍土不可用。

(2)易溶性。这个特点对工程有潜在威胁。如石膏分布的地区，几乎都发育岩溶化现象，并导致地面塌陷或建筑物不均匀沉降。

(3)膨胀性。硫酸盐渍岩经过脱水后形成的硬石膏、无水芒硝、钙芒硝等，与水接触后会吸水膨胀，导致岩体变形，使工程建筑破坏。

(4)腐蚀性。这是硫酸盐渍岩的危害性。硫酸盐通过毛细作用进入混凝土后，结晶膨胀，导致混凝土开裂。

8.4.4.2 盐渍土

(1)吸湿性。氯盐渍土由于土内含有较多的一价钠离子，因其水解半径大，水化膨胀力强，故其周围可形成较厚的水化薄膜，使盐渍土具有较强的吸湿性和保水性。

(2)盐胀性。硫酸盐沉淀结晶时体积增大，失水时体积减小，致使土体结构破坏而疏松。

碳酸盐渍土中 Na_2CO_3 含量超过 0.5% 时，也具有明显的盐胀性。盐胀性与土的含水量、含盐量、温度有关。当含盐量超过 2% 时，盐胀就会对工程建筑产生较大的危害。当含水量为 18%～22%，温度为 $-6\sim15℃$，含盐量超过 2% 时，盐胀值最大。

盐渍土的盐胀性分类：根据盐胀系数（δ_{yz}）的大小和硫酸盐含量进行分类（表8.4.5）。

表8.4.5 盐渍土盐胀性分类

指标 盐胀性	非盐胀性	弱盐胀性	中盐胀性	强盐胀性
盐胀系数 δ_{yz}	$\delta_{yz} \leqslant 0.01$	$0.01 < \delta_{yz} \leqslant 0.02$	$0.02 < \delta_{yz} \leqslant 0.04$	$\delta_{yz} > 0.04$
硫酸钠含量 $C_{ssn}/\%$	$C_{ssn} \leqslant 0.5$	$0.5 < C_{ssn} \leqslant 1.2$	$1.2 < C_{ssn} \leqslant 2.0$	$C_{ssn} > 2.0$

注：当盐胀系数和硫酸盐含量判断的盐胀性不一致时，应以硫酸钠含量为主。

盐胀系数可通过现场试验法（甲、乙级建筑物时）测定，也可通过室内试验法（丙级建筑物时）测定。

①现场试验法。现场试验法有单点法（挖 3m 深的试坑注水观测）和多点法，下面以多点法为例说明。

首先选择 3 块代表性场地为测试点，每块场地长、宽宜为 20～30m。第 1 块测试点选在无盐胀场地，表面平整；第 2 块为一般盐胀，表面有裂纹；第 3 块为严重盐胀，表面有裂纹和鼓包。每块场地均用射钉在地面上布设观测点，测点间距 1.0～1.5m，每个场地布设不少于 100 个测点。试验开始时间应选在 9 月上旬之前，将固定观测点用水平仪测量一次，作为盐胀前的基本高程。此后，盐胀的观测时间宜从 11 月至次年 3 月，每月测量 1～2 次，确定最大盐胀量高程。

则本点冬季年度总盐胀量（s_{yz}）为

$$s_{yz} = s_{max} - s_0 \tag{8.4.1}$$

式中，s_{max} 为平均最大盐胀量高程（mm）；s_0 盐胀前平均地面高程（mm）。

则

$$\delta_{yz} = \Delta h / h_{yz} \tag{8.4.2}$$

式中，Δh 为年度盐胀量（mm）；h_{yz} 为盐胀深度（mm），若无可靠资料或无方法确定时，可取 1600～2000mm。

②室内测定法。试验目的是求各土层的盐胀系数。将测试土层的土试样分为两份，一份用于测定其硫酸盐含量，另一份风干后加纯水拌制成 $\Phi 50mm \times 50mm$ 的圆柱体试样。试样的含水量应控制在最佳的范围内，密度应控制在相应地基压实度范围，试样做好后在 20℃ 环境下养护 12～24h。然后用具有弹性的橡皮膜将试件密封，置于 $CaCl_2$ 溶液的测试瓶内。将安装好的测试瓶放入低温控制箱，从 +15℃ 降温至 -15℃，每降温 5℃ 保持 30～40min，通过滴管读取该温度区内胀量值，即可求得该温度区的盐胀系数。

(3)有害毛细作用。盐渍土中有害毛细水上升能可直接造成地基土或换填土吸水软化及次生盐渍化，促使盐胀、溶陷等病害向上覆土层蔓延，引起地基土强度降低，危害工程设施。因此在盐渍土分布区，要控制毛细水上升高度。

(4)腐蚀性。盐渍土及其地下水对建筑结构材料具有腐蚀性，腐蚀程度除与盐类、含盐量有关外,还与建筑物所处的环境条件有关。

(5)溶陷性。盐渍土浸水后,由于土中可溶盐的溶解,在土的自重压力下产生沉陷的现象,称为盐渍土的溶陷性。盐渍土的溶陷性可用溶陷系数 δ_0 来表示。溶陷系数 δ_0 可用室内压缩试验或现场浸水载荷试验来测定。

①室内压缩试验。适用于土质较均匀,不含粗砾,能采取原状土样的黏性土、粉土和含少量黏土的砂土。在一定压力 p 作用下测得下沉量,待下沉稳定后浸水,土体产生溶陷,并测出溶陷终止时的最终溶陷值,按下式计算溶陷系数 δ_{rx}。压力 p 宜采用设计平均压力值,一般采用 200kPa。

$$\delta_{rx} = \frac{h_p - h'_p}{h_0} \tag{8.4.3}$$

式中,h_0 为土试样的原始高度(mm);h_p 为原状土样加压至 p 时,下沉稳定后的高度(mm);h'_p 为上述加压稳定后的土试样,经浸水溶滤,继续下沉稳定后的高度(mm)。

②现场浸水载荷试验。试验设备与天然地基土的载荷试验基本相同。试坑宽度不宜小于承压板宽度或直径的 3 倍,承压板的面积可采用 $0.5m^2$,对浸水后软弱的地基不应小于 $1.0m^2$。试坑的深度一般为基础埋深,且不小于承压板宽度的 5 倍。基坑底铺设 5~10cm 厚砾砂层。

浸水载荷试验所加的压力应符合设计要求,一般不宜小于 200kPa,总加荷分级不宜小于 8 级。每级压力加荷后,按规定时间进行沉降观测。直至最后一级荷载下沉降稳定后,测得承压板的沉降量。维持荷载 p 不变,向基坑内均匀注水(淡水),保持水头高 0.3m 不变,浸水时间根据土的渗透性而定,一般为 5~12d。观测承压板的沉降,直至溶陷稳定为止,测得相应的总溶陷量 s_{rx}。

浸水载荷试验土层的平均溶陷系数 $\bar{\delta}_{rx}$ 按下式计算。

$$\bar{\delta}_{rx} = s_{rx}/h_{jr} \tag{8.4.4}$$

式中,s_{rx} 为承压板压力为 p 时,盐渍土层浸水的总溶陷量(mm);h_{jr} 为承压板下盐渍土的湿润深度(可通过钻探、挖坑取样与试验前含水量对比确定,也可用瑞利波速法确定)(mm)。

按溶陷系数的大小,可以把盐渍土划分为溶陷性土($\delta_{rx} \geq 0.01$)和非溶陷性土($\delta_{rx} < 0.01$)。且根据溶陷系数的大小,将盐渍土的溶陷性分为 3 类:

①当 $0.01 \leq \delta_{rx} \leq 0.03$ 时,溶陷性轻微;
②当 $0.03 < \delta_{rx} \leq 0.05$ 时,溶陷性中等;
③当 $\delta_{rx} > 0.05$ 时,溶陷性强。

8.4.5 盐胀性、溶陷性、腐蚀性评价

8.4.5.1 溶陷性评价

根据《盐渍土地区建筑技术规范》(GB/T 50942—2014)第 4.2.6 条和第 4.2.7 条,盐渍土地基的总溶陷量可通过现场浸水载荷试验测定,也可按式(8.4.5)计算。

$$s_{rx} = \sum_{i=1}^{n} \delta_{rxi} h_i \quad (i = 1, 2 \cdots, n) \tag{8.4.5}$$

式中,s_{rx} 为盐渍地基总溶陷量的计算值(mm);δ_{rxi} 为室内测定的第 i 层土的溶陷系数;h_i 为

第 i 层土的厚度(mm);n 为基础底面以下可能产生溶陷的土层层数。

据实测或计算的 s_{rx} 值可将溶陷等级分为 3 级,按表 8.4.6 判定。当 $s_{rx} \leqslant 70$ mm 时,判定为非溶陷性土。

8.4.5.2 盐胀性评价

据《盐渍土地区建筑技术规范》(GB/T 50942—2014)规定:

(1)当盐渍土地基中的硫酸钠的含量小于 1%,且使用环境条件不变时,可不计盐胀性对建(构)筑物的影响。

(2)盐渍土的总盐胀量(s_{yz})可以现场实测,也可以按式(8.4.6)计算。然后依据总盐胀量按表 8.4.7 判定盐胀等级。

$$s_{yz} = \sum_{i=1}^{n} \delta_{yzi} h_i \quad (i=1,2\cdots,n) \tag{8.4.6}$$

式中,δ_{yzi} 为室内试验测定的第 i 层盐胀性根据盐胀系数;s_{yz} 为盐渍土地基的总盐胀量计算值(mm);h_i 为第 i 层土的厚度(mm);n 为基础底面以下可能产生盐胀的土层数。

表 8.4.6 盐渍土地基的溶陷等级

溶陷等级	总溶陷量 s_{rx}/mm
Ⅰ 弱溶陷	$70 < s_{rx} \leqslant 150$
Ⅱ 中溶陷	$150 < s_{rx} \leqslant 400$
Ⅲ 强溶陷	$s_{rx} > 400$

表 8.4.7 盐渍土地基的盐胀等级

盐胀等级	总盐胀量 s_{yz}/mm
Ⅰ 弱盐胀	$30 < s_{yz} \leqslant 70$
Ⅱ 中盐胀	$70 < s_{yz} \leqslant 150$
Ⅲ 强盐胀	$s_{yz} > 150$

8.4.5.3 腐蚀性评价

按本书 6.2.5 小节中关于土的腐蚀性评价方法实行。

8.4.6 场地类型的划分

盐渍土场地应根据表 8.4.8 划分为简单场地、中等复杂场地和复杂场地 3 类。

表 8.4.8 盐渍土场地类型分类

场地类型	条件
简单场地	①平均含盐量为弱盐渍土;②水文和水文地质条件简单;③气候条件、环境条件稳定
中等复杂场地	①平均含盐量为中盐渍土;②水文和水文地质条件可预测;③气候条件、环境条件单向变化
复杂场地	①平均含盐量为强盐渍土或超盐渍土;②水文和水文地质条件复杂;③气候条件多变,正处于积盐或褪盐期

8.4.7 盐渍岩土的工程地质勘察

8.4.7.1 一般规定

(1)搜集当地的气象资料和水文资料。
(2)调查场地及附近盐渍土地区地表植被种属、发育程度和分布特点。
(3)调查场地及附近盐渍土地区工程建设经验和既有建(构)筑物的使用、损坏情况。
(4)查明盐渍土的成因、分布、含盐类型和含盐量。
(5)查明地表水的径流、排泄和集聚情况。
(6)查明地下水类型、埋藏条件、水质、水位、毛细水上升高度及季节性变化规律。
(7)测定盐渍土的物理力学指标。
(8)评价盐渍土的盐胀性和溶陷性;评判其盐胀等级、溶陷等级。
(9)评价环境条件对盐渍土地基的影响。
(10)评价盐渍土对建筑材料的腐蚀性。
(11)测定天然状态、浸水条件下盐渍土地基承载力的特征值。
(12)提出地基处理方案和防治措施的建议。

8.4.7.2 各勘察阶段的要求

盐渍土地区的勘察阶段可分为可行性研究勘察阶段、初步勘察阶段和详细勘察阶段,各阶段的勘察应符合下列规定:

(1)可行性研究勘察阶段。应通过现场踏勘、工程地质调查和测绘,搜集有关自然条件、盐渍土危害程度与治理经验等资料,初步查明盐渍土的分布范围、盐渍化程度及其变化规律,为建筑场地的选择提供必要的资料。

(2)初步勘察阶段。应通过详细的地形、地貌、植被、气象、水文、地质、盐渍土病害等的调查,配合必要的勘探、现场测试、室内试验,查明场地盐渍土的类型、盐渍化程度、分布规律及对建(构)筑物可能产生的作用效应,提出盐渍土地基设计参数、地基处理和防护的初步方案。

(3)详细勘察阶段。详细查明盐渍土地基的含盐性质、含盐量、盐分分布规律、变化趋势等,并根据各单项工程地基的盐渍土类型及含盐特点,进行岩土工程分析评价,提出地基综合治理方案。

(4)对场地面积不大,地质条件简单或有建筑经验的地区,可简化勘察阶段,但应符合初步勘察和详细勘察两个阶段的要求。

(5)对工程地质条件复杂或有特殊要求的建(构)筑物,宜进行施工或专门勘察。

8.4.7.3 勘察点数量、间距、深度的规定

(1)在详细勘察阶段,每幢独立建(构)筑物的勘探点不应少于3个;取不扰动土样的勘探点数不应少于1/3;勘探点中应有一定数量的探井(槽);初步勘察阶段的勘探点应符合现行国家标准《岩土工程勘察规范》(GB 50021—2001)(2009年版)的规定。

(2)各勘察阶段的勘探点间距应根据盐渍土场地的复杂程度确定,见表8.4.9。

表 8.4.9 勘探点间距   单位:m

场地复杂程度	可行性研究勘察阶段	初步勘察阶段	详细勘察阶段
简单场地	—	75～200	30～50
中等复杂场地	100～200	40～100	15～30
复杂场地	50～100	30～50	10～15

(3)勘探深度:应根据盐渍土层的厚度、建(构)筑物荷载大小与重要性及地下水等因素确定,以钻穿盐渍土层或至地下水位以上 2～3m 为宜,且不应小于建(构)筑物地基的压缩层计算深度。当盐渍土层厚度很大时,宜有一定的勘探点钻穿盐渍土层。

8.4.7.4 土、水试样的采取

(1)对扰动土试样的采取,其取样间距为:在深度小于 5m 时,应为 0.5m;在深度 5～10m 时,应为 1.0m;在深度大于 10m 时,应为 2.0m。

(2)对不扰动土试样的采取,应从地表处开始,在 10m 深度内,取样间距为 1.0～2.0m,在 10m 深度以下应为 2.0～3.0m,初步勘察阶段取大值,详细勘察阶段取小值;在地表、地层分界处及地下水位附近应加密取样。

(3)对于细粒土,扰动土试样的质量不应少于 500g;对于粗粒土,粒径小于 2mm 的颗粒的质量不应少于 500g,粒径小于 5mm 的颗粒的质量不应少于 1000g;非均质土样的质量不应少于 3000g。

(4)在勘察深度范围内有地下水时,应取地下水试样进行室内试验。取样数量:每一建筑场地不得少于 3 件,每件不少于 1000mL。

8.4.7.5 毛细水上升高度的测定

盐渍土场地勘察时,应确定毛细水强烈上升高度。设计等级为甲级的建(构)筑物,宜实测毛细水强烈上升的高度,设计等级为乙、丙级的建(构)筑物,可按表 8.4.10 取经验值。

现场实测毛细水强烈上升高度,可采用试坑直接观测法、暴晒前后含水量曲线交汇法和塑限与含水量曲线交汇法等。黏性土用塑限判定。

直接观测法最为简单,其方法是在开挖试坑 1～2d 后,直接观测坑壁干湿变化情况。变化明显处至地下水位的距离,即为毛细水强烈上升高度。

表 8.4.10 各类土毛细水强烈上升高度的经验值

土的名称	毛细水强烈上升高度/m	土的名称	毛细水强烈上升高度/m
含砂黏土	3.00～4.00	细砂	0.9～1.2
含黏砂土	1.90～2.50	中砂	0.5～0.8
粉砂	1.40～1.90	粗砂	0.2～0.4

8.4.8 盐渍岩土地基承载力的确定

(1)设计等级为甲、乙级建(构)筑物,应按浸水载荷试验确定地基承载力特征值。试验点数量:单体建筑物不少于 3 处,群体建筑物不少于 5 处。

(2)设计等级为丙级的建(构)筑物,可按浸水后的物理力学性质指标结合含盐量、含盐类型、溶陷性等综合确定地基承载力。试验数量不应少于6组。

盐渍黏性土、粉土地基,一般可根据其洗盐后的物理力学指标,按现行规范《建筑地基基础设计规范》(GB 50007—2011)的有关规定确定地基承载力;而粗粒盐渍土地基,应采用现场浸水载荷试验分别确定天然状态和浸水状态下的地基承载力特征值。

8.4.9 盐渍岩土的地基处理

当地基变形量大,不能满足设计要求时,应分别或综合采取防水排水措施、加强基础结构和上部结构措施、地基处理措施等。以下仅就地基处理措施进行简要介绍。

(1)换填法。适用于地下水埋藏较深的浅层盐渍土地基和不均匀盐渍土地基。换填料应为非盐渍化的级配砂砾石、中粗砂、碎石、矿渣、粉煤灰等。

(2)预压法。适用于盐渍土中的淤泥质土、淤泥和吹填土等饱和软土地基。采用该法时,宜在地基中设置竖向排水体加速排水固结,竖向排水体可采用塑料排水带、袋装砂井或普通砂井。

(3)强夯法或强夯置换法。适用于盐渍土中的碎石土、砂土、粉土和低塑性黏性土地基。不宜处理盐胀性地基。

(4)砂石(碎石)桩法。适用于处理溶陷性盐渍土中的松散砂土、碎石土、粉土、黏性土和填土等地基。

(5)浸水预溶法。适用于处理厚度不大、渗透性好的无侧向盐分补给的盐渍土地基;而黏性土、粉土,以及含盐量高或厚度大的盐渍土地基,不宜采用此法。

[例题1] 某滨海盐渍土地区修建一级公路,料场土料为细粒氯盐渍土或亚氯盐渍土,对料场深度2.5m以内采取土样进行含盐量测定,结果见下表。根据《公路工程地质勘察规范》(JTG C20—2011),判断料场盐渍土作为路基填料的可用性为下列哪项?

A. 0~0.8m 可用   B. 0.8~1.5m 可用   C. 1.5m 以下可用   D. 不可用

取样深度/m	0~0.05	0.05~0.25	0.25~0.5	0.5~0.75	0.75~1.0	1.0~1.5	1.5~2.0	2.0~2.5
含盐量/%	6.2	4.1	3.1	2.7	2.1	1.7	0.8	1.1

解: 0~0.8m 按厚度加权平均法求其含盐量:

$$\frac{0.05\times6.2+0.2\times4.1+0.25\times3.1+0.25\times2.7+0.05\times2.1}{0.8}\% = \frac{0.31+0.82+0.775+0.675+0.105}{0.8}\%$$
$$=3.36\%$$

据表8.4.3判断:0~0.8m段为中盐渍土。

0.8~1.5m 按厚度加权平均法求其含盐量:

$$\frac{0.2\times2.1+0.5\times1.7}{0.7}\% = \frac{0.42+0.85}{0.7}\% = 1.81\%$$

据表8.4.3判断:0.8~1.5m段为中盐渍土。

1.5~2.5m 按厚度加权平均法求其含盐量:

$$\frac{0.5\times0.8+0.5\times1.1}{1.0}\%=\frac{0.40+0.55}{1.0}\%=0.95\%$$

据表 8.4.3 判断:1.5～2.5m 段为弱盐渍土。

按表 8.4.4 作如下判定:0～0.8m 段为中盐渍土,不可用;0.8～1.5m 段为中盐渍土,不可用;1.5～2.5m 段为弱盐渍土,可用。故选 C。

[例题 2] 在某硫酸盐渍土建筑场地进行现场试验,该场地盐胀深度为 2.0m,试验前(9月)测得场地地面试验点的平均高程为 587.139m,经过 5 个月(11月至次年 3月)测得试验点平均高程为 587.193m,根据现场试验结果确定盐渍土的盐胀性分类和地基的盐胀等级为下列哪个选项?(该场地盐胀现象发生在冬季,其他季节忽略。)

A. 弱盐胀性、Ⅰ级　　B. 中盐胀性、Ⅰ级　　C. 中盐胀性、Ⅱ级　　D. 强盐胀性、Ⅲ级

解: 依据式(8.4.1)得

$s_{yz}=s_{max}-s_0=587.193-587.139=0.054(m)=54(mm)$

据表 8.4.7 判断,地基的盐胀等级为Ⅰ级(弱盐胀)。

据题意,该场地的盐胀现象发生在冬季,其他季节可忽略,故年度盐胀量等于冬季的盐胀量,即 $\Delta h=s_{yz}$。又据题意知,$h_{yz}=2.0m=2000mm$,由式(8.4.2)得

$\delta_{yz}=\Delta h/h_{yz}=s_{yz}/h_{yz}=54/2000=0.027$

因 $0.02<\delta_{yz}<0.04$,按表 8.4.5 判断,地基土为中盐胀性。综合以上结论选 B。

8.5 软　土

8.5.1 软土的概念及其分布范围

《软土地区岩土工程勘察规程》(JGJ 83—2011)对软土的定义为:天然孔隙比大于或等于 1.0,天然含水量大于液限,具有高压缩性、低强度、高灵敏度、低透水性和高流变性,且在较大地震力作用下可能出现震陷的细粒土,包括淤泥、淤泥质土、泥炭、泥炭质土等。

软土是在静水或缓慢流水环境中沉积的,并经生物化学作用形成的软塑—流塑状黏土,具有以下物理特性:

(1)颜色多为灰绿、灰黑色,有油腻感,能染指,有时有腐臭味。
(2)粒度成分以黏粒为主,占 60%～70%,其次为粉粒。
(3)矿物成分多为伊利石,高岭石次之,含有机质,有时可高达 8%～9%。
(4)具有海绵状结构,孔隙比大,含水量高,透水性小。
(5)具有层理构造,垂直方向沉积有明显的分选性。

按工程性质结合自然地质地理环境,可将我国划分为 3 个软土分布区,且沿秦岭走向向东至连云港以北的海边一线,作为Ⅰ、Ⅱ地区的界线,沿苗岭、南岭走向向东至蒲田海边一线作为Ⅱ、Ⅲ地区的界线。中国主要软土分布地区的工程特性见表 8.5.1。

8.5.2 软土的工程特性

(1)高压缩性:软土由于孔隙比大于 1,含水量大,容重较小,且土中含大量微生物、腐殖

表 8.5.1 中国软土主要分布地区工程地质区划特征

区别	海陆类别	沉积相	土层埋深/m	天然含水量 w/%	重力密度 γ/(kN·m^{-3})	孔隙比 e	饱和度 S_r/%	液限 w_L/%	塑限 w_P/%	塑性指数 I_P	液性指数 I_L	有机质含量/%	压缩系数 $a_{0.1-0.2}$/MPa^{-1}	渗透系数垂直方向 k/(cm·s^{-1})	抗剪强度(固块)内摩擦角 φ/(°)	抗剪强度(固块)黏聚力 c/MPa	无侧限抗压强度 q_u/MPa
北方地区 I	沿海	滨海	0~34	45	1.78	1.23	93	42	22	19	1.25	7.5	0.87	1.5×10^{-7}	10	0.015	0.035
		三角洲	5~9	40	1.79	1.11	97	35	19	16	1.35		0.67				
中部地区 II	沿海	滨海	2~32	52	1.71	1.41	98	46	24	24	1.34		1.04	3.7×10^{-8}	10	0.015	0.021
		潟湖	1~35	51	1.67	1.61	98	47	25	24	1.90	6.5	1.58	7.5×10^{-8}	12	0.005	0.054
		溺谷	1~25	58	1.63	1.74	95	52	31	26	1.11	11	1.63	2.0×10^{-7}	15	0.009	0.020
		三角洲	2~19	43	1.76	1.24	98	40	23	17	1.28	18.4	0.98	1.3×10^{-6}	17	0.006	0.038
	内陆	高原湖泊		77	1.54	1.93		70		28		9.9	1.60		6	0.012	
		平原湖泊		47	1.74	1.31		43	23	19	1.44			2.0×10^{-7}			
		河漫滩		47	1.75	1.22		39		17			0.87		6	0.011	
南方地区 III	沿海	滨海	0~9	61	1.63	1.65	95	53	27	26	1.94		1.30		11	0.010	
		三角洲	1~10	66	1.58	1.67		54	37	24			1.18				

物理力学指标(平均值)

质和可燃气体,故压缩性高,且长期不易达到稳定。在其他相同条件下,软土的塑限值愈大,压缩性亦愈高。

(2)抗剪强度低:软土的抗剪强度最好在现场做原位试验进行测定。

(3)透水性低:软土的透水性能很低,垂直层面几乎是不透水的,对排水固结不利,反映在建筑物沉降延续时间长。同时,在加荷初期,常出现较高的孔隙水压力,影响地基的强度。

(4)触变性:软土是絮凝状的结构性沉积物,当原状土未受破坏时常具一定的结构强度,但一经扰动,结构破坏,强度迅速降低或很快变成流动状态。软土的这一性质称触变性。所以软土地基受振动荷载后,易产生侧向滑动、沉降及其底面两侧挤出等现象。

(5)流变性:在一定的荷载持续作用下,土的变形随时间而增长的特性。软土的流变性使其长期强度远小于瞬时强度。这对边坡、堤岸、码头等稳定性很不利。因此,用一般剪切试验求得抗剪强度值,应加适当的安全系数。

(6)不均匀性:软土层中因夹粉细砂透镜体,在平面及垂直方向上呈明显差异性,易产生建筑物地基的不均匀沉降。

8.5.3 软土地区的勘察阶段和场地类型

据《软土地区岩土工程勘察规程》(JGJ 83—2011),软土地区工程地质勘察阶段一般分为初步勘察阶段和详细勘察阶段,必要时还应进行施工勘察。对于大型工程则应划分可行性研究勘察、初步勘察、详细勘察和施工勘察 4 个阶段;如果建筑物性质和总平面布置已定的工程,也可只进行详细勘察。

软土地区的工程重要性等级按照本书第 1 章的 1.1.1 小节确定;软土地区的场地和地基的复杂程度等级按下列规定划分 3 个等级。

(1)符合下列条件之一者为复杂场地和地基:
①场地地层分布不稳定,交互层复杂;
②土质变化大,场地处于不同的工程地质单元,地基主要受力层内硬层和基岩起伏大;
③抗震设防烈度大于等于 7 度,存在可液化土层,发生过较大的软土震陷;
④地形起伏较大,微地貌单元较多,不良地质作用发育,地下水对地基基础有不良影响;
⑤场地受污染,地下水(土)对基础结构材料具有强腐蚀性;
⑥暗塘、暗沟较多,分布复杂,填土很厚且工程性质很差;
⑦场地地质环境或周边环境条件复杂。

(2)符合下列条件之一者为中等复杂场地和地基:
①场地地层分布不稳定,交互层较为复杂;
②土质变化较大,地基主要受力层内硬层和基岩起伏较大;
③地形微起伏,微地貌单元较单一;
④不良地质作用较发育;
⑤地下水对地基基础可能有不良影响;
⑥暗塘、暗沟较少;
⑦场地地质环境或周边环境条件较复杂。

(3)符合下列条件之一者为简单场地和地基:

①场地地层分布稳定,交互层简单,持力层的层面平缓;
②土质变化较小,地基条件简单;
③无不良地质作用;
④地形平坦,地貌单元单一;
⑤地下水对地基基础无不良影响;
⑥无暗塘、暗沟;
⑦场地地质环境或周边环境条件简单。

8.5.4 软土地区工程勘察的基本技术要求

以下内容为《软土地区岩土工程勘察规程》(JGJ 83—2011)的规定和要求。

1. 可行性研究勘察阶段

可行性研究勘察阶段应对拟选场址的稳定性和适宜性做出评价,并应为城镇规划、场地选择及建设项目的技术经济方案的必选提供可行性研究依据。可行勘察阶段应进行下列工作:

(1)搜集区域地质、地形地貌、水文地质、地震、冻土和当地的工程地质、水文地质、岩土工程治理和建筑经验等资料。

(2)进行现场踏勘、调查,了解场地的地形、地貌、地层、土质、不良地质作用和地下水等条件。

(3)当拟建场地工程地质条件复杂,已有资料不能满足要求时,应针对具体情况和工程需要,增加工程地质调查、测绘和钻探、测试、试验工作。

(4)调查有无洪水和海潮威胁或地下水的不良影响、地下有无未开采的矿藏和文物。

(5)评价场地和地基的地震效应。

(6)调查当地软土地基治理的工程经验。

(7)对场地的稳定性进行评价。

(8)对工程建设的适宜性进行评价。

2. 初步勘察阶段

初步勘察在搜集分析已有资料或在进行工程地质调查与测绘的基础上进行,应对场地各建筑地段的稳定性做出评价,并为确定建筑总平面布置、主要建筑物地基基础工程方案及对不良地质现象的防治工程提供工程地质资料及依据。

(1)初步勘察前应取得下列资料:
①建筑场地范围的地形图,其比例尺应为1∶500~1∶2000为宜;
②已有的地质资料和建筑经验;
③场地范围内地下管线的现状;
④有关工程的性质、规模和规划布局的初步设想等。

(2)初步勘察阶段应进行下列工作:
①初步查明场地的地层结构、年代、成因,软土的分布范围,横向和纵向的分布特征,土层的基本物理力学性质;
②初步查明地表硬壳层的分布与厚度,下伏硬土层和浅埋基岩的埋藏条件与起伏;
③初步查明场地微地貌形态和暗埋的古河道、塘、浜、沟、坑、穴等的分布范围;

④初步查明场区不良地质作用发育特征,对场地稳定性的影响及发展趋势;

⑤对地震烈度大于或等于6度的地区,划分对建筑抗震有利、不利或危险地段,判定场地的地震效应;

⑥初步查明场地水文地质条件及冻结深度;

⑦初步分析评价地质环境对建筑场地的影响;

⑧对建设场地的稳定性进行评价;

⑨初步评价工程适宜性,为合理确定建筑物的总平面布置,地基基础方案的选择、软土地基的治理以及不良地质作用的防治措施提供依据。

(3)初步勘察阶段的勘探点、线、网的布置。应符合下列规定:

①勘探线应垂直地貌单元界线、地层界线布置;在海边则垂直海岸线;

②勘探点可沿勘探线布置;在每个地貌单元和地貌单元交界部位均应有勘探点;在微地貌和地层变化较大地段应适当加密勘探点;

③在地形较平坦的地区,勘探线、点可按方格网布置;

④应按规划主要建筑物的设想布置勘探点、线。

(4)初步勘察阶段的勘探线、点的间距。可按表8.5.2的规定确定。局部异常地段应适当加密。控制性勘探点宜占勘探点总数的1/4～1/2。且每个地貌单元都应有控制性勘探点,每个建筑物地段应有控制性勘探孔。

表8.5.2 初步勘察的勘探线、勘探点的间距

场地复杂程度等级	复杂	中等复杂	简单
勘探线间距/m	50～100	75～150	150～300
勘探点间距/m	30～50	40～100	75～200

(5)初步勘察勘探孔的深度。应根据建筑结构特点和荷载条件按表8.5.3的规定确定,并应符合下列规定:

①在预计深度内遇基岩时,控制性勘探孔应钻入基岩适当的深度,其他勘探孔在进入基岩后,可终止钻井;

②在预计深度内有厚度较大、且分布均匀的密实土层时,控制性勘探孔应达到规定的深度,一般性勘探孔的深度可适当减少;

③在预计深度内有软弱土层时,控制性勘探孔的深度应适当增加,部分控制性勘探孔宜穿透软弱土层。

表8.5.3 初步勘察阶段勘探孔的深度

工程重要性等级	一级(重要工程)	二级(一般工程)	三级(次要工程)
一般性勘探孔深度/m	>30	>20	>10
控制性勘探孔深度/m	>50	>30	>20

注:勘探点包括钻孔、探井和原位测试孔。

(6)初步勘察采取土试样和进行原位测试,应符合下列规定:

①应结合地貌单元、地层结构和土的工程性质进行布置,且其数量不应少于勘探点总数的1/2;

②采取土试样的数量和孔内原位测试的竖向间距,应按地层特点和土的均匀程度确定,每层土均应采取土试样或进行原位测试,且其数量不宜少于6个。

(7)初步勘察阶段的水文地质工作应符合下列规定:

①应调查地下水的类型、与地表水的水力联系、补给和排泄条件,以及地下水位的变化规律,需绘制地下水等水位线图时,应统一量测地下水位;

②应采取有代表性的水试样进行腐蚀性评价,取样点的数量不应少于2个,且在有污染源的地区宜增加取样点的数量。

3. 详细勘察阶段

详细勘察阶段应按单体建筑物或建筑群提出详细的岩土工程资料和设计、施工所需的岩土参数,并应对建筑地基做出岩土工程评价,对地基类型、基础形式、地基处理、基坑支护、地下水控制和不良地质作用的防治等提出建议。

(1)详细勘察阶段前应搜集的资料:

①附有坐标及地形的建筑总平面布置图;

②场地初步勘察报告或临近地质资料;

③建筑物的性质、规模、荷载、结构特点,室内外地面设计标高;

④可能采取的基础形式、埋藏深度,地基允许变形;

⑤有特殊要求的地基基础设计和施工方案。

(2)详细勘察阶段应在初步勘察的基础上进行下列工作:

①查明建筑物范围内的地层成因类型、结构、分布规律及其物理力学性质,软土的固结历史、水平向和垂直向的均匀性、结构破坏对强度和变形特征的影响,地表硬壳层的分布及厚度、下伏硬土层或基岩的埋深和起伏,分析和评价地基的稳定性、均匀性和承载力;

②查明微地貌单元的形态和暗埋的塘、浜、沟、坑、穴的分布、埋深,并查明回填土的工程性质、范围和填埋时间;

③查明地下水的埋藏条件,提供地下水位及其变化幅度;

④判定水和土对建筑材料的腐蚀性;

⑤提供地基强度与变形计算参数,预测建筑物的变形特征和稳定性;

⑥对抗震设防烈度等于或大于6度的场地,提供勘察场地的抗震设防烈度、设计基本地震加速度和设计地震分组,并划分场地类别、划分对抗震有利、不利或危险地段;

⑦提供深基坑开挖后,边坡的稳定性计算、支护、降水设计所需的岩土参数,分析开挖、回填、支护、地下水控制、打桩、沉井等对软土应力状态、强度和压缩性的影响。

(3)详细勘察阶段的勘探点间距、孔深及控制性孔的比例要求:天然地基、桩基的要求不同,详见《软土地区岩土工程勘察规程》(JGJ 83—2011)规定。

(4)在详细勘察阶段采取土试样和进行原位测试时,应符合下列规定:

①采取土试样和进行原位测试的勘探点数量,应根据地层结构、地基土的均匀和设计要求确定,对地基基础设计等级为甲级的建筑物每栋不应少于3个;

②每个场地每一主要土层的原状土试样或原位测试数据不应少于 6 件(组);

③在地基主要受力层内,对厚度大于 0.5m 的夹层或透镜体,应采取土试样或进行原位测试;

④当土层性质不均匀时,应增加取土或原位测试的数量。

(5)软土地区的勘察宜采用钻探取样与静力触探结合的方法。软土取样应采用薄壁取土器。软土的力学参数宜采用静力触探试验、旁压试验、十字板剪切试验、扁铲侧胀试验和螺旋板载荷试验等方法获取。

(6)软土的物理力学参数宜采用室内试验和原位测试方法,并结合当地经验加以确定。有条件时,可根据载荷试验、原型监测反分析确定。抗剪强度指标室内宜采用三轴试验,原位测试宜采用十字板剪切试验。压缩系数、先期固结压力、压缩指数、回弹系数、固结系数可分别采用常规固结试验、高压固结试验等方法确定。

(7)根据工程重要性等级和场地地基复杂程度,软土的岩土工程评价应包括下列内容:

①判定地基产生失稳和不均匀变形的可能性;对于池塘、岸边、边坡附近的工程,应评价其稳定性。

②根据室内试验、原位测试和当地经验,并结合下列因素确定软土地基承载力:i)软土的成层条件、应力历史、结构性、灵敏度等力学特性和排水条件;ii)上部结构类型、刚度、荷载性质和分布,对不均匀沉降的敏感性;iii)基础的类型、尺寸、埋深和刚度等;iv)施工方法、加荷速率对软土性质的影响。

③当建筑物相邻高低层荷载相差较大时,应分析其变形差异和相互影响;当地面有大面积堆载时,应分析对相邻建筑物的不利影响。

④地基沉降量计算可采用分层总和法或土的应力历史法,并应根据当地经验进行修正;必要时,应考虑软土的次固结效应。

⑤提出基础形式和持力层的建议;对于上为硬层,下为软土的双层土地基,应进行下卧层强度验算。

4. 施工勘察阶段

当遇到下列情况之一,应进行施工勘察:

(1)基坑(槽)开挖和地基基础施工过程,地质条件与勘察成果有差异,并影响到地基基础的设计施工时。

(2)对暗埋的塘、浜、沟、谷等的位置,需进一步查明和处理时。

(3)在施工阶段,变更设计条件或设计施工需要时。

8.5.5 软土地基承载力的确定

软土地基的承载力应结合建筑物等级和场地地层条件按变形控制的原则确定,或根据已有成熟的工程经验采用土性类比法确定。当采用不同方法所得结果有较大差异时,应综合分析加以选定,并说明其适用条件。

(1)采用静力载荷试验确定地基承载力特征时应符合下列规定:

①当试验承压板的宽度大于或接近实际基础宽度,或其持力层下的土层力学性质好于持力层时,其地基承载力特征值(f_{ak})应按下式计算。

$$f_{ak} = f_k/2 \tag{8.5.1}$$

式中，f_k 为地基极限承载力标准值(kPa)。

②当试验承压板宽度远小于实际基础宽度，且持力层存在软弱下卧层时，应考虑下卧层对地基承载力特征值的影响。

(2)采用其他原位测试成果确定地基承载力特征值时，宜符合表8.5.4的规定。

(3)采用类比法确定地基承载力特征值时，宜在充分比较类似工程的沉降观测资料和工程地质、荷载、基础等条件后，综合分析确定。

(4)当持力层下存在软弱下卧层时，应考虑下卧层对地基承载力特征值的影响，地基承载力特征值可按下列条件确定：

①当持力层厚度(h)与基础宽度(b)之比大于 0.7 时，地基承载力特征值可不计下卧层的影响，并可按下式计算。

$$f_{ak} = f_{ak1} \tag{8.5.2}$$

式中，f_{ak1} 为持力层的地基承载力特征值(kPa)；f_{ak} 为地基承载力特征值(kPa)。

②当持力层厚度与基础宽度之比为 $0.5 < h/b \leqslant 0.7$ 时，地基承载力特征值可按下式计算。

$$f_{ak} = (f_{ak1} + f_{ak2})/2 \tag{8.5.3}$$

式中，f_{ak2} 为软弱下卧层的地基承载力特征值(kPa)。

③当 $0.25 \leqslant h/b \leqslant 0.5$ 时，地基承载力特征值可按下式计算。

$$f_{ak} = (f_{ak1} + 3f_{ak2})/4 \tag{8.5.4}$$

④当 $h/b < 0.25$ 时，地基持力层可不计持力层的影响，并按下式计算。

$$f_{ak} = f_{ak2} \tag{8.5.5}$$

(5)当基础的宽度大于 3m 或埋深大于 0.5m 时，应按照《建筑地基基础设计规范》(GB 50007—2011)中的要求进行基础宽度和深度修正。

(6)可采用室内土工试验三轴不固结不排水抗剪强度计算软土地基承载力特征值，具体可按《建筑地基基础设计规范》(GB 50007—2011)有关规定实行。

表 8.5.4 软土地基承载力特征值 f_{ak}

原位测试方法	土性	f_{ak}/kPa	适用范围值	符号说明
静力触探试验	一般黏性土	$f_{ak} = 34 + 0.068p_s$	$p_s > 2000$ 取 2000	p_s 为单桥探头测定的比贯入阻力(kPa)；q_c 为双桥探头测定的锥尖阻力(kPa)
		$f_{ak} = 34 + 0.077q_c$	$q_c > 1700$ 取 1700	
	淤泥质土	$f_{ak} = 29 + 0.063p_s$	$p_s > 800$ 取 800	
		$f_{ak} = 29 + 0.072q_c$	$q_c > 700$ 取 700	
	粉性土	$f_{ak} = 36 + 0.045p_s$	$p_s > 2500$ 取 2500	
		$f_{ak} = 36 + 0.054q_c$	$q_c > 2200$ 取 2200	
	素填土	$f_{ak} = 27 + 0.054p_s$	$p_s > 1500$ 取 1500	
		$f_{ak} = 27 + 0.063q_c$	$q_c > 1300$ 取 1300	
	冲填土	$f_{ak} = 20 + 0.040p_s$	$p_s > 1000$ 取 1000	
		$f_{ak} = 20 + 0.047q_c$	$q_c > 900$ 取 900	

续表 8.5.4

原位测试方法	土性	f_{ak}/kPa	适用范围值	符号说明
十字板剪切试验	饱和黏性土	$f_{ak}=10+2.5C_u$	$C_u>100$ 取 100	C_u 为十字板剪切试验得的抗剪强度(kPa)
	淤泥质土	$f_{ak}=10+2.2C_u$	$C_u>50$ 取 50	
轻型动力触探试验	素填土	$f_{ak}=40+2.0N_{10}$	$N_{10}>30$ 取 30	N_{10} 为轻型动力触探的锤击数(击/30cm)
	冲填土	$f_{ak}=29+1.4N_{10}$		
旁压试验	黏性土	$f_{ak}=(p_f-p_0)/1.3$ $f_{ak}=(p_L-p_0)/2.5$	/	p_0 为由试验曲线和经验综合确定的侧向压力(kPa); p_f 为临塑压力(kPa); p_L 为旁压试验确定的极限压力(kPa)
	粉性土	$f_{ak}=(p_f-p_0)/1.4$ $f_{ak}=(p_L-p_0)/2.7$	/	
	砂土	$f_{ak}=(p_f-p_0)/1.6$ $f_{ak}=(p_L-p_0)/3$	/	

表:1. 表中经验公式具有一定的地区性,使用前应根据地区资料进行验证。
　　2. 当土质较均匀时,可取平均值;当土质不均匀时,宜取最小平均值。
　　3. 冲填土或素填土指冲填或回填时间超过 5 年以上者。

8.5.6 软土的地基处理

软土地基处理方法很多,应针对实际情况具体选用。常用的有效方法是:

(1)对暗塘、暗浜、暗沟、坑穴、古河道等,当范围不大时,一般采用基础深埋或换垫处理;当宽度不大时,一般采用基础梁跨越处理;当范围较大时,一般采用短桩处理。

(2)对表层或浅层不均匀地基可采用机械碾压法或强夯法等方法处理。

(3)浅层软土地基可采用换填垫层法处理,或采用强夯置换法。

(4)厚层软土地基可采用堆载预压方法,即砂井、袋装砂井或塑料排水板堆载预压法,也可采用真空预压法。预压荷载应略大于设计荷载,预压时间、分级和速率应据建筑物的要求和对周围建筑物的影响,以及软土的固结情况而定。

(5)对荷载大、沉降限制严格的建筑物,宜采用桩基,可有效地减小沉降量和差异沉降量。

除上述以外,软土地基还可以采用砂桩、碎石桩、石灰桩、灰土桩和水泥旋喷桩处理,但设计参数应通过试验确定。

8.6 填 土

填土是指由人类活动而堆填的土。由于填土的组成物质多种多样,堆填时间有长有短,颗粒有粗有细,故其工程性质千差万别,十分复杂。

8.6.1 分类

据物质组成和堆积方式分为素填土、杂填土、冲填土和压实填土等 4 类。

(1) 素填土：由碎石土、砂土、粉土和黏性土等一种或几种材料组成，不含杂物或含杂物很少。

①按主要物质组成又可分为碎石填土、砂性素填土、粉性素填土、黏性素填土等。

②按堆填时间可分为老填土和新填土。老填土是指当主要组成物质为粗颗粒的，堆填时间在10年以上者；当主要组成物质为细颗粒的，堆填时间在20年以上者。不符合上述规定者为新填土。

(2) 杂填土：含有大量建筑垃圾、工业废料或生活垃圾等杂物的填土。

①建筑垃圾土：主要为碎砖、瓦砾、朽木、拆卸旧建筑物遗留下来的混凝土块、废旧建筑物基础等，其有机物含量少。

②工业废料土：由采矿、采煤、冶炼、工业生产产生的废料，如尾矿渣、赤泥、煤渣、废旧电池、电石渣等。其组成物质中可能含有对建筑物基础有腐蚀性，或对人类健康有毒性的成分，因此不能未经调查处理就直接作为建筑物地基。

③生活垃圾土：填土中有大量从居民生活中抛弃的废物，如炉灰、菜叶、果皮、纸张、陶瓷片等杂物，一般含有大量的有机物。这类填土因含有大量未分解的有机物，强度低、未来下沉量大，不宜作为建筑物地基。

(3) 冲填土：又称吹填土，是由水力冲填泥砂形成的填土，它是我国沿海一带常见的人工填土之一，主要是由于整治或疏通江河航道，或因工农业生产需要填平或填高江河附近某些地段时，用高压泥浆泵将挖泥船挖出的泥砂，通过输泥管排送到需要填高地段及泥砂堆积区，前者为有计划、有目的的填高，而后者则为无目的的堆积，经沉淀排水后形成大片冲填土层。西北地区常见的水坠坝（也称冲填坝）即是冲填土堆筑的坝。

(4) 压实填土：按一定标准控制材料成分、密度、含水量、分层压实或夯实而成。

8.6.2 填土的工程特性

填土的堆填时间、环境，特别是物质来源和组成成分的复杂和差异，造成了填土的性质很不均匀，填土的分布、厚度和力学性质缺乏规律，带有很大的偶然性。填土作为一种特殊土，其工程特性主要表现在以下几个方面。

(1) 不均匀性：填土由于物质来源、组成成分的复杂和差异，分布范围和厚度变化缺乏规律性，所以不均匀性是填土的突出特点，而且在杂填土和冲填土中更加显著。例如，冲填土在吹泥的出口处，沉积的土粒较粗，甚至有石块，顺着出口向外围土粒则逐渐变细，并且在冲填的过程中，由于泥砂来源的变化，造成冲填土在纵横方向上的不均匀性，故冲填土层多呈透镜体或薄层状出现。

(2) 湿陷性：填土由于堆积时未经压实，所以土质疏松，孔隙发育，当进水后会产生附加下陷，即湿陷。通常，新填土的湿陷性比老填土强，含有炉灰和变质炉灰的杂填土的湿陷性比素填土强，干旱地区填土的湿陷性比气候潮湿、地下水位高的填土强。

(3) 自重压密性：填土属欠固结土，在自身重量和大气降水下渗的作用下有自行压密的特点，压密所需的时间随填土的物质成分不同而有很大的差别。

例如，由粗颗粒组成的砂和碎石类素填土，一般回填时间在 2~5a 即可以达到自重压密基本稳定，而粉土和黏性土质的素填土则需 5~15a 才能达到基本稳定。建筑垃圾和工业废料填土的基本稳定时间需要2～10a；而含有大量有机质的生活垃圾填土的自重压密稳定时间可以长达30a以上。冲填土的自重压密稳定时间更长，可以达几十年甚至上百年。

（4）压缩性大，强度低：填土由于密度小，孔隙度大，结构性很差，故具有高压缩性和较低的强度。对于杂填土而言，当建筑垃圾的组成物以砖块为主时，则性能优于以瓦片为主的土；而建筑垃圾土和工业废料土一般情况下性能优于生活垃圾土，这是因为生活垃圾土物质成分杂乱，含大量有机质和未分解或半分解状态的植物质；对于冲填土，则是由于其透水性弱，排水固结差，土体呈软塑状态。

8.6.3 填土工程地质勘察的技术要求

填土工程地质勘察的目的是确定填土区域的地质、水文和土壤方面的情况，以评估在填土上开展工程建设的可行性和安全性。填土工程地质勘察技术要求应包括下列内容：

（1）填土是因人类活动而堆填的，所以一般应通过调查、访问了解填土来源、堆积的年限、堆填的方法，特别是搜集场地及其邻近已有地形图，分析对比场地地形地物的变迁，从而帮助我们初步掌握填土的分布范围、性质、厚度等资料，为进一步工作打好基础。

（2）填土一般具有不均匀性、松散性及湿陷性（压实填土除外），从而对建筑物产生不利的影响，因此应重点查明这些特性以及与此有关的分布、厚度、物质成分、颗粒级配、均匀性、密实性等填土的物理、力学性质；对重要建筑物，必要时应进行现场载荷试验。

（3）在填土中往往有上层滞水存在，且往往填土成分复杂，或受附近生活、工业废水的排放等影响，因此应查明填土中地下水类型及其与相邻地表水体或地下水的水力联系，评价水对混凝土、钢材的腐蚀性。

（4）对冲填土应查明冲填期间的排水条件和冲填完后的固结条件与固结程度。

（5）为查明填土层的分布及暗埋的塘、浜、沟、坑的范围，应加密勘探点，以追索并圈定它们的范围，勘探点深度应穿过填土层。勘察方法则应视填土的性质确定，一般对粉土、黏性素填土可采用轻型钻具，对含较多粗粒成分的杂填土可采用触探、钻探相结合的方法。

（6）填土勘察孔的布设应根据填土区域的尺寸、深度、特性及复杂度，选择及设计合适的钻探孔的数量及方法，以获取具有代表性的岩土参数及试验土样。

（7）查明在填土上已建的永久或临时建筑物、构筑物的建筑年代、采用的地基类型、沉降变形和使用情况及当地建筑经验等。

（8）测试工作以原位测试为主：

①为查明填土的均匀性和密实度可采用触探试验，辅以室内试验；

②为查明填土的压缩性、湿陷性可采用室内压缩试验或现场载荷试验；

③为查明杂填土密度，可采用大容积法测定；

④对压实填土，在压实前应测定填料的最优含水量和最大干密度，压实以后应测定其压实系数；

⑤对粉土、黏性素填土可选用轻便触探进行测试；

⑥对冲填土、黏性素填土可选用静力触探测试；

⑦对粗粒填土，则可选用动力触探进行测试。

8.6.4 填土的岩土工程分析与评价

(1)填土的均匀性、压缩性和密实度评价。在分析、评价时,必须阐明填土成分、分布及堆积年代,在此基础上分析和评价其均匀性、压缩性及密实度,必要时应按厚度、强度和变形特征进行分区评价。

(2)据填土堆积时间、组成物质判断其能否作为地基。对于堆积年限较长的素填土、冲填土及由性能稳定的工业废料和建筑垃圾组成的杂填土,当较均匀和较密实时,可考虑作为天然地基。由有机质含量较多的生活垃圾和对基础有腐蚀性的工业废料组成的杂填土,则不宜作为天然地基。

(3)填土地基的承载力。可用载荷试验确定,也可依据动力触探的测试结果,结合当地建筑经验取值。《广西壮族自治区岩土工程勘察规范》(DBJ/T45-066—2018)附录C对填土地基的承载力列出建议值,详见本书表4.2.7及表4.2.8。

(4)当填土底面天然坡度大于20%时,应验算其稳定性。

(5)压实填土的质量要求:压实填土如作为地基,在平整场地以前,必须根据工程结构类型要求、填料性能以及现场条件,提出压实填土地基的质量要求,未经检验或检验不合格者,不能作为天然地基。压实填土地基质量控制见表8.6.1。

表 8.6.1 压实填土地基质量控制

结构类型	填土部位	压实系数 λ_C	控制含水量/%
砌体承重结构和框架结构	在地基主要受力层范围内	>0.96	$w_{op} \pm 2$
	在地基主要受力层范围以下	0.93~0.96	
简支结构和排架结构	在地基主要受力层范围内	0.94~0.97	$w_{op} \pm 2$
	在地基主要受力层范围以下	0.91~0.93	

注:压实系数 λ_C 为土的控制干密度与最大干密度的比值;w_{op} 为最优含水量。

当填土为黏性土或砂土时,最大干密度可采用击实试验确定,如无试验资料,可按式(8.6.1)计算。

$$\rho_{\max} = \eta \frac{\rho_w d_s}{1 + 0.1 w_{op} d_s} \tag{8.6.1}$$

式中,η 为经验系数,对黏土可取 0.95,粉土取 0.97,粉质黏土取 0.96;ρ_w 为水的密度(kg/m³);d_s 为土粒相对密度(无量纲);w_{op} 为最优含水量(%)。

(6)利用填土作为天然地基时,建筑及结构应采取一定的措施,其目的是提高和改善建筑物对填土地基不均匀沉降的适应能力,如建筑物长度不宜过长,平面规则,长高比不超过2,则应加宽散水,做好排水,加设基础圈梁,以及选择适宜基础型式,加强刚度等。

(7)对于填土地基的加固处理方法的选择,应从加固效果、经济费用、工程周期、环境影响以及地区经验等综合比较确定。处理后并应按有关规定进行质量检验。

8.7 红黏土

红黏土是指碳酸盐类岩石(石灰岩、白云岩、泥质泥岩等)在亚热带温湿气候条件下,经风化而成的残积、坡积或残-坡积的褐红色、棕红色或黄褐色的高塑性黏土。

红黏土分为原生红黏土和次生红黏土。原生红黏土为棕红或褐黄色,覆盖在碳酸岩盐系之上,液限大于或等于50%的高塑性黏土。次生红黏土是原生红黏土经过搬运、沉积后仍保留其基本特征,且液限大于45%的黏土。

我国红黏土主要分布在西南、中南和华东地区,以贵州、云南、广西最为典型和广泛,其次在四川盆地南缘和东部、鄂西、湘西、粤北、皖南和浙西等地也有分布。各地区红黏土不论在外观颜色、土性上都有一定的变化规律,表现为自西向东,土的塑性、黏粒含量逐渐降低,而土中的粉粒和砂粒则逐渐增高。

在我国,次生红黏土的分布面积占红黏土总面积的10%~40%,由西向东逐渐增多。

8.7.1 红黏土的形成条件

(1)岩性条件。在碳酸盐类岩石分布区内,经常夹杂着一些非碳酸盐类岩石,它们的风化物与碳酸盐类岩石的风化物混杂在一起,构成了这些地段红黏土成土的物质来源。故红黏土的母岩是包括夹在其间的非碳酸盐类岩石的碳酸盐岩系。

(2)气候条件。红黏土是红土的一个亚类。红土化作用是在炎热湿润气候条件下进行的一种特定的化学风化成土作用。在这种气候条件下,年降水量大于蒸发量,形成酸性介质环境。红土化过程是一系列由岩变土和成土之后新生黏土矿物再演变的过程。

8.7.2 红黏土的工程特性

红黏土具有上硬下软、表面收缩、裂隙发育的特性以及弱膨胀、强收缩的特点。

(1)上硬下软现象。在竖向剖面上,常出现地表土呈坚硬、硬塑状态,向下逐渐变软,呈可塑、软塑甚至流塑状态。据统计,上部坚硬、硬塑土层厚度一般大于5m,占土层厚度75%以上;可塑土层占10%~20%;软塑土层占5%~10%。较软土层多分布于基岩低洼处。

(2)红黏土的裂隙性。可塑状态的红黏土,当失水后含水率低于塑限时,土中就开始出现裂缝。红黏土分布于近地表部位或边坡地带,往往发育有很多裂隙。尚未发育裂隙的土体,其单独土块的强度很高,但裂隙发育后土体的整体性和连续性就被破坏了,导致土体强度显著降低;裂隙还使失水通道向深部土体延伸,促使深部土体破坏,加宽原有裂隙。严重时甚至形成深长地裂。

土中裂隙发育深度一般为2~4m,最深者可达8m。裂隙中可见光滑镜面、擦痕、铁锰质浸染等现象。土中裂隙的存在,使得土块与土体的力学参数尤其是抗剪强度指标变化很大。

(3)红黏土的胀缩性。红黏土的主要组成矿物是高岭石、伊利石和绿泥石,这些矿物的亲水性不强,交换容量不高,交换阳离子以Ca^{2+}、Mg^{2+}为主,天然含水率接近塑限,孔隙呈近饱和状态,以致表现在胀缩性能上以收缩为主,在天然状态下膨胀量很小(0.1%~2.0%),

收缩性很高(一般 2.5%～8.0%,最高可达 14%)。红黏土的膨胀潜势主要表现在失水收缩后复浸水的过程中,一部分表现出收缩后能再膨胀,另一部分则无此现象。因此,不宜把红黏土与膨胀土混同。

8.7.3 红黏土的物理性质

(1)粒度组成的高分散性。红黏土中小于 0.005mm 颗粒含量占 60%～80%;其中小于 0.002mm 的胶体颗粒含量占 40%～70%,使红黏土具有高分散性。

(2)天然含水率、饱和度、塑限、液限、塑性指数、孔隙比都很高,但却具有较高的力学强度和较低的压缩性。这是因为红黏土中的矿物具有稳定的结晶格架,细粒组结成稳定的团粒结构,土中水基本为结合水,故其力学强度较高。电泳试验表明,其黏土矿物颗粒表面带负电荷,易吸引带正电荷极性水分子,加上红黏土的总比表面积最大,故对水具有较强吸附能力。因此,红黏土具有较高的天然含水率和饱和度。

(3)红黏土孔隙率大多在 50% 以上,孔径主要分布在 100～1000nm,孔隙类型主要是颗粒间孔隙,孔隙结构以蜂窝状为主,残留有片状高岭石粒团,孔隙形态特征较规则。

(4)红黏土的状态。除了按液性指数判定外,还可按含水比来判定(按表 8.7.1 实行),表中 α_w 为含水比,即土的天然含水量与液限之比值($\alpha_w = w/w_L$)。

表 8.7.1 红黏土的状态的划分

α_w 值	$\alpha_w \leq 0.55$	$0.55 < \alpha_w \leq 0.70$	$0.70 < \alpha_w \leq 0.85$	$0.85 < \alpha_w \leq 1.00$	$\alpha_w > 1.00$
状态	坚硬	硬塑	可塑	软塑	流塑

(5)红黏土的复浸水特性。复浸水特性按表 8.7.2 进行分类。表中 I_r 为液塑比($I_r = w_L/w_P$),$I_r' = 1.4 + 0.0066 w_L$。

表 8.7.2 红黏土的复浸水特性分类

类别	I_r 与 I_r' 关系	复浸水特性
Ⅰ	$I_r \geq I_r'$	收缩后复浸水膨胀,能恢复到原位
Ⅱ	$I_r < I_r'$	收缩后复浸水膨胀,不能恢复到原位

表中显示,部分红黏土在复浸水膨胀后不能恢复至原位,这是由于这类红黏土在失水时产生固结收缩,体积减小,虽然其单元体之间的结合力相对增加,但土体的微观结构已受到损伤,再充水时基本无法恢复原状,即这类红黏土的胀缩性具有一定的不可逆性。这种微观结构的不可逆、不均匀变形也会降低土的强度。

(6)红黏土的地基均匀性。红黏土的地基均匀性可按表 8.7.3 进行评价。

表 8.7.3 红黏土的地基均匀性分类

地基均匀性	地基压缩层范围内岩土组成
均匀地基	全部由红黏土组成
不均匀地基	由红黏土和岩石组成

8.7.4 红黏土工程地质勘察基本技术要求

红黏土的工程地质勘察应以工程地质测绘、调查与勘探相结合。

8.7.4.1 工程地质测绘和调查要求

(1)通过遥感图形解译或无人机技术查明拟建场地地形地貌特征,尤其是微地貌特征,包括斜坡自然坡度、高度、冲沟、坡面冲刷、剥落、地表植被生长状况等;同时查明地裂形态特征、分布范围、形成原因和发育规律,以及与季节降雨、岩溶的关系等。

(2)查明不同地貌单元的红黏土、次生红黏土的分布、厚度、物质组成、土性、土体结构等特征及其差异。

(3)查明下伏基岩的岩性、岩溶发育特征及其与红黏土土性、厚度变化的关系。

(4)查明地裂分布、发育特征及其成因,土体结构特征(由于黏土矿物以高岭石、伊利石为主,pH值低,常呈蜂窝状和絮状结构);统计土中缝隙的密度、深度、延伸方向及规律性,分析对(人工)边坡的影响。

(5)查明地表水体、地下水的分布、动态及其对红黏土湿度状态、垂向分带及土质软化状况的影响。

(6)调查建筑物的使用情况,分析建筑物开裂的原因;总结其地基基础勘察、设计、施工经验,人工边坡高度、坡率、工程措施以及防治病害的经验等。

8.7.4.2 勘探工作的要求

红黏土地区勘探点的布置,应取较密的间距,以查明红黏土厚度和状态的变化。初步勘察勘探点间距宜取 30~50m;详细勘察勘探点间距对均匀地基宜取 12~24m,对不均匀地基宜取 6~12m。厚度和状态变化大的地段,勘探点间距还可加密。

对不均匀地基,勘探孔深度应达到基岩。如果基础是采用岩面端承桩,有石芽出露的地基,或有土洞时,则应进行施工勘察,勘探点间距、深度则根据实际需要查明的问题而定。

8.7.5 岩土工程评价

(1)地裂:赋存于红黏土中的一种特性反映,规模不等,长可达数百米,深可延至地面下数米。地裂所经地段,建筑物无一不受损坏,因此在勘察时,应予以充分重视,建筑物应避免跨越地裂密集带或深长地裂地段。

(2)红黏土地基承载力特征值:可采用静载荷试验和其他原位测试(如静力触探、旁压试验等)、理论公式计算并结合工程实践经验等方法综合确定。

(3)轻型建筑物的基础埋深:应大于大气影响急剧层的深度;炉窑等高温设备的基础应考虑地基土的不均匀收缩变形;开挖明渠时应考虑土体干湿循环的影响;在石芽出露的地

段,应考虑地表水下渗形成的地面变形。

(4)地基均匀性评价:红黏土的厚度随下卧基岩面起伏而变化,致使红黏土厚度变化大,而常引起不均匀沉降,在地基基础设计中应作其影响评价。

(5)基础埋置深度:应充分利用红黏土上硬下软的特点,发挥浅层较硬土层的承载能力,减轻下卧软弱层受到的压力,基础应尽量浅埋,利用浅部硬壳层,并进行下卧层承载力的验算;不能满足承载力和变形要求时,应建议进行地基处理或采用桩基础。

(6)土洞的影响:由于下卧基岩岩溶发育,因而上覆的红黏土层中常有土洞存在。各种成因的土洞往往发育速度快,易引起地面塌陷,对建筑物地基的稳定极为不利,必须查明其分布、规模、成因,应评价土洞的分布、稳定及发展趋势,尤其是土层较薄的地段,预测土洞对地基稳定性影响,提出防治措施。

(7)边坡稳定性评价:对红黏土人工边坡,尤其是复水性属Ⅰ类的红黏土,在稳定性评价时,土的计算参数的选取,应考虑开挖面土体失水、收缩缝隙发育以及浸水使土质软化、强度降低的不利影响,结合当地经验,选择适宜的计算参数。

(8)地下水对工程的影响评价:应查明地表水、上层滞水、岩溶水之间的连通性及地下水水位随季节的变化及其与土层裂隙发育的关系,评价其对建筑物的影响。红黏土由于黏土矿物种类、含量不同,收缩性、膨胀性表现不同,失水收缩产生的缝隙发育特征、发育程度则影响和制约地下水的赋存状态及运动特征,因此在对地下水进行评价时,应紧紧抓住缝隙特征这一核心问题,分析、论证它对地下水特征的影响和制约关系,进而评价对建筑物的影响。

8.7.6 红黏土地基的设计与处理

(1)当采用天然地基时,基础宜浅埋,采用表面的坚硬、硬塑红黏土层作为持力层。对不均匀地基则应以地基处理为主,对外露的石芽可用垫褥处理;厚度、状态不均匀的地基,可进行置换处理,也可改变基础宽度,调整相邻地段基底应力,增减基础埋深,使基底下土层的压缩性相对均一。

(2)为防止土的收缩,地基处理以保温保湿为主。可适当加大建筑物角端基础埋深或在基坑设保温、保湿材料;在结构上可增设圈梁,加强建筑物刚度;在室外做好排水,适当加宽散水。

(3)预防土洞塌陷,关键是"治水",如杜绝地表水大量集中下渗、稳定和控制地下水动态变化等。对于地面塌陷和顶板较薄的土洞处理,可采用清除软土(或软弱土)后用块石、碎石、砂土、黏土自下而上回填,对深埋土洞,可用梁板跨越或用混凝土灌注土洞及其下岩溶通道。

(4)对基坑和边坡,应及时防护,防止失水干缩;对甲级建筑物及边坡应进行变形监测。对边坡中土的湿度状态季节变化和缝裂进行观测。

(5)如基岩面起伏较大,岩质坚硬、稳定,施工条件又允许,可采用大直径嵌岩桩或墩基。

(6)实施施工勘察。由于红黏土分布在岩溶区,地表以下发育的隐伏土洞在勘察过程中因勘察工作量所限,往往不能查清土洞的分布,多年工程实践证明,应进行基坑插钎来查明土洞分布,插钎间距视场地实际及工程情况适当选定(密者可达0.5m,稀者可为1.5~2.0m)。

8.8 风化岩与残积土

风化岩是指岩石在风化营力作用下,其结构、成分和性质已产生不同程度变异,但仍保持原岩的结构与构造的岩石。岩石已完全风化成土而未经搬运的松散沉积物称为残积土。风化岩和残积土都是新鲜岩层经过物理风化、化学风化作用形成的物质,可统称为风化残留物。

8.8.1 风化岩与残积土工程地质勘察基本技术要求

8.8.1.1 重点查明的内容

(1)母岩的地质年代和岩石名称。
(2)按表8.8.1划分岩石的风化程度。
(3)岩脉和风化花岗岩中球状风化体(孤石)的分布。
(4)岩土的均匀性、破碎带和软弱夹层的分布。
(5)地下水赋存条件。

表8.8.1 岩石按风化程度分类

风化程度	野外特征	波速比	风化系数
未风化	岩石新鲜,偶见风化痕迹	0.9～1.0	0.9～1.0
微风化	结构基本未变,仅节理有渲染或略有变色,有少量的风化裂隙	0.8～0.9	0.8～0.9
中等风化	结构部分破坏,沿节理面有次生矿物,风化裂隙发育,岩体被切割成岩块。用镐难挖,岩芯钻方可钻进	0.6～0.8	0.4～0.8
强风化	结构大部分破坏,矿物成分显著变化,风化裂隙很发育,岩体破碎,用镐可挖,干钻不易钻进	0.4～0.6	<0.4
全风化	结构基本破坏,但尚可辨认,有残余结构强度,可用镐挖,干钻可进	0.2～0.4	
残积土	组织结构全部破坏已风化成土状,锹镐易挖掘,干钻易钻进,具可塑性	<0.2	

注:1. 波速比K_v是风化岩石与新鲜岩石压缩波速之比。
   2. 风化系数K_f为风化岩石与新鲜岩石饱和单轴抗压强度之比。
   3. 花岗岩类岩石,可采用标准贯入试验划分,$N \geq 50$为强风化;$50 > N \geq 30$为全风化;$N < 30$为残积土。
   4. 泥岩和半成岩,可不进行风化程度划分。
   5. 岩石的风化程度,除按表列的野外特征和定量指标划分外,也可根据当地经验划分。

8.8.1.2 还应勘察的内容

(1)不同风化程度风化带的埋深及各带的厚度。

(2)风化的均匀性和连续性。
(3)有无侵入的岩体、岩脉、断裂构造及其破碎带和其他软弱夹层,其产状和厚度。
(4)囊状风化的分布深度和分布范围。
(5)残积土中的风化残积体的分布范围。
(6)各风化带中的节理、裂隙的发育情况及产状。
(7)风化带及残积土开挖暴露后的抗风化能力。
(8)残积土和风化岩是否具有膨胀性或湿陷性。

8.8.1.3 勘探

(1)勘探点间距应取《岩土工程勘察规范》(GB 50021—2001)(2009年版)中对各类工程地质勘察规定的最小值;各勘察阶段的勘探点均应考虑到不同岩层和其中岩脉的产状及分布特点布置。

(2)一般在初步勘察阶段,应有部分勘探点达到或深入微风化基岩层,了解整个风化剖面。

(3)除钻探取样外,对残积土或强风化带应布置一些探井,以便直接观察其岩土结构以及岩土暴露后的风化情况(如干裂、湿化、软化等)。还应利用探井作原位密度测试等。

(4)宜在探井中刻取试样,或用双重管、三重管采取试样,每一风化带采取的试样数量不应少于3组。

(5)在岩石中钻探时尽量测定RQD指标,并取样进行点荷载试验。

8.8.1.4 原位测试

(1)对风化岩和残积土的测试宜采用原位测试与室内试验相结合的办法,原位测试可采用圆锥动力触探、标准贯入试验、波速测试和载荷试验。

(2)载荷试验:利用载荷试验求取风化岩土的承载力及变形指标,并将其结果与其他原位测试方法建立关系。载荷试验的承压板的直径(或边长)应大于该带中最大颗粒粒径的5倍。

(3)对强风化、中等风化、全风化、残积土,可用圆锥动力触探、标准贯入试验及静力触探进行剖面划分。

(4)对含粗粒的残积土,应在现场进行原位测试以测定其密度。

(5)对暴露后风化岩土的状态改变进行观察,如利用微型贯入仪对其作定量测定等。

(6)为划分风化带,可采用波速测试,并与其他测试结果建立关系。

8.8.2 风化岩及残积土承载力的确定

(1)对于没有建筑经验的风化岩和残积土地区的地基承载力和变形模量,应采用载荷试验确定,有成熟地方经验时,对于地基基础设计等级为乙级、丙级的工程,可根据标准贯入试验等原位测试资料,结合当地经验综合确定。岩石地基载荷试验的方法可参看《工程地质手册》或《建筑地基基础设计规范》(GB 50007—2011)的内容。

(2)对于完整、较完整和较破碎的岩石地基承载力特征值,可根据室内饱和单轴抗压强度按下式确定。

$$f_a = \Psi_r \cdot f_{rk} \tag{8.8.1}$$

式中,f_a 为岩石地基承载力特征值;f_{rk} 为岩石的饱和单轴抗压强度标准值(kPa),岩样尺寸一般 $\Phi 50\text{mm} \times 100\text{mm}$;$\Psi_r$ 为折减系数,根据岩体完整程度以及结构面的间距、宽度、产状和组合,由地区经验确定,无经验时,对完整岩体可取 0.2~0.5,对较破碎岩体可取 0.1~0.2。

注:①上述折减系数值未考虑施工因素和建筑使用之后风化作用的继续;②对于黏土质岩,在确保施工期和使用期不致遭水浸泡时,也可采用天然湿度试样,不进行饱和处理。

(3)对于破碎、极破碎的岩石地基承载力特征值,可根据平板载荷试验确定。当试验难以进行时,可按表 8.8.2 的经验值来确定岩石地基承载力特征值。

表 8.8.2 破碎、极破碎的岩石地基承载力特征值   单位:kPa

岩石类别	风化程度		
	强风化	中等风化	微风化
硬质岩石	700~1500	1500~4000	≥4000
软质岩石	600~1000	1000~2000	≥2000

(4)如能准确地取得残积土的强度指标值和压缩性指标值,其承载力亦可用计算方法确定。

(5)对于以物理风化作用为主形成的碎石、砂土的承载力亦可参照一般碎石土及砂土的承载力的确定方法予以确定(具体参见本书 4.2 节及 4.3 节)。

8.8.3 花岗岩风化岩与残积土

8.8.3.1 花岗残积土的定名

(1)大于 2mm 颗粒含量超过 20% 的称为砾质黏性土。
(2)大于 2mm 颗粒含量不超过 20% 的称为砂质黏性土。
(3)不含大于 2mm 颗粒的为黏性土。

8.8.3.2 花岗残积土的稠度状态

对花岗岩残积土,为求得合理的液性指数,应测定其中细粒土(粒径小于 0.5mm)的天然含水量 w_f、塑性指数 I_P、液性指数 I_L。试验前应先筛去大于 0.5mm 的粗颗粒。而常规试验方法所得出的天然含水量失真,计算出的液性指数都小于 0,与实际情况不符。细粒土部分天然含水量、塑性指数 I_P、液性指数 I_L 可按下式计算。

$$w_f = \frac{w - w_A 0.01 P_{0.5}}{1 - 0.01 P_{0.5}} \tag{8.8.2}$$

$$I_P = w_L - w_P \tag{8.8.3}$$

$$I_L = \frac{w_f - w_P}{I_P} \tag{8.8.4}$$

式中,$P_{0.5}$ 为粒径大于 0.5mm 颗粒质量占总质量的百分比(%);w 为花岗岩残积土(包括粗、细粒土)的天然含水量(%);w_A 为粒径大于 0.5mm 颗粒吸着水含水量(%),可取 5%; w_L 为粒径小于 0.5mm 颗粒的液限(%);w_P 为粒径小于 0.5mm 颗粒的塑限(%)。

8.8.3.3 花岗岩风化岩与残积土的承载力

花岗岩类岩石风化岩与残积土的划分,可采用标准贯入试验划分,即:$N \geqslant 50$ 为强风化; $50 > N \geqslant 30$ 为全风化;$N < 30$ 为残积土。

甲、乙级建筑物的承载力应以载荷试验结果确定,丙级建筑物可按标准贯入试验锤击数 N 确定,但不同地区的确定方法略有差异,如:

(1)《广西壮族自治区岩土工程勘察规范》(DBJ/T45-066—2018)的确定方法见表 8.8.3。

(2)湖北省地方标准《建筑地基基础技术规范》(DB42/242—2014)给出的承载力见表 8.8.4 及表 8.8.5。

表 8.8.3　广西壮族自治区花岗岩残积土承载力特征值　　　　　　　　单位:kPa

e	w/%											
	砾质黏性土				砂质黏性土				黏性土			
	<10	20	30	40	<10	20	30	40	<30	40	50	60
0.6	450	400	(350)	—	400	350	300	(250)	—	—	—	—
0.8	400	350	300	—	350	300	250	(200)	280	—	—	—
1.0	350	300	250	(200)	300	250	200	(150)	250	200	—	—
1.1	300	250	200	150	250	200	150	(100)	200	160	(140)	—
1.4	—	—	—	—	—	—	—	—	160	140	120	(100)

注:括号内的数值为提供内插时使用;表中 e,w 分别表示孔隙比和天然含水量。

表 8.8.4　湖北省花岗岩残积土承载力特征值(一)　　　　　　　　单位:kPa

孔隙比 e	天然含水量 $w/\%$								
	砾质黏性土			砂质黏性土			黏性土		
	20	30	40	20	30	40	<30	40	50
0.6	400	(350)	—	350	300	250	—	—	—
0.8	350	300	—	300	250	(200)	280	(220)	—
1.0	300	250	(200)	250	200	(150)	240	200	—
1.1	250	200	150	200	150	(100)	200	160	(140)
1.2	—	—	—	—	—	—	160	140	120

注:括号内的数值为提供内插时使用。

表8.8.5　湖北省花岗岩残积土承载力特征值(二)　　　　　　　　　　　　　　单位:kPa

土类	N			
	4～10	10～15	15～20	20～30
砾质黏性土	(100)-220	220～280	280～350	350～430
砂质黏性土	(80)～200	200～250	250～300	300～380
黏性土	130～180	180～240	240～280	280～330

注:括号内数值供内插用;表中 N 表示标准贯入试验锤击数。

8.8.3.4　花岗岩风化岩与残积土的变形模量

花岗岩及泥质软岩的残积土,全风化和强风化岩变形模量的 E_0 值,应按平板载荷试验确定,对乙级、丙级工程,当无试验条件时,可按实测标准贯入试验锤击数 N 按下式确定。

$$E_0 = \alpha N \tag{8.8.5}$$

式中,E_0 为变形模量(MPa);N 为实测标准贯入试验锤击数;α 载荷试验与标贯试验对比后得到的经验系数,按表8.8.6查得。

对于甲级建筑物,以式(8.8.5)确定 E_0 时,应以载荷试验验证。

表8.8.6　经验系数 α 值

土类	花岗岩		泥质软岩	
	N	α	N	α
残积土	10<N≤30	2.3	10<N≤25	2.0
全风化土	30<N≤50	2.5	25<N≤40	2.3
强风化土	50<N≤70	3.0	40<N≤60	2.5

[例题1]　某花岗岩残积土土样的天然含水率为 30.6%,粒径小于 0.5mm 细粒的液限为 50%,塑限为 30%,粒径大于 0.5mm 的颗粒质量占总质量的 40%。试计算该土样细粒部分的液性指数。

解:细粒土的天然含水率为

$$w_f = \frac{w - w_A 0.01 P_{0.5}}{1 - 0.01 P_{0.5}} = \frac{30.6 - 0.01 \times 5 \times 40}{1 - 0.01 \times 40} = \frac{30.6 - 2}{0.6} = 47.7(\%)$$

细粒土的塑性指数为 $I_P = w_L - w_P = 50 - 30 = 20$

则细粒土的液性指数为 $I_L = \dfrac{w_f - w_P}{I_P} = \dfrac{47.7 - 30}{20} = 0.885$

思 考 题

(盐渍土、软土、填土、红黏土、残积土部分)

一、单项选择题

1. 盐渍土的盐胀性主要是由下列哪种易溶盐结晶后体积膨胀造成的?（　　）
   A. Na_2SO_4　　　B. $MgSO_4$　　　C. Na_2CO_3　　　D. $CaCO_3$

2. 根据《岩土工程勘察规范》(GB 50021—2001)(2009 年版),当填土底面的天然坡度大于哪个数值时,应验算其稳定性?（　　）
   A. 15%　　　B. 20%　　　C. 25%　　　D. 30%

3. 某红黏土的含水率资料如下:天然含水量 51%,液限 80%,塑限 48%。该红黏土的状态为（　　）。
   A. 坚硬　　　B. 硬塑　　　C. 可塑　　　D. 软塑

4. 风化岩勘察时,每一风化岩采取试样的最少组数不应少于下列哪个选项?（　　）
   A. 3 组　　　B. 5 组　　　C. 10 组　　　D. 12 组

5. 根据下列描述判断,哪一选项的土体属于残积土?（　　）
   A. 原始沉积的未经搬运的土体
   B. 岩石风化成土状留在原地的土体
   C. 经搬运沉积后保留原基本特征,且夹砂、砾、黏土的土体
   D. 岩石风化成土状经冲刷或崩塌在坡底沉积的土体

6. 碎石填土的密实性及均匀性评价宜采用哪一个测试方法?（　　）
   A. 标准贯入试验　　B. 重型动力触探　　C. 轻型动力触探　　D. 静力触探

7. 下列关于红黏土叙述不正确的是（　　）。
   A. 红黏土是由碳酸盐类岩石经一系列地质作用形成的
   B. 自地表以下,红黏土逐渐由坚硬过渡到软塑状态
   C. 红黏土中的裂隙发育
   D. 红黏土是由变质作用形成的

8. 红黏土的工程特性主要表现在以下哪方面?（　　）
   A. 高塑性和低孔隙比;土层的不均匀性;土体结构的裂隙性
   B. 高塑性和高压缩性;结构裂隙性和湿陷性;土层不均匀性
   C. 高塑性和高孔隙比;土层的不均匀性;土体结构的裂隙性
   D. 高膨胀性和高压缩性;结构裂隙性和崩塌性;土层不均匀性

9. 对于盐渍土,下述说法中（　　）正确。
   A. 氯盐渍土的含量越高,可塑性越低
   B. 盐渍土中芒硝含量较高时,土的密实度增加
   C. 含盐量高的土,强度较高
   D. 当氯盐渍土的含盐量超过 10% 时,含盐量的变化对土的力学性质影响不大

10. 下列关于填土在工程上的应用说法正确的是（　　）。
    A. 堆填时间达 2 年的粉土可作为一般建筑物的天然地基

B. 堆填时间达 8 年的黏性土可作为一般建筑物的天然地基

C. 以建筑垃圾或一般工业废料组成的杂填土,经处理可作为一般建筑物的地基

D. 以生活垃圾和腐蚀性及易变性工业废料为主要成分的杂填土经处理亦可作为建筑物的天然地基

11. 关于红黏土的复浸水特性,下列说法正确的是(　　)。

A. 是指红黏土膨胀后又失水收缩的特征

B. 是指红黏土收缩后又浸水膨胀的特征

C. 是指红黏土反复烘干和浸水的特征

D. 是指红黏土反复冻融的特征

12. 下列关于软土和膨胀土的说法正确的是(　　)。

A. 淤泥、淤泥质黏性土和粉土属于软土

B. 膨胀土中黏粒成分主要由憎水性矿物组成

C. 膨胀岩土分布地区常见浅层塑性滑坡、地裂等不良地质现象

D. 软土天然含水率高、孔隙比小、压缩性高且强度低

13. 杂填土具有(　　)的特性。

A. 成分复杂　　　B. 均质性　　　C. 高强度　　　D. 低压缩性

14. 某种土以粉土为主,含有砂、粉质黏土,局部夹杂碎砖屑,则该土定名为(　　)。

A. 粉土　　　B. 杂填土　　　C. 冲填土　　　D. 素填土

二、多项选择题(错选、少选、多选均不得分)

1. 下列关于盐渍土的性质描述中,哪些选项的说法是正确的?(　　)

A. 盐渍土的溶陷性与压力无关

B. 盐渍土的腐蚀性除与盐类的成分、含盐量有关之外,还与建筑物所处的环境条件有关

C. 盐渍土的起始冻结温度随溶液的浓度增大而升高

D. 氯盐渍土的总含盐量增大,其强度也随之增大

2. 盐渍土具有下列哪些选项的特征?(　　)

A. 具有溶陷性和膨胀性　　　B. 具有腐蚀性

C. 易溶盐溶解后,与土体颗粒进行化学反应

D. 盐渍土的力学强度随总含盐量的增加而增加

3. 下列正确的说法是(　　)。

A. 红黏土都具有明显的胀缩性

B. 有些地区的红黏土具有一定的胀缩性

C. 红黏土的胀缩性表现为膨胀量轻微,收缩量较大

D. 红黏土的胀缩性表现为膨胀量较大,收缩量轻微

4. 下列关于红黏土,说法正确的是(　　)。

A. 红黏土一般是在炎热湿润气候条件下形成的

B. 我国的红黏土主要分布在南方

C. 红黏土的饱和度一般较小

D. 红黏土具有较高的力学强度和较低的压缩性

E. 红黏土一般上硬下软

5. 关于残积土,说法正确的是(　　)。

A. 残积土是岩石经物理和化学风化作用后残留在原地的碎屑物

B. 残积土具有层理

C. 残积土表面土壤层一般孔隙率大、压缩性高、强度低

D. 残积物成分与母岩岩性关系密切

6. 关于盐渍土,下列表述正确的有(　　)。

A. 常出现于山区　　　　　　　　B. 常出现于平原区

C. 遇水湿陷　　　　　　　　　　D. 蒙脱石含量很高

7. 下列关于软土的叙述,正确的是(　　)。

A. 粒度成分主要为粉粒　　　　　B. 常有一定量的有机质

C. 具有典型的海绵状或蜂窝状结构　D. 常具有层理构造

8. 残积土的特征有(　　)。

A. 碎屑物自地表向地下深部逐渐变粗　B. 成分与母岩无关

C. 一般具有层理　　　　　　　　D. 碎块多呈棱角状

三、土的定名

1. 一些土样的物理力学指标如下表所示,请给各土样进行定名(土名前加稠度状态)。

土样编号	含水量 w	重度 γ	相对密度 G	孔隙比 e	饱和度 S_r	液限 w_L	塑限 w_P	液性指数 I_L	塑性指数 I_P	压缩系数 a_{1-2}	压缩模量 E_{s1-2}	土的名称
	%	kN/m³	/	/	%	%	%	/	/	MPa^{-1}	MPa	
21-1	40.8	17.69	2.70	1.409	97.0	32.5	21.6	1.76	10.9	1.00	2.30	
7-2	28.8	14.41	2.75	0.904	88.0	51.1	26.0	0.11	25.1	0.23	8.28	
4-3	41.9	18.73	2.75	0.982	95.4	55.4	31.7	0.09	23.7	0.42	5.74	

2. 下面3个土样为花岗岩残积土的颗分数据,请给这些土定名。

单位:%

土样	粒径								
	>20mm	20.0~2.0mm	2.0~0.5mm	0.5~0.25mm	0.25~0.075mm	0.075~0.05mm	0.05~0.01mm	0.01~0.005mm	<0.005mm
A	0	23.1	5.2	3.1	4.5	5.5	6.9	6.0	45.9
B	0	0	3.2	6.5	19.3	30.4	10.8	13.4	16.4
C	0	16.2	10.8	10.1	9.5	20.4	3.2	5.2	24.6

9 房屋建筑物与构筑物工程地质勘察与评价

房屋建筑与构筑物是指一般的房屋建筑、高层建筑、大型公用建筑、工业厂房、水工建筑物（江河、渠道上的建造物）以及不包含或不提供人类居住功能的人工建造物（如水塔、水池、过滤池、澄清池、污水处理池等）。

我国的房屋建筑分为低层、多层建筑与高层、超高层建筑。低层住宅是指层数 1~3 层的建筑；多层住宅是指 4~6 层的建筑；7~9 层为中高层；10 层及以上的住宅楼，或高度超过 24m 的公共建筑及综合性建筑为高层建筑；40 层以上住宅或建筑高度大于 100m 的民用建筑为超高层建筑。

9.1 房屋建筑物与构筑物岩土工程勘察的要求

9.1.1 基本要求

(1)应在搜集建筑物上部荷载、功能特点、结构类型、基础形式、埋置深度和变形限制等方面资料的基础上进行。其主要工作内容应符合下列规定：

①查明场地和地基的稳定性、地层结构、持力层和下卧层的工程特性、土的应力历史和地下水条件以及不良地质作用等；

②提供满足设计施工所需的岩土参数，确定地基承载力，预测地基变形性状；

③提出地基基础、基坑支护、工程降水和地基处理设计与施工方案的建议；

④提出对建筑物有影响的不良地质作用的防治方案建议；

⑤对于抗震设防烈度等于或大于 6 度的场地，进行场地与地基的地震效应评价。

(2)建筑物的岩土工程勘察宜分阶段进行，可行性研究勘察应符合选择场址方案的要求；初步勘察应符合初步设计的要求；详细勘察应符合施工图设计的要求；场地条件复杂或有特殊要求的工程，宜进行施工勘察。场地较小且无特殊要求的工程可合并勘察阶段。当建筑物平面布置已经确定，且场地或其附近已有岩土工程资料时，可根据实际情况，直接进行详细勘察。

(3)各勘察阶段的工作内容和任务，详见 0.2 节。

9.1.2 初步勘察阶段的工作部署

9.1.2.1 初步勘察阶段勘探线、勘探点的位置及间距

(1)勘探线应垂直地貌单元、地质构造和地层界线布置。

(2)每个地貌单元均应布置勘探点，在地貌单元交接部位和地层变化较大的地段，勘探

点应予加密。

(3)在地形平坦地区,可按网格布置勘探点。

(4)对岩质地基,勘探线和勘探点的布置,勘探孔的深度,应根据地质构造、岩体特性、风化情况等按地方标准或当地经验确定。对土质地基,应符合下面的规定。

(5)初步勘察阶段勘探线、勘探点的间距,可按表9.1.1确定,局部异常地段应予加密。

9.1.2.2 初步勘察阶段勘探孔的深度

可根据工程重要性等级按表9.1.2确定。

表9.1.1 初步勘察勘探线、勘探点间距

地基复杂程度等级	线距/m	点距/m
一级(复杂)	50~100	30~50
二级(中等复杂)	75~150	40~100
三级(简单)	150~300	75~200

注:1. 表中间距不适用于地球物理勘探。
2. 控制性勘探孔宜占总勘探孔总数的1/5~1/2,且每个地貌单元应有控制性勘探点。

表9.1.2 初步勘察勘探孔的深度

工程重要性	一般性勘探孔深度/m	控制性勘探孔深度/m
一级(重要工程)	≥15	≥30
二级(一般工程)	10~15	15~30
三级(次要工程)	6~10	10~20

注:1. 勘探孔包括钻孔、探井、铲孔及原位测试孔。
2. 进行波速测试,旁压实验,长期观测等钻孔除外。

当遇下列情形之一时,应适当增减勘探孔深度:

(1)当勘探孔的地面标高与预计整平地面标高相差较大时,应按其差值调整勘探孔深度。

(2)在预定深度内遇基岩时,除控制性勘探孔仍应钻入基岩适当深度外,其他勘探孔达到确认的基岩后即可终止钻进。

(3)在预定深度内有厚度较大且分布均匀的坚实土层(如碎石土、密实砂、老沉积土等)时,除控制性勘探孔应达到规定深度外,一般性勘探孔的深度可适当减小。

(4)当预定深度内有软弱土层时,勘探孔深度应适当增加,部分控制性勘探孔应穿透软弱土层或达到预计控制深度。

(5)对重型工业建筑应根据结构特点和荷载条件适当增加勘探孔深度。

9.1.2.3 初步勘察阶段采取的土试样和原位测试要求

(1)采取土试样和进行原位测试的勘探点应结合地貌单元、地层结构和土的工程性质布置,其数量可占勘探点总数的1/4~1/2。

(2)采取土试样的数量和孔内原位测试的竖向间距,应按地层特点和土的均匀程度确定;每层土均应采取土试样或进行原位测试,其数量不宜少于6个。

9.1.2.4 初步勘察阶段的水文地质调查工作

(1)调查含水层的埋藏条件、地下水类型、补给排泄条件、各层地下水位及其变化幅度,必要时应设置长期观测孔,监测水位变化。

(2)当需绘制地下水等水位线图时,应根据地下水的埋藏条件和层位,统一量测地下水位。

(3)当地下水可能浸湿基础时,应采取水试样进行腐蚀性评价。

9.1.3 详细勘察阶段的工作部署

9.1.3.1 详细勘察阶段勘探点的位置及间距

应根据建筑物特性和岩土工程条件确定。对岩质地基,应根据地质构造、岩体特性、风化情况等,结合建筑物对地基的要求,按地方标准或当地经验确定;对土质地基,应符合下面几条的规定。

(1)详细勘察阶段勘探点的间距,按表9.1.3确定。

表 9.1.3 详细勘察勘探点间距

地基复杂程度等级	一级(复杂)	二级(中等复杂)	三级(简单)
间距/m	10～15	15～30	30～50

(2)详细勘察的勘探点布置,应符合下列规定:

①勘探点宜按建筑物周边线和角点布置,对无特殊要求的其他建筑物可按建筑物或建筑群的范围布置;

②同一建筑范围内的主要受力层或有影响的下卧层起伏较大时,应加密勘探点,查明其变化;

③重大设备基础应单独布置勘探点,重大的动力机器基础和高耸构筑物,勘探点不宜少于3个;

④勘探手段宜采用钻探与触探相配合,在复杂地质条件、湿陷性土、膨胀岩土、风化岩和残积土地区宜布置适量探井。

(3)详细勘察的单栋高层建筑勘探点的布置,应满足对地基均匀性评价的要求,且不应少于4个,对密集的高层建筑群,勘探点可适当减少,但每栋建筑物至少应有1个控制性勘探点。

9.1.3.2 详细勘察阶段勘探孔的深度

详细勘察的勘探孔深度自基础底面算起,应符合下列规定:

(1)勘探孔深度应能控制地基主要受力层,当基础底面宽度不大于5m时,勘探孔的深度:对条形基础不应小于基础底面宽度的3倍,对单独柱基不应小于1.5倍,且不应小于5m。

(2)对高层建筑和需作变形计算的地基,控制性勘探孔的深度应超过地基变形计算深度;高层建筑的一般性勘探孔应达到基底下基础宽度的50%～100%,并深入稳定分布的地层。

(3)对仅有地下室的建筑或高层建筑的裙房,当不能满足抗浮设计要求,需设置抗浮桩或锚杆时,勘探孔深度应满足抗拔承载力评价的要求。

(4)当有大面积地面堆载或软弱下卧层时,应适当加深控制性勘探孔的深度。

(5)在上述规定深度内当遇基岩或厚层碎石土等稳定地层时,勘探孔深度可适当调整。

详细勘察的勘探孔深度,除应符合上述要求外,尚应符合下列规定:

(1)地基变形计算深度,对中、低压缩性土可取附加压力等于上覆土层有效自重压力20％的深度;对于高压缩性土层可取附加压力等于上覆土层有效自重压力10％的深度。

(2)建筑总平面内的裙房或仅有地下室部分(或当基底附加压力 $p_0 \leqslant 0$ 时)的控制性勘探孔的深度可适当减小,但应深入稳定分布地层,且根据荷载和土质条件不宜少于基底下基础宽度的50％～100％。

(3)当需进行地基整体稳定性验算时,控制性勘探孔深度应根据具体条件满足验算要求。

(4)当需确定场地抗震类别而邻近无可靠的覆盖层厚度资料时,应布置波速测试孔,其深度应满足确定覆盖层厚度的要求。

(5)大型设备基础勘探孔深度不宜小于基础底面宽度的2倍。

(6)当需进行地基处理时,勘探孔的深度应满足地基处理设计与施工要求;当采用桩基时,勘探孔的深度应满足本章第9.4.1小节的要求。

9.1.3.3 详细勘察采取土试样和进行原位测试的要求

(1)采取土试样和进行原位测试的勘探孔的数量,应根据地层结构、地基土的均匀性和工程特点确定,且不应少于勘探孔总数的1/2,钻探取土试样孔的数量不应少于勘探孔总数量的1/3。

(2)每个场地每一主要土层的原状土试样或原位测试数据不应少于6件(组),当采用连续记录的静力触探或动力触探为主要勘察手段时,每个场地不应少于3个孔。

(3)当地基主要在受力层内,对厚度大于0.5m的夹层或透镜体,应采取土试样或进行原位测试。

(4)当土层性质不均匀时,应增加取土试样或原测数量。

9.1.4 高层建筑岩土工程勘察

《高层建筑岩土工程勘察标准》(JGJ/T 72—2017)作如下规定。

9.1.4.1 初步勘察阶段

(1)勘探点的布置应能控制整个建筑场地,勘探线的间距宜为50～100m,勘探点的间距宜为30～50m。

(2)每栋高层建筑不宜少于1个控制性勘探点。

(3)勘探点的深度应满足查明地层结构、评价场地稳定性、确定地基承载力、确定场地覆盖层厚度、进行变形计算所需深度的要求。

9.1.4.2 详细勘察阶段的勘探工作部署

勘探点的平面布设,应根据高层建筑平面形状、荷载分布情况确定,并应符合下列规定:

(1)当高层建筑平面为矩形时,应按双排布设;当为不规则形状时,宜在凸出部位的阳角和凹进的阴角布设勘探点。

(2)在高层建筑层数、荷载和建筑体型变异较大处,应布设勘探点。

(3)对勘察等级为甲级的高层建筑,当基础宽度超过30m时,应在中心点或电梯井、核心筒部位布设勘探点。

(4)单栋高层建筑的勘探点数量,对勘探等级为甲级及其以上的不应少于5个,乙级不应少于4个;控制性勘探点数量,对勘探等级为甲级及其以上的不应少于3个,乙级不应少于2个。

(5)湿陷性黄土、膨胀土、红黏土等特殊性岩土应布设适量的探井。

(6)高层建筑群可按建筑物并结合方格网布设勘探点,相邻高层建筑的勘探点可互相共用。控制性勘探点的数量不应少于勘探点总数的1/2。

9.1.4.3 天然地基的勘探点间距

勘探点的间距应根据高层建筑的勘察等级控制在15～30m范围内,并应符合下列规定:

(1)勘察等级为甲级宜取小值,乙级可取较大值。

(2)在暗沟、塘、浜、湖泊沉积地带和冲沟地区,在岩性差异显著或基岩起伏很大的基岩地区,在断裂带、地裂缝等不良作用场地,勘探点间距宜取小值并可适当加密。

(3)在浅层岩溶发育地区,宜采用浅层地震勘探和孔间地震CT或孔间电磁坡CT测试等地球物理勘探与钻探配合进行,以查明溶洞和土洞发育程度、范围和连通性。钻孔间距宜取小值或适当加密,溶洞、土洞密集时宜在每个柱基下布置勘探点。

9.1.4.4 详细勘察阶段天然地基勘探孔的深度

(1)控制性勘探孔的深度应超过地基变形计算深度。

(2)控制性勘探孔的深度,对于箱型基础或筏板基础,在不具备变形深度计算条件时,可按下式计算确定。

$$d_c = d + \alpha_c \beta b \tag{9.1.1}$$

式中,d_c 为控制性勘探孔的深度(m);d 为箱形基础或筏形基础埋置深度(m);α_c 为与土的压缩性有关的经验系数,根据基础下的地基主要土层岩性按表9.1.4取值;β 为与高层建筑层数或基底压力有关的经验系数,对勘察等级为甲级的高层建筑可取1.1,对乙级可取1.0;b 为箱形基础或筏形基础宽度,对圆形基础或环形基础按最大直径考虑,对不规则形状的基础按面积等代成方形、矩形或圆形面积的宽度或直径考虑(m)。

表9.1.4 经验系数 α_c、α_g 值

土类	碎石土	砂土	粉土	黏性土(含黄土)	软土
控制性勘探孔 α_c	0.5～0.7	0.7～0.8	0.8～1.0	1.0～1.5	1.5～2.0
一般性勘探孔 α_g	0.3～0.4	0.4～0.5	0.5～0.7	0.7～1.0	1.0～1.5

注:1. 表中范围值对同一类土中,地质年代老、密实或地下水位深者取小值,反之取大值。

2. $b \geqslant 50$m 时取小值,$b \leqslant 20$m 时取大值,b 为 20～50m 时取中间值。

(3)一般性勘探孔的深度应适当大于主要受力层的深度,对于箱形基础或筏形基础可按式(9.1.2)计算确定。

$$d_g = d + \alpha_g \beta b \tag{9.1.2}$$

式中，d_g 为一般性勘深孔的深度（m）；α_g 为与土的压缩性有关的经验系数，根据基础下的地基主要土层按表 9.1.4 取值。

（4）一般性勘探孔，在预定深度范围内，有比较稳定且厚度超过 3m 的坚硬地层时，可钻入该层适当深度，以能正确定名和判明其性质；如在预定深度内遇软弱地层时应加深或钻穿。

（5）在基岩和浅层岩溶发育地区，当基础底面下的土层厚度小于地基变形计算深度时，一般性钻孔应钻至完整、较完整基岩面；控制性钻孔应深入完整、较完整基岩不少于 5m，专门查明溶洞或土洞的钻孔深度应深入洞底完整地层不少于 5m。

（6）在花岗岩地区，对箱形或筏形基础，勘探孔宜穿透强风化层至中等风化、微风化岩，控制性勘探点宜进入中等、微风化岩 3～5m，一般性勘探点宜进入中等风化、微风化岩 1～2m；当强风化岩很厚时，勘探点深度宜穿透强风化中带，进入强风化下带，控制性勘探点宜进入 3～5m，一般性勘探点宜进入 1～2m。

9.1.4.5 高层建筑采取不扰动土样和原位测试要求

（1）单栋高层建筑采取不扰动土样和原位测试勘探点数量不宜少于全部勘探点总数的 2/3，对勘探等级为甲级者不宜少于 4 个，对乙级不宜少于 3 个。

（2）单栋高层建筑每一主要土层，采取不扰动土样或十字板剪切、标准贯入试验等原位测试数量不应少于 6 件（组、次）。当采用连续记录的静力触探或动力触探时，不应少于 3 个孔。同一建筑场地当有多栋高层建筑时，每栋建筑的数量可适当减少。

（3）取样的竖向间距：基础底面下 1.0 倍基础宽度内宜按 1～2m，基础底面下 1.0 倍基础宽度以下可根据土层变化情况适当加大距离。

（4）对于深层土体，黏性土宜采用三重管单动回转取土器，砂土宜采用环刀取土器。

（5）在地基主要受力层内，对厚度大于 0.5m 的夹层或透镜体，应采取不扰动土试样或进行原位测试。

（6）当土层性质不均匀时，应增加取土数量或原位测试次数。

（7）岩石试样的数量每层不应少于 6 件（组），以中等风化、微风化岩石作为持力层时，每层不宜少于 9 件（组）。

（8）地下室侧墙计算、基坑稳定性计算或锚杆设计所需的抗剪强度指标试验，每一主要土层采取的不扰动土试样不应少于 6 件（组）。

（9）对勘察等级为甲级及以上的高层建筑，或工程经验缺乏，或研究程度较差的地区，应布设静力载荷试验确定天然地基持力层承载力特征值和变形模量。

9.1.5 施工勘察

施工勘察不是一个固定的勘察阶段，主要是解决施工中遇到的岩土工程问题。对安全等级为一级、二级的建筑物，应进行施工验槽。

基坑或基槽开挖后，岩土条件与勘察资料不符或发现必须查明的异常情况时，应进行施工勘察；在工程施工或使用期间，当地基土、边坡体、地下水等发生未曾估计到的变化时，应进行监测，并对工程和环境的影响进行分析评价。

此外，在地基处理及深基开挖施工中，宜进行检验和监测工作；如果施工中出现有边坡失稳危险，应查明原因，进行监测并提出处理意见。

9.2 天然地基承载力的确定

天然地基承载力的确定方法主要有现场载荷试验、计算法、其他原位测试方法以及经验值法（即查表法）。其中载荷试验及其他原位测试确定地基承载力的方法已在本书第4章作了详细阐述，在此不再赘述。以下仅就计算法和查表法分别进行介绍。

9.2.1 按规范公式计算

根据《建筑地基基础设计规范》（GB 50007—2011）第5.2.5条规定，地基承载力特征值为

$$f_a = M_b \gamma b + M_d \gamma_m d + M_c c_k \tag{9.2.1}$$

式中，f_a 为由土的抗剪强度指标确定的地基承载力特征值（kPa）；M_b，M_d，M_c 为承载力系数，由表9.2.1查得；b 为基础底面的宽度（m），大于6m时按6m取值，对于砂土，小于3m时按3m取值；d 为基础埋置深度（m）；c_k 为基底下1倍短边宽的深度内土的黏聚力标准值；γ_m 为基底以上土的平均重度（地下水位以下取浮重度）（kN/m³）；γ 为基底土的重度（地下水位以下取浮重度）（kN/m³）。

表 9.2.1 承载力系数 M_b，M_d，M_c

$\varphi_k/(°)$	M_b	M_d	M_c	$\varphi_k/(°)$	M_b	M_d	M_c
0	0	1.00	3.14	22	0.61	3.44	6.04
2	0.03	1.12	3.32	24	0.80	3.87	6.45
4	0.06	1.25	3.51	26	1.10	4.37	6.90
6	0.10	1.39	3.71	28	1.40	4.93	7.40
8	0.14	1.55	3.93	30	1.90	5.59	7.95
10	0.18	1.73	4.17	32	2.60	6.35	8.55
12	0.23	1.94	4.42	34	3.40	7.21	9.22
14	0.29	2.17	4.69	36	4.20	8.25	9.97
16	0.36	2.43	5.00	38	5.00	9.44	10.80
18	0.43	2.72	5.31	40	5.80	10.84	11.73
20	0.51	3.06	5.66				

利用本公式计算地基承载力的要点：

（1）公式计算出的地基承载力已考虑了基础的宽度与深度效应，在用于地基承载力验算时无需作深、宽修正。

（2）在用本式进行地基承载力验算时，还应进行变形验算。

(3) 本公式中使用的抗剪强度指标 c_k 和 φ_k，一般应采用不固结不排水三轴压缩试验的测定结果。当考虑实际工程中有可能使地基产生一定的固结度时，也可以采用固结不排水试验指标。

(4) 基础埋置深度 d 一般从室外地面标高算起。在填方整平地区，可从填土地面标高算起，但若填土是在上部结构施工后完成，则应从天然地面标高算起。对于地下室，如采用箱形或筏形基础时，基础埋置深度应从室外地面标高算起；在其他情况下，应从室内地面标高算起。

9.2.2 按经验值法求承载力特征值

各地的规范均提出一套根据野外鉴别结果或室内土工试验指标来确定地基承载力的表格。根据这些表格所查得的承载力为承载力特征值（f_{ak}），在进行持力层强度验算时还需对基础进行宽度和深度修正。

下面以《广西壮族自治区岩土工程勘察规范》(DBJ/T45-066—2018)为例，介绍各类土承载力的经验值（表9.2.2—表9.2.12）。广西壮族自治区内的花岗岩残积土的承载力经验值表见8.8.3小节，在本小节不再列出。

表9.2.2 岩石承载力特征值 f_{ak}　　　　　　　　　　单位：kPa

岩石类别	风化程度		
	强风化	中等风化	微风化
坚硬岩	800~1500	1500~4000	>4000
较硬岩	600~1300	1300~2600	2600~4000
较软岩	500~1000	1000~2000	2000~3500
软岩	400~750	750~1600	1600~2500
极软岩	300~550	550~1000	1000~1600

注：1. 除风化情况外，尚需结合岩体裂隙、节理、夹层及均匀性综合取值。
2. 对微风化坚硬岩，其承载力如取用大于4000kPa时，应由试验确定。
3. 对于强风化的岩石，当与残积土难以区分时，可按土考虑。

表9.2.3 碎石土承载力特征值 f_{ak}　　　　　　　　　单位：kPa

土的名称	密实度		
	稍密	中密	密实
卵石	300~500	500~800	800~1000
碎石	250~400	400~700	700~900
圆砾	200~300	300~500	500~700
角砾	200~250	250~400	400~600

注：1. 表中数值适用于骨架颗粒空隙全部由中砂、粗砂或硬塑、坚硬状态的黏性土或稍湿的粉土所充填。
2. 当粗颗粒为中等风化或强风化时，可按其风化程度适当降低承载力。当颗粒间呈半胶结状态时，可适当提高承载力。

表 9.2.4　砂土承载力特征值 f_{ak}　　　　　　　　　　　　　单位:kPa

土的名称		密实度		
		稍密	中密	密实
砾砂、粗砂、中砂		160～240	240～340	>340
细砂、粉砂	稍湿	120～160	160～220	>220
	很湿	120～160	120～160	>160

表 9.2.5　粉土承载力特征值 f_{ak}　　　　　　　　　　　　　单位:kPa

孔隙比 e	$w/\%$					
	10	15	20	25	30	35
0.5	410	390	(365)	—	—	—
0.6	310	300	280	(270)	—	—
0.7	250	240	225	215	(205)	—
0.8	200	190	180	170	(165)	—
0.9	160	150	145	140	130	(125)
1.0	130	125	120	115	110	(100)
1.1	120	115	100	90	80	(80)

注:1. 在湖、塘、沟、谷与河漫滩地段,新近沉积的粉土,其工程性质一般较差,应根据当地实践经验取值。
　　2. 有括号者仅供内插用。
　　3. 表中的 w 为原状土的天然含水量(%),下同。

表 9.2.6　沿海地区淤泥和淤泥质土承载力特征值 f_{ak}

天然含水量 $w/\%$	36	40	45	50	55	65	75
f_{ak}/kPa	70	65	60	55	50	40	30

注:1. 本表只适用于一般工程,应同时进行地基变形验算。
　　2. 缺乏经验地区,必须有可靠的试验对比或实际工程验证。

表 9.2.7　黏性土承载力特征值 f_{ak}　　　　　　　　　　　　　单位:kPa

孔隙比 e	液性指数 I_L					
	0	0.25	0.50	0.75	1.00	1.20
0.5	380	340	310	280	(250)	—
0.6	300	270	250	230	210	—
0.7	250	220	200	180	160	(135)
0.8	220	200	180	160	140	(120)
0.9	190	170	150	130	110	(100)

续表9.2.7

孔隙比 e	液性指数 I_L					
	0	0.25	0.50	0.75	1.00	1.20
1.0	180	140	120	110	100	(90)
1.1		130	110	100	90	80

注：1. 在湖、塘、沟、谷与河漫滩地段新近沉积的黏性土，其工程性质一般较差；第四纪晚更新世（Qp_3）及其以前沉积的老黏性土，其工程性质通常较好；这些土均应根据当地实践经验取值。
　　2. 有括号者仅供内插用；I_L 表示液性指数。

表9.2.8　素填土承载力特征值 f_{ak}

压缩模量 E_s/MPa	7	5	4	3	2
f_{ak}/kPa	130	110	90	70	50

注：本表仅适用于堆填时间超过10年的黏性土，以及超过5年的粉土。

表9.2.9　膨胀岩土承载力特征值 f_{ak}　　　　　　　　　　　　　单位：kPa

地基	含水量 w/%													
	16	18	20	22	24	26	28	30	32	34	36	38	40	42
胀缩等级Ⅰ	600	530	450	380	300	230	150	70	—	—	—	—	—	—
胀缩等级Ⅱ	48	400	330	250	170	90	—	—	—	—	—	—	—	—
胀缩等级Ⅲ	—	—	—	—	—	—	—	310	270	240	200	170	130	90
胀缩等级Ⅳ	410	360	310	260	210	150	110	—	—	—	—	—	—	—
胀缩等级Ⅴ	—	—	—	450	420	390	360	330	300	270	240	210	180	150

表9.2.10　红黏土承载力特征值 f_{ak}　　　　　　　　　　　　　单位：kPa

土的名称		含水比 α_w					
		0.5	0.6	0.7	0.8	0.9	1.0
红黏土	液塑比 $I_r \leqslant 1.7$	350	260	210	170	130	110
	液塑比 $I_r \geqslant 2.3$	260	190	160	120	100	80
次生红黏土		230	180	150	120	100	80

表9.2.11　粗粒混合土承载力特征值 f_{ak}

干密度/(t·m^{-3})	1.6	1.7	1.8	1.9	2.0	2.1	2.2
f_{ak}/kPa	170	200	240	300	380	480	620

表 9.2.12 细粒混合土承载力特征值 f_{ak}

孔隙比 e	0.65	0.60	0.55	0.50	0.45	0.40	0.35	0.30
f_{ak}/kPa	190	200	210	230	250	270	320	400

9.2.3 承载力特征值的修正

根据原位测试（包括载荷试验）或查表法所得到的承载力特征值还需要进行基础宽度和深度的修正。即当基础的宽度大于3m或埋置深度大于0.5m时，除岩石地基外，应按式（9.2.2）进行深度和宽度修正。

$$f_a = f_{ak} + \eta_b \gamma (b-3) + \eta_d \gamma_m (d-0.5) \tag{9.2.2}$$

式中，f_a 为修正后的地基承载力特征值（kPa）；f_{ak} 为地基承载力特征值（kPa）；η_b，η_d 分别为基础宽度和埋深的地基承载力修正系数，按基底下土类查表 9.2.13 确定；b 为基础底面宽度（m），当基宽小于3m时按3m考虑，大于6m时按6m考虑；γ 为基础底面（持力层）土层容重（若为地下水位以下取浮容重）（kN/m³）；γ_m 为基础底面以上土层的加权容重（kN/m³）；d 为基底的埋置深度（m）。

表 9.2.13 承载力修正系数

土的类别		η_b	η_d
淤泥和淤泥质土		0	1.0
人工填土，e 或 I_L 大于或等于0.85的黏性土		0	1.0
红黏土	含水比 $\alpha_w > 0.8$	0	1.2
	含水比 $\alpha_w \leqslant 0.8$	0.15	1.4
大面积压实填土	压缩系数大于0.95、黏粒含量 $\rho_c \geqslant 10\%$ 的粉土	0	1.5
	最大干密度大于 2.1t/m³ 的级配砂石	0	2.0
粉土	黏粒含量 $\rho_c \geqslant 10\%$ 的粉土	0.3	1.5
	黏粒含量 $\rho_c < 10\%$ 的粉土	0.5	2.0
e 及 I_L 均小于0.85的黏性土		0.3	1.6
粉砂、细砂（不包括很湿的与饱和的稍密状态）		2.0	3.0
中砂、粗砂、砾砂和碎石土		3.0	4.4

注：1. 强风化和全风化岩石可参照风化成的相应土类取值，其他状态下的岩石不修正。
   2. 地基承载力特征值如按深层平板载荷实验确定时 η_d 取0。

需注意的是，《建筑地基基础设计规范》(GB 50007—2011)第5.2.4条的条文说明指出：存在主裙楼一体的结构时，对主体结构承载力的深度修正，宜将基础底面以上范围内的荷载，按基础两侧的超载考虑，当超载宽度大于基础宽度2倍时，可将超载折算成土层厚度作为基础埋深，当基础两侧的超载不等时，取小值。

[例题1] 高层住宅楼与裙楼的地下结构相互连接,均采用筏板基础,基础埋深为室外地面下10.0m。主楼住宅楼基底平均压力 $p_{k1}=260$ kPa,裙楼基底平均压力 $p_{k2}=90$ kPa。土的重度为 18 kN/m³,地下水位埋深 8.0 m,住宅楼与裙楼的长度方向均为 50 m,其余指标如下图所示。试计算修正后地基承载力特征值最接近下列哪个选项?

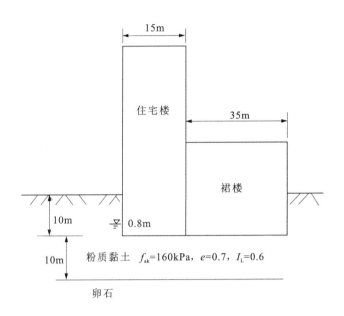

A. 299kPa   B. 307kPa   C. 319kPa   D. 410kPa

解: 基础埋深范围内,土的平均重度为

$$\gamma_m = \frac{18 \times 8 + 8 \times 2}{10} = 16 (\text{kN/m}^3)$$

据图示,本裙楼宽 35 m,超过主楼宽的 2 倍。裙楼荷载折算为土层厚度如下:

$$d_1 = \frac{90}{16} = 5.63(\text{m})$$

住宅楼(主楼)的另一侧土的埋深为 10 m,取二者最小值作为基础埋深。所以

$$f_a = f_{ak} + \eta_b \gamma(b-3) + \eta_d \gamma_m (d-0.5) = 160 + 0.3 \times 8(6-3) + 1.6 \times 16(5.63-0.5)$$

最后得 $f_a = 298.53$ kPa。

故选 A。

9.2.4 岩石地基承载力

岩石地基承载力的确定方法有岩基载荷试验、按室内饱和单轴抗压强度确定等两种。

9.2.4.1 按岩基载荷试验方法确定

岩基载荷试验主要用于确定完整、较完整、较破碎岩基作为天然地基或桩基础持力层时的承载力。一级建筑物岩石地基以及用其他办法难以确定岩石地基承载力时才使用此法。试验方法与天然地基土类似,不再介绍。测试后其岩石地基承载力的取值方法如下:

(1)对应于 p-s 曲线上起始直线段的终点为比例界限。符合终止加载条件的前一级荷载为极限荷载。将极限荷载除以3的安全系数所得值与对应于比例界限的荷载相比较,取小值。

(2)每个场地载荷试验的数量不应少于3个,取最小值作为岩石地基承载力特征值。

(3)岩石地基承载力不进行深宽修正。

9.2.4.2 按室内饱和单轴抗压强度确定

1. 试验要点

(1)试料可用钻孔的岩芯或坑槽探中采取的岩块。

(2)岩芯样尺寸一般为$\Phi 50\text{mm} \times 100\text{mm}$,数量不宜少于6个,进行饱和处理。但对于黏土质岩,在确保施工期及使用期不致遭水浸泡时,也可采用天然湿度的试样,不进行饱和处理。

(3)在压力机上以每秒500~800kPa的加载速度加载,直到试样破坏为止。记下最大加载,并做好试验前后的试样描述。

(4)利用一组试样的试验值计算其平均值、标准差、变异系数,则其岩芯饱和单轴抗压强度的标准值为

$$f_{rk} = \Psi f_{rm} \quad (9.2.3)$$

其中

$$\Psi = 1 - \left(\frac{1.704}{\sqrt{n}} + \frac{4.678}{n^2}\right)\delta \quad (9.2.4)$$

式中,Ψ为统计修正系数;n为试样个数;f_{rk}为岩石饱和单轴抗压强度标准值(MPa);f_{rm}为岩石饱和单轴抗压强度平均值(MPa);δ为变异系数。

2. 岩石地基承载力的确定

《建筑地基基础设计规范》(GB 50007—2011)第5.2.6条规定,对于完整、较完整和较破碎的岩石地基承载力特征值,可根据室内饱和单轴抗压强度按下式计算。

$$f_a = \Psi_r \cdot f_{rk} \quad (9.2.5)$$

式中,f_a为岩石地基承载力特征值(kPa);f_{rk}为岩石饱和单轴抗压强度标准值(kPa);Ψ_r为折减系数。取值时,根据岩体完整程度以及岩体中结构面的间距、宽度、产状及其组合,由地区经验确定。无经验时,对完整性岩体可取0.5;对较完整岩体可取0.2~0.5;对较破碎的岩体可取0.10~0.20。

其中,岩体完整程度主要按岩石的波速测试结果来确定的(见表1.2.2)。若无实测波速资料,也可根据野外的观察进行判别(见表1.2.4)。

[例题2] 某场地作为地基的岩体结构面组数为2组,控制性结构面平均间距为1.5m,室内9个饱和单轴抗压强度的平均值为26.5MPa,变异系数为0.2,试按《建筑地基基础设计规范》(GB 50007—2011)确定岩石地基承载力特征值。

解:统计修正系数为

$$\Psi = 1 - \left(\frac{1.704}{\sqrt{n}} + \frac{4.678}{n^2}\right)\delta = 1 - \left(\frac{1.704}{\sqrt{9}} + \frac{4.678}{9^2}\right) \times 0.2 = 0.875$$

则岩石饱和单轴抗压强度的标准值为

$$f_{rk} = \Psi f_{rm} = 0.875 \times 26.5 = 23.188 (\text{MPa})$$

根据表1.2.5知,当结构面发育程度组数1~2组,平均间距>1.0m时,岩体的完整程度定为"完整",故取折减系数 $\Psi_r=0.5$。所以该岩石的地基承载力特征值为

$$f_a = \Psi_r \cdot f_{rk} = 0.5 \times 23.188 = 11.594(\text{MPa}) = 11\,594(\text{kPa})$$

9.3 天然地基的强度和变形验算

天然地基上的浅基础类型有:①无筋扩展基础(由砖、块石、毛石、素混凝土、三合土和灰土等材料建造);②扩展基础(独立基础、条形基础、交叉条形基础、筏形基础、箱形基础)。拟选的持力层及上部的浅基础方案(包括基础类型、尺寸)能否可行,一般需要通过3个验算来验证,即持力层强度验算、下卧层强度验算和变形验算。

9.3.1 持力层强度验算

基础设计时,基础底面的压力应符合:

轴心荷载时, $$p_k \leqslant f_a \tag{9.3.1}$$

式中,p_k 为相应于荷载效应标准组合时,基础底面处的平均压力设计值(kPa);f_a 为按深度和宽度修正后的地基承载力特征值(kPa)。

当偏心荷载作用时,除应符合式(9.3.1)外,尚需要满足

$$p_{k,\max} \leqslant 1.2 f_a \tag{9.3.2}$$

式中,$p_{k,\max}$ 为相应于荷载效应标准组合时,基础底面边缘的最大压力值(kPa)。

基础底面的压力,可按下式确定。

轴心荷载时, $$p_k = \frac{F_k + G_k}{A} \tag{9.3.3}$$

偏心荷载时, $$p_{k,\max} = \frac{F_k + G_k}{A} + \frac{M_k}{W} \tag{9.3.4}$$

$$p_{k,\min} = \frac{F_k + G_k}{A} - \frac{M_k}{W} \tag{9.3.5}$$

上式中,F_k 为相应于荷载效应标准组合时,上部结构传至基础顶面的竖向力值;G_k 为基础的自重和基础上的土重,一般用容重为 20kN/m^3 计算;A 为基础底面面积;M_k 为相应于荷载效应标准组合时,作用于基础底面的力矩;W 为基础底面的抵抗力矩。

9.3.2 软弱下卧层强度验算

当地基受力层范围内有软弱下卧层时,除验算持力层的强度外,还应按式(9.3.6)验算软弱下卧层的强度是否能满足基底压力的要求。

$$p_z + p_{cz} \leqslant f_{az} \tag{9.3.6}$$

式中,p_z 为软弱下卧层顶面处附加压力设计值(kPa);p_{cz} 为软弱下卧层顶面处土的自重压力值(kPa);f_{az} 为软弱下卧层顶面处经深度修正后的地基承载力设计值(kPa),按式(9.2.2)计算。

1. p_z 的确定

若上层土与下层土的压缩模量的比值大于或等于3时,可按下式计算。

条形基础：
$$p_z = \frac{b(p_k - p_c)}{b + 2z\tan\theta} \tag{9.3.7}$$

矩形基础：
$$p_z = \frac{b \cdot l(p_k - p_c)}{(b + 2z\tan\theta)(l + 2z\tan\theta)} \tag{9.3.8}$$

式中,θ 为扩散角,即地基压力扩散线与垂直线的夹角,可按表9.3.1采用;z 为基础底面至软弱下卧层顶面的距离(m);p_c 为基础底面处土的自重压力(kPa);$p_c = \gamma_m \cdot d$;此处 γ_m 为基础底面以上土的加权平均重度,地下水位以下取有效重度(kN/m³);d 为基础的埋深(m)。

表 9.3.1 地基压力扩散角 θ

E_{s1}/E_{s2}	z/b		
	<0.25	0.25	≥0.25
3	0°	6°	23°
5	0°	10°	25°
10	0°	20°	30°

注:1. E_{s1} 为上层的侧限压缩模量,E_{s2} 为软弱下卧层的压缩模量。

2. $z/b < 0.25$ 时,取 $\theta = 0°$,必要时,宜由试验确定;$z/b > 0.50$ 时,θ 不变。

3. z/b 在 0.25~0.50 时,可插值使用。

2. p_{cz} 的确定

$$p_{cz} = \sum_{i=1}^{n} \gamma_i h_i \tag{9.3.9}$$

即软弱下卧层顶面以上至地面的各层土的容重及其厚度乘积之和。如果位于地下水位以下则用浮容重代替容重计算。

3. 软弱下卧层承载力特征值的修正值 f_{az} 的计算

$$f_{az} = f_{ak} + \eta_d \gamma_m (d - 0.5) \tag{9.3.10}$$

式中,f_{az} 为经过深度修正后的软弱下卧层承载力特征值(kPa);f_{ak} 为软弱下卧层承载力特征值(kPa),可用土工试验指标或标准贯入试验锤击数查表求得;d 为软弱下卧层顶面至地面的距离(m);γ_m 为软弱下卧层顶面至地面的加权平均重度,地下水位以下取有效重度(kN/m³)。

9.3.3 地基变形验算

地基变形特征可分为沉降量、沉降差、倾斜、局部倾斜等。变形验算的目的是预测建筑物建成后是否超过建筑物的安全和正常使用所规定的地基变形允许值(表9.3.2)。

表 9.3.2　建筑物的地基变形允许值

变形特征		地基土类别	
		中、低压缩性土	高压缩性土
砌体承重结构基础的局部倾斜		0.002	0.003
工业与民用建筑相邻柱基的沉降差	框架结构	$0.002l$	$0.003l$
	砌体墙填充的边排柱	$0.0007l$	$0.001l$
	当基础不均匀沉降时不产生附加应力的结构	$0.005l$	$0.005l$
单层排架结构(柱距为6m)柱基的沉降量/mm		(120)	200
桥式吊车轨面的倾斜(按不调整轨道考虑)	纵向	0.004	
	横向	0.003	
多层和高层建筑的整体倾斜	$H_g \leq 24$	0.004	
	$24 < H_g \leq 60$	0.003	
	$60 < H_g \leq 100$	0.0025	
	$H_g > 100$	0.002	
体型简单的高层建筑基础的平均沉降量/mm		200	
高耸结构基础的倾斜	$H_g \leq 20$	0.008	
	$20 < H_g \leq 50$	0.006	
	$50 < H_g \leq 100$	0.005	
	$100 < H_g \leq 150$	0.004	
	$150 < H_g \leq 200$	0.003	
	$200 < H_g \leq 250$	0.002	
高耸结构基础的沉降量/mm	$H_g \leq 100$	400	
	$100 < H_g \leq 200$	300	
	$200 < H_g \leq 250$	200	

注：1. 本表数值为建筑物地基实际最终变形允许值。
　　2. 有括号者仅适用于中压缩性土。
　　3. l 为相临柱基的中心距离(m)；H_g 为自室外地面起算的建筑物高度(m)。
　　4. 倾斜指基础倾斜方向两端点的沉降差与其距离的比值。
　　5. 局部倾斜是指砌体承重结构沿纵向6～10m内基础两点的沉降差与其距离的比值。

计算地基变形时，地基内的应力分布可采用各向同性均质线性变形体理论进行分析，其最终沉降量按式(9.3.11)计算。

$$s = \Psi_s \cdot s' = \Psi_s \sum_{i=1}^{n} \frac{p_0}{E_{si}}(z_i \bar{a}_i - z_{i-1} \bar{a}_{i-1}) \qquad (9.3.11)$$

式中，s 为地基最终沉降量(mm)；s' 为按分层总和法计算出的地基沉降量(mm)；p_0 为对应于荷载标准值时的基础底面处的附加压力(kPa)；E_{si} 为基础底面下第 i 层土的压缩模量，按实际应力范围取值(MPa)；z_i，z_{i-1} 分别为基础底面至第 i 层土、第 $i-1$ 层土底面的距离(m)；$\bar{a}_i$，$\bar{a}_{i-1}$ 分别为基础底面计算点至第 i 层土、第 $i-1$ 层土底面范围内平均附加应力系数，可查有关规范中已制好的表格；Ψ_s 为沉降计算经验系数，根据地区沉降观测资料及经验确定，也可采用表 9.3.3 中的数值；n 为地基沉降计算深度范围内所划分的土层数。

表 9.3.3 中的 $\bar{E}_s$ 为沉降计算范围内压缩模量的加权平均值(当量值)，按下式计算。

$$\bar{E}_s = \frac{\sum A_i}{\sum \dfrac{A_i}{E_{si}}} \qquad (9.3.12)$$

式中，A_i 为第 i 层土附加应力系数沿土层厚度的积分值。

表 9.3.3 沉降计算经验系数 Ψ_s

基底附加应力	$\bar{E}_s$/MPa				
	2.5	4.0	7.0	15.0	20.0
$p_0 \geq f_{ak}$	1.4	1.3	1.0	0.4	0.2
$p_0 \leq 0.75 f_{ak}$	1.1	1.0	0.7	0.4	0.2

表 9.3.3 中的经验系数 Ψ_s 其实是根据很多次沉降观测结果反算得到的。式(9.3.11)在分层总和法公式的基础上引入了沉降计算经验系数 Ψ_s，使得计算结果与实际观测结果比较接近，因此该算式在生产实际中应用最为广泛。

地基沉降计算的深度 z_n，应符合下式要求。

$$\Delta s'_n \leq 0.025 \sum_{i=1}^{n} \Delta s'_i \qquad (9.3.13)$$

式中，$\Delta s'_i$ 为在计算深度范围内，第 i 层土的计算沉降量；$\Delta s'_n$ 为在由计算深度向上取厚度 Δz 的土层计算沉降量值，Δz 按表 9.3.4 确定。

表 9.3.4 Δz 取值表

基础底宽 b/m	$b \leq 2$	$2 < b \leq 4$	$4 < b \leq 8$	$8 < b \leq 15$	$15 < b \leq 30$	> 30
Δz/m	0.3	0.6	0.8	1.0	1.2	1.5

[例题 1] 柱荷载准永久组合 $N = 1190$ kN，基础埋深 $d = 1.50$ m，基础底面尺寸 4m×2m，地基土层如下图所示。试用应力面积法求该基础的最终沉降量。

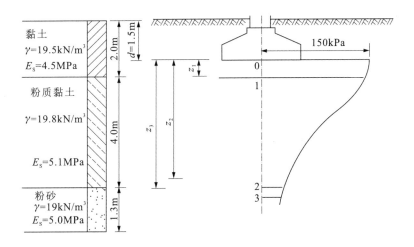

解:(1)求基底压力和基底附加压力。

$$p = \frac{N+G}{A} = \frac{1190 + 20 \times 4 \times 2 \times 1.5}{4 \times 2} = 178.75(\text{kPa}) \approx 179(\text{kPa})$$

基底处土的自重应力:

$$p_{cz} = \gamma \cdot d = 19.5 \times 1.5 = 29.25(\text{kPa}) \approx 29(\text{kPa})$$

则基底附加压力:

$$p_0 = p - p_{cz} = 179 - 29 = 150(\text{kPa}) = 0.15(\text{MPa})$$

(2)估算沉降计算深度 z_n。因为不存在相临荷载的影响,故可按下式估算。

$$z_n = b(2.5 - 0.4\ln b) = 2(2.5 - 0.4\ln 2) \approx 4.5(\text{m})$$

(3)沉降计算。过程见下表。

用规范方法计算基础最终沉降量计算过程表

z_i/m	z/b ($b=1$)	$\bar{a}_i$	$z_i\bar{a}_i$	$z_i\bar{a}_i - z_{i-1}\bar{a}_{i-1}$	$\dfrac{p_0}{E_{si}} = \dfrac{0.15}{E_{si}}$	$\Delta s_i/\text{mm}$	$\sum \Delta s_i/\text{mm}$	$\dfrac{\Delta s_n}{\sum \Delta s_i'}$
0	0	$4 \times 0.25 = 1$	0					
0.5	0.5	4×0.2468	493.5	493.5	0.033	16.29		
4.5	4.5	4×0.1260	2 268.00	1 774.5	0.029	51.46	67.75	
4.8	4.8	4×0.1204	2 311.68	43.68	0.030	1.31	69.06	0.019

① 求平均附加应力系数 $\bar{a}$。

利用"角点法",将基础分为4块相同的小面积,查表时按 $\dfrac{l/2}{b/2} = \dfrac{l}{b} = 2$ 及 $\dfrac{z}{b/2}$ 查,查得的平均附加应力系数应乘以4。

② z_n 校核。

由上表确定 $\Delta z = 0.3\text{m}$,当计算至基底下4.8m处时出现 $\Delta s_n' \leqslant 0.025 \sum\limits_{i=1}^{n} \Delta s_i'$,故最终确

定该压缩层深度为 4.8m。

(4)确定沉降经验系数 Ψ_s。

①计算 $\bar{E}_s$ 值。

$$\bar{E}_s = \frac{\sum A_i}{\sum (A_i/E_{si})} = \frac{p_0 \sum (z_i \bar{a}_i - z_{i-1} \bar{a}_{i-1})}{p_0 \sum [(z_i \bar{a}_i - z_{i-1} \bar{a}_{i-1})/E_{si}]}$$

$$= \frac{2\,311.68}{\frac{493.5}{4.5} + \frac{1\,774.5}{5.1} + \frac{43.68}{5.0}} = \frac{2\,311.68}{109.67 + 347.94 + 8.74} = \frac{2\,311.68}{466.35} = 4.96 (\text{MPa})$$

② Ψ_s 的确定。

假设 $p_0 = f_{ak}$,按表 9.3.3 插值求得 $\Psi_s = 1.22$。

③基础最终沉降量为 $s = \Psi_s \sum \Delta s_i = 1.22 \times 69.06 = 84.25 (\text{mm})$。

9.4 桩基工程的勘察与承载力的确定

9.4.1 高层建筑桩基工程岩土工程勘察

9.4.1.1 端承桩的平面布置要求

(1)勘探点应按柱列线布设,其间距应能控制桩端持力层的层面和厚度的变化,宜为 12~24m。

(2)对荷载较大或复杂地基的一柱一桩工程,宜每柱设置勘探点。

(3)勘察过程中发现基岩有构造破碎带,或桩端持力层为软硬互层且厚薄不均,或相邻勘探点所揭露的桩端持力层层面坡度超过 10%,勘探点应适当加密。

(4)岩溶发育场地,当以基岩为桩端持力层时应按柱位布孔,同时应辅以各种有效的地球物理勘探手段,以查明拟建场地范围及有影响地段的各种岩溶洞隙和土洞的位置、规模、埋深,岩溶堆填物性状和地下水特征。

9.4.1.2 摩擦桩的平面布置要求

(1)勘探点应按建筑物周边或柱列线布设,其间距宜为 20~35m;当相邻勘探点揭露的主要桩端持力层或软弱下卧层位变化大,影响桩基方案选择时,应适当加密勘探点。

(2)对基础宽度大于 30m 的高层建筑,其中心宜布设勘探点;带有裙楼或外扩地下室的高层建筑勘探点布设时应将裙楼和外扩地下室与主楼一同考虑。

9.4.1.3 端承桩勘探孔深度的要求

(1)当以可压缩地层(包括全风化和强风化岩)作为独立柱基桩端持力层时,勘探点深度应能满足沉降计算的要求,控制性勘探点的深度应深入预计桩端持力层以下 $5d \sim 8d$(d 为桩身直径,或方桩的换算直径),直径大的桩取小值,直径小的桩取大值,且不应小于 5m;一般性勘探点的深度应达到预计桩端下 $3d \sim 5d$,且不应小于 3m。

(2)对一般岩质地基的嵌岩桩,控制性勘探点应钻入预计嵌岩面以下 $3d \sim 5d$,且不应小于5m,一般性勘探点深度应钻入预计嵌岩面以下$1d\sim3d$,且不应小于3m。

(3)对花岗岩地区的嵌岩桩,控制性勘探点深度应进入中等、微风化岩$5\sim8m$,一般性勘探点深度应进入中等、微风化岩$3\sim5m$。

(4)对于岩溶、断层破碎带地区,勘探点应穿过溶洞或断层破碎带进入稳定地层,进入深度不应小于$3d$,且不应小于5m。

(5)具多韵律薄层状的沉积岩或变质岩,当风化带内强风化、中等风化、微风化岩呈互层出现时,对拟以微风化岩作为持力层的嵌岩桩,勘探点深度进入微风化岩不应小于5m。

9.4.1.4 摩擦桩勘探孔深度的要求

(1)一般性勘探点的深度应进入预计桩端持力层或预计最大桩端入土深度以下不小于5m。

(2)控制性勘探点的深度应达群桩桩基(假想的实体基础)沉降计算深度以下$1\sim2m$。群桩沉降计算深度宜取桩端平面以下附加应力为上覆土有效自重压力20%的深度,或按桩端平面以下$1.0B\sim1.5B$(B为假想实体基础宽度)的深度考虑。

9.4.1.5 岩土试样的采取及原位测试要求

(1)当采用嵌岩桩时,其桩端持力层的每种岩层,每个场地应采取不少于9组的岩样进行天然和饱和单轴极限抗压强度试验。

(2)以不同风化带作为桩端持力层的桩基工程,勘察等级为甲级及以上时控制性钻孔宜进行波速测试,按波速值、波速比或风化系数划分岩石风化程度(即按表1.2.6划分)。

9.4.2 桩基的类型

(1)按承载性状分类:可分为摩擦型桩、端承型桩。其中摩擦型桩又可分为摩擦桩、端承摩擦桩;端承型桩也可细分为端承桩、摩擦端承桩。

(2)按成桩方法分类。

①非挤土桩:干作业法钻(挖)孔灌注桩、泥浆护壁法钻(挖)孔灌注桩、套管护壁法钻(挖)孔灌注桩。

②部分挤土桩:长螺旋压灌灌注桩、冲孔灌注桩、钻孔挤扩灌注桩、搅拌劲芯桩、预钻孔打入(静压)预制桩、打入(静压)式敞口钢管桩、敞口预应力混凝土空心桩和H型钢桩。

③挤土桩:沉管灌注桩、沉管夯(挤)扩灌注桩、打入(静压)预制桩、闭口预应力混凝土空心桩和闭口钢管桩。

(3)按桩径(设计直径d)大小分类。

①小直径桩:$d\leqslant 250mm$。

②中等直径桩:$250mm<d<800mm$。

③大直径桩:$d\geqslant 800mm$。

(4)桩按施工工艺分类:分为预制桩和灌注桩两大类。其中预制桩包括预制钢筋混凝土桩、预应力钢筋混凝土桩、钢桩(钢管桩和H型钢桩);灌注桩包括钻(冲)孔灌注桩、人工挖孔灌注桩、沉管灌注桩、夯扩灌注桩、旋挖灌注桩等。

9.4.3 单桩承载力的确定

单桩承载力一方面取决于制桩材料的强度,另一方面取决于土对桩的支承力。设计采用的单桩竖向极限承载力标准值应符合下列规定:

(1)设计等级为甲级的建筑桩基,应通过单桩静载试验确定。

(2)设计等级为乙级的建筑桩基,当地质条件简单时,可参照地质条件相同的试桩资料,结合静力触探等原位测试和经验参数综合确定;其余均应通过单桩静载试验确定。

(3)设计等级为丙级的建筑桩基,可根据原位测试和经验参数确定。

9.4.3.1 据静力触探试验估算单桩竖向极限承载力

1. 根据单桥静力触探成果确定

可按下式计算。

$$Q_{uk} = Q_{sk} + Q_{pk} = u \sum_{i=1}^{n} q_{sik} \cdot l_i + \alpha \cdot p_{sk} \cdot A_p \tag{9.4.1}$$

式中,Q_{uk} 为单桩竖向极限承载力标准值(kN);Q_{sk} 为单桩总极限侧阻力标准值(kN);Q_{pk} 为单桩总极限端阻力标准值(kN);u 为桩身周长(m);q_{sik} 为用静力触探比贯入阻力值估算的桩周第 i 层土的极限侧阻力标准值(kPa);l_i 为桩穿越第 i 层土的厚度(m);α 为桩端阻力修正系数;p_{sk} 为桩端附近的静力触探比贯入阻力标准值(平均值);A_p 为桩端面积(m²)。

q_{sik} 值应结合土工试验资料,依据土的类别、埋藏深度、排列次序,按图 9.4.1 中的折线取值。图 9.4.1 中,直线 A(线段 gh)适用于地表下 6m 范围内的土层;折线 B(线段 $Oabc$)适用于粉土及砂土土层以上(或无粉土及砂土土层地区)的黏性土;折线 C(线段 $Odef$)适用于粉土及砂土土层以下的黏性土;折线 D(线段 Oef)适用于粉土、粉砂、细砂及中砂。当桩端穿越粉土、粉砂、细砂及中砂层底面时,折线 D 估算的 q_{sik} 值需乘以表 9.4.1 中的系数 η_s 值。

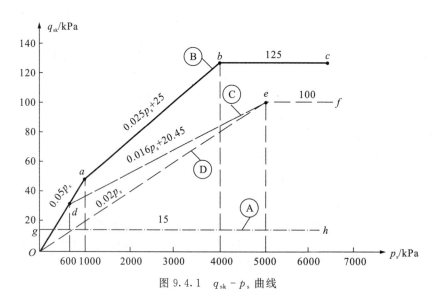

图 9.4.1 $q_{sk} - p_s$ 曲线

表 9.4.1　系数 η_s 值

p_{sk}/p_{sl}	≤5	7.5	≥10
η_s	1.00	0.50	0.33

注：1. p_{sk} 为桩端穿越的中密—密实砂土、粉土的比贯入阻力平均值；p_{sl} 为砂土、粉土的下卧软土层的比贯入阻力平均值。
  2. 采用单桥探头，圆锥底面积为 $15cm^2$，底部带 7cm 高滑套，锥角 60°。

桩端阻力修正系数 α 值按表 9.4.2 取值。

表 9.4.2　桩端阻力修正系数 α

桩长 L/m	$L<15$	$15≤L≤30$	$30<L≤60$
α	0.75	0.75~0.90	0.90

注：桩长 $15≤L≤30m$ 时，α 按 L 值直线内插；L 为桩长（不包括桩尖高度）。

p_{sk} 可按下式计算。

当 $p_{sk1}≤p_{sk2}$ 时，$$p_{sk}=\frac{1}{2}(p_{sk1}+\beta \cdot p_{sk2}) \quad (9.4.2)$$

当 $p_{sk1}>p_{sk2}$ 时，$$p_{sk}=p_{sk2} \quad (9.4.3)$$

式中，p_{sk1} 为桩端全截面以上 8 倍桩径范围内的比贯入阻力平均值；p_{sk2} 为桩端全截面以下 4 倍桩径范围内的比贯入阻力平均值，如桩端持力层为密实的砂土层，其比贯入阻力平均值 p_s 超过 20MPa 时，则需乘以表 9.4.3 中系数 c 予以折减后，再计算 p_{sk2} 及 p_{sk1} 值；β 为折减系数，按 p_{sk2}/p_{sk1} 值从表 9.4.4 中选用。

表 9.4.3　c 系数表

p_s/MPa	20~30	35	>40
系数 c	5/6	2/3	1/2

表 9.4.4　折减系数 β

p_{sk2}/p_{sk1}	≤5	7.5	12.5	≥15
β	1	5/6	2/3	1/2

2. 根据双桥探头静力触探资料确定

对于黏性土、粉土和砂土，如无当地经验时，混凝土预制桩单桩竖向极限承载力标准值时，可按下式计算。

$$Q_{uk}=u\sum_{i=1}^{n}l_i\beta_i f_{si}+\alpha q_c A_p \quad (9.4.4)$$

式中，f_{si} 为第 i 层土的探头平均侧阻力；q_c 为桩端平面上、下探头阻力，取桩端平面以上 $4d$（d 为桩的直径或边长）范围内按土层厚度的探头阻力加权平均值，然后再和桩端平面以下 $1d$ 范围内的探头阻力进行平均；α 为桩端阻力修正系数，对黏性土、粉土取 2/3，饱和砂土取 1/2；β_i 为第 i 层土桩侧阻力综合修正系数，按下式计算：黏性土、粉土，$\beta_i=10.04(f_{si})^{-0.55}$；砂土，$\beta_i=5.05(f_{si})^{-0.45}$。

9.4.3.2 根据土的物理指标法确定单桩承载力

1. 中、小直径桩

根据土的物理指标与承载力参数之间的经验关系确定单桩竖向极限承载力标准值时，宜按下式计算。

$$Q_{uk} = Q_{sk} + Q_{pk} = u \sum q_{sik} l_i + q_{pk} A_p \tag{9.4.5}$$

式中，q_{sik} 为桩侧第 i 层土的极限侧阻力标准值，如无当地经验值时，可按表9.4.7取值；q_{pk} 为极限端阻力标准值，如无当地经验值时，可按表9.4.9取值。

2. 大直径桩

式(9.4.5)主要用于沉管灌注桩与干作业钻孔桩。对于大直径桩($d \geqslant 800$mm)单桩竖向极限承载力标准值，可按式(9.4.6)计算。

$$Q_{uk} = Q_{sk} + Q_{pk} = u \sum \Psi_{si} q_{sik} l_i + \Psi_p q_{pk} A_p \tag{9.4.6}$$

式中，q_{sik} 为桩侧第 i 层土的极限侧阻力标准值，可根据表9.4.7取值，对于扩底桩，从桩端底至变截面以上 $2d$ 长度范围不计侧阻力；q_{pk} 为桩径为800mm的极限端阻力标准值，可采用深层载荷板试验确定；当不能进行深层载荷板试验时，可采用当地经验值或按表9.4.9取值；对于干作业桩(清底干净)可按表9.4.8取值；Ψ_{si}，Ψ_p 分别为大直径桩侧阻、端阻尺寸效应系数，按表9.4.5取值。

对于混凝土护壁的大直径挖孔桩，计算单桩竖向承载力时，其设计桩径取护壁外直径。

表 9.4.5 大直径灌注桩侧阻力尺寸效应系数 Ψ_{si}、端阻力尺寸效应系数 Ψ_p

土的类别	Ψ_{si}	Ψ_p
黏性土、粉土	$\left(\dfrac{0.8}{d}\right)^{1/5}$	$\left(\dfrac{0.8}{D}\right)^{1/4}$
砂土、碎石类土	$\left(\dfrac{0.8}{d}\right)^{1/3}$	$\left(\dfrac{0.8}{D}\right)^{1/3}$

注：当为等直径桩时，表中 $D=d$。

3. 嵌岩灌注桩

桩端嵌入完整、较完整基岩(中、微风化基岩，新鲜基岩)的嵌岩桩，其单桩竖向极限承载力由桩周围土总极限侧阻力和嵌岩段总极限阻力组成。当根据岩石单轴抗压强度确定单桩竖向极限承载力标准值时，可按下式计算。

$$Q_{uk} = Q_{sk} + Q_{rk} \tag{9.4.7}$$

其中：

$$Q_{sk} = u \sum q_{sik} l_i \tag{9.4.8}$$

$$Q_{rk} = \xi_r f_{rk} A_p \tag{9.4.9}$$

式中，Q_{sk}，Q_{rk} 分别为土的总极限侧阻力标准值(kN)、嵌岩段总极限阻力标准值(kN)；q_{sik} 为桩周第 i 层土的极限侧阻力(kPa)，无经验时，可根据表9.4.7取值；f_{rk} 为岩石饱和单轴抗压极限强度标准值(kPa)，对于遇水崩解的泥、页岩、黏土岩，取其天然湿度单轴抗压极限强度标准值；ξ_r 为嵌岩段侧阻和端阻综合系数，与嵌岩深径比 h_r/d、岩石软硬程度和成桩工艺有关，可按表 9.4.6 采用；表 9.4.6 中数值适用于泥浆护壁成桩，对于干作业成桩(清底干净)和泥浆护壁成桩后注浆，ξ_r 应取表列数值的 1.2 倍。

表 9.4.6 嵌岩段侧阻和端阻综合系数 ξ_r

嵌岩深径比 h_r/d		0	0.5	1.0	2.0	3.0	4.0	5.0	6.0	7.0	8.0
ξ_r	极软岩、软岩	0.60	0.80	0.95	1.18	1.35	1.48	1.57	1.63	1.66	1.70
	较硬岩、硬岩	0.45	0.65	0.81	0.90	1.00	1.04	/	/	/	/

注：1. 极软岩、软岩指 $f_{rk} \leqslant 15\text{MPa}$，较硬岩、坚硬岩指 $f_{rk} > 30\text{MPa}$，介于二者之间可内插取值。
  2. h_r 为桩身嵌岩深度，当岩面倾斜时，以坡下方嵌岩深度为准；当 h_r/d 为非表列值时，ξ_r 可内插。

表 9.4.7 桩的极限侧阻力标准值 q_{sik} 单位：kPa

土的名称	土的状态		q_{sik}		
			混凝土预制桩	泥浆护壁钻(冲)孔桩	干作业钻孔桩
填土			22～30	20～28	20～28
淤泥			14～20	12～18	12～18
淤泥质土			22～30	20～28	20～28
黏性土	流塑	$I_L > 1$	24～40	21～38	21～38
	软塑	$0.75 < I_L \leqslant 1$	40～55	38～53	38～53
	可塑	$0.5 < I_L \leqslant 0.75$	55～70	53～68	53～66
	硬可塑	$0.25 < I_L \leqslant 0.5$	70～86	68～84	66～88
	硬塑	$0 < I_L \leqslant 0.25$	86～98	84～96	82～94
	坚硬	$I_L \leqslant 0$	98～105	96～102	94～104
红黏土	软塑、可塑	$0.7 < \alpha_w \leqslant 1$	13～32	12～30	12～30
	硬塑	$0.5 < \alpha_w \leqslant 0.7$	32～74	30～70	30～70
粉土	稍密	$e > 0.9$	26～46	24～42	24～42
	中密	$0.75 \leqslant e \leqslant 0.9$	46～66	42～62	42～62
	密实	$e < 0.75$	66～88	62～82	62～82
粉细砂	稍密	$10 < N \leqslant 15$	24～48	22～46	22～46
	中密	$15 < N \leqslant 30$	48～66	46～64	46～64
	密实	$N > 30$	66～88	64～86	64～86
中砂	中密	$15 < N \leqslant 30$	54～74	53～72	53～72
	密实	$N > 30$	74～95	72～94	72～94

续表 9.4.7

土的名称	土的状态		q_{sik}		
			混凝土预制桩	泥浆护壁钻（冲）孔桩	干作业钻孔桩
粗砂	中密	$15<N\leq30$	74~95	74~95	76~98
	密实	$N>30$	95~116	95~116	98~120
砾砂	稍密	$5<N_{63.5}\leq15$	70~110	50~90	60~100
	中密、密实	$N_{63.5}>15$	116~138	116~130	112~130
圆砾、角砾	中密、密实	$N_{63.5}>10$	160~200	135~150	135~150
碎石、卵石	中密、密实	$N_{63.5}>10$	200~300	140~170	150~170
全风化软质岩	$30<N\leq50$		100~120	80~100	80~100
全风化硬质岩	$30<N\leq50$		140~160	80~100	80~100
强风化软质岩	$N_{63.5}>10$		160~240	140~200	140~220
强风化硬质岩	$N_{63.5}>10$		220~300	160~240	160~260

注：1. 对于尚未完成自重固结的填土和以生活垃圾为主的填土，不计算其侧阻力。
2. a_w 为含水比，$a_w=w/w_L$。
3. 软质岩指其母岩 $f_{rk}\leq15MPa$，硬质岩指其母岩 $f_{rk}>30MPa$。

表 9.4.8 干作业桩（清底干净，$D=800mm$）极限端阻力标准值 q_{pk} 单位：kPa

土的名称		状态		
黏性土		可塑	硬塑	坚硬
		800~1800	1800~1100	1200~2000
粉土		$0.75<e\leq0.9$（中密）	$e\leq0.75$（密实）	
		1000~1500	1500~2000	
砂土、碎石土		稍密	中密	密实
	粉砂	500~700	800~1100	1200~2000
	细砂	700~1100	1200~1800	2000~2500
	中砂	1000~2000	2200~3200	3500~5000
	粗砂	1200~2200	2500~3500	4000~5500
	砾砂	1400~2400	2600~4000	5000~7000
	圆砾、角砾	1600~3000	3200~5000	6000~9000
	卵石、碎石	2000~3000	3300~5000	7000~11 000

注：1. 当桩进入持力层的深度 h_b 为 $h_b\leq D$ 时，q_{pk} 取表中的低值；$D<h_b\leq4D$ 时，q_{pk} 取表中的中间值；$h_b\geq4D$ 时，q_{pk} 取高值。
2. 砂土的密实度可根据标贯锤击数确定。
3. 当桩的长径比 $l/d\leq8$ 时，q_{pk} 宜取较低值。
4. 当对沉降要求不严时，q_{pk} 取高值。

9 房屋建筑物与构筑物工程地质勘察与评价

表9.4.9 桩的极限端阻力标准值 q_{pk}

单位：kPa

土、岩石的名称	土的状态	桩型 混凝土预制桩 $l \leq 9$	$9 < l \leq 16$	$16 < l \leq 30$	$l > 30$	泥浆护壁钻(冲)孔桩桩长 l/m $5 \leq l < 10$	$10 \leq l < 15$	$15 \leq l < 30$	$l \geq 30$	干作业钻孔桩桩长 l/m $5 \leq l < 10$	$10 \leq l < 15$	$l \geq 15$
黏性土	软塑 $0.75 < I_L \leq 1$	210~850	650~1400	1200~1800	1300~1900	150~250	250~300	300~450	300~450	200~400	400~700	700~950
	可塑 $0.5 < I_L \leq 0.75$	850~1700	1400~2200	1900~2800	2300~3600	350~450	450~600	600~750	750~800	500~700	800~1100	1000~1600
	硬可塑 $0.25 < I_L \leq 0.5$	1500~2300	2300~3300	2700~3600	3600~4400	800~900	900~1000	1000~1200	1200~1400	850~1100	1500~1700	1700~1900
	硬塑 $0 < I_L \leq 0.25$	2500~3800	3800~5500	5500~6000	6000~6800	1100~1200	1200~1400	1400~1600	1600~1800	1600~1800	2200~2400	2600~2800
粉土	中密 $0.75 < e \leq 0.9$	950~1700	1400~2100	1900~2700	2500~3400	300~500	500~650	650~750	750~850	800~1200	1200~1400	1400~1600
	密实 $e < 0.75$	1500~2600	2100~3000	2700~3600	3600~4400	650~900	750~950	900~1100	1100~1200	1200~1700	1400~1900	1600~2100
粉砂	稍密 $10 < N \leq 15$	1000~1600	1500~2300	1900~2700	2100~3000	350~500	450~600	600~700	650~750	500~950	1300~1600	1500~1700
	中密、密实 $N > 15$	1400~2200	2100~3000	3000~4500	3800~5500	600~750	750~900	900~1100	1100~1200	900~1000	1700~1900	1700~1900
细砂		2500~4000	3600~5000	4400~6000	5300~7000	650~850	900~1200	1200~1500	1500~1800	1200~1600	2000~2400	2400~2700
中砂	中密、密实 $N > 15$	4000~6000	5500~7000	6500~8000	7500~9000	850~1050	1100~1500	1500~1900	1900~2100	1800~2400	2800~3800	3600~4400
粗砂		5700~7500	7500~8500	8500~10000	9500~11000	1500~1800	2100~2400	2400~2600	2600~2800	2900~3600	4000~4600	4600~5200
砾砂		6000~9500		9000~10500		1400~2000		2000~3200		3500~5000		

续表 9.4.9

土、岩石的名称	土的状态	桩型 混凝土预制桩 l≤16	混凝土预制桩 l>16	泥浆护壁钻(冲)孔桩 l≤15	泥浆护壁钻(冲)孔桩 l>15	干作业钻孔桩 l/m
圆砾、角砾	中密、密实 $N_{63.5}>10$	7000~10000	9500~11500	1800~2200	2200~3600	4000~5500
碎石、卵石	中密、密实 $N_{63.5}>10$	8000~11000	10500~13000	2000~3000	3000~400	4500~6500
全风化软质岩	$30<N\leq50$	4000~6000		1000~1600		1200~2000
全风化硬质岩	$30<N\leq50$	5000~8000		1200~2000		1400~2400
强风化软质岩	$N_{63.5}>10$	6000~9000		1400~2200		1600~2600
强风化硬质岩	$N_{63.5}>10$	7000~11000		1800~2800		2000~3000

注：1. 砂土和碎石类土中桩的极限端阻力取值，宜综合考虑土的密实度、桩端进入持力层的深径比 h_b/d，土越密实，h_b/d 越大，取值越大。
2. 预制桩的岩石极限端阻力指桩端支承于中、微风化基岩表面或进入强风化岩、软质岩一定深度条件下的极限端阻力。
3. 软质岩、硬质岩岩其母岩的饱和单轴抗压强度分别为 $f_{rk}\leq15MPa$，$f_{rk}>30MPa$ 的岩石。

思 考 题

一、单项选择题

1. 高层建筑采用天然土质地基,在详细勘察阶段,控制性勘探孔深度应为( )。
   A. 应超过地基变形计算深度
   B. 应能控制地基主要受力层,且不应小于基础底面宽度的3倍
   C. 应根据基底压力和基础宽度查表确定
   D. 应达到基底下1~2倍的基础宽度,并进入持力层下3m
2. 对地基复杂程度为一级的高层建筑勘探点间距的要求为( )。
   A. 5~10m   B. 10~15m   C. 15~25m   D. 25~35m
3. 在岩土参数的统计分析中,( )项统计值与岩土参数值的变异程度无关。
   A. 平均值   B. 标准差   C. 变异系数   D. 统计修正系数
4. 某高层建筑,宽20m,长60m,地上35层,地下3层,基础埋深12m,预估基底平均压力550kPa。根据邻近建筑物勘察资料,该场地地表下0~2m为填土;2~6m为粉质黏土;6~10m为粉土;10~11m为黏土;11~15m为卵石;15~25m为粉质黏土;25~30m为细砂;30~40m为粉土。地下水分二层:第一层3~4m为上层滞水,第二层11.0m为承压水。在下列钻孔布置中,( )方案最为合理。
   A. 共布置两排钻孔,每排4个,控制性孔2个,孔深42m
   B. 共布置6个钻孔,孔深82m,控制性3个,孔深42m
   C. 共布置6个钻孔,控制性钻孔3个,孔深42m
   D. 共布置8个钻孔,控制性孔6个,孔深42m
5. 端承桩和嵌岩桩的勘探点间距主要根据桩端持力层顶面坡度决定,一般宜为( )。
   A. 8~15m   B. 12~24m   C. 20~30m   D. 25~35m
6. 在进行高层建筑(箱形基础)地基勘察时,下列( )一般是可以不考虑的。
   A. 地基不均产生的差异沉降引起的上部结构局部倾斜
   B. 地基不均引起的整体沉降
   C. 主楼与裙楼之间的沉降差
   D. 大荷载、高重心对抗震的要求

二、计算题

1. 某建筑物基础承受轴向压力,其矩形基础剖面及土层的指标如下图所示,基础底面尺寸为1.5m×2.5m。根据《建筑地基基础设计规范》(GB 50007—2011),由土的抗剪强度指标确定的地基承载力特征值f_a应与下列哪项数值最为接近?
   A. 138kPa   B. 143kPa   C. 148kPa   D. 153kPa
2. 某构筑物其基础底面尺寸为3m×4m,埋深为3m,基础及其上土的平均重度为20kN/m³,构筑物传至基础顶面的偏心荷载F_k=1200kN,距基底中心1.2m,水平荷载H_k=200kN,作用位置如下图所示。试问,基础底面边缘的最大压力值$p_{k,max}$与下列哪项数值最为接近?

A. 265kPa   B. 341kPa   C. 415kPa   D. 454kPa

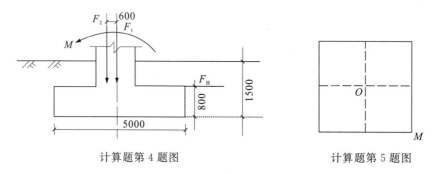

计算题第1题图   计算题第2题图

3. 某条形基础,上部结构传至基础顶面的竖向荷载 $F_k=320$ kN/m,基础宽度 $b=4$ m,基础埋置深度 $d=2$ m,基础底面以上土层的天然重度 $\gamma=18$ kN/m³,基础及其上土层的平均重度为 20kN/m³,基础底面至软弱下卧层顶面距离 $z=2$ m,已知扩散角 $\theta=25°$。试问,扩散到软弱下卧层顶面处的附加压力最接近于下列哪项数值?

A. 35kPa   B. 45kPa   C. 57kPa   D. 66kPa

4. 柱下独立基础,底面尺寸为 3m×5m, $F_1=300$ kN, $F_2=1500$ kN, $M=900$ kN·m, $F_H=200$ kN,如下图所示,基础埋深 $d=1.5$ m,承台及填土平均重度 $\gamma=20$ kN/m³,试计算基础底面偏心距和基底最大压力。

5. 某基础尺寸为 4m×4m(见下图),作用于基础底面附加压力为 p_0,求基底中心点 O 和角点 M 在基底下 4m 处的附加应力的比值。

计算题第4题图   计算题第5题图

6. 某基础尺寸 1.0m×1.0m,埋深 2.0m,基础埋置于 3.0m×3.0m 的基坑中。持力层为黏性土,黏聚力 $c=40$ kPa,内摩擦角 $\varphi=20°$,土的重度 $\gamma=18$ kN/m³,地下水位埋深 0.5m。试计算地基承载力特征值。

7. 某场地建筑地基岩石为花岗岩,块状结构,勘探时采样 6 组,测得饱和单轴抗压强度的平均值为 29.1MPa,变异系数为 0.022,按照现行《建筑地基基础设计规范》(GB 50007—2011),该建筑地基的承载力特征值最大取值为多少?

8. 某厂房场地土层分布情况见下表。浅部②层土较好,但厚度较薄,且被明浜切割;③、④、⑤层土质较差。基础采用桩基础,以⑥层土为持力层,桩尖进入持力层的深度为 1m

左右。承台埋深 2m,因此基桩的有效长度 19m,桩的截面尺寸为 450mm×450mm。按下表单桥静力触探资料求单桩承载力特征值。

土层层序	层底埋深/m	静力触探比贯入阻力 p_s/MPa
②褐黄色粉质黏土	2.0	0.59
③灰色淤泥质粉质黏土	6.0	0.57
④灰色淤泥质黏土	14.9	0.62
⑤灰色—褐色粉质黏土	20.0	2.27
⑥暗绿色—草黄色粉质黏土	24.0	4.76

9. 某工程双桥静力触探资料见下表,拟采用③粉砂为持力层,采用混凝土方桩,桩断面尺寸为 400mm×400mm,桩长 13m,承台埋深为 2.0m,桩端进入粉砂层 2.0m,试计算单桩竖向极限承载力标准值。

土层	层底深度/m	层厚/m	探头平均侧阻力 f_{si}/kPa	探头锥尖阻力 q_c/kPa
①填土	1.5	1.5		
②淤泥质黏土	13	11.5	12	600
③饱和粉砂	20	7	110	12 000

10. 某欠固结黏土层厚 2.0m,其先期固结压力为 100kPa,现平均自重应力 200kPa,附加压力 80kPa,初始孔隙比 $e_0=0.7$,取土进行高压固结试验,结果见下表。试计算:(1)土的压缩指数;(2)土层最终沉降量。

压力 p/kPa	25	50	100	200	400	800	1600	3200
孔隙比 e	0.916	0.913	0.903	0.883	0.838	0.757	0.677	0.599

11. 某基础尺寸为 4m×5m,埋深 1.5m。作用于基础底面附加压力 $p_0=100$kPa,基底下 4m 内为粉质黏土,$E_s=4.12$MPa,4~10m 为黏土,$E_s=3.72$MPa,试计算基础中点的沉降量。

主要参考文献

柴全成,2023.城市轨道交通隧道施工中的软土地层处理技术[J].品牌与标准化(10):102-104.

陈继,党海明,美启航,等,2023.青藏铁路多年冻土区旱桥桩基沉降病害及其治理启示[J].冰川冻土,45(4):1327-1332.

陈肖西,2019.铁路勘察专用导航软件的开发探索[J].铁道建筑技术(10):5-7.

邓友生,吴鹏,赵明华,等,2017.基于最优含水率的聚丙烯纤维增强膨胀土强度研究[J].岩土力学(2):112-128.

高金川,张家铭,2013.岩土工程勘察与评价[M].2版.武汉:中国地质大学出版社.

工程地质手册编委会,2018.工程地质手册[M].5版.北京:中国建筑工业出版社.

谷存雷,高北,2023.PHC管桩在海相软土地基施工对土体的孔隙水压力及土体强度影响研究[J].土工基础,37(4):603-607.

广西壮族自治区住房和城乡建设厅,2018.广西壮族自治区岩土工程勘察规范:DBJ/T45-066—2018[S].南宁:广西壮族自治区住房和城乡建设厅.

郭振,张扬,李娟,等,2023.不同植物对盐渍土的调控作用及有机碳矿化研究[J].环境科学与技术,46(7):167-173.

何文刚,赵远雯,何鸣,等,2024.地层倾角及侧向摩擦对滑坡影响的物理模拟研究[J].人民长江(1):135-142.

侯冰,张其星,陈勉,2023.页岩储层压裂物理模拟技术进展及发展趋势[J].石油钻探技术,51(5):66-77.

江文力,饶燕兰,2019.膨胀土工程地质特性研究进展[J].城市建设理论研究(15):126.

姜来库,2023.多年冻土地区公路路基设计难点分析[J].工程设计(17):168-170.

冷挺,唐朝生,徐丹,等,2018.膨胀土工程地质特性研究进展[J].工程地质学报,26(1):112-128.

刘鑫,兰恒星,晏长根,等,2023.钻孔原位剪切测试系统研制及应用[J].交通运输工程学报,23(4):1-11.

刘亚明,谷天峰,王闫超,等,2023.基于物理模拟试验的房柱式采空区变形特征研究[J].煤炭科学技术(6):1-8.

刘之葵,牟春梅,朱寿增,等,2012.岩土工程勘察[M].北京:中国建筑工业出版社.

吕会娟,2023.冻土地区路基病害及治理措施分析[J].交通世界(24):29-31.

吕心瑞,邬兴威,孙建芳,等,2022.深层碳酸盐岩储层溶洞垮塌物理模拟及分布预测[J].石油与天然气地质,43(6):1505-1513.

彭润杰,2023.软土的微观结构和宏观表现分析及软基处理方法[J].四川水泥(8):33-36.

尚继红,魏佳中,2001.压力注浆加固湿陷性黄土地基[J].基础工程,4(1):34-35.
王贵荣,2007.岩土工程勘察[M].西安:西北工业大学出版社.
王文轩,夏源,2023.真空吸蚀致岩溶塌陷的稳定性分析及其数值模拟[J].地下水,45(5):18-20.
温继伟,刘星宏,白坤晓,等,2023.工程勘察钻探技术发展现状探讨[J].岩土工程技术,37(5):505-515.
项伟,唐辉明,2012.岩土工程勘察[M].北京:化学工业出版社.
邢皓枫,徐超,石振明,2015.岩土工程原位测试[M].2版.上海:同济大学出版社.
余维荣,2023.软土地基中多层建筑桩基础倾斜纠偏技术的应用[J].建筑与预算(8):80-82.
张长利,2002.膨胀土的主要工程特性及防护措施[J].中南公路工程,27(2):11-14.
张杰,2022.黄土劈裂注浆过程数值模拟研究[J].价值工程,41(16):89-92.
张亚州,孔凡弦,2020.桥梁勘察设计辅助软件设计研究[J].建材世界,41(4):91-93.
张宇,王先锋,何流,等,2023.地下水污染治理数值模拟研究进展[J].工业用水与废水,54(5):5-9.
中国建造科学研究院,2016.建筑抗震设计规范:GB 50011—2010(2016年版)[S].北京:中国建筑工业出版社.
中华人民共和国国土资源部,2015.地质灾害危险性评估规范:DZ/T 0286—2015[S].北京:地质出版社.
中华人民共和国建设部,2009.岩土工程勘察规范:GB 50021—2001(2009年版)[S].北京:中国建筑工业出版社.
中华人民共和国住房和城乡建设部,2012.膨胀土地区建筑技术规范:GB 50112—2013[S].北京:中国建筑工业出版社.
中华人民共和国住房和城乡建设部,2014.盐渍土地区建筑技术规范:GB/T 50942—2014[S].北京:中国建筑工业出版社.
中华人民共和国住房和城乡建设部,2017.高层建筑岩土工程勘察标准:JGJ/T 72—2017[S].北京:中国建筑工业出版社.
中华人民共和国住房和城乡建设部,2018.湿陷性黄土地区建筑标准:GB 50025—2018[S].北京:中国建筑工业出版社.
中交第二公路勘察设计研究院有限公司,2015.公路路基设计规范:JTG D30—2015[S].北京:人民交通出版社.
中南勘察设计院,1992.原状土取样技术标准:JGJ 89—92[S].北京:中国建筑工业出版社.
周凤玺,冉跃,万旭升,等,2023.盐渍土在蒸发过程中的水盐相变行为研究[J].岩土工程学报(8):1-10.
周建,蒋熠诚,朱则铭,等,2023.电渗加固软土地基界面电阻理论与试验研究[J].岩土工程学报,45(10):1995-2003.

桂林理工大学教材建设基金资助出版